黄河三角洲柽柳生理生态特征
与抚育提升技术

夏江宝　赵西梅　吴春红 等　著

科 学 出 版 社

北 京

内 容 简 介

黄河三角洲次生盐渍化是限制农林产业高质量发展的重要因素。本书针对黄河三角洲水盐变化对柽柳生长影响的程度、过程与机制这一科学问题，以滨海盐碱地柽柳低效林的植被恢复与生态功能改善为目标，综合运用水盐运移、植物生理生态监测技术与理论分析方法，重点开展水盐在地下水—土壤—柽柳体内的迁移特征及其协同影响柽柳生理生态过程的研究。本书主要明晰了滨海盐碱地柽柳林的退化过程及其主要影响因素，揭示了地下水-土壤-柽柳系统的水盐运移过程及作用机制，探明了柽柳生理生态特征对盐旱胁迫的响应规律，明确了柽柳幼苗生长适宜的地下水水位及其矿化度条件，阐明了不同密度柽柳林的生长动态及其改良土壤效应，研发了滨海盐碱地柽柳防护林建设及低效林抚育提升技术，可为滨海盐碱地柽柳林的植被恢复与生态修复提供理论依据和技术支持。

本书可供从事林学、生态学、土壤学、植物生理学、生态环境管理及区域可持续发展研究的科研单位、高等院校、政府决策或管理部门的有关人员参考。

图书在版编目（CIP）数据

黄河三角洲柽柳生理生态特征与抚育提升技术/夏江宝等著. —北京：科学出版社，2021.11
ISBN 978-7-03-070362-0

Ⅰ. ①黄⋯　Ⅱ. ①夏⋯　Ⅲ. ①黄河–三角洲–柽柳–生理生态学 ②黄河–三角洲–柽柳–栽培技术　Ⅳ. ①S793.5

中国版本图书馆 CIP 数据核字(2021)第 221809 号

责任编辑：马　俊　孙　青／责任校对：郑金红
责任印制：吴兆东／封面设计：刘新新

科 学 出 版 社 出版
北京东黄城根北街 16 号
邮政编码：100717
http://www.sciencep.com

北京中石油彩色印刷有限责任公司 印刷

科学出版社发行　　各地新华书店经销

*

2021 年 11 月第　一　版　　开本：787×1092　1/16
2022 年 10 月第二次印刷　　印张：17 1/4
字数：409 000
定价：198.00 元

本书著者名单

夏江宝　　赵西梅　　吴春红

陈印平　　刘京涛　　赵万里

张冬杰　　高芳磊　　刘　振

彭广伟　　邢先双　　任建锋

卢小军　　荣饯饯　　朱金方

前　　言

　　黄河流域生态保护与高质量发展已上升为重大国家战略。习近平总书记指出，下游的黄河三角洲要做好保护工作，促进河流生态系统健康，提高生物多样性。黄河三角洲是黄河百余年来冲积而成的新陆地，多种动力系统交融，陆地和海洋、淡水和海水、陆生与水生、天然与人工等多种生态系统交错分布，是典型的多重生态界面，生态系统较为特殊。黄河三角洲拥有我国暖温带地区最年轻、最广阔、生物多样性最为丰富的湿地生态系统，是东北亚内陆和环西太平洋鸟类迁徙重要的"中转站"、越冬地和繁殖地，具有重要的生态功能和科学研究价值。但随着黄河三角洲农业开发及水产养殖等人类生产和经济活动的加剧，以及目前存在的气候干旱、降水量少、蒸发量大、地下水位浅、地下水矿化度高及土壤次生盐渍化严重等问题，该区域出现森林植被稀少、林木生长缓慢、植被退化严重及水土流失加剧等现象，生态系统较为脆弱。泥质海岸是黄河三角洲水陆交互作用的主要生态界面，也是该区域典型的海岸带类型。柽柳（*Tamarix chinensis*）是黄河三角洲滨海盐碱地和退化湿地修复的主要植物材料，也是泥质海岸水土保持防护林建设优先选用的主要树种，作为优良的盐碱地水土保持林灌木树种，在黄河三角洲区域分布面积最广，具有较强的降盐改土、防潮减灾、防风固沙和保持水土等功能，对改善区域生态环境状况和维护海岸带生态系统稳定发挥着重要作用。

　　黄河三角洲地区蒸降比大、盐渍化程度重、淡水资源紧缺，季节性干旱发生频率及程度增加趋势明显；同时，全球气候变化导致的海平面上升和海水入侵，使泥质海岸盐碱地潜水埋藏深度普遍较低，植被分布区浅层地下水以微咸水及咸水为主。黄河三角洲植被分布格局及群落演替的主要影响因子为潜水（地下水）水位和土壤含盐量，而土壤含盐量与地下水矿化度密切相关，其中，浅层地下水是泥质海岸盐碱地植被生长关键期的敏感要素和主要水源。位于黄河三角洲莱州湾南岸的"山东昌邑国家级海洋生态特别保护区"，是我国唯一的以柽柳为主要保护对象的国家级海洋特别保护区，该保护区植被群落的分布受土壤盐度和水分的影响较大；水分和盐分是影响和造成该保护区柽柳林生长、退化严重及低质低效的主要因素，但对地下水、土壤层及植物体等不同介质中的水盐迁移过程及如何协同影响柽柳群落的生长状况、结构特征及生理生态过程等问题尚不明确，严重制约着黄河三角洲低质低效柽柳林的经营改造和恢复重建。潜水水位及其矿化度的限制，致使泥质海岸盐碱生境下柽柳生长可利用的有效水资源更加缺乏；由于地下水及其矿化度与土壤、植物体中的盐分及其水分互为"源-库"关系，因而从根源上阐释植物生理生态过程与水盐协同作用的响应关系及其调节机制具有重要意义。针对泥质海岸盐碱地，从潜水水位和矿化度作为主要水盐来源的角度，研究水盐协同作用对植物生理生态过程的影响及植物适宜的水盐生境问题还比较薄弱，因而难以回答泥质海岸盐碱地水土保持防护林出现的"造林成活率低、成林退化严重、林分结构和功能稳定性差"等亟须解决的生产实践问题，及低质低效水土保持防护林恢复与重建所需的生理生态学机制。

鉴于此，我们针对黄河三角洲泥质海岸带地下水-土壤系统水盐变化对柽柳生长影响的程度、过程与机制这一科学问题，以滨海盐碱地柽柳低效林的植被恢复与生态功能改善为目标，重点开展水盐在地下水—土壤—柽柳体内的迁移特征及其协同影响柽柳生理生态过程的研究，并针对柽柳林种群分布和退化问题开展柽柳低效林分类评价及其抚育提升改造技术研究。本研究探讨了黄河三角洲柽柳种群分布特征及其质效等级，明晰了滨海盐碱地柽柳林的退化过程及其主要影响因素，揭示了地下水-土壤-柽柳系统的水盐运移过程及作用机制，探明了柽柳生理生态特征对盐旱胁迫的响应规律，明确了柽柳幼苗生长适宜的地下水水位及其矿化度条件，阐明了不同密度柽柳林的生长动态及其改良土壤效应，明晰了柽柳林的生态化学计量特征，研发了滨海盐碱地柽柳防护林建设及低效林抚育提升技术。本研究在柽柳适宜水盐生境判识理论与栽植管理技术、柽柳低效林质效等级评价及其经营管理技术和柽柳林生态化学计量学特征等方面具有较大创新和突破，对柽柳低效林营建理论与技术等方面的研究具有较大的参考价值。研究结果不仅对泥质海岸盐碱地植被修复所需的适宜水盐生境营建提供指导，而且对揭示柽柳林的退化机制、丰富盐碱生境下植物与水分关系的研究具有重要的理论价值；可为滨海盐碱地柽柳林的植被恢复与生态修复提供理论依据和技术支持，也可为黄河流域下游生态保护与高质量发展提供技术参考。

本研究历时十年，针对黄河三角洲滨海盐碱地柽柳林退化严重、成活率低、柽柳群落结构简单、生物多样性差、植被生产力低和柽柳群落生态防护功能减弱等一系列重大技术难题，以水盐运移的源库流角度为出发点，通过野外原位实验和室内模拟控制试验相结合的方法，针对黄河三角洲泥质海岸盐碱地植物生长受水位-盐分影响较大这一突出问题，以黄河三角洲建群种——中国柽柳为试验材料，综合运用SPAC界面水分传输和根土界面水分再分配理论、植物光合生理生态学理论，基于植物液流信息技术，结合叶片气体交换和叶绿素荧光监测技术与理论分析方法，并借鉴土壤水分或盐分与植物生理生态学中的应用研究成果，利用原子吸收分光光度计、电感耦合等离子发射光谱仪、离子色谱仪、便携式光合作用仪、叶绿素荧光快速成像系统、热平衡包裹式茎流计等仪器，针对上述问题重点开展地下水-土壤-柽柳系统水盐运移过程、水盐逆境胁迫对柽柳生理生态特征的影响，以及柽柳低效林分类评价及其抚育提升改造技术研究。本研究成果可为植物生理生态过程与水盐关系的深入研究提供地下水-土壤等介质层面的理论基础，对泥质海岸低质低效柽柳林的水盐管理及盐碱地改良生态防护林理论的研究都具有重要的现实意义和学术价值。

本书研究内容主要得到了国家重点研发计划课题（2017YFC0505904）、国家自然科学基金（31370702、31770761、41971126和U2006215）、山东省农业科技资金（林业科技创新）（2019LY006）和泰山学者工程专项（TSQN201909152）等项目资助，并得到滨州学院学科强基筑峰工程（生态学高峰学科）的资助，特此感谢。滨州学院黄河三角洲生态环境重点实验室的孙景宽教授、赵自国博士、房颖博士，山东农业大学林学院的李传荣教授，山东省林业科学研究院的许景伟研究员、王月海研究员等对本项目的研究给予了很大的帮助，滨州学院黄河三角洲生态环境研究中心的孙佳、任冉冉、李小倩、魏晓明、宋战超、王晓、董聿森、孔庆仙等同学参与了部分野外调查采样、数据分析等工作，在此一并表示感谢！

在成书过程中，尽管我们做了很大努力，但由于作者水平有限，加之目前黄河三角洲滨海盐碱地柽柳水盐适应及其生理生态特征的相关研究较少，故书中难免有疏漏和不妥之处，敬请广大读者批评指正。

夏江宝

2021 年 7 月于山东滨州

目　　录

第1章 绪 论

1.1 柽柳低效林研究现状

1.1.1 柽柳低效林质效等级评价的研究概况

黄河三角洲是黄河百余年来冲积而成的新陆地，多种动力系统交融，陆地和海洋、淡水和海水、陆生与水生、天然与人工等多种生态系统交错分布，是典型的多重生态界面，生态系统较为特殊。柽柳（*Tamarix chinensis*）是黄河三角洲滨海盐碱地和退化湿地修复的主要植物材料，在维持滨海湿地生态系统平衡及基因库保存中起着重要作用（穆从如等，2000；Jiang *et al.*，2012）。柽柳作为优良的盐碱地水土保持林灌木树种，在黄河三角洲分布面积最广，对改善区域生态环境状况和维护海岸带生态系统稳定发挥着重要作用（Thomas *et al.*，2006；曾凡江等，2009；朱成刚等，2010）。位于黄河三角洲莱州湾南岸的"山东昌邑国家级海洋生态特别保护区"存在我国海岸带区域连片最大、结构典型的柽柳群落，是我国目前唯一的以保护柽柳为主体的湿地生态保护区，其规模和密度在全国滨海盐碱地区尚不多见，在黄河三角洲地区具有较强的代表性和典型性。近几十年来，受围垦改造盐田等人类活动干扰，以及海水入侵、海岸带盐渍化和风暴潮等自然因素的影响（Guan *et al.*，2011；汤爱坤等，2011；刘衍君等，2012），该区域柽柳灌丛生长发育衰退，林分结构失调，系统功能退化，呈现典型的低质低效状态。而柽柳种群空间分布格局及其影响因素的探讨，有利于阐明莱州湾滨海盐碱地柽柳灌丛退化过程及其原因，对掌握泥质海岸带柽柳灌丛的生长适应特性和生存策略意义重大。目前对黄河三角洲柽柳灌丛的研究，主要集中在不同水深环境梯度下柽柳种群空间分布格局的成因分析（贺强等，2008a，2008b；刘富强等，2009；赵欣胜等，2009；汤爱坤等，2011），柽柳物种的生态位、生态幅及其多度等数量特征（袁秀等，2011），柽柳林湿地土壤养分空间异质性分析（凌敏等，2010），柽柳群落对土壤养分环境的响应（凌敏等，2010）、土壤微量营养元素的空间异质性（于君宝等，2010）、土壤微生物分布特征（陈为峰和史衍玺，2010）、生态位（贺强等，2008a，2008b）及其改良土壤效应（夏江宝等，2011）等方面。

植被与生境之间存在一定的循环响应和反馈影响过程（Jin，2008；Tuchman *et al.*，2009），植物分布状况是植物与环境相互作用的产物（Antonellini and Mollema，2010；Huckelbridge *et al.*，2010）。植物通过个体、种群和群落的数量变化特征来对周围的生境产生响应变化，同时，植物在生长过程中也对周围的环境产生一定的影响（贺强等，2008a，2008b；张立杰等，2008；凌敏等，2010；Huckelbridge *et al.*，2010）。因此，不同生境下的植被数量特征及其对环境因素的响应过程是生态学研究的热点问题之一。种群的分布格局是植物种群生物学特性对生存环境长期适应和选择的结果，可较好地反映种群的个体生存与生长的影响以及群体的适应能力（宋创业等，2008；刘富强等，2009；汤爱坤等，2011）。植物种群空间格局分布受自身生物学特性、生境条件及其相互作用的共同影响（宋创业等，2008；Antonellini and Mollema，2010；张殷波等，2014）。植物种群空间分布格局及其主导因子的探讨，可反映和指示植物的生存策略及生态适应对策（Jin，2008；赵欣胜等，2009；Antonellini and Mollema，2010），对退化生态系统中植被恢复模式及优良植物材料的选择具有重要的参考价值。针对泥质海岸带大面积柽柳种群的分布类型及其影响因素的探讨较少，致使对泥质海岸带盐碱生境下柽柳灌丛的分布格局特征及其生长环境尚不清晰，在一定程度上，限制了黄河三角洲柽柳低质低效林分的经营改造和植被恢复。

低效林的经营改造是林业生态建设的重要内容之一。有关改善现有林分结构、提高林分生态效能及低效林改造技术的研究中，首先需要明确哪些林分属于质量低劣、效益低下的林分，其次需要确定其低效程度。因此，低效林分类和评价体系的建立是因地（林）制宜进行低效林改造的必要前提和重要保障。在生产经营活动中，通常将显著低于立地生产力及功能效益正常水平的林分确定为低效林（邓东周等，2010）。低效林改造技术规程中提出了生态型和经济型低效林的评判标准（周立江等，2007），但缺少低效林等级划分或质效分类的依据。国内许多学者将林分生产力（欧阳君祥和曾思齐，2003；林杰等，2010）、林分结构和生态功能（张泱等，2009）等指标作为界定与评价低效林的主要参数。国外相关研究表明，土壤和植物体内的 C、N、P 化学计量特征（Sardans et al.，2012）、土壤水分利用（Wildy et al.，2004）、生物多样性特征（Breuge et al.，2007）及人为干扰程度（Filer et al.，2009）等都可作为反映植被退化及低效特征的指示因子。可见，因立地条件、树木种类、林分功能甚至林分起源等的不同，对低效林分的分类、界定及评价方法存在一定差异。近年来，我国低效林的分类与评价研究主要集中在长江中上游的冷杉林（欧阳君祥和曾思齐，2003）、云杉林（曾思齐和佘济云，2002）、次生栎林（欧阳君祥和曾思齐，2002）、云南松（韩明跃等，2009），苏南的低质、低效杉木林（林杰等，2010），东北小兴安岭林区的低质林（杨学春等，2009；张泱等，2009），福建省低质、低效红树林（张年达，2010），以及黄河三角洲退化人工刺槐林（夏江宝等，2012a，2012b）等林分，而涉及黄河三角洲柽柳低效林的质效等级评价研究较少。

1.1.2 林分密度影响林木生长及改良土壤的研究概况

1.1.2.1 林分密度对林分生长的影响

林分密度决定着林木个体生长发育空间的大小，是形成林木合理空间结构的基础，密度是否合适，直接影响林分生产力的高低和生态功能的有效发挥（Datta and Singh，2007；Alcorn et al.，2007）。林分密度是仅次于立地质量的用于评价立地生产力的第 2 个重要因子，这是因为林分密度是林业工作者能用来干预林分生长发育最易掌控的主要因子（吴承祯等，2000；罗素梅等，2010）。研究表明，林分密度不仅影响各生长时期林分的生长发育、林木材质及蓄积量，而且影响林内环境（光、热、水分等生态因子）、林分稳定性、林内生物多样性及其个体分布（Sprintsin et al.，2009；康冰等，2009；张连金等，2011）。因此，在林分的整个生长过程中，通过人为干预，可使林木在最佳密度条件下生长，以便提供更多的木材或发挥最大的效益。林木个体大小、数量分布、径级分布能够反映林分的生长状况和林木之间的竞争关系，是林分结构特征的重要指标（Stankova and Shibuya，2003；Zhang *et al.*，2008）。目前有关林分密度的研究主要集中在林分密度与竞争关系（Stankova and Shibuya，2003；宝秋利等，2011），以及林分密度对人工林群落结构与生态效应（Sprintsin *et al.*，2009；罗素梅等，2010）、林分生长过程（任宝平，2010）、林下植被多样性及土壤水分动态和理化性质的影响（莎仁图雅等，2006；康冰等，2009）等方面，但多涉及乔木人工林，而密度结构对柽柳灌木林生长动态的影响研究较少。不合理密度造林使黄河三角洲区域较多柽柳林生长过程有较大差异，特别是幼林初植密度过小易形成疏林，诱发土壤次生盐碱化，并且不能有效利用空间资源和水分资源，降低森林的稳定性和防护功能；或幼林初植密度过大、成林密度偏高使林木对水分、养分的竞争激烈，易超出林地承载力（莎仁图雅等，2006；Zhang *et al.*，2008）。因此，合理调控密度结构已成为保证林分生长稳定和功能高效的关键技术。

1.1.2.2　林分密度对林地土壤调蓄水功能的影响

土壤水分物理性质不仅能够反映土壤中水、气、热和生物状况，而且影响土壤中植物营养元素的有效性和供应能力，因此常被作为评价土壤质量的重要指标（Bertolino *et al.*，2010；李辉等，2010；Larisa *et al.*，2001）。湿地水文过程被认为是决定各种湿地类型形成与维持，以及湿地生态过程的最重要的因素，湿地土壤水分物理性质的变化对其水分转化、有效利用及调蓄降雨有重要影响（Lv *et al.*，2000；Traill *et al.*，2010）。湿地的生物类群对湿地水分运移过程及理化环境具有反馈控制机制，滨海湿地作为水陆交互作用的过渡地带，在土壤环境的形成、水的储存和处理及其他有水主导的生态过程中都具有过渡性特点，其特殊的土壤剖面结构使湿地水分物理特性体现出不同于陆地生态系统的储蓄水分调节功能。对湿地土壤水分生态特性的研究主要集中在吉林东部金川湿地（李辉等，2010）及纳帕海湖滨草甸湿地（张昆等，2009）等区域，但涉及渤海湾黄河三角洲滨海湿地不同密度柽柳林土壤调蓄水功能的研究报道较少。不合理造林及粗放管理经营使黄河三角洲区域内较多柽柳林开始出现生长衰退、生态功能降低的现象，特别是柽柳幼林初植密度过大、成林密度偏高容易超出林地承载力，可直接改变湿地环境的土壤理化性质。湿地土壤水分物理性质恶化严重，易造成水流输入与输出条件的变化，制约着湿地土壤调蓄水功能，对湿地生态系统结构和功能产生较大影响。

1.1.2.3　林分密度对林地土壤特征的影响

国内外很多学者开展了植被对土壤理化性质影响的研究，观测永久性松树林研究样地显示，松木生长密度对土壤理化性质有显著影响（Gil，2009）。昭惠大学林区天然林和人工林中的日本杉和柏树种植密度过低和过高均会导致土壤孔隙度降低、硬度上升，从而使土壤支撑植被生长能力消殒（Razafindrabe，2006）。随马尾松林分密度增大，土壤有机质、全钾和全磷均先增大后减小（孙千惠等，2018），中密度松栎混交林的土壤理化特性优于其他密度（陈莉莉等，2013）。从垂直方向看，土壤养分含量和孔隙度随土层加深而降低，而土壤盐碱含量逐渐升高（邵英男等，2017）。滨海撂荒盐碱裸地，栽植柽柳林 3 年后，其土壤-植物系统可有效提高土壤有机质含量（李晓光等，2017）。在盐碱生境下，柽柳降低土壤盐分主要通过三种方式（赵可夫，2002）：一是柽柳吸收土壤盐分调节自身渗透压，以适应高盐生境；二是柽柳对地表的遮蔽和覆盖减少地表水分蒸失，抑制土壤盐分随水分迁移在地表积累；三是柽柳枯落物截留雨水，降低地表产流量，使土壤淋溶脱盐效果更加明显。在提升土壤养分方面，黄河三角洲沾化河北村重盐碱地柽柳林 0～20cm 及 20～40cm 深度土壤有机质含量比无林地分别高出 24.1%和16.1%（李必华，1994）。采用 Horton 模型拟合滨海湿地柽柳林的土壤入渗过程发现，3 700 株/hm^2 的林分密度有较好的土壤渗透性（夏江宝等，2012a）。

黄河三角洲是典型的海陆过渡带，泥质海岸带的区域生境特色鲜明，也是我国北方典型的滨海湿地分布区域。近年来受自然因素和人类活动的干扰，黄河三角洲滨海盐碱地和湿地表现出生态过程复杂、环境脆弱、物质循环和能量流动不稳定的特征。滨海盐碱地和湿地土壤受不同密度柽柳林遮蔽、有机质补充及根系与土壤间物质能量交换的影响，表现出复杂的理化分异特征（夏江宝等，2012a；李晓光等，2017）。柽柳林有富集盐分、降低土壤 pH 的作用，成熟的柽柳林可涵养水源、防风固沙（何秀平，2014）。但关于不同林分密度柽柳林对滨海盐碱地和湿地土壤理化性质影响的研究较少，致使利用柽柳恢复滨海退化湿地时的土壤理化性质变化过程尚不清晰，难以掌握何种密度下的柽柳林-土壤的交互效应较好，因此，亟须明晰不同林分密度柽柳林地土壤理化性质的分异性特征。

1.2 地下水-土壤-植物系统水盐运移的研究概况

1.2.1 地下水对土壤水盐运移的影响

地下水作为"饱和带-包气带-植被"间的垂向联系点对土壤及植物具有重要的生态环境效应（Brolsma et al.，2010；安乐生等，2017）。土壤作为联系地下水和植被的纽带，是地下水-植被物质运输的重要载体。地下水与土壤、植物体中的盐分及其水分互为"源-库"关系（Shouse et al.，2006；Ruan et al.，2008），主要通过地下水埋深及其矿化度影响土壤-植物系统的水盐分布（魏彬等，2013），并进一步影响植物的生长和分布格局（Douaik et al.，2007）。当地下水埋深过浅或过深时，均可导致因土壤水分引起的植物水分胁迫（杨劲松和姚荣江，2007）。地下水埋深较浅时，地下水在毛细管作用下进入包气带，促进了盐分的上移（Yu et al.，2014；Liu et al.，2019），特别是在有植被的情况下，根系吸水作用加快了地下水向包气带土层运动的强度，对浅层土壤物质运移，以及地下水-土壤-植物-大气系统（GSPAC 系统）的生物过程和水盐物质迁移产生重要的影响（宫兆宁等，2006）。当地下水埋深过深时，地下水在毛细管作用下无法上升到表土层甚至植物根系分布层，易引起土壤干旱，并对植物生理生态过程产生影响（Zhao et al.，2019）。因此，地下水埋深通过影响土壤水分和盐分的变化，影响着与植物光合生产力形成有关的物质运输和能量平衡（Gerten et al.，2005），对盐碱地生态系统的稳定与安全等方面都起着关键作用。但上述研究较少涉及土壤剖面水盐变化转折深度以及植物体各组织器官的水盐参数与潜水埋深的响应关系，以及地下水-土壤-植物系统内水盐参数是如何相互影响等问题。

浅层地下水是影响盐分迁移、积累和释放的主要因素，地下水埋深的不同易导致土壤水分和盐分波动性较大，从而影响植被的生长发育及分布状况。土壤水与地下水转换关系密切，是水文循环及土壤水分物理过程研究中的重要环节（Zhang *et al.*，2011；Sriroop and Srinivasulu，2014），两者之间的水力联系直接影响土壤的水盐状况（Nippert *et al.*，2010；邓宝山等，2015）。然而，长期以来，由于研究目的、手段和方法的不同，使得土壤水、土壤盐分和地下水动态规律的研究分别在各自独立的领域中发展（Jordán *et al.*，2004；Ruan *et al.*，2008）。随着水分循环研究的深入，人们越来越意识到应将土壤水与地下水作为一个整体来考虑（Ibrakhimov *et al.*，2007；Mohamed *et al.*，2013），地下水可通过毛细作用进入土壤层并参与土壤水的循环，对土壤-植物-大气连续体（SPAC）系统水分循环过程的研究要从单过程分析向多过程综合分析发展（Zhang *et al.*，2011；Mohamed *et al.*，2013），这样才能更全面地认识土壤水盐和地下水的运动规律。

在干旱的内陆盐碱地或淡水资源缺乏的泥质海岸盐碱地，受淋溶作用及盐分本身对土壤水分较强的亲和力（Jordán *et al.*，2004）和气象因子（Nippert *et al.*，2010）等的影响，地下水水位的不同是导致土壤储水量和盐分差异的主要因素（赵新风等，2010；安乐生等，2015）。研究发现，土壤水盐运移与地下水埋深密切相关（Jordán *et al.*，2004；赵欣胜等，2011；王卫星等，2015），但随着土壤质地（赵新风等，2010；魏彬等，2013）、植被类型（赵新风等，2010）、微地形（李彬等，2014；王卫星等，2015）及气候环境（Nipertp *et al.*，2010；王卫星等，2015）等因素的不同，不同土壤剖面的含水量、含盐量与地下水水位的相关性差异较大（赵新风等，2010；魏彬等，2013），并且土壤水分和盐分并未完全与地下水水位表现出同步性（王水献等，2004；李彬等，2014），土壤剖面盐分或水分随地下水水位的不同存在明显的水盐转折点（常春龙等，2014；李彬等，2014）。

国内外从地下水的角度，开展土壤水盐运移以及与植被关系的研究，主要集中在地下水水位对地表植被生长和空间分布等的影响（樊自立等，2004；陈永宝等，2014），以及地下水水位对水文循环过程（Lavers *et al.*，2015）、土地利用方式（Chaudhuri and Ale，2014）和土壤盐渍化特征（姚荣江和杨劲松，2007）等方面。地下水埋深较浅时，地下水中的盐分进入包气带后，土壤盐分对植物的形态建成（Manousaki and Kalogerakis，2011）、根系分布及构型（郭建荣等，2017）、生物量（Cela *et al.*，2012）、光合特性（Xia *et al.*，2018）等产生影响，并进一步影响植物对无机离子的吸收、运输、分配等调控能力（Adolf *et al.*，2013）。高盐生境下，芦苇能够通过分配不同类型根的生物量来提高其适应性，海滨锦葵、鸢尾以及盐地碱蓬（*Suaeda salsa*）通过调整地下根系生物量，促进物质向地上倾斜，适应高盐环境（Van *et al.*，2003）。目前，对土壤水盐动态的研究缺少在土壤垂直深度上，土壤剖面含水量、含盐量及土壤溶液绝对浓度等水盐参数对地下水埋深响应关系的探讨，地下水水位、土壤剖面水分和盐分三者之间的交互效应和作用过程尚不清晰，以致在盐碱地改良和因地下水水位变化而引起的水盐交互胁迫影响植物生长等方面存在理论和技术难题。而土壤水盐迁移特征及其与地下水水位的作用关系研究，是有效防治浅层地下水位区土壤次生盐渍化的前提和基础。

1.2.2 地下水对土壤盐渍化的影响

地下咸水是影响盐分迁移、积累和释放的主要因素，特别是浅层土壤含盐量对植物生产力水平以及水分利用效率影响较大，而地下水位的升降变化以及蒸发作用是影响盐分进入浅层土壤的关键因素（Seeboonruang，2013；田言亮等，2015）。土壤水盐和地下水埋深可交互影响地下水的利用程度、土壤水盐迁移特征和植物生长发育状况（Kahlown *et al.*，2005；Dominik *et al.*，2013；Mehmet *et al.*，2014），在干旱半干旱地下水浅埋区和滨海低平原区，地下水水位-土壤水盐之间的交互效应更加显著（Guswa，2002；Ilichev *et al.*，2008；Milzow *et al.*，2010；Jeevarathinam *et al.*，2013）。因此，在淡水资源缺乏的区域影响植被生长的土壤水分和盐分与地下水位高低密切相关，植物生长应存在一定的生态地下水位或盐渍化形成的临界深度（王水献等，2011）。

国内外学者针对盐渍化土壤的类型及其空间分异性这一热点问题，通过实地调查（Cui *et al.*，2008；Yu *et al.*，2014；Jiménez-Aguirre *et al.*，2018）、模型模拟（叶文等，2014）、遥感影像（Hong *et al.*，2005；Harti *et al.*，2016；Wang *et al.*，2017）、模拟实验（Chen and Feng，2013；Abegunrin *et al.*，2016）等方法，结合数学函数、统计指标等进行了大量的研究。研究发现，在干旱区盐碱地或淡水资源缺乏的滨海盐碱地，土壤垂向剖面上土壤水分、养分、盐分以及热量的运移随土壤深度变化而差异较大；潜水蒸发和土壤的毛管水作用是土壤盐分变化的主导因素（张鹙等，2015）。当地下水矿化度高且水位浅时，盐分更易在毛管作用下向上迁移（安乐生等，2011）。地下水水位对土壤水分蒸发影响较大，土壤在蒸发过程产生水分的再分布，从而导致盐分离子在土壤剖面的重新分布（Xia *et al.*，2016；Buscaroli and Zannoni，2017）。土壤盐分离子含量的变化是影响土壤盐碱化的一个重要指标，且盐分离子比含盐量能更为准确地确定盐渍化的类型，因此，探讨土壤盐分离子的运移特征，可为防止土壤次生盐碱化提供理论依据和技术支持。目前，黄河三角洲土壤水盐特征研究主要集中在土壤盐渍化类型及因素分析（Yu *et al.*，2014）、宏观条件下土壤盐分遥感影像分析（Yang *et al.*，2015；Wang *et al.*，2017）、地下水特征及土壤含水量和含盐量的变异（吕真真等，2017），以及地下水对植被分布的影响（Cui *et al.*，2010；Guan *et al.*，2017；安乐生等，2017）、水盐交互效应（Cui *et al.*，2010；夏江宝等，2015；赵西梅等，2017）等方面，而涉及不同地下水水位下土壤-植物系统内土壤盐分离子的迁移及盐分离子分异规律的报道较少。

土壤盐渍化是世界性的土地资源与生态环境领域内亟待解决的重要问题之一，随着人口与土地资源的矛盾日益加剧，盐碱地资源的改良与利用已成为当今世界各国研究和关注的热点（Gkiougkis *et al.*，2015；Daliakopoulos *et al.*，2016；Niñerola *et al.*，2017）。黄河三角洲是中国乃至世界造陆速度最快的河口三角洲之一，自然资源丰富，是重要的后备土地资源区（吴大千等，2010），然而该地区潜水蒸发较大，淡水资源紧缺，季节性干旱频发，生态环境脆弱，严重的土壤盐渍化成为制约区域农林业可持续发展的瓶颈。受区域性自然和人为因素的影响，不同生物气候带的盐渍土具有不同的发生特点和演变规律（Li *et al.*，2014），盐渍化土壤的盐分组成及离子比例呈现典型的地域性特点，积盐、脱盐过程差异显著（张鸣等，2015；Buscaroli and Zannoni，2017）。在干旱荒漠气候区，含盐母岩和母质、活跃的地表水和地下水的补给是盐渍土形成的动力（何祺胜等，2007；Li *et al.*，2014）。而在黄河三角洲地区，受海水入侵和海平面上升的影响，地下水埋深普遍较低（Xia *et al.*，2016），浅层地下水是黄河三角洲区域泥质海岸盐碱地植被生长关键期的敏感要素和主要水源（赵欣胜等，2011；安乐生等，2011；Laversa *et al.*，2015）。地下水水位及其矿化度控制着土壤盐分的含量和分布（姚荣江等，2007；Shaygan *et al.*，2017），进而影响黄河三角洲优势植被的生长发育、分布格局及群落演替（Cui *et al.*，2008；马玉蕾等，2013；安乐生等，2017）。而植被生长及分布是决定地下水补给以及动态变化的主要因素之一（Yang *et al.*，2017；尹春艳，2017）。因此，针对地下水变化引起的土壤-植物系统的水盐耦合效应，从地下水水位的角度开展土壤-植物系统内主要盐分离子分布规律的研究，对有效防治土壤次生盐渍化、高效利用地下水资源及耐盐碱植物的栽培管理具有重要的科学意义。

1.2.3 植被对地下水-土壤水盐变化的响应研究

地表植被的组成、分布及长势与浅层地下水以及与地下水有关的土壤水盐条件密切相关（Ahmad *et al.*，2002；Yang *et al.*，2007；马玉蕾等，2013）。目前对浅埋深条件下地下水与土壤水盐、植被关系的研究，多集中在地下水位与土壤水分或土壤盐分单一关系的探讨上（姚荣江和杨劲松，2007；安乐生等，2011；管孝艳等，2012；Seeboonruang，2013；常春龙等，2014；Laversa *et al.*，2015；Talebnejad and Sepaskhah，2015）；地下水与植被分布关系的研究，多集中在植被分布格局、群落演替等方面（Brolsma *et al.*，2010；安乐生等，2011；Jeevarathinam *et al.*，2013；马玉蕾等，2013；Fu and Burgher，2015），缺少在地下水—土壤—植物中的水分和盐分系统运移特征方面的探讨，特别是土壤垂直深度上不同土壤剖面，以及植物体各组织器官等的水盐参数对不同地下水埋深的响应关系及其交互效应和作用过程尚不清晰，以致在盐碱地改良、综合开发利用和因地下水埋深变化而引起的水盐耦合作用限制植物生长发育等方面存在理论和技术难题。土壤层水分、盐分的变动受降雨和灌溉等水分入渗作用的影响，地下水埋深波动性较大，野外大田土壤水盐变异性更强，土壤脱盐、积盐过程交替频繁（常春龙等，2014；王相平等，2014）。

柽柳是黄河三角洲盐碱地植被恢复与生态重建的重要树种。黄河三角洲地区蒸降比大、地下水水位浅，且受海水入侵、距海距离的不同，以及黄河淡水和海洋的交汇作用等因素的影响，不同区域地下水矿化度呈现较大不同。水分和盐分是影响黄河三角洲区域柽柳生长、空间分布和不同程度退化的主要因素（Cui *et al.*，2010）。目前，黄河三角洲区域内柽柳的研究主要集中在地下水水位对土壤-柽柳水盐含量（Zhao *et al.*，2019）、光合生理特性（党亚玲等，2017）、叶片功能性状（Xia *et al.*，2018）、水分利用策略（王平等，2017）和群落分布格局（Cui *et al.*，2010）等方面的影响。此外，在水盐因子与柽柳灌丛土壤养分和重金属分布（Lu *et al.*，2016；Liu *et al.*，2019）、群落分布（Liang *et al.*，2018；Liu *et al.*，2019）、种群分化（Zhu *et al.*，2016），以及柽柳幼苗生长及生理生化特性（Xia et al.，2017）等方面也有一定的研究。而在地下水浅埋条件下，从地下水水位及矿化度变化的角度探讨土壤-柽柳系统不同介质中的水盐运移过程，以及如何影响柽柳生长等问题尚不清楚，难以回答地下水浅埋区盐碱地柽柳防护林退化严重及幼苗成活率低等亟须解决的生产实践问题。

1.3 水盐变化对植物生理生态特征影响的研究概况

1.3.1 地下水水位对植物光合及水分生理特征的影响

地下水水位对植物光合生理特征有显著的影响（党亚玲等，2017）。光合效率能够表征植物在一定环境下的健康状况和光合生产能力，可用来预测和表征植物对逆境的适应性和可塑性（Zhang et al.，2014；Sanchez et al.，2015）。光合作用是反映植物生长状况和生产力高低的主要指标，植物光合生理过程与其所生存的微生境密切相关，进行植物光合及水分生理生态研究是揭示不同植物对其生存环境生态响应机制的有效途径。随着植物生理生态测试技术的快速发展，叶片气体交换、蒸腾耗水测试及尺度提升技术能够诊断植物光合机构运转状况及水分生理生态过程对逆境胁迫的响应规律（马宁等，2012；夏江宝等，2015；段利民等，2018）。树干液流是蒸腾作用在植株体内引起的上升流，通过精确测量树干液流速率可以反映植株的蒸腾耗水状况（凡超等，2014）。在土壤水分不足时，植物能调节耗水量来适应干旱逆境，地下水通过影响植物的根系生长，进而影响植物冠层的光合作用和根冠关系，对植物的水分利用效率发生作用，同时不同地下水埋深对植物耗水也具有一定的补给作用（杨鹏年等，2014）。

目前，关于地下水与植物生理生态过程关系的研究已经取得了大量的成果，包括不同地下水条件下植物的水势变化、水分利用、光合生理生态过程（闫海龙等，2010；Antonellini and Mollema，2010；陈亚鹏等，2011；张佩等，2011；王鹏等，2012）等。闫海龙等（2010）研究发现，沙拐枣的适宜地下水埋深范围是1.5~2.5m。陈亚鹏等（2011）研究发现，随地下水埋深从4.91m增加到6.93m，胡杨遭受的干旱胁迫程度升高，光合速率下降。张佩等（2011）研究发现，不同的地下水埋深（1~7m）下，多枝柽柳的光合作用效率差异不显著，但随着地下水埋深增加，气孔导度和蒸腾速率下降，水分利用效率升高。王鹏等（2012）研究发现，在地下水埋深为0.2m时，多枝柽柳在咸水矿化度（3~10g/L）下的光合能力高于微咸水（1~3g/L）和淡水。内陆干旱区博斯腾湖北岸柽柳叶片的光合特征参数变化随地下水位的不同差异显著，柽柳生长适宜埋深约为2.25m（党亚玲等，2017）。塔里木河下游不同地下水位对刚毛柽柳净光合速率、蒸腾速率和水分利用效率的日变化均有较大影响，在近7~8m地下水位时，植物通过降低蒸腾速率使得水分利用率得到有效提高，以此适应荒漠环境（王燕凌等，2015）。塔里木河河岸柽柳在0.4~0.6m地下水条件下，通过高耗水来维持高碳同化速率，在塔里木河下游6~8.44m地下水埋深下，柽柳叶片光系统Ⅱ（PSII）并未因干旱胁迫和高光照而受到不可逆的损伤，从光合作用内在性方面解释了柽柳的干旱抗逆性机制（朱成刚等，2010；吴桂林等，2016）。柽柳可以通过调节体内渗透调节剂和保护酶的含量来适应地下水埋深增加导致的干旱胁迫（陈敏等，2008）。

植物生理生态过程对地下水、土壤水分或盐分的响应不是简单的线性关系（Horton et al.，2001；闫海龙等，2009），地下水水位对植物生理生态过程的影响比较复杂，不同植物种类所需的适宜生态水位及生理生态适应机制存在较大差异（Cui et al.，2010；Chen et al.，2016；吴桂林等，2016）。地下水是制约干旱半干旱区、绿洲、滨海及部分三角洲湿地植被建设的关键自然因素，也是影响黄河下游沿岸柽柳生长和分布的主要因子（栗云召等，2011；马玉蕾等，2013）。黄河下游岸堤附近内陆平原区的平均水位埋深约为23.7m，滨海平原的平均地下水位埋深约为5.3m，而以山东省东营市和滨州市为主的黄河三角洲地区水位埋深较浅，约为2m，最浅处仅0.5m（周在明，2012）。山东省黄河下游随着距离岸堤远近的不同，地下水也呈现一定的波动分布，导致以黄河淡水为主的地下水水位呈现较大差异。柽柳是黄河三角洲盐碱类湿地以及黄河下游岸堤附近的主要植被恢复树种，具有很高的耐盐、抗旱能力和高蒸腾耗水性，主要利用地下水与深层土壤水作为水分来源（Egan et al.，1994）。

1.3.2 地下水矿化度对植物光合及水分生理特征的影响

盐分胁迫下，植物叶绿体损坏（刘卫国等，2016），光合能力降低（Sudhir and Murthy，2004；王碧霞等，2017；王振兴等，2017），导致作物严重减产。研究表明，盐分胁迫下植物净光合速率降低是由于气孔的限制（Yang et al.，2006）。但也有研究认为，盐分胁迫下植物光合能力的降低与非气孔限制，即盐分胁迫下植物叶绿素 b 的降解加速（Karimi et al.，2005）、酶活性降低、碳同化能力减弱等有关（Sivakumar et al.，2000）。植物光合作用由光反应和暗反应组成，叶绿素荧光分析能够无损伤快速测定植物光系统 II 的光化学效率，是诊断植物光系统 II 运转情况、分析植物对逆境响应机制的重要方法（Baker，2008）。盐分胁迫下，植物光系统 II 光能捕获效率降低（Parada et al.，2003；Demiral and Türkan，2006），植物光系统 II 原初电荷分离能力减弱（Misra et al.，1999；Lu and Vonshak，2002），会对植物光合机构造成严重伤害。

地下水矿化度的变化会引起土壤水盐变化，从而影响植物的生长（夏江宝等，2015；赵凤斌等，2017；赵西梅等，2017；曲文静等，2018）。目前，从水盐变化角度开展植物光合生理过程研究多集中在土壤这一介质层（Qin et al.，2010；Glenn et al.，2012），主要以土壤水分或盐分变化对树木光合生理过程及树木耗水机制等方面展开了相关研究（Wang et al.，2011；夏江宝等，2014）。研究发现，地下水埋深小于2.7m和大于5.2m时，土壤盐分和水分分别成为降低胡杨叶片气孔密度的主要因子（Zhao et al.，2012）；在胡杨正常生长的地下生态水位为4.5m以内，土壤盐分不是影响胡杨液流变化的主要因子（马建新等，2010；Chen et al.，2011）；在地下水埋深20cm、地下咸水矿化度3.0～10.0g/L条件下，多枝柽柳的光合参数和水分利用效率最高（王鹏等，2012）。咸水矿化度下，地下水埋深0.9m时，柽柳的光合效率最高（王晓等，2018）。在地下水埋深1.5m时，柽柳在微咸水矿化度（3.0g/L）下的光合作用效率高于淡水和盐水（20g/L）（Xia et al.，2017）。对黄河三角洲柽柳与地下水关系的研究主要集中在水盐生境对柽柳空间分布格局（贺强等，2007；王卓然等，2015）、适宜的生态水位（荣丽杉等，2010）以及植被生态效应（Cao et al.，2014）等方面，较少涉及地下水矿化度对柽柳光合生理生态过程及耗水特征等方面的探讨，致使柽柳生长适宜的地下水矿化度条件及其水盐适应性尚不清晰。

近年来，关于地下水—土壤—植物水盐的交互效应引起了众多学者关注（赵风斌等，2017；曲文静等，2018）。在 0.5～1.5m 的地下水水位下，土壤盐渍化较严重，柽柳主要分布在地下水埋深较浅和中度土壤含盐量的区域（厉彦玲和赵庚星，2018）。盐水矿化度下，潜水埋深 1.2m 是土壤盐分变化的分界点（赵西梅等，2017），适宜柽柳栽植的地下水埋深在 1.5～1.8m（夏江宝等，2015）；在 1.8m 的地下水水位下，随地下水矿化度的上升，柽柳对土壤水分的降低作用在下降，但抑制盐分的作用增强（宋战超等，2016）。咸水矿化度下，柽柳有较高的光合特性，在蒸腾耗水较严重的情况下可实现高效生理用水（孔庆仙等，2016）。对黄河三角洲柽柳与地下水关系的研究主要以水盐影响柽柳分布及其水盐利用特征（李百红等，2011；王平等，2017；厉彦玲和赵庚星，2018）、地下水水位及其矿化度与土壤水盐作用关系（夏江宝等，2015；宋战超等，2016；赵西梅等，2017；厉彦玲和赵庚星，2018）等的研究为主。黄河是黄河三角洲区域主要的淡水补给水源，淡水湿地多分布于河流沿岸，而对黄河下游沿岸及入海口附近，以淡水水源为主的柽柳光合特性及耗水性能研究较少，尚不明确维持柽柳较好光合生理过程及适宜较好生长的地下水水位，在一定程度上限制了黄河下游岸堤护坡、两岸绿化等微生境下的植被恢复。

黄河三角洲蒸降比大、盐渍化程度重，淡水资源紧缺、季节性干旱发生频率及程度增加趋势明显；同时，全球气候变化导致的海平面上升和海水入侵，使泥质海岸盐碱地地下水水位普遍较高，植被分布区浅层地下水以微咸水和咸水为主（Cui et al.，2010；安乐生等，2017）。黄河三角洲植被分布格局及群落演替的主要因子为潜水水位和土壤含盐量，浅层地下水是泥质海岸盐碱地植被生长关键期的敏感要素和主要水源（安乐生等，2017）。受地下水水位及其矿化度的限制，泥质海岸盐碱生境下柽柳生长可利用的有效水资源更加缺乏。由于地下水与土壤、植物体中的盐分及其水分互为"源-库"关系（Liu et al.，2017；Zhang et al.，2017），因而从根源上阐释柽柳光合生理过程与水盐协同作用的响应关系意义重大。但迄今，针对泥质海岸盐碱地，从地下水作为主要水盐来源的角度，对水盐协同作用对柽柳光合生理过程的影响及柽柳适宜的水盐生境问题研究还比较薄弱，因而难以回答黄河三角洲盐碱地柽柳林出现的"造林成活率低、成林退化严重、林分结构和功能稳定性差"等亟须解决的生产实践问题。

1.3.3 盐旱胁迫对植物生理生态特征的影响

1.3.3.1 盐旱胁迫对植物生长及生理生化特性的影响

盐分胁迫和干旱胁迫不仅在发生上有联系，而且都因导致土壤溶液水势下降而使细胞失水甚至死亡，目前有关盐旱互作关系及其对植物生长、生理生化特性的影响研究较多（于振群等，2007；庄伟伟等，2010b；吕廷良等，2010）。盐生植物柽柳逆境生理胁迫的研究主要集中在不同生境下单一因素的盐分（王伟华等，2009；董兴红和岳国忠，2010；陈阳等，2010）或干旱胁迫（陈敏等，2008；赵文勤等，2010）等，如盐分胁迫对柽柳生长（董兴红和岳国忠，2010）、展叶期生理生化特性

（薛苹苹等，2009）、光合作用和渗调物质的影响（王伟华等，2009），以及盐碱生境下柽柳盐分分泌特点及其影响因子（陈阳等，2010）等方面，并对柽柳的抗旱机制与受胁迫程度（陈敏等，2008）及不同生境下柽柳的生理生态特性（赵文勤等，2010）等方面进行了研究。

盐分和干旱是影响植物生长的两大主要环境因素，植物在盐旱逆境条件下，通过提高细胞液的浓度，降低渗透势，使植物保持水分以适应盐旱胁迫，这个过程称为渗透调节。一般渗透调节物质主要包括可溶性糖、脯氨酸、丙二醛（MDA）以及无机离子等（韩志平等，2010；刘艳等，2011）。在逆境胁迫条件下，植物受到胁迫的环境因子往往不止一种，盐分胁迫和干旱胁迫不仅在发生上有联系，而且导致土壤溶液水势下降而使植物细胞失水甚至死亡，因此研究植物对两个或多个环境因子交叉胁迫的生理响应至关重要（王海珍等，2005）。目前，有关盐旱互作关系及其对植物渗透调节机制的研究主要以银沙槐（庄伟伟等，2010）、皂角（于振群等，2007）、君迁子（孔艳菊，2007；张慎鹏等，2008）、紫荆幼苗（吕廷良等，2010）及燕麦（刘建新等，2012）等植物为研究对象；Perez 等（2009）通过对柠檬进行盐旱胁迫实验，表明渗透调节是柠檬在盐分胁迫下主要的调节机制，主要通过 Cl 的吸收来实现。在国外，许多学者主要通过研究与渗透物质产生相关基因表达来研究植物的抗逆机制（Hagit *et al.*，1995；Chakraborty *et al.*，2012）。对柽柳的渗透调节物质含量在胁迫环境下变化规律的研究，仍以单一因素的盐分胁迫和干旱胁迫为主（史玉炜等，2007；陈敏等，2008；王伟华等，2009；陈阳等，2010；董兴红和岳国忠，2010；赵文勤等，2010）。

1.3.3.2 生根粉及盐分胁迫对植物幼苗生理特性的影响

土壤盐渍化对农林业可持续发展和环境质量产生重要影响。传统的盐碱地改良主要有两种方法：一是改良土壤，主要利用工程措施，如挖沟排盐、淡水压盐、筑高田地等，以降低土壤含盐量，改善土壤理化性质，使其可以发展农林产业，但这些措施不仅造价高，土地利用率低，而且淡水资源缺乏区域难以实施。二是利用传统的育种方法和近代的生物工程措施培育耐盐作物品种，以及利用先进的生物技术提高植物的抗盐性。目前以当地盐生植物或耐盐植物种植为核心的植被恢复措施成为盐碱地绿色改良的重要选择（Qadir *et al.*，2011）。国内外学者对耐盐植物改良盐碱土方面开展了部分研究。研究发现，一些耐盐植物可通过吸收盐分聚集于植物体内，从而移除土壤盐分（Hasanuzzaman *et al.*，2014；Bhuiyan *et al.*，2017）；耐盐植物能通过降低土壤容重、提高土壤孔隙度等来改善土壤理化性质。而土壤理化性质的改善能够提高土壤渗透性，促进盐分淋洗（杨策等，2019）。但采用植被措施改良盐碱地主要存在生长初期栽植幼苗难以适应盐碱胁迫，导致幼苗根系生长缓慢、成活率偏低等问题，因此，亟须开展盐碱地耐盐植物幼苗栽植初期提高植物成活率及其生理适应性方面的研究。

随着全球土壤盐渍化问题日益加剧，植物响应盐分胁迫的生理生态机制研究较多，但主要集中在农作物、蔬菜或特定耐盐模式植物等，这对耐盐植物的选育及其在盐碱地改良和植被恢复中的应用具有重要的指导价值（罗达等，2019）。随盐度的增加，菜豆（Farhangi-Abriz and Torabian，2017）、菊芋（Xue and Liu，2008）叶片超氧化物歧化酶（SOD）活性、过氧化物酶（POD）活性、MDA 含量均显著上升。随盐碱胁迫增大，柳枝稂 MDA 含量，SOD、POD 活性均增高（Hu *et al.*，2018）。盐分胁迫会抑制旱柳（*Salix matsudana*）枝条和根的生长，低浓度盐分胁迫会诱导 SOD、POD 和过氧化氢酶（CAT）活性的升高，高浓度盐分胁迫则会抑制抗氧化酶活性、MDA 的含量在低盐分胁迫下增加，随盐分胁迫程度的增加，MDA 含量迅速升高（李斌彬等，2017）。随 NaCl 浓度增加，竹柳叶片相对含水量、叶绿素 a 含量、叶绿素总含量和叶绿素 a/b 均呈下降趋势；但叶绿素 b、脯氨酸和 MDA 含量呈升高趋势；在轻度盐分胁迫下，叶片 SOD 活性和可溶性蛋白质含量均升高，在中度、重度盐分胁迫下显著下降（洪文君等，2017）。但也有研究发现，随盐分胁迫增强，柽柳扦插苗叶片 SOD 和 POD 活性、MDA 含量先升高后降低（朱金方等，2015）。可见，随植物种类和盐分胁迫程度的不同，不同植物的生理生化指标表现出较大差异。

ABT 生根粉作为高效广谱型植物生长调节剂，通过强化、调控植物内源激素含量和重要酶活性，可调节植物代谢作用强度，提高根系活力，促进植物生长，增强植物抗性，以提高植物成活率及生产力。生根粉已广泛应用于植树造林、苗木移植、扦插繁殖中。研究发现，生根粉对鼠尾草和迷迭香插条的生根发育具有积极作用，可显著提高株高、叶数、根长、鲜重和干重等形态特征（Parađiković *et al.*，2013）。2 685μmol/L、5 370μmol/L 萘乙酸（NAA）或 4 920μmol/L 吲哚丁酸（IBA）处理 *Patrinia rupestris* 插条，其生根率、不定根数、根长和鲜重均为最佳生根性状（Su *et al.*，2018）。用 20% 的 IBA 处理一串红的茎插条，扦插成活率及生长状况均表现为最优（Abbas *et al.*，2016）。生根粉应用于柽柳的无性繁殖也有部分研究，以木质化程度低的当年生枝条作为扦插枝条时，用生根粉处理可显著提高扦插成活率。用 200mg/L 的 ABT 处理柽柳嫩枝插穗 1h，可提高其生根率、生长量，平均生根率达 84.44%（谭贵发，2014）。生根粉和肥料的联合作用可显著提高不同土层多枝柽柳的根系活力（张雄杰等，2009）。但是目前已有的研究主要以单一盐分或无盐条件下的繁殖为主，在野外实际条件下实践运用时较为困难，而对不同盐分胁迫下柽柳无性繁殖研究较少，尚缺少盐分胁迫下不同浓度生根粉对柽柳扦插苗生长及生理生化特征的探讨，导致在实际应用中难以确定不同盐分胁迫下扦插柽柳所使用的生根粉浓度。

1.4 生态化学计量学特征研究进展

C、N、P 是生物体最基本的组成元素，C、N、P 等元素在生物、土壤、大气等各圈层中的循环过程及其生态化学计量学特征是目前生态学研究的前沿领域。生态化学计量学结合了生态学和化学计量学的基本原理，是研究生态过程和生态作用中多种化学元素与能量相互作用的科学，是分析生态系统中有机体内化学元素循环规律及其计量平衡的一种理论。这一研究领域使得生物学科从分子到生物圈不同层次的研究理论有机地统一了起来。

近年来，国内外有关 C、N、P 生态化学计量学的研究和应用较多，研究对象从海洋生态系统逐渐向陆地生态系统转变，研究尺度也从全球尺度向区域尺度和局域尺度转化，同时，针对土壤营养元素、光照、低温等不同环境胁迫条件下的植物生态化学计量学特征也开展了部分研究，并取得了一定成果（Reich and Oleksyn，2004；Striebel *et al.*，

2008)。然而针对海岸带湿地植物生态化学计量学特征的研究却鲜见报道，湿地植物生态化学计量学特征对海岸带湿地特殊的生态环境，特别是水盐条件变化如何响应，湿地植物对土壤生态化学计量学特征有何影响，以及水盐分胁迫条件下植物生态化学计量学特征如何变化，这些都有待于深入研究。

1.4.1 生态化学计量学概述

生态化学计量学结合了生态学和化学计量学的基本原理，是研究生态过程和生态作用中多种化学元素与能量相互作用的科学，是分析生态系统中有机体内化学元素循环规律及其计量平衡的一种理论（Elser *et al.*，1996；Hessen，1997）。通过生态化学计量学相关理论，可以清楚地了解生态系统与化学元素质量平衡之间的相互作用关系。生态化学计量学通过研究不同元素在各个层次的特定比例组成，把分子、细胞、个体、种群、群落、生态系统、景观以及生物圈等各个层次统一起来，已经成为研究从分子尺度到全球尺度的多学科交叉的综合性科学。因此在国际生态学前沿中越来越受到重视（Elser *et al.*，2003；Zhang *et al.*，2004）。

C、N、P 在植物体构成及其生理代谢方面发挥着重要作用，是植物生长发育过程中所必需的营养元素。这些元素的含量及其计量比的差异是引起生态功能分异的重要因素，生态化学计量学在生态学中最重要的应用就是依据生物体内元素组成的差异来区分生物体本身（Elser *et al.*，1996）。生态化学计量学理论认为生物体相互之间的作用以及生物体与环境之间的相互作用，不仅取决于相关生物体对元素的需求，也取决于其所处环境中该元素的平衡状况（Elser and Urabe，1999）；各元素的计量比对生物体的特征和其对资源数量、种类的需求起决定性作用。所以，有机体内各元素计量比与环境中各元素计量比形成了复杂的反馈关系，当两者不相匹配时，有机体的生长、发育和生物种群的行为、进化将受到严重的影响（Schimel，2003）。总的来说，有机体的化学计量比的差异较大（Michaels，2003），动物受无机环境影响较小，生态化学计量学特征变化范围比较小，植物受无机环境影响较大，生态化学计量学特征变化范围也比较大（曾德慧和陈广生，2005）。

1.4.2 生态化学计量学基本理论

生态化学计量学从诞生到发展至今，主要形成了两大基础理论，即动态平衡理论和生长速率理论。生物的内稳态机制是指生物控制自身体内环境并使其保持相对稳定，是进化发展过程中形成的一种进步的机制，它能或多或少地减少生物对外界条件的依赖性（Kooijman，1995）。基于此，生态化学计量学发展了动态平衡理论。生物体由多种多样的化合物组成，各元素以特定的比例形成化合物，而这些化合物在生物体内的含量也通常保持稳定，因此，各元素在生物体内的比率也保持相对稳定。然而当环境发生极端变化时，生物体元素的组成也会随环境的变化而发生很大变化，如果波动超出了生物体的耐性阈值，便会影响生物的正常生存、发育、繁殖、行为和分布等，这与"谢尔福德（Shelford）耐受性定律"存在相似之处。因此，通过内稳态机制，生物体能保持内部环境相对稳定，即所谓的"动态平衡"（homeostasis）。许多研究表明（王绍强和于贵瑞，2008；王维奇等，2010），生物体通过调节自身体内的养分含量、酶活性、温度、pH 等特性，来适应外部环境的变化，所以基于动态平衡理论，生物体内元素含量及计量比与环境的元素含量及计量比保持着动态平衡（Sterner and Elser，2002），这是生态化学计量学研究的基础。

一些科学家基于浮游动物、细菌等生物的大量研究提出了生长速率理论（growth rate hypothesis，GRH）（Hessen and Lyche，1991；Sterner and Schulz，1998；Elser et al.，2000），即高生长率的生物体，体内 C∶P 值、N∶P 值较低，这主要是由于生长速率快的生物体体内合成了大量核糖体，而核糖体中含有较多的 RNA，是 P 元素的主要储藏库。该理论揭示了生态化学计量学特征对生物体细胞的生理、生物个体的生长与发育、生物种群的动态和生态系统功能影响的基本途径和框架的控制作用（Refiners，1986；Elser et al.，2000；Vanni et al.，2002）。生长速率理论通过对生物体内 C、N、P 三种元素及 C∶N∶P 的研究，分析这三种元素的生态化学计量学特征与蛋白质生产、RNA 分配、生物体生长情况之间的关系，从不同角度解释生物学机制；并通过描述 C∶N∶P 和个体生长速率之间的关系，把从分子到生物圈、内陆到海洋等各个层次水平不同尺度下的各种生态系统从化学元素的角度有机地联系起来。通过生长速率理论，可以看出生物体中各元素的生物地理化学循环与其生长、发育和繁殖密切相关，有机体不同生长阶段生长速率的改变都伴随着各元素含量及计量比的变化。所以生长速率理论把元素比例与生物体的生命活动有机地联系起来了。

1.4.3　国内外生态化学计量学研究概况

国外在生态化学计量学研究和应用方面有很长的历史。早期，生态化学计量学在营养动态中的应用是生态化学计量学产生的标志（Lotka，1925）。随着研究的不断深入，生态化学计量学延伸至浮游生物营养、生态系统限制元素类型判断以及生态系统生物地球化学循环等方面。研究对象也由海洋生态系统逐渐向陆地生态系统过渡，从而使生态化学计量学在生物进化和演替、食物网动力学、营养互作等不同生态学领域得到广泛应用（Mattson and Scriber，1987；Smith，1993；Andersen，1997），生态化学计量学有了很大的发展。目前，生态化学计量学在 C、N、P 等养分循环，生物种群动态变化，生态系统养分供需平衡以及其演替和衰退过程等方面正逐步加强应用，特别是植物叶片 N∶P 值在生物养分限制方面的研究和应用，已经取得了很多成果。相关基于湿地生态系统的研究表明，当 N∶P>16 时，植物生长受 P 元素限制；当 N∶P<14 时，植物生长受 N 元素限制；当 14<N∶P<16 时，植物生长受 N、P 元素共同限制（Koerselman and Meuleman，1996；Lerman et al.，2000；Urabe et al.，2002；Wardle et al.，2004）。相关基于陆地生态系统的研究表明，当 N∶P>20 时，植物生长受 P 元素限制；当 N∶P<10 时，植物生长受 N 元素限制；当 10<N∶P<20 时，植物生长受 N、P 元素共同限制（Güsewell，2004）。就滨海湿地生态系统而言，由于其特殊的水文和土壤理化条件，生态系统异质性高，各元素生物地球化学循环相对复杂，致使滨海湿地生态系统 C、N、P 化学计量比作为生物养分限制判断的临界比值更加复杂。所以，目前滨海湿地生态系统

植物 C∶N∶P 的生态化学计量学特征在生物养分限制判断上还存在不足，对小尺度生态系统还需加强定量研究。

国内有关生态化学计量学的研究历史相对较短，但是发展速度较快。目前国内关于生态化学计量学的研究，主要集中在区域 C∶N∶P 化学计量学格局及其驱动因素，以及多种生态系统中植物和土壤 C∶N∶P 化学计量学特征方面。这些研究不仅包含了不同生态系统类型之间、不同演替阶段植物 C∶N∶P 化学计量学特征的差异，还包括了植物叶片 C、N、P 化学计量学特征的季节变化，植物根、茎、叶等不同器官生态化学计量学特征之间的相关性，以及不同物种间和物种内生态化学计量学特征的差异性。

He 等（2006，2008）通过对中国 199 个样点，41 个科属 213 个草本植物叶片样品中 C、N 含量、C∶N 值的测定分析，研究了大尺度下中国草原生态系统的 C、N 化学计量学特征，结果表明，处于内蒙古、西藏高原、新疆维吾尔自治区这三个区域的植物，虽然所属气候区域截然不同，但叶片 C、N 化学计量比呈现稳定状态。生长季中平均气温和降水量对植物叶片 C∶N 值影响较小，引起植物叶片 C∶N 值变异的主要原因是植物生活型和植物种属。这说明温度主要是通过改变植物物种组成来影响植物叶片 C、N 含量。除了中国草原生物群落植物叶片 C、N 生态化学计量学特征以外，He 等还研究了植物叶片 P 含量和 N∶P 值，分析了极端环境条件下植物叶片 N、P 化学计量学特征对气候因子和物种系统发育史的响应，结果表明，气候因子轻微影响叶片 P 含量和 N∶P 值，叶片 P 含量和 N∶P 值变异的主要影响因素是物种系统发育史。李玉霖等（2010）通过分析环境水热条件对植物叶片 N、P 生态化学计量学特征的影响，研究了北方荒漠化地区植物生态化学计量学特征，结果表明，北方荒漠化地区植物叶片 N、P 含量高于全球、全国以及其他区域尺度的研究结果，但是叶片 N∶P 值与其他结果差异不显著；植物生活型的差异是影响北方荒漠化地区植物叶片 N、P 生态化学计量学特征的重要因素，具体表现为，灌木和非禾本科植物体内的 N 元素含量较高，非禾本科植物体内 P 元素含量较高，灌木植物体内 N∶P 值较高，因此，植物生活型的差异能显著影响植物对土壤养分的利用策略。阎凯等（2011）研究了湿地土壤不同磷含量对植物叶片 C、N、P 等营养元素含量及其计量比特征的影响，结果表明，植物叶片各营养元素含量显著相关，土壤 P 含量能显著影响植物叶片 C、N、P 含量及其计量比。王凯博和上官周平（2011）研究了黄土丘陵区燕沟流域典型植物叶片 C、N、P 化学计量特征，对该流域 8 种典型植物叶片 C、N、P 含量及计量比进行测定分析后，结果表明，叶片 C、N、P 含量及计量比都有显著的季节动态，但叶片 C、N、P 含量及计量比物种间差异不显著。刘兴诏等（2010）通过对植物与土壤中 N、P 含量的分析，认为南亚热带森林生态系统植物生长的限制性元素是 P。随着生态化学计量学研究的不断深入，国内生态化学计量学研究正朝着多尺度、多层次、多方面的方向不断发展。

1.4.4　环境因子对植物生态化学计量学特征的影响

在一定范围内，生物体能调整自身体内各元素的含量及计量比来适应外在环境的变化（Yu *et al.*，2010）。相关研究表明，大多数生态系统循环过程与 C、N、P 等营养元素相关（Aerts and Chapin，2000）。环境因素如土壤营养元素含量、气候条件、土壤水分、土壤盐分、光照等能显著影响生物体的生长和发育，因此，当环境条件发生变化时，生态系统中生物体必须调整自身 C、N、P 等营养元素的含量及计量比来适应环境的变化，从而减轻外界环境条件变化对自身的影响。

1.4.4.1 土壤养分

土壤 C、N、P 等营养元素的生态化学计量特征能显著影响植物体 C、N、P 含量及其化学计量比。植物体 N、P 含量及 N：P 值与土壤的 N、P 含量及 N：P 值呈显著相关性。相关研究表明，植物叶片 N：P 值能影响植物叶绿素的合成，从而影响植物的光合作用能力，改变植物生产效率，影响植物的生长（Andersson，1997）。安卓等（2011）研究了氮素添加对草原植物 C：N：P 生态化学计量学特征的影响，结果表明土壤氮素的增加能显著增加植物叶片的 C、N 和立枯物的 N、P 含量，土壤氮素的增加降低了植物的 N、P 重吸收率；当植物群落受 P 元素限制时，添加氮素会加剧 P 元素的限制作用，说明 N、P 的重吸收率是保证植物在贫瘠土壤中生存的重要机制。

土壤养分是植物体内次生代谢物质积累的基础，能显著影响生态系统的发展和演替。植物生长养分限制的大小依赖于自身生长过程中对养分的需求与土壤养分可利用程度之间的动态平衡（Daufresne and Hedin，2005），所以不同生境不同土壤养分条件能显著影响植物种类的生态特征和植物各生长阶段的生长发育，是影响植被时空动态和生产力等功能特征的主要因素之一（Andersen et al.，2004）。

1.4.4.2 土壤水分

水是所有物质循环和能量流动的重要媒介，能显著影响土壤养分有效性。土壤水分含量受地表径流、土壤蒸发及植物蒸腾作用、地下水位、降水等因素的影响，常常和养分共同作用，限制干旱地区植物的生长和发育。汪贵斌等（2005）研究了干旱胁迫对植物体内 N、P 元素含量的影响，结果表明，随干旱胁迫的加剧，植物茎、叶中全 N、全 P 含量呈先上升后下降的变化趋势，干旱胁迫对植物根系全 N 含量影响不显著；刘国琴等（2003）研究了干旱胁迫对植物叶片中矿质营养元素含量的影响，结果表明，土壤干旱胁迫能显著降低植物叶片中 N、P 等营养元素含量。所以，土壤水分能限制土壤养分可利用状况，改变植物对土壤养分的吸收和自身光合作用，是植物 C、N、P 等营养元素生态化学计量学特征及其生物地球化学循环的重要影响因素。

1.4.4.3 土壤盐分

盐分胁迫能抑制植物的生长和发育，并对植物体内 C、N、P 元素含量产生显著的影响。植物体内 N、P 等元素代谢系统的失调是植物盐害的重要表现之一。相关研究表明，随盐分胁迫的加剧，植物体能改变自身生长生理特性来抵抗外界环境的胁迫（沈振国和沈其荣，1992；朱金方等，2012），从而引起体内 C、N、P 元素含量的变化。曾长立等（2011）研究了盐分胁迫下植物幼苗吸收矿质营养元素的基因型差异，结果表明，随土壤盐分胁迫的加剧，植物体内全 N 含量显著下降，全 P 含量显著上升；杨涛等（2003）研究了盐分胁迫下植物幼树体内营养元素的分配规律，结果表明，随盐分胁迫的加剧，植物根、茎、叶中全 N，根、茎中全 P 含量显著增加，全 N、全 P 含量与盐浓度呈显著正相关。因此，土壤盐分胁迫能改变植物体内 C、N、P 元素含量及其计量比，也是植物 C、N、P 元素生态化学计量学特征的重要影响因素。

鉴于此，基于生态化学计量学基本原理和理论，综合考虑水分、盐分等非生物因素，以黄河三角洲湿地柽柳为研究对象，系统研究黄河三角洲地区柽柳茎、叶中 C、N、P 元素的生态化学计量学特征及其季节动态变化，分析比较柽柳茎、叶中各元素及其化学计量比的时空动态，并结合研究区土壤中含盐量的动态变化，分析其与植物生态化学计量学特征的相关性；探讨湿地柽柳"肥岛效应"对土壤生态化学计量学特征的影响，分析营养元素在植物—土壤中的循环过程，以期揭示黄河三角洲湿地柽柳茎、叶中各元素及其化学计量比的时空格局及其形成机制，揭示柽柳对各元素的需求和当地土壤的养分供给能力，以及对气候和环境变化的适应和反馈能力；研究盐旱胁迫条件下，柽柳根、茎、叶中 C、N、P 含量的变化，探索其生态化学计量学特征在盐旱胁迫条件下的变化规律，可从生态化学计量学的角度重新认识黄河三角洲柽柳湿地生态系统退化的特征与机制。

参 考 文 献

安乐生, 赵全升, 叶思源, 等. 2011. 黄河三角洲地下水关键水盐因子及其植被效应. 水科学进展, 22(5): 689-694.

安乐生, 周葆华, 赵全升, 等. 2015. 黄河三角洲土壤氯离子空间变异特征及其控制因素. 地理科学, 35(3): 358-364.

安乐生, 周葆华, 赵全升, 等. 2017. 黄河三角洲植被空间分布特征及其环境解释. 生态学报, 37(20): 6809-6817.

安卓, 牛得草, 傅华. 2011. 氮素添加对黄土高原典型草原长芒草氮磷重吸收率及 C∶N∶P 化学计量特征的影响. 植物生态学报, 35(8): 801-807.

宝秋利, 代海燕, 张秋良, 等. 2011. 大青山主要林型林分密度与竞争关系的研究. 干旱区资源与环境, 25(3): 152-155.

常春龙, 杨树青, 刘德平, 等. 2014. 河套灌区上游地下水埋深与土壤盐分互作效应研究. 灌溉排水学报, 33(4/5): 315-319.

陈莉莉, 王得祥, 于飞, 等. 2013. 林分密度对土壤水分理化性质的影响. 东北林业大学学报, 41(8): 61-64.

陈敏, 陈亚宁, 李卫红. 2008. 塔里木河中游地区柽柳对地下水埋深的生理响应. 西北植物学报, (7): 1415-1421.

陈为峰, 史衍玺. 2010. 黄河三角洲新生湿地不同植被类型土壤的微生物分布特征. 草地学报, 18(6): 859-863.

陈亚鹏, 陈亚宁, 徐长春, 等. 2011. 塔里木河下游地下水埋深对胡杨气体交换和叶绿素荧光的影响. 生态学报, 31(2): 344-353.

陈阳, 王贺, 张福锁, 等. 2010. 新疆荒漠盐碱生境柽柳盐分分泌特点及影响因子. 生态学报, 30(2): 511-518.

陈永宝, 胡顺军, 罗毅, 等. 2014. 新疆喀什地下水浅埋区弃荒地表层土壤积盐与地下水的关系. 土壤学报, 51(1): 75-81.

党亚玲, 韩炜, 马霄华, 等. 2017. 博斯腾湖北岸不同地下水埋深对塔干柽柳光合特性的影响. 生态科学, 36(6): 188-194.

邓东周, 张小平, 鄢武先, 等. 2010. 低效林改造研究综述. 世界林业研究, 23(4): 65-69.

董兴红, 岳国忠. 2010. 盐分胁迫对刚毛柽柳生长的影响. 华北农学报, 25(S2): 154-155.

段利民, 童新, 吕杨, 等. 2018. 固沙植被黄柳、小叶锦鸡儿蒸腾耗水尺度提升研究. 自然资源学报, 33(1): 52-62.

凡超, 邱燕萍, 李志强, 等. 2014. 荔枝树干液流速率与气象因子的关系. 生态学报, 34(9): 2401-2410.

樊自立, 马英杰, 张宏, 等. 2004. 塔里木河流域生态地下水位及其合理深度确定. 干旱区地理, 27(1): 8-13.

宫兆宁, 宫辉力, 邓伟, 等. 2006. 浅埋条件下地下水—土壤—植物—大气连续体中水分运移研究综述. 农业环境科学学报, 25(增刊): 365-373.

管孝艳, 王少丽, 高占义, 等. 2012. 盐渍化灌区土壤盐分的时空变异特征及其与地下水埋深的关系. 生态学报, 32(4): 198-206.

郭建荣, 郑聪聪, 李艳迪, 等. 2017. NaCl 处理对真盐生植物盐地碱蓬根系特征及活力的影响. 植物生理学报, 53(01): 63-70.

韩志平, 郭世荣, 尤秀娜, 等. 2010. 盐分胁迫对西瓜幼苗活性氧代谢和渗透调节物质含量的影响. 西北植物学报, 30(11): 2210-2218.

何祺胜, 塔西甫拉提·特依拜, 丁建丽, 等. 2007. 塔里木盆地北缘盐渍地遥感调查及成因分析: 以渭干河-库车河三角洲绿洲为例. 自然灾害学报, (5): 24-29.

何秀平. 2014. 柽柳对滨海湿地土壤理化性质的影响. 青岛: 国家海洋局第一海洋研究所硕士学位论文.

贺强, 崔宝山, 赵欣胜, 等. 2007. 水盐梯度下黄河三角洲湿地植被空间分异规律的定量分析. 湿地科学, 5(3): 208-214.

贺强, 崔保山, 胡乔木, 等. 2008a. 水深环境梯度下柽柳种群分布格局的分形分析. 水土保持通报, 28(5): 70-73.

贺强, 崔保山, 赵欣胜, 等. 2008b. 水、盐梯度下黄河三角洲湿地植物种的生态位. 应用生态学报, 19(5): 969-975.

洪文君, 申长青, 庄雪影, 等. 2017. 盐分胁迫对竹柳幼苗生理响应及结构解剖的研究. 热带亚热带植物学报, 25(5): 489-496.

康冰, 刘世荣, 蔡道雄, 等. 2009. 马尾松人工林林分密度对林下植被及土壤性质的影响. 应用生态学报, 20(10): 2323-2331.

孔庆仙, 夏江宝, 赵自国, 等. 2016. 不同地下水矿化度对柽柳光合特征及树干液流的影响. 植物生态学报, 40(12): 1298-1309.

孔艳菊. 2007. 皂角、君迁子和紫荆苗木对盐旱交叉胁迫反应的研究. 泰安: 山东农业大学硕士学位论文.

李百红, 赵庚星, 董超, 等. 2011. 基于遥感和GIS的黄河三角洲盐化土地动态及其驱动力分析. 自然资源学报, 26(2): 310-318.

李必华, 邢尚军, 商华妃, 等. 1994. 滨海拓荒植物. 济南: 山东科学技术出版社.

李彬, 史海滨, 闫建文, 等. 2014. 节水改造后盐渍化灌区区域地下水埋深与土壤水盐的关系. 水土保持学报, 28(1): 117-122.

李斌彬, 欧阳洁, 王嘉玥, 等. 2017. NaCl 对旱柳生长发育及部分生理特性的影响. 天津师范大学学报(自然科学版), 37(6): 37-42.

李辉, 唐占辉, 盛连喜. 2010. 农业耕作对吉林东部金川湿地土壤保水功能影响及机理的初步探讨. 湿地科学, 8(2): 151-156.

李晓光, 郭凯, 封晓辉, 等. 2017. 滨海盐渍区不同土地利用方式土壤-植被系统碳储量研究. 中国生态农业学报, 25(11): 1580-1590.

李玉霖, 毛伟, 赵学勇, 等. 2010. 北方典型荒漠及荒漠化地区植物叶片氮磷化学计量特征研究. 环境科学, 31(8): 1716-1725.

厉彦玲, 赵庚星. 2018. 黄河三角洲典型地区耕地土壤养分空间预测. 自然资源学报, 33(3): 489-503.

栗云召, 于君宝, 韩广轩, 等. 2011. 黄河三角洲自然湿地动态演变及其驱动因子. 生态学杂志, 30(7):

1535-1541.

林杰, 张波, 李海东, 等. 2010. 基于 GIS 的苏南地质低效杉木林分类研究. 南京林业大学学报(自然科学版), 34(3): 157-160.

凌敏, 刘汝海, 王艳, 等. 2010. 黄河三角洲柽柳林场湿地土壤养分的空间异质性及其与植物群落的耦合关系. 湿地科学, 8(1): 92-97.

刘富强, 王延平, 杨阳, 等. 2009. 黄河三角洲柽柳种群空间分布格局研究. 西北林学院学报, 24(3): 7-11.

刘国琴, 何嵩涛, 樊卫国, 等. 2003. 土壤干旱胁迫对刺梨叶片矿质营养元素含量的影响. 果树学报, 20(2): 96-98.

刘建新, 王金成, 王瑞娟, 等. 2012. 旱盐交叉胁迫对燕麦幼苗生长和渗透调节物质的影响. 水土保持学报, 26(3): 244-248.

刘卫国, 丁俊祥, 邹杰, 等. 2016. NaCl 对齿肋赤藓叶肉细胞超微结构的影响. 生态学报, 36(12): 1-8.

刘兴诏, 周国逸, 张德强, 等. 2010. 南亚热带森林不同演替阶段植物与土壤中 N、P 的化学计量特征. 植物生态学报, 34(1): 64-71.

刘衍君, 曹建荣, 高岩, 等. 2012. 莱州湾南岸海水入侵区土壤盐渍化驱动力分析与生态对策. 中国农学通报, 28(2): 209-213.

刘艳, 陈贵林, 蔡贵芳, 等. 2011. 干旱胁迫对甘草幼苗生长和渗透调节物质含量的影响. 西北植物学报, 31(11): 2259-2264.

吕廷良, 孙明高, 宋尚文, 等. 2010. 盐、旱及其交叉胁迫对紫荆幼苗净光合速率及其叶绿素含量的影响. 山东农业大学学报(自然科学版), 41(2): 191-195, 204.

吕真真, 杨劲松, 刘广明, 等. 2017. 黄河三角洲土壤盐渍化与地下水特征关系研究. 土壤学报, 54(6): 1377-1385.

罗达, 史彦江, 宋锋惠, 等. 2019. 盐分胁迫对平欧杂种榛幼苗生长、光合荧光特性及根系构型的影响. 应用生态学报, 30(10): 3376-3384.

罗素梅, 何东进, 谢益林, 等. 2010. 林分密度对尾赤桉人工林群落结构与生态效应的影响研究. 热带亚热带植物学报, 18(4): 357-363.

马建新, 陈亚宁, 李卫红, 等. 2010. 胡杨液流对地下水埋深变化的响应. 植物生态学报, 34: 915-923.

马宁, 王乃昂, 王鹏龙, 等. 2012. 黑河流域参考蒸散量的时空变化特征及影响因素的定量分析. 自然资源学报, 27(6): 975-989.

马玉蕾, 王德, 刘俊民, 等. 2013. 地下水与植被关系的研究进展. 水资源与水工程学报, 24(5): 36-40.

穆从如, 杨林生, 王景华, 等. 2000. 黄河三角洲湿地生态系统的形成及其保护. 应用生态学报, 11(1): 124-127.

欧阳君祥, 曾思齐. 2002. 长江中上游低质低效次生栎林的分类与评价. 林业资源管理, (3): 69-74.

欧阳君祥, 曾思齐. 2003. 低质低效冷杉林的分类与评价. 中南林学院学报, 23(1): 6-10.

曲文静, 乔娅楠, 王灵艳, 等. 2018. 子花形态、生理和繁殖对水位变化的响应. 湿地科学, 16(1): 79-84.

荣丽杉, 刘高焕, 束龙仓, 等. 2010. 黄河三角洲地下水生态水位埋深研究. 水电能源科学, 28: 92-96.

莎仁图雅, 韩胜利, 田有亮, 等. 2006. 大青山区不同密度人工油松林地土壤水分动态规律的研究. 内蒙古农业大学学报(自然科学版), 27(2): 75-78.

邵英男, 刘延坤, 李云红, 等. 2017. 不同林分密度长白落叶松人工林土壤养分特征. 中南林业科技大学学报, 37(9): 27-31.

沈振国, 沈其荣. 1992. 不同氮水平下盐分胁迫对大麦幼苗中某些氮化物积累的影响. 植物生理学通讯, 28(3): 189-191.

史玉炜, 王燕凌, 李文兵, 等. 2007. 水分胁迫对刚毛柽柳可溶性蛋白、可溶性糖和脯氨酸含量变化的影响. 新疆农业大学学报, (2): 5-8.

宋创业, 刘高焕, 刘庆生, 等. 2008. 黄河三角洲植物群落分布格局及其影响因素. 生态学杂志, 27(12): 2042-2048.

宋战超, 夏江宝, 赵西梅, 等. 2016. 不同地下水矿化度条件下柽柳土柱的水盐分布特征. 中国水土保持科学, 14(2): 41-48.

孙千惠, 吴霞, 王媚臻, 等. 2018. 林分密度对马尾松林林下物种多样性和土壤理化性质的影响. 应用生态学报, 29(3): 732-738.

谭贵发. 2014. 柽柳嫩枝扦插试验. 吉林林业科技, 43(6): 11-13.

汤爱坤, 刘汝海, 许廖奇, 等. 2011. 昌邑海洋生态特别保护区土壤养分的空间异质性与植物群落的分布. 水土保持通报, 31(3): 88-93.

田言亮, 严明疆, 张光辉, 等. 2015. 环渤海低平原土壤盐分分布格局及其影响机制研究. 水文地质工程地质, 42(1): 118-122, 133.

汪贵斌, 袁安全, 曹福亮, 等. 2005. 土壤水分胁迫对银杏无机营养元素含量的影响. 南京林业大学学报(自然科学版), 29(6): 15-18.

王碧霞, 黎云祥, 丁春邦. 2017. 葎草幼苗的生理生化特征对盐分胁迫的响应. 西北植物学报, 37(2): 321-329.

王海珍, 梁宗锁, 郝文芳, 等. 2005. 白刺花(Sophora viciifolia)适应土壤干旱的生理学机制. 干旱地区农业研究, (1): 106-110.

王鹏, 赵成义, 李君. 2012. 地下水埋深及矿化度对多枝柽柳幼苗光合特征及生长的影响. 水土保持通报, 32(2): 84-89.

王平, 刘京涛, 朱金方, 等. 2017. 黄河三角洲海岸带湿地柽柳在干旱年份的水分利用策略. 应用生态学报, 28(6): 1801-1807.

王绍强, 于贵瑞. 2008. 生态系统碳氮磷元素的生态化学计量学特征. 生态学报, 28(8): 3937-3947.

王水献, 吴彬, 杨鹏年, 等. 2011. 焉耆盆地绿洲灌区生态安全下的地下水埋深合理界定. 资源科学, 33(3): 422-430.

王水献, 周金龙, 董新光. 2004. 地下水浅埋区土壤水盐试验分析. 新疆农业大学学报, 27(3): 52-56.

王维奇, 曾从盛, 钟春棋, 等. 2010. 人类干扰对闽江河口湿地土壤碳、氮、磷生态化学计量学特征的影响. 环境科学, 31(10): 2411-2416.

王伟华, 张希明, 闫海龙, 等. 2009. 盐处理对多枝柽柳光合作用和渗调物质的影响. 干旱区研究, 26(4): 561-568.

王卫星, 李攻科, 侯佳渝, 等. 2015. 天津滨海地区土壤剖面盐渍化特征及其影响因素. 物探与化探, 39(1): 172-179.

王相平, 杨劲松, 姚荣江, 等. 2014. 苏北滩涂水稻微咸水灌溉模式及土壤盐分动态变化. 农业工程学报, 30(7): 54-63.

王晓, 任宪丽, 夏江宝, 等. 2018. 不同潜水埋深下黄河三角洲柽柳光合作用参数变化规律研究. 湿地科学, 16(6): 749-755.

王振兴, 昌海燕, 秦红艳, 等. 2017. 盐碱胁迫对山葡萄光合特性及生长发育的影响. 西北植物学报, 37(2): 339-345.

王卓然, 赵庚兴, 高明秀, 等. 2015. 黄河三角洲典型地区春季土壤水盐空间分异特征研究: 以垦利县为例. 农业资源与环境学报, 32: 154-161.

魏彬, 海米提·依米提, 王庆峰, 等. 2013. 克里雅绿洲地下水埋深与土壤含水量的相关性. 中国沙漠, 33(4): 1110-1116.

吴承祯, 洪伟. 2000. 杉木数量经营学引论. 北京: 中国林业出版社: 213-222.

吴大千, 王仁卿, 高甡, 等. 2010. 黄河三角洲农业用地动态变化模拟与情景分析. 农业工程学报, 26(4): 285-290.

吴桂林, 蒋少伟, 王丹丹, 等. 2016. 地下水埋深对胡杨(Populus euphratica)、柽柳(Tamarix ramosissima)气孔响应水汽压亏缺敏感度的影响. 中国沙漠, 36(5): 1296-1301.

吴桂林, 蒋少伟, 周天河, 等. 2016. 不同地下水埋深胡杨与柽柳幼苗的水分利用策略比较. 干旱区研究, 33(6): 1209-1216.

夏江宝, 孔雪华, 陆兆华, 等. 2012a. 滨海湿地不同密度柽柳林土壤调蓄水功能. 水科学进展, 23(5): 628-634.

夏江宝, 许景伟, 李传荣, 等. 2011. 黄河三角洲盐碱地道路防护林对土壤的改良效应. 水土保持学报, 25(6): 72-75.

夏江宝, 许景伟, 李传荣, 等. 2012b. 黄河三角洲低质低效人工刺槐林分类与评价. 水土保持通报, 32(1): 217-221.

夏江宝, 张淑勇, 朱丽平, 等. 2014. 贝壳堤岛酸枣树干液流及光合参数对土壤水分的响应特征. 林业科学, 50: 24-32.

夏江宝, 赵西梅, 赵自国, 等. 2015. 不同潜水埋深下土壤水盐运移特征及其交互效应. 农业工程学报, 31: 93-100.

薛苹苹, 曹春辉, 何兴东, 等. 2009. 盐碱地绒毛白蜡与柽柳展叶期生理生化特性比较. 南开大学学报(自然科学版), 42(4): 18-23.

闫海龙, 张希明, 梁少民, 等. 2010. 地下水埋深及水质对塔克拉玛干沙拐枣气体交换特性的影响. 中国沙漠, 30(5): 1146-1152.

闫海龙, 张希明, 许浩, 等. 2009. 塔里木沙漠公路防护林3种植物光合特性对干旱胁迫的响应. 生态学报, 30(10): 2519-2528.

杨策, 陈环宇, 李劲松, 等. 2019. 盐地碱蓬生长对滨海重盐碱地的改土效应. 中国生态农业学报, 27(10): 1578-1586.

杨劲松, 姚荣江. 2007. 黄河三角洲地区土壤水盐空间变异特征研究. 地理科学, 27(3): 348-353.

杨鹏年, 吴彬, 王水献, 等. 2014. 干旱区不同地下水埋深膜下滴灌灌溉制度模拟研究. 干旱地区农业研究, 32(3): 76-82.

杨涛, 严重玲, 梁洁, 等. 2003. 盐分胁迫下木麻黄幼树营养元素的分配规律. 亚热带植物科学, 32(3): 1-4.

姚荣江, 杨劲松. 2007. 黄河三角洲地区浅层地下水与耕层土壤积盐空间分异规律定量分析. 农业工程学报, 23(8): 45-51.

叶文, 王会肖, 高军, 等. 2014. 再生水灌溉土壤主要盐离子迁移模拟. 农业环境科学学报, 33(5): 1007-1015.

尹春艳. 2017. 黄河三角洲滨海盐渍土水盐运移特征与调控技术研究. 烟台: 中国科学院烟台海岸带研究所硕士学位论文.

于君宝, 陈小兵, 毛培利, 等. 2010. 新生滨海湿地土壤微量营养元素空间分异特征. 湿地科学, 8(3): 213-219.

于振群, 孙明高, 魏海霞, 等. 2007. 盐旱交叉胁迫对皂角幼苗保护酶活性的影响. 中南林业科技大学学报, (3): 29-32, 48.

曾长立, 刘丽, 雷刚. 2011. 盐分胁迫下芸薹属作物幼苗吸收矿质营养元素的基因型差异. 江汉大学学报(自然科学版), 39(3): 93-99.

曾德慧, 陈广生. 2005. 生态化学计量学: 复杂生命系统奥秘的探索. 植物生态学报, 29(6): 1007-1019.

曾凡江, 李向义, 张希明. 2009. 新疆策勒绿洲外围四种多年生植物的水分生理特征. 应用生态学报, 20(11): 2632-2638.

曾思齐, 佘济云. 2002. 长江中上游低质低效次生林改造技术研究. 北京: 中国林业出版社: 13-23.

张骜, 王振华, 王久龙, 等. 2015. 蒸发条件下地下水对土壤水盐分布的影响. 干旱地区农业研究, 33(6): 229-233, 253.

张昆, 田昆, 吕宪国, 等. 2009. 旅游干扰对纳帕海湖滨草甸湿地土壤水文调蓄功能的影响. 水科学进展, 20(6): 800-805.

张立杰, 赵文智, 何志斌. 2008. 青海云杉(Picea crassifolia)种群格局的分形特征及其影响因素. 生态学报, 28(4): 1383-1389.

张连金, 惠刚盈, 孙长忠. 2011. 不同林分密度指标的比较研究. 福建林学院学报, 31(3): 257-261.

张鸣, 李昂, 刘芳, 等. 2015. 民勤绿洲盐生草周围土壤盐渍化类型及其盐分离子相关性研究. 水土保持研究, 22(3): 56-60, 66.

张年达. 2010. 福建省低质低效红树林类型划分及改造技术研究. 防护林科技, (5): 73-76.

张佩, 袁国富, 庄伟, 等. 2011. 黑河中游荒漠绿洲过渡带多枝柽柳对地下水位变化的生理生态响应与适应. 生态学报, 31(22): 6677-6687.

张慎鹏, 孙明高, 张鹏, 等. 2008. 盐旱交叉胁迫对君迁子渗透调节物质含量的影响. 西北林学院学报, (5): 18-21.

张雄杰, 王虔, 尹春, 等. 2009. 生根粉与肥料处理对多枝柽柳根系活力的影响. 林业科技, 34(5): 14-16.

张泱, 姜中珠, 董希斌, 等. 2009. 小兴安岭林区低质林类型的界定与评价. 东北林业大学学报, 37(11): 99-102.

张殷波, 郭柳琳, 王伟, 等. 2014. 秦岭重点保护植物丰富度空间格局与热点地区. 生态学报, 34(8): 2109-2117.

赵凤斌, 徐后涛, 刘艳红, 等. 2017. 不同水深下异龙湖苦草的生长特性. 湿地科学, 15(2): 214-220.

赵可夫. 2002. 植物对盐渍逆境的适应. 生物学通报, 37(6): 7-10.

赵文勤, 庄丽, 远方, 等. 2010. 新疆准噶尔盆地南缘不同生境下的梭梭和柽柳生理生态特性. 石河子大学学报(自然科学版), 28(3): 285-289.

赵西梅, 夏江宝, 陈为峰, 等. 2017. 蒸发条件下潜水埋深对土壤-柽柳水盐分布影响. 生态学报, 32(18): 6074-6080.

赵欣胜, 崔保山, 孙涛, 等. 2011. 不同生境条件下中国柽柳空间分布点格局分析. 生态科学, 30(2): 142-149.

赵欣胜, 吕卷章, 孙涛. 2009. 黄河三角洲植被分布环境解释及柽柳空间分布点格局分析. 北京林业大学学报, 31(3): 29-36.

赵新风, 李伯岭, 王炜, 等. 2010. 极端干旱区 8 个绿洲防护林地土壤水盐分布特征及其与地下水关系. 水土保持学报, 24(3): 75-79.

周立江, 李冰, 曾宪芷, 等. 2007. 低效林改造技术规程(LY/T 1690—2007). 北京: 中国标准出版社.

周在明. 2012. 环渤海低平原土壤盐分空间变异性及影响机制研究. 北京: 中国地质科学院博士学位论文.

朱成刚, 李卫红, 马建新, 等. 2010. 塔里木河下游地下水位对柽柳叶绿素荧光特性的影响. 应用生态学报, 21(7): 1689-1696.

朱金方, 刘京涛, 陆兆华, 等. 2015. 盐分胁迫对中国柽柳幼苗生理特性的影响. 生态学报, 35(15): 5140-5146.

朱金方, 夏江宝, 陆兆华, 等. 2012. 盐旱交叉胁迫对柽柳幼苗生长及生理生化特性的影响. 西北植物学报, 32(1): 124-130.

庄伟伟, 李进, 曹满航, 等. 2010a. NaCl 与干旱胁迫对银沙槐幼苗渗透调节物质含量的影响. 西北植物学报, 30(10): 2010-2015.

庄伟伟, 李进, 曹满航, 等. 2010b. 盐旱交叉胁迫对银沙槐幼苗生理生化特性的影响. 武汉植物学研究, 28(6): 730-736.

Abbas J, Gohar A, Ali R, et al. 2016. Effect of IBA(indole butyric acid)levels on the growth and rooting of different cutting types of *Clerodendrum splendens*. Pure and Applied Biology, 5(1): 64.

Abegunrin T P, Awe G O, Idowu D O, et al. 2016. Impact of wastewater irrigation on soil physico-chemical properties, growth and water use pattern of two indigenous vegetables in southwest Nigeria. Catena, 139: 167-178.

Adolf V I, Jacobsen S E, Shabala S. 2013. Salt tolerance mechanisms in quinoa (*Chenopodium quinoa* Willd). Environmental & Experimental Botany, 92(92): 43-54.

Ahmad M U D, Bastiaanssen W G M, Feddes R A. 2002. Sustainable use of groundwater for irrigation: a numerical analysis analysis of the subsoil water fluxes. Irrigation and Drainage, 51(3): 227-241.

Alcorn P J, Pyttel P, Bauhus J, et al. 2007. Effects of initial planting density on branch development in 4-year-old plantation grown *Eucalyptus pilularis* and *Eucalyptus cloeziana* trees. Forestry Ecology and

Management, 252: 41-51.

Andersen T, Elser J J, Hessen D O. 2004. Stoichiometry and population dynamics. Ecology Letters, 7: 884-900.

Andersson T. 1997. Seasonal dynamics of biomass and nutrients in *Hepatica nobilis*. Flora, 192: 185-195.

Antonellini M, Mollema P N. 2010. Impact of groundwater salinity on vegetation species richness in the coastal pine forests and wetlands of Ravenna, Italy. Ecological Engineering, 36(9): 1201-1211.

Baker N R. 2008. Chlorophyll fluorescence. a probe of photosynthesis *in vivo*. Annual Review of Plant Biology, 59(1): 89-113.

Bertolino A V, Fernandes N F, Miranda J P, *et al*. 2010. Effects of plough pan development on surface hydrology and on soil physical properties in Southeastern Brazilian Plateau. Journal of Hydrology, 393(1-2): 94-104.

Bhuiyan M S I, Raman A, Hodgkins D, *et al*. 2017. Influence of high levels of Na^+ and Cl^- on ion concentration, growth, and photosynthetic performance of three salt-tolerant plants. Flora, 228: 1-9.

Breugel M, Bongers F, Martı́nez-Ramos M. 2007. Species dynamics during early secondary forest succession: Recruitment, mortality and species turnover. Biotropica, 39: 610-619.

Brolsma R J, Beek L P, Bierkens M F. 2010. Vegetation competition model for water and light limitation II: spatial dynamics of groundwater and vegetation. Ecological Modelling, 221(10): 1364-1377.

Cao D, Shi F C, Takayoshi K, *et al*. 2014. Halophyte plant communities affecting enzyme activity and microbes in saline soils of the Yellow River Delta in China. Clean-Soil, Air, Water, 42: 1433-1440.

Cela J, Munne-Bosch S. 2012. Acclimation to high salinity in the invasive CAM plant *Aptenia cordifolia*. Transactions of the Botanical Society of Edinburgh, 5(3): 403-410.

Chakraborty K, Raj K S, Bhattacharya R C. 2012. Differential expression of salt overly sensitive pathway genes determines salinity stress tolerance in Brassica genotypes. Plant Physiology and Biochemistry, 51: 90-101.

Chaudhuri S, Ale S. 2014. Long-term (1930—2010) trends in groundwater levels in Texas: influences of soils, landcover and water use. Science of the Total Environment, 490: 379-390.

Chen L J, Feng Q. 2013. Soil water and salt distribution under furrow irrigation of saline water with plastic mulch on ridge. J Arid Land, 5(1): 60-70.

Chen Y P, Chen Y N, Xu C C, *et al*. 2011. Photosynthesis and water use efficiency of *Populus euphratica* in response to changing groundwater depth and CO_2 concentration. Environmental Earth Sciences, 62: 119-125.

Chen Y P, Chen Y N, Xu C C, *et al*. 2016. The effects of groundwater depth on water uptake of *Populus euphratica* and *Tamarix ramosissima* in the hyperarid region of Northwestern China. Environ Sci Pollut Res, 23: 17404-17412.

Cui B S, Yang Q C, Zhang K J, *et al*. 2010. Responses of saltcedar (*Tamarix chinensis*) to water table depth and soil salinity in the Yellow River Delta, China. Plant Ecology, 209: 279-290.

Cui B S, Zhao X S, Yang Z F, *et al*. 2008. Response of reed community to the environment gradient-water depth in the Yellow River Delta, China. Frontiers of Biology in China, 3(2): 194-202.

Daliakopoulos I N, Tsanis I K, Koutroulis A, *et al*. 2016. The threat of soil salinity: A European scale review. Science of The Total Environment, 573: 727-739.

Datta M, Singh N P. 2007. Growth characteristics of multipurpose tree species, crop productivity and soil properties in agroforestry systems under subtropical humid climate in India. Journal of Forestry Research, 18(4): 261-270.

Daufresne T, Hedin L O. 2005. Plant coexistence depends on ecosystem nutrient cycles: extension of the resource-ratio theory. Proceedings of the National Academy of Sciences of the United States of America, 102(26): 9212-9217.

Demiral T, Türkan I. 2006. Exogenous glycinebetaine affects growth and proline accumulation and retards senescence in two rice cultivars under NaCl stress. Environmental & Experimental Botany, 56(1): 72-79.

Dominik K, Dorota M H, Ewa K. 2013. The relationship between vegetation and groundwater levels as an indicator of spontaneous wetland restoration. Ecological Engineering, 57: 242-251.

Douaik A, van Meirvenne M, Tóth T. 2007. Statistical methods for evaluating soil salinity spatial and temporal variability. Soil Science Society of America Journal, 71(5): 1629-1635.

Egan T, Lovich J, Gouvenain R D. 1994. Tamarisk control on public lands in the desert of Southern California: two case studies. Proceedings of the 46th Annual California Weed Conference, California Weed Science Society. San Jose, Calif: 166-177.

Elser J J, Acharya K, Kyle M, et al. 2003. Growth rate-stoichiometry couplings in diverse biota. Ecology Letters, 6(10): 936-943.

Elser J J, Brien W J, Dobberfuhl D R, et al. 2000. The evolution of ecosystem processes: growth rate and elemental stoichiometry of a key herbivore in temperate and arctic habitats. Journal of Evolutionary Biology, 13: 845-853.

Elser J J, Dobberfuhl D R, Mackay N A, et al. 1996. Organism size, life history and N ∶ P stoichiometry: towards a unified view of cellular and ecosystem processes. BioScience, 46: 674-684.

Elser J J, Urabe J. 1999. The stoichiometry of consumer driven nutrient recycling: theory, observations, and consequences. Ecology, 80: 735-751.

Farhangi-Abriz S, Torabian S. 2017. Antioxidant enzyme and osmotic adjustment changes in bean seedlings as affected by biochar under salt stress. Ecotoxicology & Environmental Safety, 137(3): 64-70.

Filer C, Keenan R J, Allen B J, et al. 2009. Deforestation and forest degradation in Papua New Guinea. Annals of Forest Science, 66: 813-824.

Fu B H, Burgher I. 2015. Riparian vegetation NDVI dynamics and its relationship with climate, surface water and groundwater. Journal of Arid Environments, 113: 59-68.

Gerten D, Hoff H, Bondeau A, et al. 2005. Contemporary "green" water flows: simulations with a dynamic global vegetation and water balance model. Physics and Chemistry of the Earth, 30: 334-338.

Gil W. 2009. The effect of planting density on chemical properties of the top soil layer in a 30-year-old pine stand. Forest Research Papers, 70(3): 297-302.

Gkiougkis A, Kallioras F, Pliakas A, et al. 2015. Assessment of soil salinization at the eastern Nestos River Delta, N. E. Greece. Catena, 128: 238-251.

Glenn E P, Nelson S G, Ambrose B, et al. 2012. Comparison of salinity tolerance of three Atriplex SPP. in well-watered and drying soil. Environmental and Experimental Botany, 83: 62-72.

Guan B, Yu J B, Hou A X, et al. 2017. The ecological adaptability of Phragmites australis to interactive effects of water level and salt stress in the Yellow River Delta. Aquat Ecology, 51: 107-116.

Güsewell S. 2004. N ∶ P ratios in terrestrial plants: variation and functional significance. New Phytologist, 164(2): 243-266.

Guswa A J. 2002. Models of soil moisture dynamics in ecohydrology: a comparative study. Water Resources Research, 38(9): 1-15.

Hagit A Z, Pablo A S, Dudy B Z. 1995. Tomato Asr1 mRNA and protein are transiently expressed following salt stress, osmotic stress and treatment with abscisic acid. Plant Science, 110(2): 205-213.

Harti A E, Lhissou R, Chokmani K, et al. 2016. Spatiotemporal monitoring of soil salinization in irrigated Tadla Plain (Morocco) using satellite spectral indices. International Journal of Applied Earth Observation and Geoinformation, 50: 64-73.

Hasanuzzaman M, Nahar K, Alam M M, et al. 2014. Potential use of halophytes to remediate saline soils. BioMed Research International, Doi: dx.doi.org/10.1155/2014/589341.

He J S, Fang J, Wang Z, et al. 2006. Stoichiometry and large-scale patterns of leaf carbon and nitrogen in the grassland biomes of China. Oecologia, 149: 115-122.

He J S, Wang L, Flynn D F B. 2008. Leaf nitrogen: Phosphorus stoichiometry across Chinese grassland biomes. Oecologia, 15: 301-310.

Hessen D O, Lyche A. 1991. Inter-and intraspecific variations in zooplankton element composition. Archivfür Hydrobiologie, 121: 355-363.

Hessen D O. 1997. Stoichiometry in food webs-Latkarevistted. Oikos, 79: 195-200.

Hong L, Fang G H, Liu M, et al. 2005. Georelational analysis of soil type, soil salt content, landform, and land use in the Yellow River Delta, China. Environmental Management, 35(1): 72-83.

Horton J L, Thomas E K, Stephen C H. 2001. Physiological response to ground water depth varies among species and with river flow regulation. Ecological Applications, 11(4): 1046-1059.

Hu G, Liu Y, Duo T. 2018. Antioxidant metabolism variation associated with alkali-salt tolerance in thirty switchgrass (*Panicum virgatum*) lines. PLoS One, 13(6): 407.

Huckelbridge K H, Stacey M T, Glenn E P, et al. 2010. An integrated model for evaluating hydrology, hydrodynamics, salinity and vegetation cover in a coastal desert wetland. Ecological Engineering, 36(7): 850-861.

Ibrakhimov M, Khamzina A, Forkutsa I, et al. 2007. Groundwater table and salinity: spatial and temporal distribution and influence on soil salinization in Khorezm region (Uzbekistan, Aral Sea Basin). Irrigation and Drainage Systems, 12(3-4): 219-236.

Ilichev A T, Tsypkin G G, Pritchard D, et al. 2008. Instability of the salinity profile during the evaporation of saline groundwater. The Journal of Fluid Mechanics, 614: 87-104.

Jeevarathinam C, Rajasekar S, Sanjuán M A F. 2013. Vibrational resonance in groundwater-dependent plant ecosystems. Ecological Complexity, 15: 33-42.

Jiang Z M, Chen Y X, Bao Y, et al. 2012. Population genetic structure of *Tamarix chinensis* in the Yellow River Delta, China. Plant Systematics and Evolution, 298: 147-153.

Jiménez-Aguirre M T, Isidoro D, Usón A. 2018. Soil variability in La Violada Irrigation District(Spain): II Characterizing hydrologic and salinity features. Geoderma, 311: 67-77.

Jin C H. 2008. Biodiversity dynamics of freshwater wetland ecosystems affected by secondary salinisation and seasonal hydrology variation: A model-based study. Hydrobiologia, 598(1): 257-270.

Jordán M M, Navarro-Pedreno J, García-Sánchez E, et al. 2004. Spatial dynamics of soil salinity under arid and semi-Arid conditions: geological and environmental implications. Environmental Geology, 45(4): 448-456.

Kahlown M A, Ashraf M, Ziaul H. 2005. Effect of shallow groundwater table on crop water requirements and crop yields. Agricultural Water Management, 76: 24-35.

Karimi G, Ghorbanli M, Heidari H, et al. 2005. The effects of NaCl on growth, water relations, osmolytes and ion content in Kochia prostrate. Biologia Planta, 49(2): 301-304.

Koerselman W, Meuleman A F M. 1996. The vegetation N：P ratio: A new tool to detect the nature of nutrient limitation. Journal of Applied Ecology, 33: 1441-1450.

Kooijman S A L M. 1995. The stoichiometry of animal energetics. Journal of Theoretical Biology, 177: 139-149.

Larisa P, Anatoly P, Renduo Z. 2001. Application of geophysical methods to evaluate hydrology and soil properties in urban areas. Urban Water, 3(3): 205-216.

Laversa D A, Hannahb D M, Bradleyb C. 2015. Connecting large-scale atmospheric circulation, river flow and groundwater levels in a chalk catchment in southern England. Journal of Hydrology, 523(1): 179-189.

Lerman A, Mackenzie F T, Ver L M B. 2000. Nitrogen and phosphorus controls of the carbon cycle. Journal of Conference Abstracts, 5: 638.

Li J G, Pu L G, HanM F, et al. 2014. Soil salinization research in China: Advances and prospects. Journal of Geographical Sciences, 24(5): 943-960.

Liang H Y, Feng Z P, Pei B. 2018. Demographic expansion of two *Tamarix* species along the Yellow River caused by geological events and climate change in the Pleistocene. Scientific Reports, 8: 60.

Liu B, Guan H D, Zhao W Z, et al. 2017. Groundwater facilitated water-use efficiency along a gradient of groundwater depth in arid northwestern China. Agricultural and Forest Meteorology, 233: 235-241.

Liu D D, She D L, Mu X M. 2019. Water flow and salt transport in bare saline-sodic soils subjected to evaporation and intermittent irrigation with saline/distilled water. Land Degradation & Development, 30(10): 1204-1218.

Lotka A J. 1925. Elements of Physical Biology. Baltimore: Williams and Wilkins.

Lu C M, Vonshak A. 2002. Effects of salinity stress on photosystem II function in cyanobacterial Spirulina platensis cells. Physiologia Plantarum, 114(3): 405-413.

Lu Q Q, Bai J H, Gao Z Q, et al. 2016. Spatial and seasonal distribution and risk assessments for metals in a *Tamarix chinensis* Wetland, China, Wetlands March, 36(1): 125-136.

Lv X G, Liu H Y, Yang Q, et al. 2000. Wetlands in China: feature, value and protection. Chinese Geographical

Science, 10(4): 296-301.

Manousaki E, Kalogerakis N. 2011. Halophytes present new opportunities in phytoremediation of heavy metals and saline soils. Industrial & Engineering Chemistry Research, 50(2): 656-660.

Mattson W J, Scriber J N. 1987. Nutritional Ecology of Insect Folivores of Woody Plant: Nitrogen, Water, Fiber, and Mineral Considerations. New York: Wiley Press.

Mehmet E S, Christopher J K, Steven P L. 2014. Influence of groundwater on plant water use and productivity: Development of an integrated ecosystem-Variably saturated soil water flow model. Agricultural and Forest Meteorology, 189-190: 198-210.

Michaels A F. 2003. The ratios of life. Science, 300: 906-907.

Milzow C, Burg V, Kinzelbach W. 2010. Estimating future ecoregion distributions within the Okavango Delta Wetlands based on hydrological simulations and future climate and development scenarios. Journal of Hydrology, 381(1-2): 89-100.

Misra A N, Sahu S M, Misra M, et al. 1999. Sodium chloride salt stress-induced changes in thylakoid pigment-protein complexes, photosystem II activity and thrumoluminesence glow peaks. Zeitschrift Für Naturforschung C, 54(9-10): 640-644.

Mohamed K I, Tsuyoshi M, Hiromi I. 2013. Contribution of shallow groundwater rapidfluctuation to soil salinization under arid and semiarid climate. Arabian Journal of Geosciences, 7(9): 3901-3911.

Niñerola V B, Navarro-Pedreño J, Lucas I G, et al. 2017. Geostatistical assessment of soil salinity and cropping systems used as soil phytoremediation strategy. Journal of Geochemical Exploration, 174: 53-58.

Parada A K, Das A B, Mittra B. 2003. Effects of NaCl stress on the structure, pigment complex composition, and photosynthetic activity of mangrove Bruguiera parviflora chloroplasts. Photosynthetica, 41(2): 191-200.

Parađiković N, Zeljković S, Tkalec M, et al. 2013. Influence of rooting powder on propagation of sage (Salvia officinalis L.) and rosemary (Rosmarinus officinalis L.) with green cuttings. Poljoprivreda, 19(2): 10-15.

Perez J G, Robles J M, Tovar J C, et al. 2009. Response to drought and salt stress of lemon'Fino 49' under field conditions: water relations, osmotic adjustment and gas exchange. Scientia Horticulturae, 122: 83-90.

Qadir M, Ghafoop A, Murtaza G. 2011. Amelioration strategies for saline soils: A review. Land Degradation & Development, 11(6): 501-521.

Qin J, Dong W Y, He K N, et al. 2010. NaCl salinity-induced changes in water status, iron contents and photosynthetic properties of Shepherdia argentea (Pursh) Nutt. seedings. Plant Soil Environment, 56: 325-332.

Razafindrabe B H N, Inoue S, Ezaki T. 2006. The effects of different forest conditions on soil macroporosity and soil hardness: Case of a small forested watershed in Japan. Journal of Biological Sciences, 6(2): 353-359.

Refiners W A. 1986. Complementary models for ecosystems. The American Naturalist, 127: 59-73.

Reich P B, Oleksyn J. 2004. Global patterns of plant leaf N and P in relation to temperature and latitude. Proceedings of the National Academy of Sciences of the United States of America, 101: 11001-11006.

Ruan B Q, Xu F R, Jiang R F. 2008. Analysis on spatial and temporal variability of groundwater level based on spherical sampling model. Journal of Hydraulic Engineering, 39(5): 573-579.

Sanchez E, Scordia D, Lino C, et al. 2015. Salinity and water stress effects on biomass production in different Arundo donax L. Clones. Bioenergy Research, 8: 1461-1479.

Sardans J, Rivas-Ubach A, Penuelas J. 2012. The C: N: P stoichiometry of organisms and ecosystems in a changing world: A review and perspectives. Perspectives in Plant Ecology, Evolution and Systematics, 14: 33-47.

Schimel D S. 2003. All life is chemical. BioScience, 53: 521-524.

Seeboonruang U. 2013. Relationship between groundwater properties and soil salinity at the Lower Nam Kam River Basin in Thailand. Environmental Earth Sciences, 69(6): 1803-1812.

Shaygan M, Reading L P, Baumgartl T. 2017. Effect of physical amendments on salt leaching characteristics for reclamation. Geoderma, 292: 96-110.

Shouse P J, Goldberg S, Skaggs T H, et al. 2006. Effects of shallow groundwater management on the spatial and temporal variability of boron and salinity in an irrigated field. Vadose Zone Journal, 5(1): 377-390.

Sivakumar P, Sharmila P, Pardha S P. 2000. Proline alleviates salt-stress-induced enhancement in ribulosi-1, 5-biphosphate oxygenase activity. Biochemical & Biophysical Research Communications, 279(2): 512-515.

Smith V H. 1993. Implications of resource-ratio theory for microbial ecology. Advances in Microbial Ecology, 13: 1-37.

Sprintsin M, Karnieli A, Sprintsin S, et al. 2009. Relationships between stand density and canopy structure in a dry land forest as estimated by ground-based measurements and multi-spectral spaceborne images. Journal of Arid Environment, 73: 955-962.

Stankova T, Shibuya M. 2003. Adaptation of Hagihara's competition-density theory for practical application to natural birch stands. Forestry Ecology and Management, 186: 7-20.

Sterner R W, Elser J J. 2002. Ecological Stoichiometry: The Biology of Elements from Molecules to the BiosPhere. Princeton: Princeton University Press.

Sterner R W, Schulz K L. 1998. Zooplankton nutrition: recent progress and reality check. Aquatic Ecology, 33: 1-19.

Striebel M, Sprl G, Stibor H. 2008. Light induced changes of plankton growth and stoichiometry: Experiments with natural phytoplankton communities. Limnology and Oceanography, 53: 513-522.

Su J S, Shin U S, Sang Y K, et al. 2019. Growth and flowering response of Patrinia rupestris in response to different cold durations and photoperiods. Flower Research Journal, 27(2): 101-108.

Sudhir P, Murthy S D S. 2004. Effects of salt stress on basic processes of photosynthesis. Photosynthetica, 42(2): 481-486.

Talebnejad R, Sepaskhah A R. 2015. Effect of different saline groundwater depths and irrigation water salinities on yield and water use of quinoa in lysimeter. Agricultural Water Management, 148: 177-188.

Thomas F M, Foetzki A, Amdt S K, et al. 2006. Water use by perennial plants in the transition zone between river oasis and desert in NW China. Basic and Applied Ecology, 7: 253-267.

Traill L W, Bradshaw C J A, Delean S, et al. 2010. Wetland conservation and sustainable use under global change: a tropical Australian case study using magpiegeese. Ecography, 33(5): 818-825.

Tuchman N C, Larkin D J, Geddes P, et al. 2009. Patterns of environmental change associated with Typha x glauca invasion in a Great Lakes coastal wetland. Wetlands, 29(3): 964-975.

Urabe J, Kyle M, Makino W, et al. 2002. Reduced light increases herbivore production due to stoichiometric effects of light: nutrient balance. Ecology, 83: 619-627.

Van Zandt P A, Tobler M A, Mouton E, et al. 2003. Positive and negative consequences of salinity stress for the growth and reproduction of the clonal plant, Iris hexagona. Journal of Ecology, 91(5): 837-846.

Vanni M J, Flecker A S, Hood J M, et al. 2002. Stoichiometry of nutrient recycling by vertebrates in a tropical stream: linking biodiversity and ecosystem function. Ecology Letters, 5: 285-293.

Wang W, Wang R Q, Yuan Y F. 2011. Effects of salt and water stress on plant biomass and photosynthetic characteristics of Tamarix (Tamarix chinensis L.) seedlings. Africa Journal of Biotechnical, 10: 17981-17989.

Wang Z R, Zhao G X, Gao M X, et al. 2017. Spatial variability of soil salinity in coastal saline soil at different scales in the Yellow River Delta, China. Environ Monit Assess, 189: 80.

Wardle D A, Walker L R, Bardgett R D. 2004. Ecosystem properties and forest decline in contrasting long-term chrono sequences. Science, 305: 509-513.

Wildy D T, Pate J S, Bartle J R. 2004. Budgets of water use by Eucalyptus kochii tree belts in the semi-arid wheatbelt of Western Australia. Plant and Soil, 262: 129-149.

Xia J B, Ren J Y, Zhao X M, et al. 2018. Threshold effect of the groundwater depth on the photosynthetic efficiency of Tamarix chinensis in the Yellow River Delta. Plant and Soil, 433(12): 157-171.

Xia J B, Zhang S Y, Zhao X M, et al. 2016. Effects of different groundwater depths on the distribution characteristics of soil-Tamarix water contents and salinity under saline mineralization conditions. Catena, 142: 166-176.

Xia J B, Zhao X M, Ren J Y, et al. 2017. Photosynthetic and water physiological characteristics of *Tamarix chinensis* under different groundwater salinity conditions. Environmental and Experimental Botany, 138: 173-183.

Xue Y F, Liu Z P. 2008. Antioxidant enzymes and physiological characteristics in two *Jerusalem artichoke* cultivars under salt stress. Russian Journal of Plant Physiology, 55(6): 776-781.

Yang J F, Wan S G, Deng W, et al. 2007. Water fluxes at a fluctuating water table and groundwater contributions to wheat water use in the lower Yellow River flood plain, China. Hydrological Processes, 21(6): 717-724.

Yang J S, Yao R J. 2017. Management and eddicient agricultural utilization of salt-affected soil in China. Bulletin of Chinese Academy of Sciences, 30(Z1): 162-170.

Yang L, Huang C, Liu G H, et al. 2015. Mapping soil salinity using a similarity-based prediction approach: A case study in Huanghe River Delta, China. Chinese Geographical Science, 25(3): 283-294.

Yang Y, Jiang D A, Xu H X, et al. 2006. Cyclic electron flow around photosystem I is required for adaptation to salt stress in wild soybean species *Glycine cyrtolaba* ACC547. Biologia Planta, 50(4): 586-590.

Yu J B, Li Y Z, Han G X, et al. 2014. The spatial distribution characteristics of soil salinity in coastal zone of the Yellow River Delta. Environmental Earth Sciences, 72: 589-599.

Yu Q A, Chen Q S, Elser J J, et al. 2010. Linking stoichiometric homoeostasis with ecosystem structure, functioning and stability. Ecology Letters, 13: 1390-1399.

Zhang G C, Xia J B, Zhang S Y, et al. 2008. Density structure and growth dynamics of a *Larix principis-rupprechtii* stand for water conservation in the Wutai Mountain region of Shanxi Province, North China. Frontiers of Forestry in China, 3(1): 24-30.

Zhang J, van Heyden J, Bendel D, et al. 2011. Combination of soil-water balance models and water-table fluctuation methods for evaluation and improvement of ground water recharge calculations. Hydrogeology Journal, 19(8): 1487-1502.

Zhang L X, Bai Y F, Han X G. 2004. Differential responses of N : P stoichiometry of *Leymus chinensis* and *Carex korshinskyi* to N additions in a steppe ecosystem in Nei Mongol. Acta Botanica Sinica, 46: 259-270.

Zhang S Y, Xia J B, Zhang G C, et al. 2014. Threshold effects of photosynthetic efficiency parameters of wild jujube in response to soil moisture variation on shell beach ridges, Shangdong, China. Plant Biosystems, 148: 140-149.

Zhang X, Li P, Li Z B, et al. 2017. Soil water-salt dynamics state and associated sensitivity factors in an irrigation district of the loess area: a case study in the Luohui Canal Irrigation District, China. Environmental Earth Sciences, 76: 715.

Zhao X M, Xia J B, Chen W F, et al. 2019. Transport characteristics of salt ions in soil columns planted with *Tamarix chinensis* under different groundwater levels. PLoS One, 14(4): e0215138.

Zhao Y, Zhao C Y, Xu Z L, et al. 2012. Physiological responses of *Populus euphratica* Oliv. to groundwater table variation in the lower reaches of Heihe River, Northwest China. Journal of Arid Land, 4: 281-291.

Zhu Z, Zhang L Y, Gao L X, et al. 2016. Local habitat condition rather than geographic distance determines the genetic structure of *Tamarix chinensis* populations in Yellow River Delta, China. Tree Genetics & Genomes, 12: 14.

第2章 研究区概况及研究对象与方法

2.1 黄河三角洲莱州湾野外试验

2.1.1 野外试验区概况

山东昌邑国家级海洋生态特别保护区是目前我国唯一的以柽柳为主要保护对象的国家级海洋特别保护区，同时也是在山东省境内设立的首个国家级海洋特别保护区。保护区包括柽柳林、滩涂湿地、浅海等多种生态类型，存有目前我国大陆海岸发育较好、连片较大、结构典型的柽柳林，天然次生柽柳林面积达 2 070hm^2，植被茂盛，其规模和密度在全国滨海盐碱地区罕见，具有极高的科研价值。

野外试验以莱州湾湿地柽柳为研究对象，研究区位于山东昌邑国家级海洋生态特别保护区（37°03′07″N～37°07′12″N，119°20′19″E～119°23′49″E），位于莱州湾的南岸，昌邑市北部沿海堤河以东，总面积 2 929.28hm^2。

2.1.1.1 地质地貌

研究区在地质构造上位于沂沭大断裂以西的莱州湾沿岸西部沉降区，属于华北地区渤海凹陷的一部分，地质构造地层为第四纪堆积层，沉积物主要是由淤泥、泥质粉砂和粉砂组成的冲积物、海积物、冲海积物。受海洋和河流的共同作用，第四纪以来广泛发育了低平、宽广的冲积平原、冲海积平原和海积平原，地貌形态属堆积平原海岸，土壤母质为近代黄河冲积物（韩美和孟庆海，1996）。整个地势自南而北由高到低，海拔 6m以下，流经该区的主要河流为堤河和潍河。地下水位高，潜水矿化度高，有丰富的卤水资源。

2.1.1.2 水文气象

研究区为暖温带半湿润季风气候，大陆性季风气候特征显著，冬冷夏热，四季分明，阳光充足，太阳辐射年平均总量为 123.2kcal/cm^3。冬季多偏北风，夏季多偏南风，干湿季节交替明显，年平均气温 12.3℃，极端最高温度 39.2℃，极端最低温度–19℃，无霜期 195～225 天。年平均降水量 580～660mm，降水分配不均，降水多集中在 7～9 月，降水量为 416.8mm，占全年降水量的 68%。年均蒸发量为 1 764～1 859mm，无霜期 195～225 天（李荣升和赵善伦，2002；吴珊珊等，2009）。

2.1.1.3 植被与土壤

研究区地处滨海地带，土壤类型以潮土、脱潮土、盐化潮土和滨海盐土为主，土壤含盐量较高，植被类型以灌木和草本为主，地表植物种类较少，其中以柽柳科、菊科、禾本科、豆科和藜科等耐盐植物为主，灌木树种主要有柽柳（*Tamarix chinensis*）；草本植物主要有碱蓬（*Suaeda glauca*）、盐地碱蓬（*Suaeda salsa*）、茵陈蒿（*Artemisia capillaris*）、狗尾草（*Setaria viridis*）、中亚滨藜、獐毛（*Aeluropus sinensis*）、二色补血草（*Limonium bicolor*）等（王学沁等，2015）。

2.1.2 研究方法

2.1.2.1 野外样地的选择与取样点设计

在研究区柽柳典型分布地带，沿垂直于海岸带的方向，设置 2 条纵向样带 A、B，以及平行于海岸带的 1 条横向样带（B3、A8、A9、A10），每隔 300～500m 设置 1 个 50m×50m 的标准样地，由沿海到内陆进行调查，如图 2-1 所示。在标准样地内，草本样方调查大小为 1m×1m，灌木样方调查大小为 10m×10m，分别调查样地中灌木的高度、密度、盖度和生物量，以及草本植物的种类、密度、盖度、优势种和分布特点，每个标准样地设置 3 个调查样方。

图 2-1　柽柳种群的调查样点分布图

每个样地内采用三点取样法分 0～30cm、30～60cm 和 60～100cm 采集土壤样品。采用四分法取样密封带回实验室，风干、剔除石块、植物根系及其他杂质并磨碎后，分别过 1mm、2mm 两种孔径的试验筛，密封保存，备用。从 5 月柽柳开始生长起，分别在 5 月、7 月、8 月、9 月、10 月，每月采样植物样品一次。每次采样时，于样方内随机选择生长状况良好，无病虫害的柽柳，采集柽柳茎和叶片。采集时随机选取东、西、南、北四个方位和上、中、下不同部位的成熟叶片进行采集，四分法取样，自封袋密封保存，同时采集 1～2 年生柽柳的茎。植物样品 105℃杀青 30min，于 80℃烘干至恒重。

然后将样品粉碎，过 0.5mm 试验筛，自封袋保存备用。以上土壤和植物样品主要用于研究黄河三角洲莱州湾湿地柽柳种群分布特征、影响因素、柽柳林湿地退化特征以及低效柽柳次生林质效等级评价，并通过测定柽柳生长季中不同生长阶段的柽柳茎、叶 C、N、P 生态化学计量学特征的季节动态及其土壤含盐量，研究野外柽柳生态化学计量学特征。

在采集上述样品时，选取人为干扰小的典型区域分别采集单丛柽柳下和柽柳群落下土壤样品。单丛柽柳下土壤样品采集时，选取单丛柽柳株高、冠幅和生长发育情况基本一致的柽柳灌丛 4 丛，在东、西、南、北四个方向以植物为原点横向每隔 1m 取样，取样直径为 5m；纵向采集深度分别为表层、0～20cm、20～40cm、40～60cm、60～100cm。将同一深度土层的东、西、南、北四个方向上的土样混合，用四分法取部分样品，自封袋保存，带回实验室。柽柳群落下土壤样品采集时，选取群落结构和发育情况基本一致的柽柳群落 3 个，采集冠层下、冠层边缘、冠层之间、群落边缘和群落外空地的土壤样品，采集深度分别为表层、0～20cm、20～40cm、40～60cm、60～100cm。土壤样品风干后剔除石块、植物根系及其他碎片，然后磨碎并过 1mm 筛，用自封袋保存，以备测定分析柽柳"肥岛"土壤 N、P 生态化学计量学特征。

选择 3 种林分密度进行不同密度柽柳林生长动态及其改良土壤效应的研究，分别为 2 400 株/hm²、3 600～3 700 株/hm² 和 4 400 株/hm²，书中分别称为低密度（L）、中密度（M）、高密度（H）林分。在低、中、高不同林分密度下选取 3 个标准地，以碱蓬草地作为对照标准地，面积均为 10m×10m；对标准地内所有林木进行每木检尺，测定树高、基径、冠幅及郁闭度等指标。同时，各标准地内按照 S 形样式选取 5 个测点，分上、下层（0～20cm、20～40cm）取土作混合样品，每林分密度共 3 个重复，用于测定水分物理参数、盐分和养分含量，以分析研究滨海湿地不同密度柽柳林土壤理化特征和调蓄水功能。

2.1.2.2　植物群落指标研究方法

（1）密度和相对密度

密度是指单位面积上某种植物的个体数目，通常用计数方法测定。种群密度部分决定着种群的能流、种群内部生理压力的大小、种群的散布、种群的生产力及资源的可利用性。种群密度用株（丛）/m² 表示。柽柳呈灌丛分布，因此以丛为单位在标准样方内测定柽柳密度，并按下式计算。

$$密度(\%)=一种植物个体总数/样地面积×100\% \tag{2-1}$$

$$相对密度(\%)=一个种的密度/所有种的密度总和×100\% \tag{2-2}$$

（2）盖度

盖度是指群落中某种植物遮盖地面的百分率。一方面反映了植物在地面上的生存空间，另一方面也反映了植物利用环境及影响环境的程度。投影盖度是某种植物冠层在一定地面所形成的覆盖面积占地表面积的比例。本研究中植物种群的盖度采用投影盖度来表示，并按下式计算。

$$投影盖度\ C_c(\%)=C_i/A×100\% \tag{2-3}$$

式中，C_i 为样方内某种植物冠层投影面积之和，m^2；A 为样方水平面积，m^2。

（3）高度、地径及生物量等常规指标

采用专业树木测量尺、米尺测量灌木和草本植物的高度；地径也称基径，以离地 30cm 为标准测量；生物量采用称重和烘干称重法分别测定鲜重和干重。

（4）优势种的确定

草本植物和灌木的优势种主要利用总优势度来确定，利用相对盖度（RC，%）、相对高度（RH，%）、相对密度（RD，%）、相对频度（RF，%）等作为基本参数，区分各个种的重要性。当调查数目过少无法计算重要值和总优势度时，可采用目测多度和盖度相结合的方法进行植物优势度评价。

（5）分布型的测定

采用不同参数对柽柳种群空间格局强度进行判定。以负二项参数（negative binomial parameter，K）、扩散系数（dispersion index，C）、Cassie 指数（cassie's index，Ca）、丛生指数（clumping index，I）和聚块性指数（congregation index，M^*/M）进行柽柳种群聚集强度的判断（王峥峰等，1998；谢宗强等，1999；郭忠玲等，2004）。

（6）低效林综合评价方法

采用模糊数学隶属函数法进行低效林评价，计算公式如下。
如果指标与质效呈正相关，则：

$$X_{(u)} = (X_i - X_{min})/(X_{max} - X_{min}) \tag{2-4}$$

如果指标与质效呈负相关，则：

$$X_{(u)} = 1 - (X_i - X_{min})/(X_{max} - X_{min}) \tag{2-5}$$

式中，$X_{(u)}$ 为隶属函数值；X_i 为各聚类林型的某指标类均值；X_{min}、X_{max} 分别为聚类林型中某指标内的最小值和最大值。

2.1.2.3 土壤和地下水指标的测定方法

（1）土壤含水量

参考鲍士旦（2005）采用烘干法测定土壤含水量。于烘干前称量鲜土的重量，称重后在 110℃下烘干至恒重，记录烘干后数据。

$$土壤含水量(\%) = (鲜土重 - 干土重)/干土重 \times 100\% \tag{2-6}$$

（2）土壤可溶性盐含量

参考 NY/T 1121.16—2006《土壤水溶性盐总量的测定》采用重量法测定，水土比按 5∶1 浸提，振荡 5min 后静置过滤，视含盐量吸取 20～50ml 过滤上清液至称重后的蒸发皿中，100～105℃烘箱加热烘干，可加入 30%过氧化氢去除残留的有机质，继续蒸干，反复 2～3 次，使有机质完全氧化，此时残渣全为白色，继续烘干至恒重，称重。

可溶性盐含量(%)=(烘干后蒸发皿重量－蒸发皿初重)×体积分取倍数×100/取样重量

（3）土壤容重、毛管孔隙度、总毛管孔隙度

采用环刀浸水法测定土壤容重，然后根据土壤比重、容重换算土壤孔隙度（鲍士旦，2005）。

$$土壤容重(g/cm^3)=环刀内湿样重(g)\times100/\{环刀容积(cm^3)\times[100+样品含水量(\%)]\} \quad (2\text{-}7)$$

$$土壤比重=单位体积干土的重量(g)/同体积水的重量(g) \quad (2\text{-}8)$$

$$土壤总毛管孔隙度(\%)=(1-容重/比重)\times100 \quad (2\text{-}9)$$

$$土壤毛管孔隙度(\%)=(充满毛管水的湿土重-同体积土壤干土重)/土壤体积\times100 \quad (2\text{-}10)$$

（4）土壤颗粒组成

样品风干处理后，采用筛分法测定不同粒径范围土壤颗粒的相对含量。

（5）土壤入渗特征测定

根据土壤容重、毛管孔隙度、总毛管孔隙度计算出一定土层深度内的土壤最大吸持蓄水量、最大滞留蓄水量和饱和蓄水量，研究中按 0.2m 深度计算。在标准地内去除表层凋落物，利用渗透筒（定水头逐次加水）法测定不同时段的土壤入渗率和制作入渗过程曲线，应用 Horton 入渗模型和通用入渗模型拟合不同密度林分下的土壤入渗过程，求解初渗速率、稳渗速率等入渗特征参数。模型公式如下。

Horton 入渗模型：

$$f=f_c+(f_0-f_c)e^{-kt} \quad (2\text{-}11)$$

式中，f、f_0、f_c、t 分别为入渗率、初渗率、稳渗率和入渗时间；k 为经验参数，决定着 f 从 f_0 减小到 f_c 的速度。

通用入渗模型：

$$f=at^{-n}+b \quad (2\text{-}12)$$

式中，a、b、n 均为经验参数（b 相当于稳渗率）。

（6）土壤有机质

参考 NY/T 1121.6－2006《土壤有机质的测定》方法，采用重铬酸钾法测定。

（7）土壤硝态氮（$NO_3^-\text{-N}$）和铵态氮（$NH_4^+\text{-N}$）

采用 2mol/L KCl 浸提，按水、土比 5∶1 浸提，振荡过滤后，直接用连续流动注射分析仪（德国，SEAL AutoAnalyzer 3）测定。

（8）土壤有效磷

参考 NY/T 1121.7－2014《土壤有效磷的测定》方法，以 0.5mol/L $NaHCO_3$ 溶液浸提，钼锑抗比色法测定。

（9）Na^+、K^+、Ca^{2+}、Mg^{2+}

水溶性盐分阳离子采用水、土比 5∶1 浸提，火焰原子吸收法测定（日本岛津，AA-6800）。

（10）土壤 pH

参考 NY/T 1377—2007《土壤 pH 值的测定》方法，取过筛 2mm 的土壤，按水、土比 5：1 加入无二氧化碳水浸提，振荡搅拌 5min 后静置 30min 以上，pH 计测定。

（11）土壤总有机碳（TOC）

采用总有机碳分析仪（Elementar Liquid TOC II）测定。

（12）地下水指标

采用标尺法测定地下水水位，多参数水质测定仪（HORIBA U-52）监测模拟地下水盐度、电导率和 pH。

2.1.2.4　植物相关指标的测定方法

（1）植物全 C、全 N 含量

称取植物样品 15mg 左右，用锡箔纸包好，采用元素分析仪（Vario EL III）测定。

（2）植物全 P 含量

参照 LY/T 1271—1999《森林植物与森林枯枝落叶层全氮、磷、钾、钠、钙、镁的测定》方法，采用浓硫酸-高氯酸消煮、钼锑抗比色法测定。

（3）林木生长过程及生物量测定

根据 2.1.2.2 植物群落指标研究方法中（1）密度和相对密度的调查结果，并参考相关资料将柽柳林分为低密度、中密度和高密度 3 种林分密度，在 3 种密度林分中分别选取代表性地段建立标准地，每林分密度选取 3 个标准地，面积均为 10m×10m；对标准地内所有林木进行每木检尺，分别测定树高、基径、冠幅及郁闭度等指标。其中树高采用测高仪和测杆结合测定，基径采用 2.1.2.2 植物群落指标研究方法中（3）的方法测定，采用米尺测定东西和南北宽度，计算冠幅，采用树冠投影法、系统样点抬头观测法和郁闭度测定器结合的方法测定郁闭度。按上述测定指标平均值确定各个标准地的标准木，伐倒后进行树干解析测量。通过基径（D）和树高（T_H）的总生长量、平均生长量和连年生长量（每种密度林分为 3 株标准木的平均值），拟合树高和基径的总生长过程，求导其年生长过程（年生长加速率），并结合 SPSS 求解不同密度林分林木基径分布的偏度系数（SK）和峰度系数（K）。对伐倒后的标准柽柳测定其叶、主干及侧枝的鲜重生物量，烘干后称重，求出含水率，计算其干重生物量。

2.1.3　数据处理

试验数据利用 Excel 2010 和 SPSS16.0 软件进行相关分析（α=0.05 或 0.01）及主成分分析和聚类分析，邓肯多重比较法（Duncan's multiple range test）差异性比较、ANOVA 单因素方差分析。

2.2 地下水-土壤-柽柳系统水盐运移试验

2.2.1 试验概况

本试验在黄河三角洲生态环境重点实验室的智能温室（37°22′56″N，117°58′57″E）内进行，为模拟试验。模拟 4 个矿化度，分别为淡水、微咸水、咸水和盐水矿化度，参考黄河三角洲土壤盐分的组成及盐渍化形成的背景，试验用地下水采用黄河三角洲的海盐配制，模拟淡水、微咸水、咸水、盐水 4 个矿化度类型。试验用土壤取自黄河下游滩地，类型为潮土，由黄河冲积形成，质地细而均匀、土壤疏松，粉质壤土。

2.2.2 试验设计

根据前期对黄河三角洲水文地质条件的调查，结合马玉蕾（2013）、安乐生（2011）和范晓梅（2010）对黄河三角洲的研究可知，黄河三角洲地下水埋深较浅，平均为 1.1m，且潜水埋深与离海距离远近相关而呈现不同的差异，结合对紧邻泥质海岸带的黄河三角洲莱州湾柽柳林场调查研究发现，柽柳生长区潜水水位多集中在 0.3～2.0m。因此，本研究模拟设置 6 个潜水埋深，分别为 0.3m、0.6m、0.9m、1.2m、1.5m 和 1.8m，每潜水埋深重复 3 个。为统计数据和描述方便，将 6 个潜水埋深分别描述为浅水位（0.3m 和 0.6m）、中水位（0.9m 和 1.2m）和深水位（1.5m 和 1.8m）。

在科研温室内，将水桶与聚氯乙烯（PVC）圆管结合作为模拟试验的装置，具体装置的概况及试验设计如下：在智能温室内，PVC 圆管（内径 30cm）作为栽植柽柳的容器，将其放入桶高×桶上口直径×桶底部直径为 0.70m×0.57m×0.45m 的水桶中，水桶埋设于地下，以防止模拟地下水受环境温度影响太大，保证地下水温度的均一性。PVC 圆管栽培容器的设计细节为：根据 PVC 圆管高度=模拟潜水埋深+实际淹水深度 0.55m+顶端 0.03m 的空隙层，分别加工成高度为 0.88m、1.18m、1.48m、1.78m、2.08m 和 2.38m 的圆管，依次对应 6 种潜水埋深，并在 PVC 圆管的四周依据设置的取土深度各打 1 个 2cm 的孔径作为土壤取样口，并用塞子堵严。

实际淹水区的 0.55m PVC 圆管每隔 10cm 打 4 个 1cm 孔径的进水口，并用透水布堵住，淹水区 PVC 圆管底部用透水布包住防止底部土壤外漏，铺石英砂反滤层以保证模拟地下水可从底部和四周的进水口进入土壤充分混入柱体。混匀试验用土后，根据土壤容重填充土柱，以 20cm 为一层填充，层间压实。将长势一致，根径平均为 1.3cm 的 3 年生柽柳苗木统一于 60cm 截干，栽植于 PVC 圆管中，每个容器先栽植 3 株，正常管理 1 个月，成活后留 1 株苗木，进行模拟潜水埋深-矿化度的控制。同时，以不栽植柽柳的土柱作为试验对照，且对照试验重复 3 个。共 96 个柱子，在模拟控制试验过程中，无降水和灌溉，以潜水为水源。具体装置模拟示意图和模拟试验实景图如图 2-2 所示。

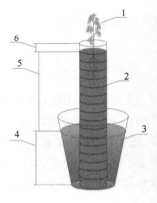

A. 土柱模拟示意图   B. 土柱试验实景图

图 2-2 　柽柳土柱模拟装置示意图和实景图
1. 柽柳；2. 土壤；3. 地下水；4. 淹水区；5. 潜水埋深（0.3～1.8m）；6. 空隙层

2.2.3 　样品采集及指标测定

2.2.3.1 　土壤样品的采集

　　2014 年 2 月准备试验装置，3 月初完成试验布设，分别于 2014 年 6 月、2014 年 8 月、2014 年 9 月、2014 年 11 月、2015 年 1 月、2015 年 4 月、2015 年 7 月和 2015 年 10 月采集土壤样品进行土壤含水量、土壤含盐量以及土壤盐分离子的测定，分析土壤水盐的时空分布特征。结合文献（马玉蕾等，2013），土样采集间距设计为：浅水位潜水埋深 30cm 和 60cm 时，10cm 为一层；中水位潜水埋深 90cm 和 120cm 时，20cm 为一层，含取表土层 10cm；超过 120cm 的深水位潜水埋深，每 30cm 为 1 层，含取表土层 10cm，每层取 3 个重复。为表述统一，描述方便，将每个土壤柱体内的土层从上至下描述为表土层（0～20cm）、浅土层（20～40cm）、中土层（40～60cm）、深土层（60～100cm）和底土层（100～120cm），根系主要分布的浅土层和中土层描述为根系集中分布层（20～60cm）。具体各潜水埋深和土壤取样层如表 2-1 所示。

表 2-1 　潜水埋深及土壤取样层

土壤层次		浅水位/m		中水位/m		深水位/m	
		0.3	0.6	0.9	1.2	1.5	1.8
取样土层深度/cm	表土层	10	10	10	10	10	10
	浅土层	20	20	30	30	40	40
	中土层		30	50	50	70	70
	深土层		40	70	70，90	100	100，130
	底土层		50	90	110	130	160

2.2.3.2 　植物样品的采集

　　鉴于植物生长的周期性和植物的生长速率，在植物采集时没有与土壤采样次数一致，分别于 2014 年 6 月、2014 年 8 月、2014 年 11 月和 2015 年 10 月对柽柳进行了取样。取样时，尽量选择相同粗度、采光方位及生长势相同的健康植物器官，并分离柽柳的鳞叶和枝条，分别进行各器官的含水量、盐分主要离子等指标的测定，分析柽柳主要器官的水盐分布及时空特征。2014 年 11 月和 2015 年 10 月，对各处理下的柽柳地上生物量进行采收和分析，在 2015 年 10 月试验结束时，将柽柳栽植土柱 PVC 圆管破坏，采集其地下生物量，并对不同级别的根系进行干、鲜重分析。

2.2.3.3　水盐指标的测定

（1）模拟地下水指标的测定

采用多参数水质测定仪（HORIBA U-52）监测模拟地下水盐度、电导率和 pH，盐分阳离子 Na^+、K^+、Ca^{2+}、Mg^{2+} 采用原子吸收分光光度法（SHIMADZU，AA-6800）结合电感耦合等离子发射光谱法（PerkinElmer, Optima 8000）测定，离子色谱法（DIONEX，IC-2000）测定 Cl^-、SO_4^{2-}、NO_3^- 含量。具体测定的结果如表 2-2 和表 2-3 所示。

表 2-2　不同地下水矿化度的盐碱特征

地下水矿化度	矿化度/（g/L）	盐度/%	pH	电导率/（mS/cm）
A 淡水	2.23±0.03	0.05±0.03	7.05±0.03	1.27±0.42
B 微咸水	4.53±0.05	0.26±0.03	7.30±0.06	5.09±0.13
C 咸水	9.23±0.04	0.74±0.03	7.49±0.05	12.06±0.39
D 盐水	20.3±0.03	1.65±0.03	7.63±0.21	27.28±0.47

表 2-3　地下水离子组成

离子类型	K^+/（μg/mL）	Na^+/（μg/mL）	Ca^{2+}/（μg/mL）	Mg^{2+}/（μg/mL）	Cl^-/（μg/mL）	CO_3^{2-}/（μg/mL）	HCO_3^-/（μg/mL）	SO_4^{2-}/（μg/mL）
A	8.949	120	29.14	44.80	0.170	4.18	115.71	249.79
B	11.13	1140	33.81	52.87	1720	8.44	127.07	275.56
C	14.04	3030	40.83	64.08	4780	12.03	149.75	293.66
D	18.17	7100	55.88	95.11	11520	16.92	158.32	376.07

注：A. 淡水；B. 微咸水；C. 咸水；D. 盐水。

（2）土壤、植物含水量和含盐量的测定

土壤盐分的测定采用便携式电导率测定仪（TDS/3010）和残渣烘干法相结合的方法；烘干法测定土壤及植物不同器官的含水量，土壤含水量采用 105℃烘干，植物不同器官的含水量采用 105℃杀青后，80℃烘干至恒重，分别于干燥器内冷却至室温后，称量并计算土壤重量含水量和植物器官含水量，土壤相对含水量（RWC）＝土壤重量含水量（占干土重%）/田间持水量（%）×100。根据史海滨等（2009）提出的土壤溶液绝对浓度（C_i）＝土壤含盐量（占干土重%）/土壤含水量（占干土重%），计算不同土层的土壤溶液浓度。

（3）土壤和植物盐分离子的测定

土壤样品中盐分离子的测定采用中华人民共和国林业行业标准 LY/T 1251－1999《森林土壤水溶性盐分分析》获取土壤盐分浸提液，用离子色谱法（DIONEX，IC-2000）测定 Cl^-、SO_4^{2-}、NO_3^-，原子吸收分光光度法（SHIMADZU，AA-6800）结合电感耦合

等离子发射光谱法（PerkinElmer，Optima 8000）测定 K^+、Na^+、Ca^{2+}、Mg^{2+}，用原子吸收法时为防止 K^+、Na^+电离，待测液中加入 1% $CsNO_3$；为防止 Ca^{2+}和 Mg^{2+}与磷酸盐生成沉淀，待测液中加入 5% $LaCl_2$。标准 H_2SO_4 滴定法测定 CO_3^{2-}、HCO_3^-。植物不同器官的水溶性盐分离子采用水浸提法，测定方法同土壤盐分离子，柽柳不同器官中的全量盐分阳离子 K^+、Na^+、Ca^{2+}、Mg^{2+}采用中华人民共和国林业行业标准 LY/T 1270—1999《森林植物与森林枯枝落叶层全硅、铁、铝、钙、镁、钾、钠、磷、硫、锰、铜、锌的测定》进行分析测定。

2.2.3.4　柽柳生物量的测定

柽柳地下生物量采用挖掘法，对 PVC 圆管土柱进行破坏后，去除土壤，露出整个根系，观测根的形态、测定生物量，并对不同级别的根（主根、侧根、二级侧根、毛细根）进行分级，放入 80 目的尼龙网袋中，用蒸馏水冲洗，将冲洗出来的根进行分离、晾干表面水分后，烘干、称重，并计算其总根和不同级别根的鲜重、干重。柽柳地上生物量采用极重度短截采伐地上部分，称重法测定地上总生物量鲜重，然后将枝条和叶进行分离后，称重其不同器官的鲜重，后于恒温烘箱内 105℃杀青，然后 80℃烘干至恒重，称重，并计算其枝条、叶片及地上生物量干重。

2.2.3.5　柽柳生理指标的测定

（1）光合作用参数

在晴朗天气的上午 8:30～11:30，利用 Li-6400XT 便携式光合仪（Li-COR Inc.，Lincoln，NE，USA）测定柽柳光合作用光响应过程，使用缓冲瓶维持 CO_2 浓度的稳定性[（390±5）μmol/mol]，设定人工光源的光合有效辐射（PAR）梯度为 1 600μmol/（m²·s）、1 400μmol/（m²·s）、1 200μmol/（m²·s）、1 000μmol/（m²·s）、800μmol/（m²·s）、600μmol/（m²·s）、400μmol/（m²·s）、200μmol/（m²·s）、150μmol/（m²·s）、100μmol/（m²·s）、50μmol/（m²·s）、0μmol/（m²·s）。光合测定仪记录柽柳叶片的净光合速率（net photosynthetic rate，P_n）、胞间 CO_2 浓度（intercellular CO_2 concentration，C_i）、气孔导度（stomatal conductance，G_s）、蒸腾速率（transpiration rate，T_r）、大气 CO_2 浓度（C_a）等参数。每株柽柳测定 3 个叶片，求平均值。对不同处理的柽柳光合参数采用交替法测定，以避免系统误差，提高数据的可比性，共测定 7 天。由于柽柳叶片形状不规则，对测定的叶片进行拍照，利用软件 Image J 1.46r（Wayne Rasband，National Institutes of Health，USA）测算实际测定的叶面积，并对光合作用参数进行校正。水分利用效率（water use efficiency，WUE）为 P_n 与 T_r 的比值（夏江宝等，2011）；气孔限制值（stomatal limitation，L_s）用公式 $L_s = 1-C_i/C_a$ 计算（Berry and Downton，1982），其中 C_a 为样品室 CO_2 浓度。

以上每个处理测定 3 株苗木，每株选取中上部生长健壮的成熟叶片 2～3 个，在具体测定时，采用不同处理、不同植株和叶片重复之间的交替测定法，因此，每株苗木依据测定的叶片数可测定 2～3 次，以尽量避免时间波动对光合性能参数的影响。由于柽柳叶片形状不规则，为得到精确的测量数据，测定时尽量将标记的叶片平铺于整个测定叶室内。同时参考文献（闫海龙等，2010）对不规则植物叶片光合参数的校正方法，将观测的植物叶片剪下，用扫描仪扫描后，使用面积分析软件 Delta-T Scan（Cambridge，

CB50EJ，UK）计算实际的叶表面积，按计算后的实际光合有效面积重新测算光合参数。

（2）叶绿素荧光参数

采用 CF Imager 叶绿素荧光快速成像系统（Technologica，英国）测定叶绿素荧光参数，包括暗适应下初始荧光（F_0）、最大荧光（F_m）、稳态荧光（F_s）和光适应下初始荧光（F_0'）、最大荧光（F_m'）等。暗适应下，植物光系统 II 最大光能转换效率（F_v/F_m）= $(F_m-F_0)/F_m$，非光化学猝灭系数（NPQ）=$F_m/F_m'-1$（李伟和曹坤芳，2006；朱成刚等，2011）；光适应下，植物光系统 II 的电子传递量子效率（$\varPhi_{PSII}$）=$(F_m'-F_s)/F_m'$，植物光系统 II 的最大光化学效率，即激发能捕获效率（F_v'/F_m'）=$(F_m'-F_s)/F_m'$，光化学猝灭系数（F_q'/F_v'）=$(F_m'-F_s)/(F_m'-F_0')$。以上叶绿素荧光参数、光适应下荧光参数 F_m' 和 F_s 等的测算见姜闯道（2003）的文献。

（3）树干液流

利用热平衡包裹式茎流计（Flow 32，Dynamax，Houston，USA）测定柽柳树干的液流参数，系统自动、连续监测柽柳树干液流 7 天，用茎流计自带的数采器（Delta-T Logger，Cambridge，UK）进行数据树干液流瞬时速率和日液流量采集，采集时间间隔为 30min。为避免太阳辐射引起的测量误差，将探针安装在树干的背面，测定前，用小刀将离地面 30～40cm 处柽柳苗木的小枝条和萌芽去除，用砂纸将茎干打磨光滑，然后用游标卡尺测量样株所测部位的茎干直径为（7.0±1.8）mm，茎流探头以 SGA5 和 SGB9 为主。在打磨好的安装区涂抹 G_4 混合油，将加热片安装于被测区，用铝箔包裹安装探头所在的茎干部分，并用胶带密封。

2.2.4 数据处理

运用直角双曲线修正模型对光合作用光响应过程进行拟合，根据模型公式获取部分光响应特征参数：光补偿点（LCP）、光饱和点（LSP）和表观光合量子效率（AQY）等。

直角双曲线修正模型公式（Ye，2007）为

$$P_n(I)=\alpha\frac{1-\beta I}{1+\gamma I}(I-I_c) \tag{2-13}$$

$$I_m=\frac{\sqrt{(\beta+\gamma)+(1+\gamma I_c)/\beta}-1}{\gamma} \tag{2-14}$$

式中，$P_n(I)$ 为净光合速率（P_n）；I 为光合有效辐射（photosynthetically active radiation，PAR），且均大于 0；I_c 为光补偿点（light compensation point，LCP）；α、β、γ 为独立于 I 的系数，其中 α 为初始（表观）量子效率（apparent quantum yield，AQY；μmol/mol），β、γ 为修正系数，分别是光抑制项、光饱和项（叶子飘和康华靖，2012）。根据该公式拟合结果可以求解 LCP、光饱和点 [light saturation point，LSP；μmol/（$m^2\cdot s$）]、最大净光合速率 [maximum net photosynthetic rate，P_{nmax}；μmol/（$m^2\cdot s$）]、暗呼吸速率 [dark respiration rate，R_d；μmol/（$m^2\cdot s$）] 等。

试验采用 Excel 2010、SAS9.0、SPSS16.0 软件进行数据的统计分析、处理、作图。

本研究中试验数据用单因素方差分析（one-way ANOVA）和邓肯多重比较法（Duncan's multiple range test）进行分析，不同处理间的比较采用邓肯新复极差法进行检验。其中当涉及百分数的方差比较时，首先对百分数进行平方根反正弦转换，然后再进行方差分析。

2.3 柽柳幼苗生理生态特性对水盐逆境胁迫的响应试验

2.3.1 试验概况

2.3.1.1 盐旱胁迫对柽柳幼苗生长及生理生化特性的影响

2010年4月5日将2年生柽柳扦插苗木（莱州湾柽柳林湿地采集的扦插穗）移栽至科研温室的盆钵中，盆钵直径为30cm、高为50cm，每盆1株，共36株，盆栽基质为砂壤土（含盐量为0.02%）。柽柳苗正常生长1个月后对其进行盐旱胁迫处理。干旱胁迫处理采用Hsiao（1973）水分梯度设计法，共包括轻度干旱胁迫、中度干旱胁迫和重度干旱胁迫3个水平，其土壤相对含水量分别为55%~60%、40%~45%和30%~35%。每天对盆栽苗进行称量，及时补充减少的水分。含盐量（土壤盐分/土壤干重）通过配制不同梯度的NaCl溶液多次微灌来控制，共设置轻度、中度和重度盐分胁迫3个水平，其盐浓度分别为0.4%、1.2%和2.5%，并以含盐量0.02%作为对照。盆钵底部设有托盘，深度为8cm，渗漏水分倒回盆钵并清洗托盘，清洗水也倒入盆钵，防止盐分流失（汪贵斌和曹福亮，2004）。整个试验共组成12（3×4）个盐旱处理组合。每处理3次重复，按随机区组设计进行排列。盐旱胁迫处理适应50天后，取样进行光合色素含量、SOD活性、POD活性、MDA含量、植株生长指标、Na^+、K^+、Ca^{2+}、Mg^{2+}，以及可溶性糖、脯氨酸等渗透物质等指标的测定。

2.3.1.2 生根粉及盐分胁迫对柽柳扦插苗生长及生理特性的影响

扦插枝条取自山东昌邑国家级海洋生态特别保护区内的柽柳林。在2018年2月中旬柽柳发芽之前，剪取直径为1cm左右的柽柳枝条，每15cm为一段，基部斜削，顶部平齐。设置4个土壤含盐量（SC）盐分梯度，分别为轻度盐（0.3%）、中度盐（0.6%）、重度盐（0.9%、1.2%）胁迫，以SC≤0.1%作为对照（CK），土壤盐分含量以土壤干土重量为准进行配制。每隔7天定期监测SC，并及时补充盐分以达到所设定的SC。盆钵底部设有托盘，深度为8cm，渗漏水分倒回盆钵并清洗托盘，清洗水也倒入盆钵，防止盐分流失。在每种盐分梯度下，分别用浓度为0mg/L、50mg/L、100mg/L、200mg/L的生根粉（ABT）浸泡基部2~3cm深24h，然后扦插到不同土壤盐分梯度的盆钵中，每盆扦插10株，每个处理3个重复，共60盆，600株扦插苗。扦插初期每天浇淡水2次，保持土壤水分控制在田间持水量的60%~70%。试验进行90天后进行柽柳生长、生物量及各生理生化指标的测定分析。

2.3.1.3 盐、旱胁迫对柽柳C、N、P生态化学计量学特征的影响

采用山东昌邑国家级海洋生态特别保护区内土壤理化性质相似的砂质土培养柽柳，土壤各项指标本底值为：土壤含水率为16.68%、土壤全盐量为0.04%、土壤NH_4-N含

量为 16.83mg/kg；土壤 NO_3-N 含量为 9.95mg/kg、土壤有效 P 含量为 3.64mg/kg。

试验添加尿素使土壤 N 含量达到 0.15g/kg，添加 KH_2PO_4 使土壤 P 含量达到 0.1g/kg P_2O_5，其他营养元素采用霍格兰氏（Hoagland's）的配方，以保证植物生长不受各营养元素限制。将土壤装入直径 55cm、高 31cm 的塑料盆内，每盆 21kg。盆底部有 4 个小孔，每个盆底放一个托盘，防止溶液流失。将柽柳实生幼苗移栽至盆中，每盆 3 株，定期灌溉，直至充分缓苗。待植株生长良好后，进行盐胁迫处理和干旱胁迫处理。

（1）盐胁迫处理

2012 年 5 月选取生长旺盛和长势一致的柽柳 21 盆，随机分成 7 组，每组 3 盆，进行盐胁迫处理。设定 6 个土壤含盐量梯度，分别为 0.5%、1.0%、1.5%、2.0%、2.5%、3.0%，每个梯度 3 个重复。根据设定的土壤含盐量梯度，将所需 NaCl 配成溶液分 3 次浇灌于盆中，以避免盐冲击效应，进行盐胁迫处理，以空白作对照。胁迫 1 个月后，分别收获柽柳地上和地下部分，将根、茎、叶分开，分别进行处理。样品 105 ℃杀青 30min，然后 80℃烘干至恒重。烘干后，将样品粉碎，过 100 目筛子，再粉碎后搅拌混匀，用自封袋保存，以备测定分析柽柳各器官养分变化规律及 C、N、P 化学计量特征。

（2）干旱胁迫处理

2012 年 5 月选取生长旺盛和长势一致的柽柳 12 盆，随机分成 4 组，每组 3 盆，进行干旱胁迫处理。采用 Hsiao（1973）水分梯度设计法，设定 3 个干旱梯度，分别为轻度胁迫：相对含水率 [土壤相对含水率（%）=土壤含水量/田间持水量×100%] 为 55%～60%；中度胁迫：相对含水率为 40%～45%；重度胁迫：相对含水率为 20%～25%。3 个干旱胁迫处理采用称重法控制水分梯度，人工模拟水分胁迫，每个梯度重复 3 次。从 5 月开始，控制水分，以土壤相对含水率为 80%时作为对照，进行干旱胁迫处理。达到控制要求后，每天称重，及时补充损失的水分。胁迫 1 个月后，将柽柳收获，分别收获地上和地下部分，将根、茎、叶分开，分别进行处理。样品 105℃杀青 30min，然后 80℃烘干至恒重。烘干后，将样品粉碎，过 100 目筛子，再粉碎后搅拌混匀，用自封袋保存，以备测定分析柽柳各器官养分变化规律及 C、N、P 化学计量特征。

2.3.2　测定指标和方法

2.3.2.1　生长指标

每处理下每次取 3 盆，每盆随机取 5 株柽柳扦插苗进行生长指标的测定。用米尺测定苗木株高。采用整株收获法分别进行柽柳幼苗地上和地下生物量的测定，将幼苗整株挖出清洗干净，分为枝条、主干及根系等部分，采用米尺测定株高、主根长、基径。105℃杀青，30min 后 80℃烘干法测定地上与地下生物量干重。

2.3.2.2　生理生化指标

分别采取每株柽柳相同部位正常生长的功能叶片进行生理生化指标的测定，每处理每次取 3 株幼苗，重复 3 次。

（1）光合色素

参照李合生（2000）的方法，以植物鲜重为单位，采用乙醇、丙酮浸提，分光光度法测定。

（2）SOD 活性

采用氮蓝四唑光化还原法测定柽柳叶片的 SOD 活性（罗广华和王爱国，1999；李合生，2000）。

（3）POD 活性

采用愈创木酚比色法测定柽柳叶片 POD 活性（李合生，2000；毛爱军等，2003）。

（4）MDA

采用硫代巴比妥酸（TBA）比色法测定柽柳叶片 MDA 含量（赵世杰和李德全，1999）。

（5）可溶性糖

采用沸水浴浸提，蒽酮比色法测定柽柳叶片中可溶性糖含量（邹琦，1995；李合生，2000）。

（6）脯氨酸

采用磺基水杨酸浸提，茚三酮比色法测定脯氨酸含量（邹琦，1995）。

（7）水溶性 Na^+、K^+、Ca^{2+}、Mg^{2+}

采用沸水浴浸提法，离心取上清待测液，火焰原子吸收分光光度法测定 Na^+、K^+、Ca^{2+}、Mg^{2+}含量（王宝山和赵可夫，1995）。

（8）植物全 C、全 N

称取过 100 目筛的柽柳干样 15mg 左右，用锡箔纸包好，采用元素分析仪（Elementar, Vario EL III）测定。

（9）植物全 P 与土壤有效 P

植物全 P 采用浓 H_2SO_4-H_2O_2 消解，土壤有效 P 采用 $NaHCO_3$ 溶液浸提，钼锑抗比色法测定。

（10）土壤无机 N

采用 0.01mol/L $CaCl_2$ 溶液浸提，流动注射分析仪（SEAL AutoAnalyzer 3）测定滤液中的 NH_4-N 和 NO_3-N。

2.3.3　数据处理

采用 Excel、SPSS13.0 进行数据处理和统计分析，利用单因素方差分析（ANOVA）

对试验数据差异性进行显著性分析，多重比较采用 Duncan 法。

参 考 文 献

安乐生, 赵全升, 叶思源, 等. 2011. 黄河三角洲地下水关键水盐因子及其植被效应. 水科学进展, 22(5): 689-695.

鲍士旦. 2005. 土壤农化分析(第三版). 北京: 中国农业出版社.

范晓梅, 刘高焕, 唐志鹏, 等. 2010. 黄河三角洲土壤盐渍化影响因素分析. 水土保持学报: 24(1): 139-145.

郭忠玲, 马元丹, 郑金萍, 等. 2004. 长白山落叶阔叶混交林的物种多样性、种群空间分布格局及种间关联性研究. 应用生态学报, 15(11): 2013-2018.

韩美, 孟庆海. 1996. 莱州湾沿岸的地貌类型. 山东师范大学学报(自然科学版), 11(3): 63-67.

姜闯道, 高辉远, 邹琦. 2003. 链霉素处理对玉米叶片叶绿素荧光参数和叶黄素脱环氧化水平的影响. 植物生理与分子生物学学报, 29(3): 221-226.

李合生. 2000. 植物生理生化实验原理和技术. 北京: 高等教育出版社.

李荣升, 赵善伦. 2002. 山东海洋资源与环境. 北京: 海洋出版社.

李伟, 曹坤芳. 2006. 干旱胁迫对不同光环境下的三叶漆幼苗光合特性和叶绿素荧光参数的影响. 西北植物学报, 26(2): 266-275.

罗广华, 王爱国. 1999. 植物体内氧自由基测定和清除. 见: 汤章城. 现代植物生理学实验指南. 北京: 科学出版社: 308-309.

马玉蕾, 王德, 刘俊民, 等. 2013. 黄河三角洲典型植被与地下水埋深和土壤盐分的关系. 应用生态学报, 24(9): 2423-2430.

毛爱军, 王永健, 冯兰香, 等. 2003. 疫病病菌侵染后辣椒幼苗体内保护酶活性的变化. 华北农学报, 18(2): 66-69.

汪贵斌, 曹福亮. 2004. 土壤盐分及水分含量对落羽杉光合特性的影响. 南京林业大学学报(自然科学版), 28(3): 14-18.

王宝山, 赵可夫. 1995. 小麦叶片中 Na、K 提取方法的比较. 植物生理学报, 31(1): 50-52.

王学沁, 衣华鹏, 高猛, 等. 2015. 昌邑国家级海洋生态特别保护区植物物种多样性. 湿地科学, 13(3): 364-368.

王峥峰, 安树青, 朱学雷, 等. 1998. 热带森林乔木种群分布格局及其研究方法的比较. 应用生态学报, 9(6): 575-580.

吴珊珊, 张祖陆, 陈敏, 等. 2009. 莱州湾南岸滨海湿地变化及其原因分析. 湿地科学, 7(4): 373-378.

夏江宝, 张光灿, 孙景宽, 等. 2011. 山杏叶片光合生理参数对土壤水分和光照强度的阈值效应. 植物生态学报, 35(3): 322-329.

谢宗强, 陈伟烈, 路鹏, 等. 1999. 濒危植物银杉的种群统计与年龄结构. 生态学报, 19(4): 523-528.

叶子飘, 康华靖. 2002. 植物光响应修正模型中系数的生物学意义研究. 扬州大学学报(农业与生命科学版), 33(2): 51-57.

赵世杰, 李德全. 1999. 现代植物生理学实验指南. 北京: 科学出版社.

朱成刚, 李卫红, 马晓东, 等. 2011. 塔里木河下游干旱胁迫下的胡杨叶绿素荧光特性研究. 中国沙漠, 31(4): 927-936.

邹琦. 1995. 植物生理生化实验指导. 北京: 中国农业出版社.

Berry J A, Downton W J S. 1982. Environment Regulation of Photosynthesis. *In*: Govindjee. Photosynthesis Volume II. New York: Academic Press: 263-343.

Hsiao T C. 1973. Plant response to water stress. Annual Review of Plant Physiology, 24: 519-570.

Ye Z P. 2007. A new model for relationship between irradiance and the rate of photosynthesis in oryza sativa. Photosynthetica, 45(4): 637-640.

第 3 章　柽柳种群分布特征及其质效等级评价

3.1　柽柳种群分布特征及其影响因素

针对影响黄河三角洲柽柳灌木林生长分布的主导因素尚不清晰以及低效林改造提升中遇到的适宜地选择这一科学问题，以山东昌邑国家级海洋生态特别保护区的柽柳灌丛为研究对象，探讨了柽柳灌丛的聚集强度和分布型，结合距海距离、地下水水位、土壤盐碱状况、土壤基本物理性质以及土壤养分等 13 个环境因子的测定分析，明确了莱州湾柽柳灌丛生长的主要生境特征，利用相关性分析和主成分分析方法，阐明了影响柽柳灌丛空间分布格局的主导因素，以期为黄河三角洲柽柳灌丛的资源保护和经营管理提供理论依据和技术参考。

3.1.1　柽柳种群的分布格局及其生境特征

3.1.1.1　柽柳种群的分布格局类型

聚集强度可定量描述种群个体在生境中的丛生能力，在一定程度上可反映种群的空间分布属性（刘富强等，2009）。黄河三角洲莱州湾湿地柽柳种群聚集强度的判定系数见表 3-1。

表 3-1　柽柳种群的聚集强度

聚集强度指标	指标值	种群空间分布的判别标准
负二项参数	0.86	K 值越小，聚集强度越大，如果 K 值大于 8，则逼近泊松（Poisson）分布
扩散系数	19.24	$C<1$，为均匀型分布；$C=1$，为随机型分布；$C>1$，为聚集型分布
Cassie 指标	1.16	$Ca>0$，为聚集分布；$Ca=0$，为随机分布；$Ca<0$，为均匀分布
丛生指标	18.24	$I<0$，为均匀分布；$I=0$，为随机分布；$I>0$，为聚集分布
聚块性指标	2.26	$M^*/M<1$，为均匀分布；$M^*/M=1$，为随机分布；$M^*/M>1$，为聚集分布

由表 3-1 可以看出：负二项参数 K 小于 1，聚集强度较大，柽柳种群空间分布表现为聚集分布。扩散系数 C 远大于 1，Cassie 指标大于 0，丛生指标 I 远大于 0，聚块性指标 M^*/M 大于 1。上述分析表明，莱州湾柽柳个体分布呈现聚集趋势，柽柳种群空间分布格局表现为聚集型分布。

3.1.1.2　柽柳灌丛环境因子的统计性分析

由表 3-2 可知，所测定指标变异系数为 0.060～1.296，土壤 pH 的变异系数最小，为 0.060，指标值为 7.34～9.30，平均 pH 为 8.48，总体偏碱性。土壤 Na^+ 含量的变异系数最大，达 1.296，指标值为 23.19～6 991.61mg/kg，平均 Na^+ 含量为 815.78mg/kg；其

次为土壤含盐量和林分密度，变异系数分别为 1.106 和 1.064，土壤含盐量为 0.01%～
4.36%，盐分变化幅度较大，平均含盐量为 0.47%，属于重盐土（姚荣江等，2006）；林
分密度为 0～540 000 株/km^2，平均为 163 200 株/km^2。分析表明，黄河三角洲莱州湾柽
柳灌丛土壤 Na$^+$ 含量、土壤含盐量和林分密度变化幅度较大；其次为土壤有机质、有效
磷和 K$^+$ 含量等，其变异系数为 0.611～0.675，含量差异明显。地下水水位的空间变异性
高于至海距离远近，而土壤 pH、土壤容重和总孔隙度等基本物理性状变化幅度较小，
变异系数为 0.060～0.119，微生境差异较小。

表 3-2　柽柳灌丛密度及其环境因子的测定值

因子	最小值	最大值	均值±标准误	变异系数
林分密度/（株/km^2）	0.00	540 000.00	163 200±16 800	1.064
距海距离/km	4.44	8.60	6.36±0.12	0.197
地下水水位/m	0.06	3.90	1.69±0.08	0.485
土壤含盐量/%	0.01	4.36	0.47±0.05	1.106
pH	7.34	9.30	8.48±0.05	0.060
土壤含水量/%	3.37	27.86	11.34±0.41	0.372
土壤容重/（g/cm^3）	0.95	1.45	1.20±0.01	0.083
总孔隙度/%	33.70	56.50	43.07±0.49	0.119
有机质/（g/kg）	0.41	8.77	2.09±0.14	0.675
有效磷/（mg/kg）	0.01	40.16	13.06±0.80	0.631
NH$_4^+$/（mg/kg）	4.37	47.48	21.86±1.00	0.474
NO$_3^-$/（mg/kg）	3.81	22.93	7.50±0.26	0.355
K$^+$/（mg/kg）	38.20	421.75	79.59±4.70	0.611
Na$^+$/（mg/kg）	23.19	6 991.61	815.78±102.23	1.296

3.1.2　柽柳分布主要环境因子的相关分析和主成分分析

　　由表 3-3 可知，黄河三角洲莱州湾柽柳灌丛的林分密度与距海距离和地下水水位呈
极显著正相关，与土壤含水量呈极显著负相关，与有效磷含量和 NO$_3^-$ - N 含量呈显著正
相关。土壤含盐量与 K$^+$、Na$^+$ 和土壤含水量呈极显著正相关，表明 K$^+$ 和 Na$^+$ 是该区域土
壤盐分阳离子的主要成分；与地下水水位、土壤总孔隙度以及 NH$_4^+$ - N 含量呈极显著负
相关，与有机质和有效磷呈显著负相关。表明地下水水位越低，土壤含盐量越高；土壤
含盐量与土壤水分、土壤孔隙状况以及养分含量均密切相关。土壤含水量与 Na$^+$、K$^+$、
土壤含盐量和土壤容重呈显著正相关，与地下水水位、总孔隙度、林分密度和 NH$_4^+$ - N
呈极显著负相关，与距海距离呈显著负相关。表明随着距海距离的增加，土壤含水量下
降显著；土壤水分与盐分含量、土壤通透性和林分密度密切相关。
　　土壤容重与 pH 和土壤含水量呈极显著正相关，与总孔隙度、NH$_4^+$ - N 和有机质含
量呈极显著负相关，与含盐量和 Na$^+$ 含量呈显著正相关。土壤总孔隙度与 NH$_4^+$ - N、有
机质和有效磷呈极显著正相关，与土壤容重、含盐量、pH、土壤含水量、K$^+$ 和 Na$^+$ 含量
等呈极显著负相关。分析表明，土壤容重和孔隙度等基本物理特性，与地下水水位和距
海距离等空间因子相关性不大，而与土壤盐分和养分状况表现出一定的相关性。

表 3-3　柽柳灌丛密度及其环境因子的相关系数

因子	FD	DS	GL	SC	pH	SWC	SD	TP	OM	AP	NH$_4^+$	NO$_3^-$	K$^+$	Na$^+$
FD	1													
DS	0.405**	1												
GL	0.276**	0.350**	1											
SC	−0.166	0.142	−0.413**	1										
pH	0.122	0.093	0.058	−0.072	1									
SWC	−0.300**	−0.227*	−0.620**	0.472**	−0.068	1								
SD	0.108	0.160	−0.128	0.195*	0.404**	0.343**	1							
TP	0.019	−0.101	0.158	−0.441**	−0.359**	−0.390**	−0.691**	1						
OM	−0.012	0.009	−0.056	−0.224*	−0.422**	−0.095	−0.431**	0.554**	1					
AP	0.209*	0.182	0.249**	−0.225*	−0.076	−0.186	−0.027	0.267**	0.353**	1				
NH$_4^+$	−0.124	−0.136	0.202*	−0.256**	−0.641**	−0.262**	−0.649**	0.636**	0.548**	0.073	1			
NO$_3^-$	0.239*	0.353**	−0.014	0.070	−0.123	−0.129	0.006	0.098	0.173	0.208*	0.125	1		
K$^+$	−0.139	0.102	−0.367**	0.929**	−0.263**	0.450**	0.099	−0.429**	−0.163	−0.224**	−0.115	0.097	1	
Na$^+$	−0.181	0.068	−0.411**	0.919**	−0.189	0.573**	0.239*	−0.553**	−0.279**	−0.243*	−0.250**	0.011	0.960**	1

　　注：FD. 林分密度；DS. 距海距离；GL. 地下水水位；SC. 土壤含盐量；SWC. 土壤含水量；SD. 土壤容重；TP. 总孔隙度；OM. 有机质；AP. 有效磷。*和**分别代表在5%和1%水平下显著。

　　土壤有机质与总孔隙度、NH$_4^+$-N 和有效磷呈极显著正相关，与土壤容重、pH 和 Na$^+$含量呈极显著负相关，与土壤含盐量呈显著负相关。土壤速效养分与盐碱含量以及 K$^+$和 Na$^+$ 2 种阳离子多呈显著负相关，与总孔隙度多呈极显著正相关。分析表明，随着距海距离的变远，莱州湾柽柳灌丛地下水水位逐渐升高，土壤含水量和含盐量逐渐下降，柽柳灌丛密度呈现增大趋势。而土壤养分、土壤容重和孔隙度等基本物理性状与距海距离相关性不密切。

　　距海距离、地下水水位、土壤盐碱含量、土壤基本物理性质及土壤养分含量均可影响柽柳灌丛分布格局，同时林分生长也对土壤理化性质产生一定的反馈效应，并且各环境因子之间也互相影响。因此，有必要将众多具有一定相关性的环境因子提取出主要影响因子，即需要对莱州湾柽柳灌丛分布格局的环境因子进行主成分分析。柽柳灌丛分布格局的主成分荷载见表 3-4。依据主成分特征值大于 1 的原则，共可选取 4 个主成分，累计贡献率可达 76.789%，能够较好反映 13 个指标的大部分信息。第一主成分的贡献率为 34.421%，因子负荷量较大的为 Na$^+$和土壤含盐量，Na$^+$与土壤含盐量呈极显著正相关，相关系数为 0.919（表 3-3），因此这一主成分可描述为土壤盐分条件。第二主成分的累计贡献率可达 54.575%，因子负荷量较大的为土壤 pH，该主成分因子可描述为土壤碱度。第三主成分累计贡献率达 67.877%，距海距离的因子负荷量最大，可描述为至海岸距离。第四主成分累计贡献率达 76.789%，有效磷和地下水水位因子负荷量较大，这一类因子可描述土壤速效磷和潜水埋深。综合分析表明，影响莱州湾湿地柽柳灌丛分布格局的最主要因子为土壤盐分，其次是土壤碱度和至海岸距离，土壤速效磷和潜水埋深次之，而其他因素影响较小。

表 3-4　柽柳灌丛分布的主成分分析

因子	主成分			
	1	2	3	4
距海距离	0.028	−0.161	0.841	−0.089
地下水水位	−0.502	−0.354	0.410	−0.476
土壤含盐量	0.814	0.399	0.229	−0.122
pH	0.194	−0.803	−0.048	0.072
土壤含水量	0.665	0.254	−0.313	0.403
土壤容重	0.574	−0.543	0.122	0.324
总孔隙度	−0.794	0.369	−0.074	0.041
有机质	−0.527	0.526	0.074	0.413
有效磷	−0.373	−0.019	0.424	0.527
NH_4^+	−0.610	0.634	−0.026	−0.199
NO_3^-	−0.079	0.183	0.643	0.307
K^+	0.762	0.532	0.237	−0.188
Na^+	0.863	0.417	0.158	−0.132
特征值	4.475	2.620	1.729	1.159
贡献率/%	34.421	20.154	13.302	8.913
累计贡献率/%	34.421	54.575	67.877	76.789

3.1.3　影响柽柳灌丛分布的主要因子

植物种群空间分布型是认识植物种群的生态过程以及它们与生境相互关系的主要指标（贺强等，2008），对掌握种群在植物群落中的地位和作用，以及植物空间分布与环境因子的相互关系意义重大（赵欣胜等，2009；Antonellini and Mollema，2010；赵欣胜等，2010；王岩等，2013）。相关研究表明，柽柳种群在黄河三角洲的空间分布格局多呈现聚集分布，但随着距海距离的增加，聚集强度在下降；柽柳种群定居和更新主要发生在 $32m^2$ 取样面积范围内，呈现聚集性强的特点（刘富强等，2009）。本研究依据负二项参数、扩散系数、Cassie 指标、丛生指标以及聚块性指标判断出，黄河三角洲莱州湾柽柳种群也呈现典型的聚集分布。植物聚集分布对策可有效发挥群体效应，有利于柽柳种群抵抗盐害，提高植株的成活率，表现为 Allee 效应规律（赵欣胜等，2009）。但也有研究表明，不同水深梯度下柽柳空间分布格局不同，可呈现集群分布、随机分布和均匀分布等不同分布型（赵欣胜等，2009）。上述结果的不同，可能与柽柳生境空间异质性较大和取样尺度不同有较大关系；同时，除了环境因素影响柽柳种群的结构动态之外，随着种群竞争、繁殖等一系列种间种内的生态学过程变化，诱导了群落生态过程的空间非同步性，也会影响种群的动态与空间分布（刘富强等，2009）。一般情况下，在自然群落中，植物种群多为集群分布，这与物种繁殖体散布的有限性、环境的异质性有关（谢宗强等，1999）。柽柳种子繁殖困难，种群的扩展以最初侵入并定居的母体为中心而展开，多形成以母体为中心的聚集分布。

滨海湿地、三角洲湿地以及盐沼类湿地的植被分布主要受土壤水分和盐分的影响，其他环境因子直接或间接通过影响土壤盐分和水分的变化而影响植被空间分布和生长过程（Jafari *et al.*，2004；Caçador *et al.*，2007；管博等，2014）。相关研究表明，水分条件和由距离海洋远近、海拔及微地貌等所决定的土壤盐分因子是制约黄河三角洲湿地生态系统形成和发育的关键制约因素（贺强等，2008；凌敏等，2010；王岩等，2013）。但也有研究表明，湿地植被生长和分布受土壤盐分和地下水埋深两者共同的影响（赵欣胜等，2009；Antonellini and Mollema，2010），黄河三角洲柽柳种群分布主要取决于土壤含盐量、Na$^+$含量及距离海洋距离（赵欣胜等，2010），随着土壤含盐量及水分的增加，黄河三角洲湿地植物群落的组成种类减少（汤爱坤等，2011）。在黄河三角洲区域柽柳主要分布于低水深、高盐分地区，水深–1.55m可能是黄河三角洲湿地柽柳种群分布格局的一个阈值（贺强等，2008），距离海岸越远，柽柳分布的可能性越小（赵欣胜等，2010）。本研究主成分分析表明，土壤盐碱状况是影响黄河三角洲莱州湾柽柳灌丛分布的主要因素，其次是距海距离，而土壤速效磷和潜水埋深对其影响相对较小。因此，在莱州湾柽柳林栽植管理中，除了通过改善微地形地貌来控制地下水水位之外，更应注意采用植被恢复措施来达到降盐抑碱作用和改善土壤速效养分的效果，为柽柳幼苗的生长提供良好的生境。

3.1.4 柽柳灌丛土壤环境因子的交互效应

水盐生境的不同可影响盐碱类湿地植物的初级生产力（管博等，2014），从而影响有机质向土壤的输入（凌敏等，2010）。研究区土壤有机质平均含量为2.09g/kg，速效养分含量均较低，可能与盐分较高影响土壤中有机物的分解矿化和植物群落生产力的大小有关（凌敏等，2010；汤爱坤等，2011）。动植物残体和生物固氮是天然湿地中氮的主要来源（赵如金等，2008），而湿地植被初级生产力的高低以及植被向土壤的归还水平、固氮能力的强弱受水盐含量高低影响较大（凌敏等，2010；汤爱坤等，2011；王岩等，2013）。因此，柽柳灌丛土壤NH$_4^+$-N、NO$_3^-$-N含量的变异系数较大，并且含量均较低，平均含量分别为21.86mg/kg、7.50mg/kg。莱州湾柽柳灌丛土壤有机质与土壤通气透水性能、盐碱含量和速效养分含量密切相关。相关研究表明，黄河三角洲湿地土壤有机质含量与全氮含量（赵欣胜等，2010；汤爱坤等，2011；王岩等，2013）、有效磷（王岩等，2013）呈极显著正相关，与含水量、含盐量（汤爱坤等，2011）呈极显著负相关，而与距海距离相关性不大。可见距海距离、地下水水位高低等微地形因子对土壤有机质含量影响不大。

本研究表明，黄河三角洲莱州湾柽柳灌丛土壤含盐量与K$^+$、Na$^+$和土壤含水量呈极显著正相关，这与黄河三角洲湿地土壤含盐量与Cl$^-$、Na$^+$含量呈极显著正相关（赵欣胜等，2009，2010；王岩等，2013），与土壤含水量、pH呈显著正相关（赵欣胜等，2010）的结论类似。莱州湾柽柳灌丛地下水水位越低、土壤孔隙越小或养分含量越低，毛细管作用强烈，致使土壤含盐量呈明显上升趋势，但与距海距离相关性不大，可能与研究样地与至海岸距离变异较小有关。而相关研究表明，地下水位和海拔高程等自然因素是造成黄河三角洲土壤盐渍化的主要因素（曹建荣等，2014），黄河三角洲湿地土壤含盐量与距海距离（赵欣胜等，2010；王岩等，2013）、至海岸最短距离、地表高程、地下水埋深（宋创业等，2008）或有机质含量（汤爱坤等，2011）呈极显著负相关。综合分析表明，地下水水位和土壤含水量共同影响黄河三角洲莱州湾柽柳灌丛土壤含盐量的高低。

黄河三角洲柽柳湿地土壤含水量与可溶性盐含量、pH、Cl⁻和 Na⁺含量呈显著正相关（赵欣胜等，2010；汤爱坤等，2011），与有机质含量（汤爱坤等，2011）、距离海岸距离（赵欣胜等，2010）呈极显著负相关。莱州湾柽柳灌丛土壤含水量也表现为与土壤盐分含量和土壤容重呈显著正相关，随着地下水水位的降低、孔隙度的减小或林分密度的降低，包气带输水能力增强，水分传导率增加，致使土壤含水量表现为增大趋势。分析表明，土壤含水量与土壤含盐量密切相关，距海岸距离、地下水水位高低、土壤通透性以及林分密度大小均可影响土壤水分含量。随着微生境条件的不同，黄河三角洲柽柳灌丛土壤水盐含量波动性较大，既受距海距离和植被状况的影响，也受区域微地形地貌、潮汐状况以及采集时间和采样方法的影响（凌敏等，2010；汤爱坤等，2011）。

3.1.5　结论

莱州湾柽柳种群空间分布表现为聚集型分布，林分密度与距海距离和地下水水位呈极显著正相关，与土壤含水量呈极显著负相关；土壤含盐量与土壤含水量呈极显著正相关，与地下水水位和土壤孔隙度呈极显著负相关；土壤含水量与地下水水位呈极显著负相关。莱州湾柽柳灌丛 13 个环境因子的变异系数在 0.060~1.296，土壤 K⁺含量、土壤含盐量和林分密度变化幅度较大；其次为土壤有机质和有效磷，地下水水位的空间变异性高于距海距离，而土壤 pH、土壤容重和总孔隙度等基本物理性状变化幅度较小。土壤盐碱含量为 0.47%、pH 为 8.48，呈重盐土和偏碱性特征。主成分分析表明，土壤盐碱含量是影响黄河三角洲莱州湾湿地柽柳灌丛分布的主导因素，其次是距海距离，土壤速效磷和地下水位次之。黄河三角洲莱州湾柽柳灌丛土壤盐碱含量高且变异系数大，随距海距离的不同，林分密度波动性较大，土壤养分含量偏低且差异较大，而土壤基本物理性质差异较小。距海距离可显著影响该区域地下水埋深，而地下水水位的高低会引起土壤水分和盐分的变化，从而直接影响柽柳种群的密度和分布格局。

3.2　柽柳低效次生林质效等级评价

低效林质效等级评价是实施经营管理技术的基础和前提，以黄河三角洲的莱州湾柽柳次生灌木生态林为对象，采用野外调查与室内测试分析相结合的方法，研究柽柳低效林的林分特征、主要影响因子及划分依据，旨在为柽柳低效林的科学经营提供理论依据和技术指导。

3.2.1　柽柳林树木生长指标及其影响因子的相关性

由表 3-5 可以看出，树木高度除与 Ca²⁺含量极显著相关外，与 K⁺、Na⁺、Mg²⁺含量和非毛管孔隙度均显著相关，与其他影响因子则不具显著相关性。地径粗度仅与林龄显著相关。树木东西、南北冠幅与林分密度、土壤总孔隙度、含盐量、Ca²⁺含量显著相关，与非毛管孔隙度、K^+、Na^+、Mg^{2+}含量均极显著相关。单株茎生物量与有机质含量极显著相关，与有效磷、K^+、Na^+、Ca^{2+}含量显著相关。单株叶生物量与 18 个影响因子均无显著相关性。可见柽柳树木的生长指标并不能完全反映低效林下的土壤物理结构、养分状况及有效离子含量等特性。因此，仅依据树木的生长状况或土壤理化指标对柽柳低效林进行分类存在一定缺陷。需将生长指标和土壤理化参数相结合来进行综合评价。

表 3-5 柽柳生长指标及其影响因子的相关系数

影响因子	生长指标					
	树高	地径	东西冠幅	南北冠幅	单株茎生物量	单株叶生物量
林龄	−0.357	−0.451*	−0.369	−0.437	−0.005	−0.324
林分密度	−0.012	−0.260	−0.527*	−0.547*	0.064	−0.262
土壤容重	−0.251	−0.348	−0.262	−0.307	0.165	−0.353
总孔隙度	0.346	0.185	0.450*	0.474*	0.263	0.055
非毛管孔隙度	0.493*	0.252	0.598**	0.593**	0.170	−0.162
毛管孔隙度	0.268	0.147	0.358	0.387	0.255	0.103
土壤含水量	−0.040	0.243	−0.027	−0.004	−0.105	−0.108
土壤含盐量	−0.404	0.100	−0.523*	−0.527*	−0.398	−0.230
pH	0.276	0.053	0.241	0.252	0.149	−0.376
有机质	0.270	0.203	0.420	0.415	0.622**	0.217
有效磷	0.261	0.038	0.157	0.129	0.460*	0.003
NH_4^+	0.275	0.210	0.309	0.326	0.196	0.285
NO_3^-	−0.305	−0.161	−0.405	−0.424	−0.152	−0.273
总有机碳	0.361	0.024	0.410	0.389	0.290	−0.127
K^+	−0.555*	−0.103	−0.664**	−0.659**	−0.485*	0.001
Na^+	−0.491*	−0.016	−0.600**	−0.594**	−0.447*	0.004
Ca^{2+}	−0.653**	−0.248	−0.573**	−0.557*	−0.495*	0.195
Mg^{2+}	−0.512*	−0.044	−0.609**	−0.606**	−0.383	0.100

*表示 $P<0.05$；**表示 $P<0.01$。

3.2.2 柽柳林各质效因子的主成分分析

树木生长和林地土壤理化指标对林分低效的影响程度不同，并且各因子间存在交互作用。对这些指标进行主成分分析（表 3-6），可归纳出不同退化程度低效林的指示因子。

由表 3-6 可以看出，前 6 个主成分的累计贡献率为 83.4%，能够反映测试指标的大部分信息，因此取前 6 个符合综合数值分析要求的主成分。主成分 Y_1 的贡献率最大，为 38.5%，K^+、Na^+、Ca^{2+}、Mg^{2+}因子负荷量较大，在莱州湾滨海盐碱湿地生境下，除 K^+ 表现为营养成分外，其他阳离子表现为盐胁迫因子，因此，该类表述为 K^+ 和盐分胁迫因子。主成分 Y_2 中林龄、林分密度、NO_3^- 负荷量较大，其中林龄的负荷量最大。主成分 Y_3 中土壤含水量、NH_4^+、含盐量负荷量较大，其中土壤含水量负荷量最大。主成分 Y_4 中单株茎生物量、土壤容重、毛管孔隙度、有机质、总孔隙度负荷量较大，其中单株茎生物量负荷量最大。主成分 Y_5 中单株叶生物量、毛管孔隙度负荷量较大，其中单株叶生物量负荷量最大。主成分 Y_6 中地径负荷量最大。

表 3-6　柽柳林主成分分析各因子的负荷量及贡献率

因子	主成分						
	Y_1	Y_2	Y_3	Y_4	Y_5	Y_6	Y_7
林龄	−0.160	−0.695	−0.213	0.162	0.001	−0.153	0.342
林分密度	−0.159	−0.639	−0.114	−0.111	−0.037	0.449	−0.545
高度	0.671	0.233	0.194	0.120	−0.390	0.402	−0.181
地径	0.314	0.521	0.334	0.142	−0.120	0.621	0.167
东西冠幅	0.775	0.418	0.121	0.175	−0.169	−0.054	0.231
南北冠幅	0.781	0.460	0.123	0.147	−0.153	−0.007	0.232
单株茎生物量	0.524	−0.054	0.044	0.632	0.256	0.163	−0.240
单株叶生物量	0.074	0.447	−0.374	0.258	0.643	0.089	0.015
土壤容重	−0.389	−0.401	0.443	0.498	−0.186	−0.286	−0.136
总孔隙度	0.762	−0.044	0.181	−0.461	0.368	0.025	0.036
非毛管孔隙度	0.708	0.196	0.289	−0.141	−0.117	−0.363	−0.092
毛管孔隙度	0.684	−0.100	0.132	−0.486	0.444	0.120	0.063
土壤含水量	−0.327	0.443	0.765	−0.086	0.127	−0.103	−0.093
土壤含盐量	−0.782	0.079	0.544	−0.037	0.057	0.123	0.103
pH	0.531	−0.567	0.134	−0.290	−0.098	0.267	0.314
有机质	0.568	−0.089	0.141	0.486	0.393	−0.077	0.205
有效磷	0.511	−0.524	0.116	0.233	0.289	0.168	−0.120
NH_4^+	0.250	0.581	−0.586	0.044	−0.120	−0.020	−0.113
NO_3^-	−0.351	−0.629	0.237	0.158	−0.035	0.147	0.366
总有机碳 TOC	0.627	−0.119	0.479	−0.089	0.099	−0.357	−0.307
K^+	−0.941	0.183	0.095	−0.027	0.102	0.124	0.043
Na^+	−0.922	0.231	0.224	0.001	0.093	0.148	0.053
Ca^{2+}	−0.885	0.294	−0.181	−0.050	0.129	−0.054	0.094
Mg^{2+}	−0.876	0.269	0.232	0.007	0.219	0.061	−0.107
贡献率/%	38.5	15.9	10.1	7.2	6.1	5.7	4.6
累计贡献率/%	38.5	54.4	64.5	71.7	77.8	83.4	88.1

3.2.3　柽柳林的聚类分析

依据上述 24 项指标对 20 个样地进行聚类分析，可分成 5 种林分类型，较好地反映了柽柳低效林的分布状况（图 3-1）。由表 3-7 可以看出，5 类林型中，第 I 类林分树木的高度、地径、冠幅及地上生物量等生长指标最高，土壤容重、孔隙度、有机质等改良土壤指标较好；第 V 类林分树木生长差，土壤退化严重；而其他 3 类林分的主要指标变化不明显，说明聚类分析得到的 5 种林型不能仅由主要指标的类平均值大小来划分其质效等级。可采用模糊数学隶属函数法对莱州湾柽柳低效林质效等级进行评价。

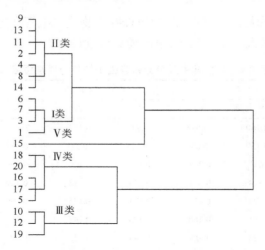

图 3-1　柽柳林的聚类分析图（1～20：样地号）

表 3-7　柽柳林聚类分析类平均值

因子	林分类型				
	I	II	III	IV	V
树龄/a	6.75	8.57	8.67	9.00	8.00
林分密度/（株/hm²）	300	1685	5533	3520	600
高度/m	1.82	1.68	1.78	1.45	0.84
地径/cm	3.34	2.38	2.46	2.43	2.70
东西冠幅/m	1.98	1.70	1.09	0.96	0.42
南北冠幅/m	2.01	1.63	1.04	0.97	0.43
单株茎生物量/kg	115.78	126.44	135.43	100.78	79.86
单株叶生物量/kg	268.04	59.28	70.25	53.50	42.92
土壤容重/（g/cm³）	1.15	1.21	1.24	1.19	1.27
总孔隙度/%	45.7	44.0	44.0	43.7	38.9
非毛管孔隙度/%	3.5	3.3	2.9	2.8	2.4
毛管孔隙度/%	42.2	40.7	41.1	40.9	36.5
土壤含水量/%	11.6	11.0	10.7	10.1	8.6
土壤含盐量/%	0.3	0.3	0.4	0.4	1.2
pH	8.47	8.54	8.55	8.61	8.11
有机质/（g/kg）	2.43	2.40	2.18	1.82	1.40
有效磷/（mg/kg）	12.25	14.61	16.46	13.06	2.55
NH_4^+/（mg/kg）	23.91	21.94	19.52	19.59	17.43
NO_3^-/（mg/kg）	6.69	7.83	7.40	8.75	8.40
TOC/（mg/kg）	104.12	129.67	106.45	93.77	72.85
K^+/（mg/kg）	60.14	60.27	67.49	81.76	152.76
Na^+/（mg/kg）	434.63	336.50	562.91	773.54	2554.27
Ca^{2+}/（mg/kg）	301.69	282.92	278.25	324.60	481.88
Mg^{2+}/（mg/kg）	39.37	36.64	49.91	51.97	141.68

注：I. 生长潜力型；II. 轻度低质型；III. 中度低效型；IV. 中度低质低效型；V. 重度低质低效型。下同。

3.2.4　柽柳林的林型划分及林分特征

依据主成分分析结果，柽柳低效林质效综合评价的指标共有 16 个：高度、地径、单株茎生物量、单株叶生物量、土壤容重、总孔隙度、毛管孔隙度、土壤含水量、含盐量、有机质、NH_4^+、NO_3^-、K^+、Na^+、Ca^{2+}、Mg^{2+}。各林型主要因子的隶属函数值见表 3-8。

表 3-8　各类林型主要因子的隶属函数值

主要因子	林分类型				
	I	II	III	IV	V
高度/m+	1.000	0.857	0.959	0.622	0.000
地径/cm+	1.000	0.000	0.083	0.052	0.333
单株茎生物量/kg+	0.646	0.838	1.000	0.376	0.000
单株叶生物量/kg+	1.000	0.073	0.121	0.047	0.000
土壤容重/（g/cm³）−	0.000	0.500	0.500	0.333	1.000
总孔隙度/%+	1.000	0.753	0.744	0.705	0.000
毛管孔隙度/%+	1.000	0.742	0.805	0.774	0.000
土壤含水量/%+	1.000	0.812	0.688	0.497	0.000
土壤含盐量/%−	1.000	1.000	0.898	0.841	0.000
有机质/（g/kg）+	1.000	0.971	0.757	0.408	0.000
NH_4^+/（mg/kg）+	1.000	0.696	0.323	0.333	0.000
NO_3^-/（mg/kg）+	0.000	0.553	0.345	1.000	0.830
K^+/（mg/kg）+	0.000	0.001	0.079	0.233	1.000
Na^+/（mg/kg）−	0.956	1.000	0.898	0.803	1.000
Ca^{2+}/（mg/kg）−	0.885	0.977	0.000	0.772	1.000
Mg^{2+}/（mg/kg）−	0.974	1.000	0.874	0.854	0.000
合计	12.461	10.773	9.074	8.650	5.163

+表示正指标；−表示负指标。

由表 3-8 可以看出，5 种林型的质效评价结果为：I 类>II 类>III 类>IV 类>V 类。根据聚类分析和林型质效综合评价结果，结合低效林分类的基本原则：生长指标好、生物量高的评为"质"，土壤改良效应好的评为"效"。莱州湾柽柳低效林可分为 5 个等级：生长潜力型、轻度低质型、中度低效型、中度低质低效型和重度低质低效型。各林分特征及其经营措施如下。

1）I 类生长潜力型：该林型树龄在 6~7 年，密度较小，土壤含盐量在 0.2%~0.3%，土壤含水量在 11.1%~13.1%。林分特征为：树木生长最高，地径最粗，地上生物量最高；林地土壤疏松，通气透水性能最好；水分含量高、盐分含量低，降盐改土功能好；有机质含量最高，但速效养分含量处于中等水平。该林型应以封育保护为主，避免人为干扰。因密度偏小，林分结构单一，可人工补植柽柳幼苗和其他耐盐碱灌木、草本植物，营造灌木混交林、灌草结构模式。

2）II 类轻度低质型：该林型树龄平均为 8~9 年，土壤含盐量在 0.2%~0.4%，土壤含水量在 10.5%～12.5%。林分特征为：树木高度、地径及地上生物量低于生长潜力型，林地土壤通气透水性能、降盐效果较好，总有机碳（TOC）、有机质及速效养分含量较高，改良土壤效应好。该林型林分密度有增大的空间，可采取人工促进柽柳林的更新、幼苗补植、保灌和护草等措施。

3）Ⅲ类中度低效型：该林型树龄在 7～11 年，土壤含盐量在 0.3%～0.5%，土壤含水量在 10.5%～11.8%。林分特征为：树木在生长高度上优于地径的生长，单株茎生物量最高，即生长、形态指标较好。改良土壤盐碱能力弱，土壤密实，通气透水性能差；有机质及速效氮含量低，改良土壤效应弱。该林型林分密度偏大，可通过间伐、修枝等技术，降低林分密度，控制柽柳生产力；注意清除残次林分，以保证树木的正常生长。

4）Ⅳ类中度低质低效型：该林型树龄在 8～10 年，土壤含盐量在 0.3%～0.5%，土壤含水量在 8.4%～10.2%。林分特征为：树木生长状况和地上生物量低，存在枯梢、枯枝现象。土壤盐碱含量高，土壤有机质、速效养分以及 TOC 含量低，即树木生长及改良土壤理化性状均表现退化趋势。该林型主要与人为干扰和破坏有一定关系，如旅游干扰、军事演习及过度抽取地下水等；虫害芳香木蠹蛾东方亚种（*Cossus cossus orientalis*）严重。该林型应避免人为干扰，可实施病虫害防治及灌溉等措施；对生长衰退、难以复壮的低效林分，可采取间断性择伐及重造措施。

5）Ⅴ类重度低质低效型：属于树种不适林。该林型树龄在 9～10 年，土壤含盐量在 1.0%～1.2%，土壤含水量在 7.9%～8.9%。林分特征为：残次林、低疏林多，林木生长缓慢；土壤密实、通气透水性能差，次生盐碱化严重，土壤有机质及速效养分含量低，盐胁迫离子含量高，土壤理化性质恶化严重。该林型建议轮伐和择伐，补植补播耐盐碱的乡土草本植物，如二色补血草、白刺、盐地碱蓬等。

3.2.5 低效林分类依据及其等级划分

树木生长指标（曾思齐和佘济云，2002）、林地土壤理化性质（夏江宝等，2012；张泱等，2009）、地上生物量、地下生物量、光照和营养元素含量（Ewel and Mazzarino，2008）及植物自然更新机制（Wu *et al.*，2008）等都可反映植被退化及低质低效水平。本研究采用综合因子法，依据树木生长和土壤改良指标来划分柽柳林的低效程度，这与小兴安岭低质林划分将树木生长过程和林地土壤理化性状相结合的方法类似（张泱等，2009），而与苏南低质低效杉木林主要依据林木生长过程为主要指标的分类标准不同（林杰等，2010）。由于莱州湾柽柳林带属于沿海防护林体系的重要组成部分，在今后研究中，应进一步结合其生态防护功能进行评价，突出沿海防护林的主导功能，如防海风、海潮、海雾，消浪固沙及生物多样性增减等。在长江中上游低质低效次生林的研究中（曾思齐和佘济云，2002），由于立地条件复杂、空间异质性高，首先对立地类型进行了分类，并依据林木生长指标进行低效等级划分。而对莱州湾柽柳滨海盐碱湿地而言，研究区海拔、坡度及土壤层厚度等无明显差异，土壤水分及降盐、改土等指标受柽柳生长的影响较大（汤爱坤等，2011）。在同一立地类型上进行不同林型的质效等级划分，将更加合理和具有实际指导意义。可见低效林划分依据具有一定的区域性、异质性和局限性（陈进军等，2009）。在低效程度的划分上，应综合考虑立地类型、区域特性、树木种类、生产、生态功能以及影响植被群落空间分布的主要限制因子。

随着林型、立地条件及功能的不同，表现林分质效的主要指标有一定差异。例如，苏南低质低效杉木林低效的指标主要为蓄积量、树高和郁闭度（林杰等，2010）；小兴安岭低质林主要为林分密度、物种多样性、林分径级和土壤微量元素含量等（张泱等，2009）；长江中上游次生栎林主要为蓄积量、郁闭度和生长率（欧阳君祥和曾思齐，2002），冷杉林主要为蓄积量、胸径和生长率（欧阳君祥和曾思齐，2003）；福建低质低效红树林主要为树高、郁闭度、病虫害、林龄及生物入侵程度等（张年达，2010）；黄河三角洲低质低效人工刺槐林主要为土壤容重、孔隙度、林分郁闭度、树木材积、有机质和含盐量等（夏江宝等，2012）。莱州湾柽柳林质效高低的指示因子首先可归纳为盐分、林龄、土壤含水量、单株地上茎和叶生物量以及地径，即以林分生长状况和水盐指标为主；其次为土壤容重、孔隙度及养分特征。可见，在立地类型一致的条件下，林分结构、林分生产力和生态功能指标是低效林质量效益的主要指示值。

在低效林分类上，主要采用单因子或综合因子分类法对林分生长过程进行分析，据此划分林分质效等级（张泱等，2009），以林木生长过程和生长潜力分析为主。随生境条件和研究对象的不同，低效林分类结果有较大差异。苏南低质低效杉木林划分为正常林分、低质低效型和极低质低效型等（林杰等，2010），长江中上游次生栎林、冷杉林等低效林划分为生长潜力型、低质型、极低质低效型和综合低质低效型（曾思齐和佘济云，2002；欧阳君祥和曾思齐，2003）。上述分类均以林分等级划分为主。小兴安岭林区低质林划分为非经济型、低密度型、草原型、生长潜力型和高肥低效型（张泱等，2009），福建省低质低效红树林划分为低矮林分型、稀疏林分型、病虫危害型、生物入侵型和老龄林型（张年达，2010）。这两种分类以林分特征和低效原因划分为主。本研究选择林龄、林分密度、树木高度、地径、地上生物量等生长指标，结合土壤容重、孔隙度等基本物理参数，土壤盐碱含量、养分状况等化学指标，采用模糊数学隶属函数法，以林分等级划分为主，将柽柳低效林分为生长潜力型、轻度低质型、中度低效型、中度低质低效型和重度低质低效型五大类。该分类以综合因子分类法为主，借助了相关分析、主成分分析、聚类分析及模糊数学隶属函数等方法，分类结果体现了林分功能和特征。这为建立科学和统一的低效林分类方法提供了一定的技术参考。

3.2.6　结论

以黄河三角洲莱州湾柽柳次生灌木生态林为对象，选取林分生长和土壤理化性状等24项指标，采用综合因子法研究柽柳林低效的主要影响因子和低效林划分的主要参数。研究发现：柽柳树木生长指标与反映土壤质量状况的主要指标相关性不明显，仅依据树木的生长状况不能反映柽柳林的低效程度，需采用树木生长和土壤改良指标来综合判断。土壤含盐量、林龄、土壤含水量、单株地上茎和叶生物量及地径是反映低效柽柳林分质效高低的主要指示因子，其次为土壤容重、孔隙度及土壤养分特征。莱州湾柽柳低效林可划分为生长潜力型、轻度低质型、中度低效型、中度低质低效型和重度低质低效型五大类。依据聚类分析的类平均值探讨了其林分特征、低效原因及经营改造方法。

3.3 柽柳灌丛退化特征分析

在莱州湾典型滨海湿地山东昌邑国家级海洋生态特别保护区内，采用温室内模拟控制试验、野外调查与室内分析相结合的方法，测定分析了大田生境下滨海湿地柽柳林群落数量特征及主要土壤理化性状，探讨了柽柳林湿地退化特征，分析了柽柳林湿地退化因素，阐明了该区域柽柳林湿地退化机制，以期为柽柳林的经营改造及滨海湿地生态系统的恢复及保护提供理论依据和技术支持，这对延缓滨海湿地退化进程，实现区域经济和环境的协调发展具有重要的理论和现实意义。

3.3.1 柽柳灌丛退化因素分析

柽柳林湿地退化原因主要包括土地围垦、海水入侵、气候变化、植物病虫害、环境污染、地下水开采等多方面因素，大体将其分为两类，即自然因素和人为因素。

3.3.1.1 自然因素

（1）气候变化

气候变暖和持续干旱是导致滨海湿地退化的气候变化过程。全球气候变暖，从长远来看，将会对全球湿地的分布和演化造成显著影响。特别对滨海湿地，全球气候变暖引起海面上升和湿地向陆地演化，但部分地区通过修建防潮堤、防浪堤等海防设施将限制湿地向陆地进化，许多滨海湿地也会因此而消失。同时，气温升高也会使湿地内的各生态过程发生巨大变化。气候变化在短时间里对滨海湿地的影响主要表现为气候变暖加剧了干旱对滨海湿地水文状况的影响。据相关气候资料分析表明，近 50 年来莱州湾南岸地区气温呈逐渐上升趋势，造成该地区蒸发量不断增加。特别是从 20 世纪 80 年代以来近 20 年的持续干旱对滨海湿地的影响，使得莱州湾南岸的潮上带湿地的地下水位下降，地表干旱，湿地面积日益减小，植被群落退化。在 70 年代以前，柽柳林湿地北部潮间带地区分布着大面积的盐地碱蓬湿地，但由于气候持续干旱的影响，盐地碱蓬湿地大部分消失，变成了荒滩沙地，已经严重退化。柽柳林湿地 A 剖面所在区域，没有任何淡水水源的补给，主要依赖季节性降水。尤其是潮上带的茅草、芦苇等植被，在没有外来水源的补给下，极容易因为干旱而发生退化。

（2）河流径流量减少

调查资料表明，经由莱州湾南岸地区入海的主要有弥河、小清河、潍河、白浪河、胶莱河等 10 余条河流，多年来平均径流总量为 $18×10^8m^3$，而在 20 世纪 70 年代平均年径流总量为 $38.39×10^8m^3$，河流的入海径流量显著减少。在昌邑市北部，流经研究区范围的河流主要为潍河和堤河。昌邑市人口现已增加到 67.8 万，人均淡水量为 $315.2m^3$，不到全国人均的 1/7。社会经济不断发展，加上气候变化导致的地区持续性干旱，使得农业生产灌溉用水以及居民的生产和生活用水需求量迅速增加。昌邑市通过修建坑、塘等拦蓄工程拦蓄地表径流，用于补充地下水，保障灌溉用水和生态用水，使得河流的径流量大大减少，最终导致输入湿地的淡水总量减少，河流与海洋之间的动力作用发生改变，河口地区水体和土壤含盐量增加，植被在短期内极易发生逆向演替，柽柳-盐地碱蓬或芦苇群落退化为盐地碱蓬群落或光板地。

（3）海面上升

海面变化包括由全球变暖引起的海面的绝对上升和地壳的垂直运动引起的海面变化。未来海面上升对滨海湿地的结构和功能构成严重的威胁，海面上升会改变滨海湿地中海陆相互作用的强度，淹没大部分的海岸湿地。据政府间气候变化专门委员会（IPCC）估计，在未来 100 年内，如果海面上升 50cm，现存滨海湿地将会有 50%被淹没，去除向陆湿地化演替新生的湿地，海面上升导致滨海湿地净损失17%～43%。夏东兴等（1994）在研究海面上升对渤海湾西岸的影响时，根据高程估算，如果海面上升 30cm，自然海岸带线将后退 50km，淹没土地面积约为 $1.0 \times 10^{6} hm^{2}$；如果海面上升 100cm，海岸线将向后消退 70km，淹没土地 $1.15 \times 10^{6} hm^{2}$，因此在不考虑滨海湿地的沉积作用和护岸工程作用的情况下，现有的滨海盐沼湿地将全部消失。2010 年，国家海洋局在《2010 年中国海平面公报》中指出，我国沿海海平面在过去 30 年中平均上升率为 2.6mm/a，未来 30 年速率可能达到 3mm/a 左右。莱州湾柽柳林湿地地处沂沭断裂西侧的沉降区，由于当地对地下卤水的过量开采加速了地面的沉降，沉降速率为 1～2mm/a，因此莱州湾南岸地区相对海面上升速率为 4～5mm/a，即每年海岸线向大陆消退 660～830m。到 2050 年，莱州湾地区海面上升约为 20cm，那么在没有堤坝防护的情况下，莱州湾柽柳林湿地中高程低于 20cm 的地区将被海水淹没。

（4）风暴潮和海岸侵蚀

风暴潮和海岸侵蚀是莱州湾地区的主要海洋灾害。风暴潮是由于剧烈的大气扰动，如台风和温带气旋等灾害性天气导致海水异常升降，使受其影响的海区潮位超过平常潮位的自然现象（黄金池，2002）。影响莱州湾地区的风暴潮主要有两种类型：温带风暴潮和台风风暴潮，以春、秋两季的温带风暴潮为主。

据统计，莱州湾地区在 1951～1995 年共发生 66 次风暴潮。风暴潮发生时，会携带大量的海水淹没沿岸的滨海湿地，土壤盐碱化程度增高，破坏海岸带周围的植被，使滨海湿地的生态环境恶化，加速了湿地生态系统的退化。在柽柳林湿地 A 剖面的 A_3 和 A_4 之间建有东西方向的防潮堤，一般强度低的风暴潮不会越过防潮堤淹没堤坝南侧地区，而在 B 剖面与海之间没有防潮堤，每当发生风暴潮的时候，很多地方都会被海水淹没，风暴潮一般影响时间在 24～48h。因此湿地西部的土壤含盐量和含水率普遍高于东部地区，而且在物种多样性比较低的 B_4 样点以北的地区只有柽柳和盐地碱蓬。

海岸侵蚀是指在海陆相互作用下，海岸泥沙不断被海水冲蚀而引起的海岸线后退的破坏过程。海岸侵蚀主要表现为海岸线的后退和海岸滩地的下切。引起海岸侵蚀的原因主要为风暴潮频发、海面上升、入海泥沙量减少等。莱州湾柽柳林湿地在 1958～1984 年海岸平均侵蚀率为 46m/a（丰爱平等，2006），河口附近海岸线后退较其他区域严重。海岸侵蚀会对地表植被造成不可逆的破坏，在研究区北侧许多柽柳由于海岸侵蚀而死亡，加速了柽柳林湿地的退化。

（5）病虫害

对于莱州湾柽柳林湿地的退化，除了环境因素影响柽柳生长之外，病虫害对柽柳生长和分布也有较大影响。莱州湾柽柳林湿地中主要的害虫为芳香木蠹蛾东方亚种。其幼虫于树干内或土中越冬，4～6 月陆续老熟结茧化蛹，其产生危害时期主要为其幼虫阶段，多在韧皮部与木质部之间及边材部筑成不规则的隧道，常造成树皮剥离，至秋后越冬。第 2 年春分散蛀入木质部内为害，隧道多从上向下，至秋末越冬。幼虫聚集在柽柳主干基部时危害最大，可导致整株柽柳死亡。一般春秋季节为其高发期。芳香木蠹蛾主要在 B 剖面中，为害轻微的地方主要是枝条枯萎，为害严重的地方整片柽柳出现死亡。

3.3.1.2　人为因素

（1）围垦

围垦是滨海湿地退化的主要人为因素。滨海湿地被围垦后，其整体水文特征将会发生显著变化，并且湿地类型和景观多样性也会发生根本性变化。由于人类对湿地的围垦，全球滨海湿地每年都以 1%左右的速率减少。近 40 年，我国沿海地区滨海湿地围垦面积超过了 $1.0×10^6hm^2$。

莱州湾南岸的滨海湿地受围垦的影响较为显著，湿地被围垦后主要被改造成农田、盐田和虾蟹养殖池。1992～2004 年，莱州湾南岸自然湿地减少了约 $246km^2$，减少率接近 50%，而盐田和养殖池增加了 $213km^2$，上升率为 31%（吴珊珊等，2009）。

由于经济利益的驱使，目前仍有许多企业在滩涂地带修建防潮大堤，将滩涂改造成现在的盐田和养虾池，滨海湿地面积不断减少。同时当地为了开采地下卤水资源，在柽柳林湿地内部修建了 10 多条横贯东西的排水沟渠，沟渠平均宽度为 2.5m，为了修建沟渠，两侧表层土壤被剥离，地表植被被破坏。沟渠的修建加剧了柽柳林湿地景观的破碎化，湿地生态系统功能受到影响，导致湿地退化。

（2）水资源过度开采

渤海莱州湾南岸蕴含着丰富的地下卤水资源，卤水来源于海水，是在海侵期的海退阶段经过蒸发浓缩、聚集和海陆变迁埋藏形成的，主要储存在第四纪沉积层中，属于第四纪滨海相地下卤水。其埋藏深度一般为 0～80m，分 3～4 个含水层赋存。据调查，目前在莱州湾南岸已查明卤水总量为 $3.2×10^8m^3$，包括 NaCl 和 Br 储量分别为 $2.5×10^7t$ 和 $6.4×10^4t$。在研究区已建有卤水井约 500 眼，溴素年产量为 7 000t，年开采地下卤水约 $3.15×10^7m^3$。由于该地区大量抽取地下卤水，导致地下水位下降，使得土壤水与地下水联系性降低，失去了地下水的顶托，加剧了湿地水分垂直渗透的速率，这也是导致滨海湿地植被退化和土壤水分降低的主要原因。另外，由于近些年的持续干旱，农业生产和生活用水量迅速增加，又因为地表水有限，因而大量开采地下水，在昌邑市形成了一个中心地下水埋深为 42.86m 的水漏斗，加剧了地下海水入侵。

（3）污染

滨海湿地之所以被称为地球之肾，主要是因为它是污染物的承泄区。随着社会经济的发展，沿海城市生活和农业生产产生的污染物也随之增多。滨海湿地污染会引起湿地生物的死亡，湿地中原有的生物群落结构遭到破坏，并通过生态系统的物质循环和食物链影响其他生物，严重影响湿地生态系统的平衡。据统计，我国滨海地区每年往大海排放污水总量高达 $96×10^8$t，污染物约为 $0.15×10^8$t，主要以河流输入为主。通过研究区的河流主要为堤河和潍河，其中堤河污染较重，成为一条主要的纳污河道。堤河起源于市区北部王士义沟，自南向北经奎聚街道、柳疃镇、龙池镇流入渤海，全长 23.0km，流域面积 $119.0km^2$。废水来源主要有两部分：一是日接纳城区天水路以东、昌进路以北、潍坊金丝达印染有限公司以南区域的工业、生活废水 2.5 万～3.0 万 t；二是日接纳柳疃、龙池两镇的工业、生活废水约 2.5 万 t。其化学需氧量（COD）最高达到 712.0mg/L。大量的污染物通过堤河输入到湿地中，超过了系统自身的自净能力，河口附近环境不断恶化，周围生长的盐地碱蓬、芦苇等植物因受到污染而死亡，最终退化成荒滩。

3.3.1.3　小结

由于自然和人为因素的作用，莱州湾柽柳林湿地正在逐渐发生退化。主要表现在以下几个方面。①气候变暖、淡水资源不足导致湿地干旱状况加剧，使得一些好水的植物消失，如盐地碱蓬和芦苇。②海水入侵、风暴潮等引起的土壤盐渍化，使得湿地内植被种类单一，主要以耐盐植物为主。③围垦、开采地下卤水建设沟渠以及海岸侵蚀等造成湿地面积减少，湿地景观破碎化。④病虫害影响导致柽柳大面积死亡，对柽柳林湿地植被造成直接性破坏。例如，芳香木蠹蛾幼虫对柽柳木质部的啃噬，造成枝条或茎部中空，严重的会导致整株柽柳死亡，破坏极大。

3.3.2　柽柳灌丛退化特征分析

通过对不同柽柳群落类型的调查分析，明确其分布格局及群落特征，在此基础上，测定分析不同柽柳群落类型的土壤容重、孔隙度、土壤水盐及土壤养分等理化指标，探讨不同柽柳群落类型下的土壤理化性质的变化规律，结合不同柽柳群落数量特征，分析该区域柽柳林湿地的退化特征。

3.3.2.1　柽柳林群落类型与分布

根据距离海岸线由近到远的方式，对群落类型、物种组成和分布进行调查，结果见表 3-9。

通过对柽柳林湿地调查结果可以看出：①距离海岸线越近，植被物种多样性越低，滩涂和盐地碱蓬群落，只有一个物种或没有；②群落结构简单，群落一般没有明显的分层现象；只有 1～2 个优势种；③植被类型单一，只有盐地碱蓬、柽柳、狗尾草等，而且以耐盐草本植物占据显著地位。

A_1 和 B_1 样点所在的滩涂光板地，位于潮间带中下部，经常受到海水浸泡和冲刷，土壤盐渍化严重，使得该区域只有零星盐地碱蓬或没有盐地碱蓬生长。对于 A 样带，盐地碱蓬只在 A_2、A_3 样点处有所分布，而在 A_4 样点处群落中突然没有盐地碱蓬的生长，主要是由于人类对滩涂湿地开发力度加大，在 A_3、A_4 样点中间修建一条防潮堤，将潮水拦截在大堤之外，同时也将潮滩代表性植物盐地碱蓬阻拦于大堤之外。在 B 样带

表 3-9　柽柳林湿地群落类型和分布

样地号	群落类型	群落特征描述
A_1	滩涂	地表植被覆盖极少，只有盐地碱蓬零星生长
A_2	盐地碱蓬	物种多样性单一，只有盐地碱蓬在该区生长
A_3	柽柳-盐地碱蓬	柽柳盖度 10%左右，盐地碱蓬为优势草本，其他伴生种为芦苇、补血草、獐毛等，但分布较小
A_4	柽柳-狗尾草	柽柳盖度大于 30%，生长良好，植物个体较大。狗尾草为优势草本，伴生有藜（生长在柽柳周围，较少）、芦苇（少量的斑状分布），数量极少的曲曲菜
A_5	柽柳-狗尾草	柽柳盖度达到 70%，成片分布，生长密集，基部分生许多幼株，个体较小。以狗尾草为优势草本，伴生有芦苇、鹅绒藤、补血草、獐毛、藜等
A_6	柽柳-狗尾草	柽柳分布稀疏，盖度不到 10%，以狗尾草为优势草本，伴生有少量鹅绒藤、藜、白茅、地馥
A_7	狗尾草草甸	以狗尾草为优势草本，盖度在 60%以上，鹅绒藤分布较多，盖度达到 40%左右，伴生有茵陈蒿、藜以及少量芦苇
A_8	柽柳-狗尾草	柽柳斑状分布，盖度低于 40%。以狗尾草为优势草本，芦苇在该区分布较广，盖度达到 25%。其间分布着茵陈蒿、鹅绒藤
A_9	柽柳-茵陈蒿	柽柳分布较少，盖度在 20%左右。茵陈蒿为优势种，伴生有狗尾草、鹅绒藤、芦苇
A_{10}	柽柳-鹅绒藤	柽柳盖度超过 90%，以鹅绒藤为优势草本，伴生有狗尾草、藜、曲曲菜、芦苇
A_{11}	柽柳-茵陈蒿	柽柳生长茂盛，盖度超过 90%，叶片稀少，且顶端有枯死现象。茵陈蒿为优势草本，伴生有少量的藜
A_{12}	柽柳-狗尾草	柽柳盖度在 50%左右，狗尾草为优势草本，伴生有茵陈蒿、滨藜
A_{13}	茵陈蒿	柽柳盖度较小，属于人工种植，个体较小，生长良好。以茵陈蒿为优势草本，伴生有狗尾草、野塘蒿、翅果菊
B_1	滩涂	表面湿润，没有植物生长
B_2	盐地碱蓬	盖度在 90%左右，没有其他草本植物生长，物种单一，在与滩涂交错区有枯死柽柳残体
B_3	柽柳-盐地碱蓬	柽柳个体小，生长密度高，盖度为 30%，盐地碱蓬为优势草本，物种单一
B_4	柽柳-盐地碱蓬	柽柳盖度为 40%，盐地碱蓬为优势草本，伴生补血草、狗尾草
B_5	柽柳-狗尾草	柽柳盖度为 40%，有枯死现象，以狗尾草为优势草本，伴生滨藜、盐地碱蓬
B_6	狗尾草	以狗尾草为优势草本，伴生有补血草、滨藜

的各个样点中均有盐地碱蓬分布，且在 B_2、B_3、B_4 样点处分布密度较高，为优势草本，生长区域较广且具有较高的连续性，主要是因为在 B 样带的样点之间没有防潮堤或者高的突出地形阻挡潮水的前行，并且距离堤河较近，堤河水流量小，主要是海水。盐地碱蓬属于藜科碱蓬属，一年生草本植物，一般生长于海滨、湖边、荒漠等处的盐碱荒地上，在含盐量高达 3%的潮间带也能稀疏丛生，是一种典型的盐碱地指示植物，也是由陆地向海岸方向发展的先锋植物。

莱州湾柽柳林湿地由陆地向海岸的植被群落类型的变化，可以看作是柽柳林湿地的逆向演替。植被群落演替趋势为：茵陈蒿—柽柳-茵陈蒿—柽柳-狗尾草—柽柳-盐地碱蓬

—盐地碱蓬—滩涂，这在一定程度上表明了柽柳林湿地退化的方向。

3.3.2.2 不同群落类型下柽柳的生长状况

柽柳属于柽柳科柽柳属，具有很强的耐盐旱特性，一般生长在干旱、半干旱的荒漠地区以及土壤盐渍化的地区，主要分布于西藏、新疆、青海、内蒙古和甘肃等西北干旱地区，以及黄河三角洲和莱州湾滨海湿地，是干旱区荒漠生态系统和滨海湿地生态系统的关键植物种（肖春生等，2005）。在莱州湾柽柳林湿地，柽柳是湿地中主要的建群种，其生长状况的好坏标志着群落健康稳定与否。柽柳除了在 A_1、A_2、B_1、B_2 样区没有，其他各点均有生长。在各个群落的柽柳生长状况如表 3-10 所示。

表 3-10　不同群落下柽柳生长状况

样点号	地上生物量鲜重/（kg/m²）	密度/（株/hm²）	平均高度/m	平均基径/cm
A_3	1.26	3 000	1.33	2.9
A_4	5.51	5 000	2.25	2.98
A_5	15.57	37 000	1.80	2.15
A_6	1.72	2 000	2.26	3.15
A_8	10.54	24 000	1.57	2.18
A_9	1.99	3 000	2.12	2.87
A_{10}	24.84	54 000	2.22	3.11
A_{11}	27.46	55 000	1.83	2.15
A_{12}	12.80	22 000	1.84	2.94
A_{13}	0.26	13 000	0.28	0.85
B_3	7.41	39 000	1.39	2.58
B_4	8.26	59 000	1.20	2.05
B_5	8.96	32 000	1.58	3.18

由图 3-2 可看出，柽柳的地上生物量随着至海岸线的距离延长在 A 和 B 样带均呈现先升高后降低趋势，在 A_5 和 A_{11} 处达到两个峰值，生物量分别为 15.57kg/m²、27.46kg/m²。继续向内陆靠近湿地外部边缘以茵陈蒿为主，所以柽柳生物量开始降低，在 A_{13} 处柽柳主要以人工扦插的幼苗为主，生物量降到一个较低值，为 0.26kg/m²。在 $B_3 \sim B_5$ 段，虽然生物量逐渐增加但是增幅较小，主要是由于 B 样带的地势平坦，整体连续性较好，中间没有自然或人为的阻隔（河道或引水沟渠以及堤坝等）。研究区从西到东柽柳的生物量总体是增加的。柽柳密度的变化基本与生物量一致。柽柳的高度和基径的变化趋势也具有很强的一致性，但是与柽柳的密度变化有一定的负相关性。柽柳密度越高的样点其高度和基径却在一个较低的水平（如 A_5、A_{11}、B_4 等样区），表明由于密度的增高，种内对于有限的水分、阳光、营养物质以及空间资源的竞争更加激烈，在一定程度上抑制了彼此生长。而在密度较低的地区由于没有激烈的竞争，柽柳的平均高度和平均基径维持在一个较高的水平（如 A_4、A_{12}、B_3、B_5 等样点）。

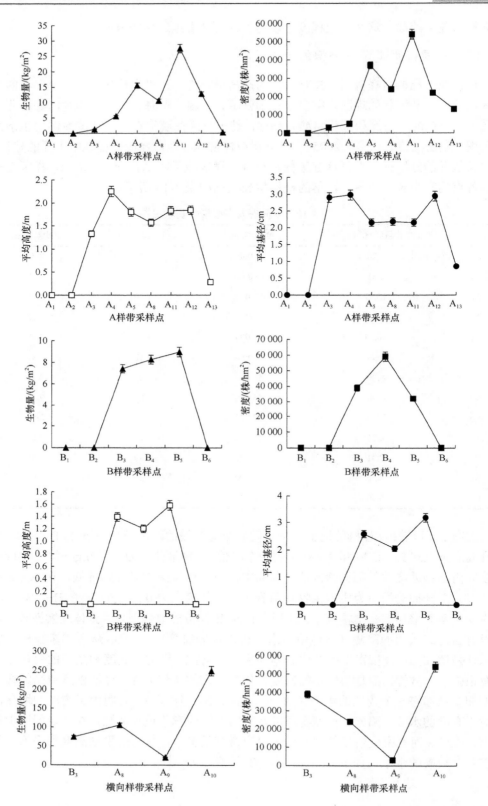

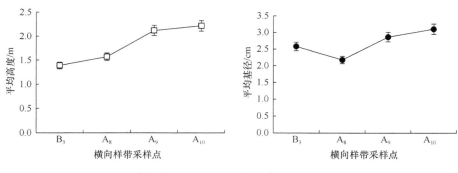

图 3-2　柽柳林湿地内不同群落下柽柳生长状况变化

3.3.2.3　不同群落类型下的土壤容重和孔隙度

土壤容重和土壤孔隙度是土壤物理性质优劣的主要指标,对土壤中水盐运动有着重要的影响。

由图 3-3 可知,在 A 样带上,土壤容重随到海距离的减小没有明显变化,垂直方向上,越往下土壤容重越大,下层土壤容重与上层相比,平均增加了 28.2%。总孔隙度在 $A_4 \sim A_{13}$ 差别不大,随着到海距离的继续减小开始降低,A_1 处总孔隙度与 A_4 处相比表层孔隙度降低了 37.7%,在垂直方向上,表层孔隙度高于下层的孔隙度,但随着到海距离的不断减小,A_1 处表层和下层的总孔隙度几乎没有差别。

在 B 样带上,随着到海距离的减小,土壤容重逐渐升高,B_1 处与 B_6 处相比表层土壤容重增加了 18.3%,下层虽有所增加但增加幅度低于表层。总孔隙度随着到海距离的减小先增加后降低,在 B_1 处最低,为 36.46%,与 B_3 相比降低了 30.9%。表层总孔隙度高于下层,但随着到海距离拉近,彼此之间的差异越来越小,在 B_1 处几乎没有差别。

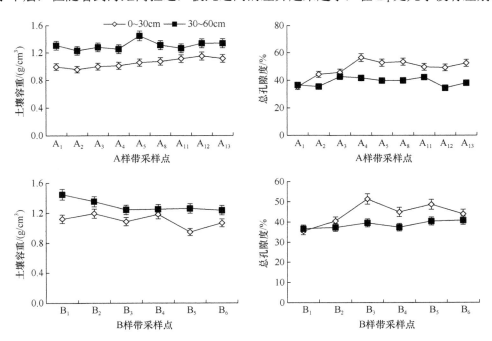

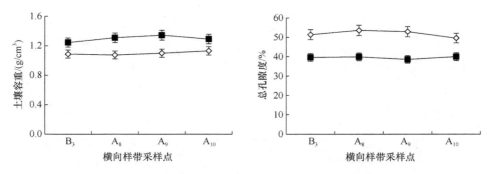

图 3-3　不同群落类型下土壤容重和总孔隙度的变化

在横向样带上，由西向东土壤容重和总孔隙度均没有明显的变化。在垂直方向上，下层容重高于上层，上层总孔隙度高于下层，且表层和下层之间的容重和总孔隙度的差异保持稳定。

以上结果表明，离海越近土壤容重越高，土壤孔隙度减小，土壤结构紧实，不利于土壤脱盐，造成表层盐分积累过多，土壤物理性状逐渐恶化。在垂直方向上，大部分区域表层土壤较下层疏松，但在滩涂湿地中，表层和下层土壤物理状况差别不大。

3.3.2.4　不同群落类型下的土壤水盐运移特征

莱州湾柽柳林湿地主要分布着盐生植被，盐生植物群落物种的组成和分布都受土壤水分和含盐量的影响。土壤含盐量和水分的变化在一定程度上决定着群落的演替。调查分析表明，该区域柽柳林湿地 0～100cm 土壤含盐量范围为 0.08%～2.21%，平均为 0.66%；含水率范围为 5.24%～27.86%，平均为 12.78%。

如图 3-4 所示，在 A、B 两个样带上，土壤含水率和含盐量都是随着到海岸距离的减小而增大，最高含水率和含盐量点分别位于滩涂的 A_1、B_1。对于 A 样带，在 A_3 处相对 A_1 处表层、中层、下层土壤含盐量分别减少了 87.7%、81.4%、60.0%。A_4～A_{13} 各层土壤含盐量和含水率变化较小，主要是由于 A_3 和 A_4 之间建有一道防潮堤，海水涨潮时不能通过堤坝进入堤坝以南区域；B 样带中，B_3 相对 B_1 表层、中层、下层土壤含盐量分别减少 83.2%、83.7%、29.8%，随着到海距离的增大，含盐量变化较小，但含水率不断降低。随着土壤含盐量的升高植被群落的组成种类不断减少，在 A_2、B_2 处，土壤含盐量为 0.9%～1.4%，盐地碱蓬分布在 90% 以上，生长茂盛，成为单优势种，而在含盐量更高的 A_1、B_1 样点处，土壤含盐量达到 2.2%，地表几乎没有植被生长或偶尔零星生长一些盐地碱蓬，生物多样性完全丧失。随着盐分的降低群落物种不断增多，最多时物种数达到 8 种。当含盐量低于 0.3% 时，狗尾草、茵陈蒿取代盐地碱蓬成为群落中的优势草本植物物种，并伴生有藜、鹅绒藤、翅果菊等轻度耐盐的植物群落。柽柳是湿地内唯一的一种灌木，柽柳覆盖度高的地方土壤含盐量较低，主要是盐生植物的生长使其生境条件发生改变，如盐生植物根系的生长和扩展改变了土壤物理状况，改善了土壤持水性和通透性。由于耐盐植物的生长和覆盖，植物的蒸腾作用代替了地表水分的蒸发，减少了地下水中盐分在地表的积累。

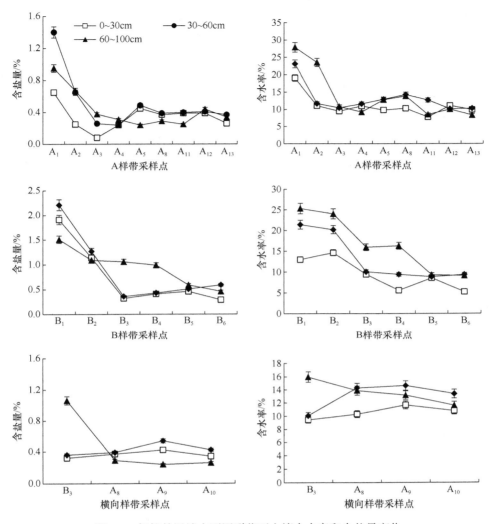

图 3-4　柽柳林湿地内不同群落下土壤含水率和含盐量变化

　　一般情况下，土壤含盐量和含水率是随着土壤深度增加而升高的，然而在 A 样带的 A_5、A_8、A_{11} 等柽柳盖度较大的样区，下层土壤的含盐量要低于表层和中层的含盐量，因为柽柳主根的垂直分布深度在 100cm 左右，侧根主要集中在 50～150cm 的土层（杨小林等，2008），一般认为是柽柳根系对周围土壤盐分的吸收降低了下层土壤含盐量。另外，柽柳作为一种泌盐植物，叶片中具有发达的盐腺，将体内多余的盐分分泌到叶片表面，经过露水或雨水的淋洗进入表层土壤中，一定程度上也增加了表层的土壤含盐量。在平行于海岸的横向样带上，由西向东土壤含盐量呈下降趋势，地表植被也有单一的柽柳、碱蓬群落演变为以狗尾草、鹅绒藤为优势草本植物的群落，主要是由于研究区西部为堤河。

3.3.2.5　不同群落类型下的土壤有机质含量

　　土壤有机质含量是土壤肥力的重要指标，是土壤养分的主要组成部分。由图 3-5 可知，柽柳林湿地有机质含量，离海的距离越近，有机质含量越低。在 A 样带上，与 A_1 处滩涂相比较，A_4 处柽柳-狗尾草群落、A_8 处柽柳-茵陈蒿群落以及 A_{13} 茵陈蒿群落下的表层有机质含量分别增加了 255.1%、296.1%、286.6%。中下层有机质含量远低于表层有机质含量，随离海边距离的增加虽有所增加，但增加幅度较小。B 样带中，B_5 处柽柳-狗尾草群落下表层有机质含量是 B_1 处的 2.3 倍。有机质含量在研究区横向变化为由西向东呈升高趋势。在距离海较近的滩涂和盐地碱蓬群落，由于海水周期性淹没和波浪的冲刷，土壤表面的植物枯落物和残体被冲走，有机物无法积累，所以有机质含量较低。随着土壤盐分和水分降低，植被群落多样性升高，草本植物覆盖率大，特别是在防潮堤的阻拦下，堤坝南部土壤有机质积累较多。因此，从空间上看，地表植被覆盖率的不同对土壤有机质积累有着重要的影响，同时土壤有机质的积累反过来对群落物种多样性、物种分布格局以及物种种间关系的维持也有重要的影响。

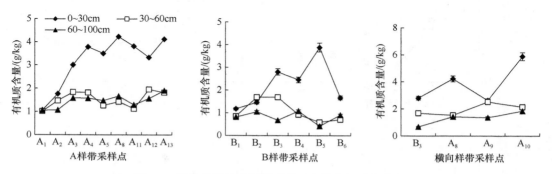

图 3-5　柽柳林湿地内不同群落下土壤有机质含量变化

3.3.2.6　不同群落类型下的土壤速效养分含量

（1）土壤速效磷含量

土壤中的速效磷，是植物生长需要的主要营养成分。由图 3-6 可知，随着到海距离的减小，土壤速效磷含量逐渐减低，在 A 样带上，滩涂（A_1）相对茵陈蒿、柽柳-茵陈蒿、柽柳-狗尾草群落，土壤速效磷含量分别降低了 85%、86.2%、84.5%。在 B 样带上，柽柳-盐地碱蓬群落（B_4）土壤速效磷含量是滩涂的 4.7 倍。速效磷含量在平行于海岸带方向没有显著差异。

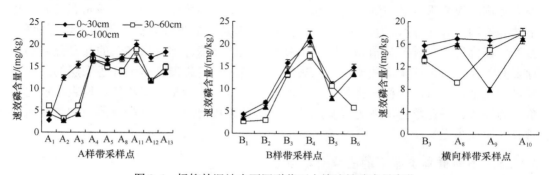

图 3-6　柽柳林湿地内不同群落下土壤速效磷含量变化

在垂直方向上，土壤速效磷含量总体表现为随着土壤深度的增加呈降低趋势，但降幅较小，如 A_4、A_5 点，仅降低 6.7%、4.3%。有效磷是土壤中可被植物直接吸收利用的养分物质，在没有外源干扰的情况下，主要来自成土母质。有效磷含量高的样地，地表植被多样性和生物量较高。有效磷空间分布格局对柽柳林湿地植被群落演替有着重要的意义。

（2）土壤速效钾含量

如图 3-7 所示，在 A 样带上，随着由内陆到海的距离的缩小，在 A_4 和 A_{13} 之间速效钾含量的变化基本保持稳定，而从 A_4 到 A_1 速效钾含量大幅升高，表层、中层、下层分别升高了 87.3%、193.2%、144.1%。在垂直方向上，只在 A_1 和 A_2 处随着深度增加速效钾含量显著增加，下层和表层相比分别增加了 28.6% 和 99.9%，在其他样点处均没有显著的规律性变化。

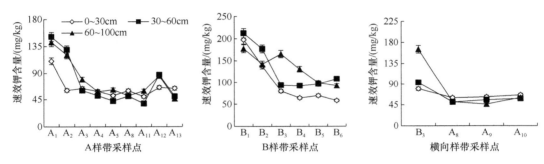

图 3-7　不同群落类型下土壤速效钾含量的变化

在 B 样带上，随着到海距离的减小，各层速效钾的含量是不断升高的。在 B_6 到 B_3 段区域中，表层和中层水平方向上变化不大，下层土壤速效钾含量升高幅度较大，B_3 下层相比 B_6 下层增加了 78.2%。从 B_3 向海继续延伸，速效钾含量升高较多，与 B_1 相比表层和下层分别增加了 147.8%、126.4%。在垂直方向上，表层土壤速效钾含量相对较低，随着深度的增加呈升高趋势。

在横向样带上，土壤速效钾含量西部高于东部。A_8 与 B_3 相比较下层降幅最大，为 69.0%，在 A_8、A_9、A_{10} 处各层变化幅度较小，且各层之间的差别不明显。

以上结果表明，速效钾在滩涂和盐地碱蓬群落下含量较高，在其他群落下含量较低且差异不显著，可能是速效钾来源于成土母质，同时又由于海水的周期性淹没，使得海水能够到达的区域要高于远离海水的区域。

（3）土壤速效氮含量

土壤氮是植物的必需营养元素，其中有机态氮占全氮量的 92%～98%，但是有机态氮不能直接被植物所吸收利用，必须经过矿化作用形成无机态的铵态氮和硝态氮植物才能吸收利用。

如图 3-8 所示，随着离海距离的增大，土壤铵态氮和硝态氮含量在 A、B 样带上都表现为上升趋势。表层土壤铵态氮含量范围为 16.07～39.03mg/kg，平均含量为 30.79mg/kg，变异系数为 0.235。表层土壤中硝态氮含量范围为 5.62～10.41mg/kg，平均含量为 8.45mg/kg，变异系数为 0.264。滩涂与茵陈蒿群落、柽柳-茵陈蒿群落、柽柳-狗尾草群落、柽柳-盐地碱蓬群落相比较，表层铵态氮含量分别降低 58.7%、56.8%、46.9%、45.7%，表层土壤硝态氮含量分别降低 39.1%、55.1%、23.1%、18.4%。在垂直方向上，铵态氮和硝态氮含量均是随着深度的增加而降低，表层显著高于下层；而在平行于海岸带的水平方向上，铵态氮含量从西到东是增加的，但增加不显著，硝态氮含量先降低后升高，在 A_{10} 处较高。铵态氮和硝态氮主要来自植被残体对土壤的返还，有机质含量高的地方其土壤铵态氮和硝态氮含量相对较高。在垂直方向上，随着深度增加有机质含量减少，同时与氨化和硝化作用相关的微生物的数量减少，产生的可被利用的无机态氮的量就少。

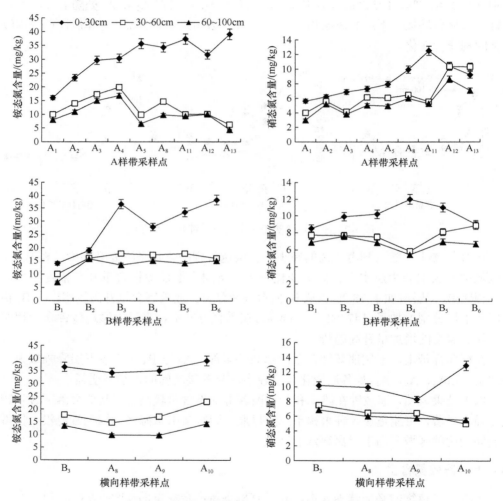

图 3-8　柽柳林湿地内不同群落下土壤铵态氮和硝态氮含量变化

3.3.2.7　柽柳灌丛土壤主要理化因子的相关分析

从表 3-11 可以看出，土壤含盐量与含水率在 0.01 水平上显著正相关，而有机质与含盐量和含水率分别在 0.01 和 0.05 水平上显著负相关；速效磷与含盐量和含水率均在

0.01 水平上显著负相关，与有机质在 0.01 水平上显著正相关；速效钾与土壤含盐量和含水率均在 0.01 水平上显著正相关；铵态氮与含盐量和含水率分别在 0.05 和 0.01 水平上显著负相关，与有机质和速效磷均在 0.01 水平上显著正相关；硝态氮虽与含盐量、含水率和速效钾呈负相关，但不显著，与有机质、速效磷、铵态氮在 0.05 水平上显著正相关；土壤容重与含盐量和含水率呈负相关，但不显著，与铵态氮和硝态氮在 0.05 水平上显著正相关；土壤孔隙度与含盐量和速效钾在 0.01 水平上显著负相关，与含水率在 0.05 水平上显著负相关，与有机质、速效磷、铵态氮之间均在 0.01 水平上显著正相关，与土壤容重相关性不显著。随着由内陆到海距离的缩短，土壤含盐量和含水率不断升高，土壤中有机质、有效磷、铵态氮、硝态氮等植物所需的营养物质的含量逐渐降低，土壤肥力水平下降。土壤养分是地表植物赖以生存的物质基础，土壤养分含量的多少，不仅影响植物个体生长状况，对于整个群落的物种组成和生产力高低也有重要影响。同时，土壤孔隙度呈降低趋势，土壤结构紧实不利于盐分的下移，地表盐分含量过多积累，土壤物理环境恶化。

表 3-11　柽柳林湿地土壤环境因子相关系数

相关系数	含盐量	含水率	有机质	速效磷	速效钾	铵态氮	硝态氮	容重	孔隙度
含盐量	1								
含水率	0.906**	1							
有机质	−0.831**	−0.763*	1						
速效磷	−0.936**	−0.937**	0.908**	1					
速效钾	0.876**	0.963**	−0.731**	−0.931**	1				
铵态氮	−0.789*	−0.843**	0.937**	0.920**	−0.791*	1			
硝态氮	−0.482	−0.610	0.707*	0.715*	−0.537	0.753*	1		
容重	−0.391	−0.389	0.657	0.581	−0.309	0.710*	0.864*	1	
孔隙度	−0.894**	−0.740*	0.916**	0.883**	−0.804**	0.827**	0.499	0.443	1

**表示在 0.01 水平上显著相关；*表示在 0.05 水平上显著相关。

3.3.2.8　柽柳灌丛土壤退化的驱动因子分析

以决定土壤质量的含盐量、含水率、有机质、速效磷、速效钾、速效氮、容重和孔隙度等为驱动因子，以 A、B 两个纵向剖面上的所有样点为数据源进行主成分分析。

由表 3-12 可知，第一主成分和第二主成分的累计贡献率已经达到了 82.524%，达到分析的要求（图 3-9），并得到主成分载荷矩阵（表 3-13）。第一、第二两个主成分表达式为

$$Y_1 = -0.165X_1 - 0.155X_2 + 0.147X_3 + 0.165X_4 + 0.163X_5 + 0.084X_6 - 0.152X_7 + 0.002X_8 + 0.156X_9$$
$$Y_2 = 0.105X_1 - 0.154X_2 - 0.058X_3 + 0.078X_4 - 0.007X_5 + 0.454X_6 + 0.198X_7 + 0.534X_8 - 0.095X_9$$

由表 3-13 可以看出，Y_1 为第一主成分，在有机质、速效磷和铵态氮上具有较大的载荷，且相关系数都在 0.840 以上，这三个变量是土壤中的主要营养成分，表明土壤养分与土壤环境退化密切相关。第一主成分与土壤含盐量和含水率具有较高的负相关性，相关性均在 0.930 以上。说明土壤含盐量和含水率高的地方土壤退化的可能性较大。第一主成分与土壤孔隙度的相关性也在 0.890 以上，说明土壤物理性质状况与土壤退化也

有很大关系。根据表 3-13 的分析结果可知，土壤盐分和含水率通过影响地表植被的类型、生长和分布来间接影响土壤养分的积累，因此土壤盐分和水分是导致土壤退化的主要驱动因子。

表 3-12　特征值和主成分贡献率

主成分	特征值	贡献率/%	累计贡献率/%
1	5.714	63.490	63.490
2	1.713	19.034	82.524
3	0.669	7.438	89.961
4	0.403	4.476	94.438
5	0.206	2.286	96.724
6	0.166	1.846	98.569
7	0.074	0.826	99.395
8	0.039	0.438	99.833
9	0.015	0.167	100.000

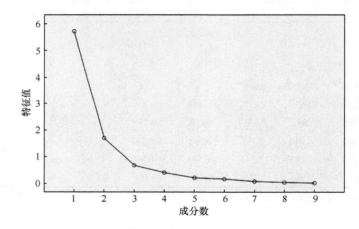

图 3-9　主成分碎石图

表 3-13　主成分载荷矩阵

驱动因子	第一主成分 Y_1	第二主成分 Y_2	第三主成分 Y_3	第四主成分 Y_4
X_1（含盐量）	−0.942	0.179	0.138	0.124
X_2（含水率）	−0.930	−0.264	0.504	−0.160
X_3（有机质）	0.840	−0.099	0.469	0.191
X_4（速效磷）	0.941	0.134	−0.044	−0.219
X_5（铵态氮）	0.933	−0.011	−0.033	0.056
X_6（硝态氮）	0.478	0.778	0.038	0.336
X_7（速效钾）	−0.866	0.340	0.158	0.152
X_8（容重）	0.002	0.914	0.147	−0.369
X_9（孔隙度）	0.891	−0.163	0.353	−0.046

Y_2 为第二主成分，在土壤容重上有较大载荷，相关性为 0.914，土壤容重增加，土

壤孔隙度就会相应的减小，土壤过度紧实，不利于水盐在土壤中的运移，导致土壤盐渍化加重。说明土壤物理性质变化对土壤退化也有一定的影响。

3.3.2.9　小结

（1）在柽柳林湿地中，从内陆到海边，植被群落类型分布依次为茵陈蒿群落、柽柳-茵陈蒿群落、柽柳-狗尾草群落、柽柳-盐地碱蓬群落、盐地碱蓬群落、滩涂。随着群落的演替，代表物种柽柳覆盖越来越少，组成植被群落的物种数量也不断减少，到盐地碱蓬群落阶段，只有盐地碱蓬为单优势草本，生物多样性严重匮乏。随着演替的进一步发展，最终为滩涂阶段，植被消失，只有零星的盐地碱蓬分布。因此，柽柳林湿地的群落演替为一个逆向演替，植被群落呈退化趋势。

（2）柽柳作为柽柳林湿地主要的建群种，其生物量随着群落从内陆到海的演替逐渐减少，最高处可达到 27.26kg/m^2。而在盐地碱蓬群落和滩涂中，几乎没有柽柳的生长。

（3）从内陆到沿海，土壤容重不断升高，土壤总孔隙度降低，土壤过于紧实，不利于盐分的下移，导致多余的盐分积累在土壤表层，土壤含盐量升高，不利于植物生长。

（4）在整个研究区内，从内陆到沿海，土壤含盐量和含水率升高，范围分别为 0.08%～2.21% 和 5.24%～27.86%；在平行于海岸带的水平方向上，由于堤河的影响，从西向东土壤含盐量和含水率逐渐降低。两者在 0.01 水平上显著正相关。

（5）在群落的退化演替过程中，随着土壤含盐量和含水率升高，土壤养分与含盐量和含水率显著负相关，从内陆到沿海呈降低趋势。土壤养分影响着地表植被的生长和分布格局，同时植被对土壤的返还作用还影响着土壤肥力水平。在盐地碱蓬群落和滩涂地区土壤养分含量较低，土壤贫瘠。但土壤中速效钾含量的变化规律刚好相反，它随着到海距离的减小而不断升高，可能与海水淹没引入的钾有关。

（6）通过主成分分析，结果表明，在柽柳林湿地中，土壤含盐量和含水率是导致土壤退化的主导驱动因子，同时土壤容重和孔隙度等物理性质的变化也对土壤退化有一定的影响。

3.3.3　结论

（1）莱州湾柽柳林湿地退化因素

在卤水开采过程中，建设大量的排水渠，不仅占用湿地面积，破坏周围植被，同时加剧了整个湿地景观破碎化程度；围垦、海岸侵蚀、海面上升等因素导致湿地面积锐减，海岸线向后消退；气候变化、地下水过度开采、河流径流量减少等导致柽柳湿地年蒸发量大，淡水资源不足，土壤严重干旱，使得盐地碱蓬、芦苇等喜高湿型植物逐渐退化形成滩涂。此外，风暴潮和海水入侵加剧了湿地土壤盐碱化程度，加速了湿地植被的退化；芳香木蠹蛾等害虫在一定区域内的暴发，尤其是当其幼虫附生在柽柳基部时，会造成柽柳整株死亡，对柽柳的破坏极其严重。

（2）莱州湾柽柳林湿地退化特征

莱州湾柽柳林湿地植被群落由内陆到沿海的空间演替过程中，植物物种的种类不断减少，由 7 个物种到最终植被全部消失；群落中优势草本由耐低盐的茵陈蒿向耐高盐的盐地碱蓬逐渐转化；植被群落类型演替过程为：茵陈蒿群落—柽柳-茵陈蒿群落—柽柳-狗尾草群落—柽柳-盐地碱蓬群落—盐地碱蓬群落—滩涂，是一个逆向演替过程。也是柽柳林湿地的退化趋势。

随着到海距离的缩短，湿地中柽柳的分布密度、盖度、生物量等逐渐减少，盐地碱蓬群落和滩涂中柽柳几乎完全消失。

在柽柳林湿地中，随着到海距离的减小，土壤含盐量和含水率逐渐升高，分别由0.08%和 5.24%升高到 2.2%和 27.86%。表层土壤相对含水量大部分地区低于 30%，以Hsiao 对干旱程度水分梯度划分标准为参考（30%～35%为重度干旱），湿地大部分地区属于重度干旱。土壤盐分与水分之间呈显著正相关；湿地土壤中有机质、有效磷、铵态氮和硝态氮等植物生长所需的营养物质与土壤含盐量和含水率呈显著负相关，到海的距离越近，表层土壤营养物质含量越低，土壤越贫瘠。

通过主成分分析得出，土壤含盐量和含水率是导致土壤退化的主要驱动因子。土壤盐分、水分以及营养物质决定着地表植物的生长和分布，一般土壤含盐量低、营养物质高的区域地表柽柳分布密度高，植物种类多。因此它们对柽柳林湿地植被群落的演替有一定的推动作用，同时地表植被对于土壤的归还以及植物根系活动也反作用于土壤。在地表生物量少的区域，加上海水对枯落物的冲刷，植物对土壤归还的量较少，结果微系统输出大于输入，土壤肥力逐渐下降，最终导致土壤退化。

在研究区内，土壤容重和总孔隙度随着到海距离的缩小分别升高和降低，土壤紧实，土壤物理环境恶化，导致土壤盐分过多积累。主成分分析表明，土壤物理结构的变化对土壤退化有一定程度的影响。

参 考 文 献

曹建荣, 徐兴永, 于洪军, 等. 2014. 黄河三角洲土壤盐渍化原因分析与生态风险评价. 海洋科学进展, 32(4): 508-516.

陈进军, 张忠友, 杨春齐. 2009. 试论低效林的涵义及类型划分. 四川林业科技, 30(6): 98-101.

丰爱平, 夏东兴, 谷东起, 等. 2006. 莱州湾南岸海岸侵蚀过程与原因研究. 海洋科学进展, 24(1): 83-90.

管博, 栗云召, 夏江宝, 等. 2014. 黄河三角洲不同水位梯度下芦苇植被生态特征及其与环境因子相关关系. 生态学杂志, 33(10): 2633-2639.

贺强, 崔保山, 胡乔木, 等. 2008. 水深环境梯度下柽柳种群分布格局的分形分析. 水土保持通报, 28(5): 70-73.

黄金池. 2002. 中国风暴潮灾害研究综述. 水利发展研究, 2(12): 63-65.

林杰, 张波, 李海东, 等. 2010. 基于 GIS 的苏南地质低效杉木林分类研究. 南京林业大学学报(自然科学版), 34(3): 157-160.

凌敏, 刘汝海, 王艳, 等. 2010. 黄河三角洲柽柳林场湿地土壤养分的空间异质性及其与植物群落分布的耦合关系. 湿地科学, 8(1): 92-97.

刘富强, 王延平, 杨阳, 等. 2009. 黄河三角洲柽柳种群空间分布格局研究. 西北林学院学报, 24(3): 7-11.

欧阳君祥, 曾思齐. 2002. 长江中上游低质低效次生枥林的分类与评价. 林业资源管理, (3): 69-74.

欧阳君祥, 曾思齐. 2003. 低质低效冷杉林的分类与评价. 中南林学院学报, 23(1): 6-10.

宋创业, 刘高焕, 刘庆生, 等. 2008. 黄河三角洲植物群落分布格局及其影响因素. 生态学杂志, 27(12):

2042-2048.

汤爱坤, 刘汝海, 许廖奇, 等. 2011. 昌邑海洋生态特别保护区土壤养分的空间异质性与植物群落的分布. 水土保持通报, 31(3): 88-93.

王岩, 陈永金, 刘加珍. 2013. 黄河三角洲湿地植被空间分布对土壤环境的响应. 东北林业大学学报, 41(9): 59-62.

吴珊珊, 张祖陆, 陈敏, 等. 2009. 莱州湾南岸滨海湿地变化及其原因分析. 湿地科学, 7(4): 373-378.

夏东兴, 刘振夏, 王德邻, 等. 1994. 海面上升对渤海湾西岸的影响与对策. 海洋学报, 16(1): 61-67.

夏江宝, 许景伟, 李传荣, 等. 2012. 黄河三角洲低质低效人工刺槐林分类与评价. 水土保持通报, 32(1): 217-221.

肖春生, 肖洪亮, 司建华, 等. 2005. 干旱区多枝柽柳的生长特性. 西北植物学报, 25(5): 1012-1016.

谢宗强, 陈伟烈, 刘正宇, 等. 1999. 银杉种群的空间分布格局. 植物学报, 41(1): 95-101.

杨小林, 张希明, 单立山, 等. 2008. 塔克拉玛干沙漠腹地塔克拉玛干柽柳根系构筑型研究. 干旱区研究, 2(5): 659-667.

姚荣江, 杨劲松, 刘广明. 2006. 土壤盐分和含水量的空间变异性及其 CoKriging 估值: 以黄河三角洲地区典型地块为例. 水土保持学报, 20(5): 133-138.

曾思齐, 佘济云. 2002. 长江中上游低质低效次生林改造技术研究. 北京: 中国林业出版社: 13-23.

张年达. 2010. 福建省低质低效红树林类型划分及改造技术研究. 防护林科技, (5): 73-76.

张泱, 姜中珠, 董希斌, 等. 2009. 小兴安岭林区低质林类型的界定与评价. 东北林业大学学报, 37(11): 99-102.

赵如金, 李潜, 吴春笃, 等. 2008. 北固山湿地土壤氮磷的空间分布特征. 生态环境, 17(1): 273-277.

赵欣胜, 崔保山, 孙涛, 等. 2010. 黄河三角洲潮沟湿地植被空间分布对土壤环境的响应. 生态环境学报, 19(8): 1855-1861.

赵欣胜, 吕卷章, 孙涛. 2009. 黄河三角洲植被分布环境解释及柽柳空间分布点格局分析. 北京林业大学学报, 31(3): 29-36.

Antonellini M, Mollema P N. 2010. Impact of groundwater salinity on vegetation species richness in the coastal pine forests and wetlands of Ravenna, Italy. Ecological Engineering, 36(9): 1201-1211.

Caçador I, Tibério S, Cabral H N. 2007. Species zonation in Corroios salt marsh in the Tagus estuary (Portugal) and its dynamics in the past fifty years. Hydrobiologia, 587(1): 205-211.

Ewel J J, Mazzarino M J. 2008. Competition from below for light and nutrients shifts productivity among tropical species. Proceedings of the National Academy of Sciences of the United States of America, 105: 18836-18841.

Hsiao T C. 1973. Physiological effects of plant in response to water stress. Plant Physiology, 24: 519-570.

Jafari M, Chahouki M A Z, Tavili A, et al. 2004. Effective environmental factors in the distribution of vegetation types in Poshtkouh rangelands of Yazd Province (Iran). Journal of Arid Environments, 56(4): 627-641.

Wu LC, Takakazu S, Takami K, et al. 2008. Characteristics of a 20-year-old evergreen broad-leaved forest restocked by natural regeneration after clearcut- burning. Annals of Forest Science, 65: 505-513.

第4章　地下水-土壤-柽柳系统水盐运移特征

4.1　不同地下水矿化度对土壤-柽柳系统水盐分布的影响

4.1.1　中水位下不同地下水矿化度对土壤-柽柳系统水盐分布及植物生长的影响

以栽植柽柳的土壤柱体为研究对象,在地下水浅埋深1.2m的条件下,模拟设置淡水、微咸水、咸水和盐水4种地下水矿化度,分析土壤剖面以及柽柳主要器官的水盐分布对地下水矿化度的响应规律,明确柽柳幼苗生长适宜的地下水矿化度,为地下水浅埋深区土壤次生盐渍化的防治及滨海地区退化柽柳林的植被修复提供理论依据和技术参考。

4.1.1.1　不同地下水矿化度下的土壤水盐变化特征

（1）土壤含水量和含盐量

由图4-1可知,随地下水矿化度的升高,整个柽柳土柱的土壤相对含水量（RWC）表现为盐水>微咸水>咸水>淡水,除微咸水和咸水差异不显著外（$P>0.05$）,其余差异均显著（$P<0.05$）。而土壤含盐量（SC）随地下水矿化度的升高而增加,且不同矿化度间差异显著（$P<0.05$）;其中微咸水、咸水、盐水矿化度下SC分别是淡水SC（0.19%）的1.58倍、2.22倍、2.51倍。

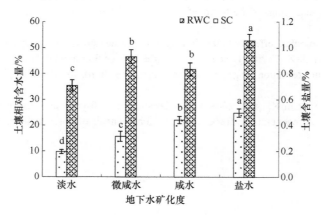

图4-1　地下水矿化度对土壤相对含水量和含盐量的影响
相同小写字母表示不同处理土壤相对含水量和含盐量无显著差异（$P>0.05$）,不同小写字母表示差异性显著（$P<0.05$）

由图4-2A可知,各地下水矿化度下,土壤RWC随土壤深度的增加而增加。相同土层的土壤RWC有一定的差异,矿化度对表土层、浅土层土壤RWC的影响较大,对底土层的影响较小（$P>0.05$）；表土层、浅土层、中土层、深土层和底土层土壤 RWC 的变化幅度分别为 53.15%、44.14%、20.25%、10.54% 和 3.63%。除底土层外，其他相同土层土壤 RWC 均表现为盐水>微咸水>咸水>淡水，与整个土柱土壤 RWC 变化趋势一致。

由图 4-2B 可知，各地下水矿化度下，SC 随土壤深度的增加均先减少后增加，呈现明显的表聚现象。根系集中分布层（20～60cm）土壤盐分最低，出现明显的盐分拐点。相同土层的 SC 差异显著（$P<0.05$），均随地下水矿化度升高而增加，表现为盐水>咸水>微咸水>淡水，与整个土柱 SC 变化趋势一致。

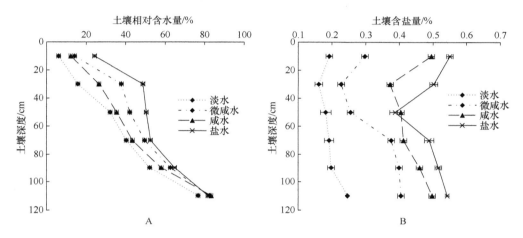

图 4-2 相同地下水埋深下土壤相对含水量和含盐量对地下水矿化度的响应

（2）土壤主要盐分离子

由图 4-3 可知，不同土壤盐分离子对地下水矿化度的响应关系差异较大。柽柳土柱盐分离子组成以 Na^+、Cl^- 为主。随地下水矿化度的升高，整个柽柳土柱的盐分 Na^+、Cl^- 含量逐渐升高，且差异显著（$P<0.05$），与土壤含盐量趋势一致；而不同矿化度下柽柳

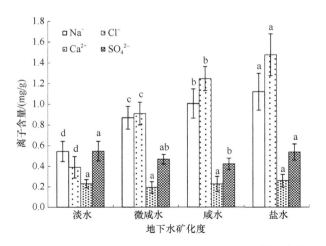

图 4-3 土壤不同盐分离子含量对地下水矿化度的响应
同一字母表示不同矿化度下相同盐离子含量无显著性差异（$P>0.05$）

土柱的盐分 Ca^{2+}、SO_4^{2-} 差异不显著（$P<0.05$）。微咸水、咸水和盐水矿化度下整个土柱的 Na^+ 含量分别比淡水（0.545 0mg/g）增加了 59.56%、84.78% 和 105.91%，而其 Cl^- 含量分别是淡水矿化度下（0.390 4mg/g）的 2.33 倍、3.19 倍和 3.78 倍。

由图 4-4 可知，表土层盐分 Na^+、Ca^{2+}、Cl^-、SO_4^{2-} 均随地下水矿化度的升高呈先增加后减少的趋势。咸水矿化度下土壤盐离子含量最高，盐水矿化度下其离子含量有一定的减少，且 Na^+ 和 Cl^- 降幅大于 Ca^{2+} 和 SO_4^{2-}；这可能与柽柳的泌盐特性以及柽柳在重度盐渍化土壤中生长势降低、主动进行盐分调节有关。对根系集中分布层来说，主要盐分离子 Na^+、Ca^{2+}、Cl^-、SO_4^{2-} 含量均随矿化度的升高而增加，其中 Cl^- 增加最多，Na^+ 次之，Ca^{2+} 和 SO_4^{2-} 变化幅度较小；底土层紧邻地下水，受矿化度影响较大，Na^+ 和 Cl^- 含量随矿化度的升高而增加，而 Ca^{2+} 和 SO_4^{2-} 受矿化度的影响较小。一方面可能因为模拟地下水是采用黄河三角洲海盐配制的，主要盐分离子以 Na^+ 和 Cl^- 为主，Ca^{2+} 和 SO_4^{2-} 受矿化度的影响较小；另一方面可能与柽柳根系对盐分离子的选择性运输有关，参与植物逆境生理过程的 Ca^{2+} 和 SO_4^{2-} 更多地被植物吸收，以适应高盐环境。

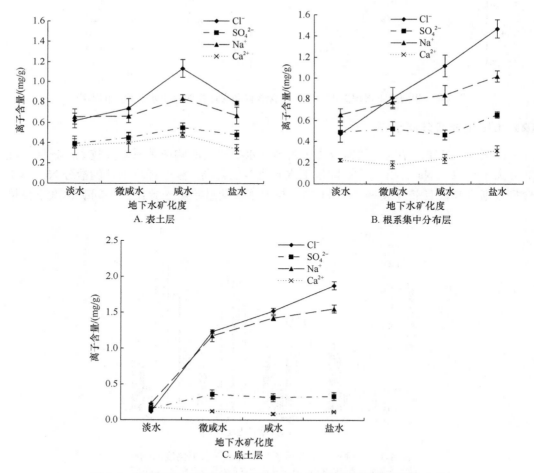

图 4-4　相同地下水埋深下土壤盐分离子含量对地下水矿化度的响应

4.1.1.2　不同地下水矿化度下的柽柳枝叶水盐变化特征

（1）柽柳枝叶含水量

由图 4-5 可知，地下水矿化度对柽柳叶片含水量无显著影响（$P>0.05$），而对柽柳枝条含水量影响显著；其叶片含水量为 72.60%～73.44%，叶片含水量显著高于枝条。地下水矿化度对枝条的影响大于叶片；淡水条件下枝条含水量最高，微咸水和咸水差异不显著（$P>0.05$）；盐水矿化度时枝条含水量最低，为 49.15%。这可能因为当地下水矿化度升高到一定值时，土壤含水量基本不变，而盐分不断增加，土壤绝对溶液浓度增加，植物根系的吸水能力下降，水分运输受到抑制，树干液流降低，导致枝条含水量减少。

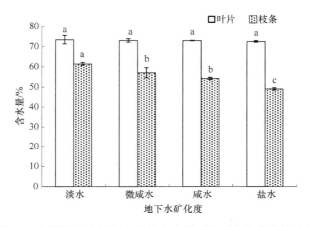

图 4-5　相同地下水埋深下柽柳含水量对地下水矿化度的响应

相同字母表示不同矿化度下柽柳含水量无显著差异（$P>0.05$），不同字母表示不同矿化度下柽柳含水量差异性显著（$P<0.05$）

（2）柽柳枝叶主要盐分离子

由图 4-6 可知，柽柳新生枝条和叶片中离子组成以 SO_4^{2-} 为主，其次为 Na^+ 和 Cl^-。柽柳不同器官内盐分离子对地下水矿化度的响应不同，叶片中各盐分离子含量明显高于枝条。Na^+ 和 Cl^- 在柽柳枝条和叶片中的分布规律相似，相同器官内均为盐水>咸水>微咸水>淡水，且盐水、咸水与微咸水（淡水）的差异显著（$P<0.05$）。Ca^{2+} 和 SO_4^{2-} 含量受地下水矿化度的影响小于 Na^+ 和 Cl^-。枝条中 Ca^{2+} 含量随矿化度的升高而增加，这可能与其参与介导盐胁迫信号以及植物对逆境环境信号的应答过程有关；枝条中 SO_4^{2-} 含量与地下水矿化度的响应规律不明显，而叶片中其含量随矿化度升高而降低，这是由于 SO_4^{2-} 参与植物还原与同化反应，生成半胱氨酸，合成重要生物学功能的代谢产物，直接关系到植物耐逆境胁迫和植物的产量与品质，当 SO_4^{2-} 和 H^+ 协同运输时，体外 pH 升高，硫的吸收受到抑制。

4.1.1.3　不同地下水矿化度下的柽柳生物量

由图 4-7A 可知，随地下水矿化度的升高，柽柳地上和地下生物量均显著下降。不同矿化度下柽柳生物量存在显著差异（$P<0.05$），淡水、微咸水、咸水和盐水矿化度下，柽柳总生物量（干重）分别为 618.73g、415.32g、324.95g 和 207.94g。淡水条件下，单

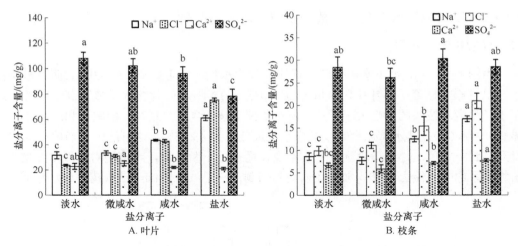

图 4-6　相同地下水埋深下柽柳盐分离子含量对地下水矿化度的响应
相同字母表示不同矿化度下柽柳盐分离子含量无显著差异（$P>0.05$），不同字母表示不同矿化度下
柽柳盐分离子含量差异性显著（$P<0.05$）

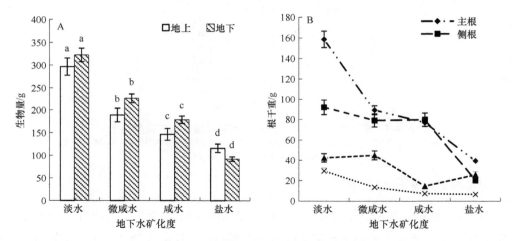

图 4-7　相同地下水埋深下柽柳生物量对地下水矿化度的响应
相同字母表示不同矿化度下柽柳生物量无显著差异（$P>0.05$），不同字母表示不同矿化度下
柽柳生物量差异性显著（$P<0.05$）

株柽柳地上、地下生物量（干重）均最高，分别为 296.38g、322.36g；盐水矿化度最低，分别为 116.14g、91.80g。淡水、微咸水、咸水、盐水矿化度下，柽柳根冠比分别为 1.08、1.19、1.22、0.79。这表明随地下水矿化度的升高，柽柳可通过增大根冠比，增强吸水能力，降低蒸腾作用，调节地上、地下生物量分配，减轻盐胁迫伤害。当盐胁迫达到 20g/L 时，柽柳根系生长受到严重抑制。由图 4-7B 可知，地下水矿化度对主根和侧根的影响大于二级侧根和毛细根；随矿化度的升高，主根和侧根的生长受到严重抑制，而柽柳为适应盐环境，增加毛细根数量以适应高盐环境。同一矿化度下，根系生物量为主根（一级根）>侧根（二级根）>二级侧根（三级根）>毛细根（四级根）。

4.1.1.4　地下水矿化度对柽柳土柱土壤剖面水盐分布的影响

水分作为土壤盐的溶剂和载体，是决定土壤盐分分配的重要因素。在地下水浅埋区，地下水通过土壤毛细管作用，进入包气带土壤层，与土壤水相互联系、相互转化，共同决定着土壤水盐的变化过程（Brolsma et al.，2010；Liu et al.，2019）。地下水埋深及其矿化度、潜水蒸发、土壤质地和土体构型等均可显著影响土壤水盐运移。当地下水埋深过深时，地下水无法通过土壤毛细管水作用以潜水蒸发的形式补给浅层土壤水分，断绝了土壤的一个重要的水源，在干旱地区易造成土壤水分不足。地下水埋深较浅时，受潜水蒸发的影响，地下水进入土壤中的水分较多，地下水矿化度越高，土壤积盐越重，特别是耕作层或表土层含盐量与地下水矿化度可呈指数函数关系或线性正相关（陈永宝等，2014）；地下水-土壤-柽柳系统水盐参数的相关分析（表 4-1）也表明，地下水矿化度与地下水 Na^+ 和 Cl^- 含量、土壤含盐量均呈极显著正相关（$P<0.01$），因此，地下水矿化度的高低直接影响土壤水的矿化度（Muchate et al.，2016），进而影响土壤盐分含量。此外，包气带岩性土壤质地、土体构型及矿化度对土壤毛管水上升高度和速率，以及水的入渗性能等均有重要影响，进而直接影响地下水蒸发速率和水盐运动特征（Ireson et al.，2013；Panta et al.，2018）。土壤粒径对均质砂性土壤毛细管水上升起主要控制作用，当土质相同且土体颗粒较细时，高矿化度不仅对毛细管水重力产生影响，也使土体孔隙结构发生不同程度改变，影响毛管水的上升（Schulthess et al.，2019）。本研究中，底土层土壤紧邻地下水，土壤 RWC 比较稳定。当水分运输到表土层时，受潜水蒸发作用，地下水通过毛管上升补给包气带土壤水，特别是在有植被的情况下，植物根系的吸水作用会加快地下水向包气带土层水分运动的强度。高矿化度是实现土壤积盐的基本条件（Ireson et al.，2013；陈永宝等，2014），在无降水和灌溉的地下水浅埋条件下，更容易在土壤表层积盐（Tahtouh et al.，2019），形成盐分保护膜，抑制土壤水分蒸发，降低潜水累积蒸发量（栗现文等，2012）。相关分析（表 4-1）表明，地下水矿化度与柽柳生物量呈极显著负相关（$P<0.01$），高矿化度下柽柳根系和地上部分的生长受到抑制，生长势变差，叶片蒸腾降低，根系吸水减少。因此，除底土层比较稳定外，其他相同土层的土壤 RWC 均表现为盐水>微咸水>咸水>淡水。

在地下水浅埋条件下，地下水通过毛管上升水的作用进入土壤，引起盐分和盐分离子在土壤中的再分配。土壤盐分取决于来水（咸水灌溉等）和潜水中的盐分，在无来水（灌溉和降水）的条件下，地下水是提供土壤盐分的"源"。随地下水矿化度的升高，土壤盐分在表土层明显聚集，相同土层下，含盐量均为盐水>咸水>微咸水>淡水，与表 4-1中相关性分析的地下水矿化度与土壤含盐量呈极显著正相关（$P<0.01$）一致。当有植被分布时，盐生植物能通过吸收和积累无机离子进行渗透调节，从而通过生长耗盐降低土壤盐分，实现对盐胁迫的避性（Isayenkov and Maathuis，2019）。柽柳是一种泌盐性植物，可通过调整根系的分布、表型以及自身生理生化状态来适应逆境环境（Feng et al.，2018；Yousef et al.，2019），且植物根系吸水量显著影响淡水-盐水界面的位置（Schulthess et al.，2019）。在浅土层和中土层的根系集中分布层，受柽柳根系吸收的影响，土壤盐分出现了不同程度的降低；而柽柳对盐分离子的选择吸收以及盐分离子参与植物生理过程的不同（Isayenkov and Maathuis，2019），使植物选择性吸收 Ca^{2+}、SO_4^{2-} 以适应高盐环境，

而较少吸收 Na⁺和 Cl⁻来避开高盐毒害，导致根系集中分布层土壤盐分离子分布不同。此外，柽柳的生长状态、根系类型及分布，以及柽柳泌盐引起的"盐岛"效应等（张立华等，2016；Iwaoka *et al.*，2018），也导致盐分离子在土壤表层、根系集中分布层以及底土层的分布差异较大。

表 4-1　地下水-土壤-柽柳系统水盐参数的相关分析

	地下水				土壤		植物含水量		叶		枝	
	植物生物量	矿化度	Na⁺	Cl⁻	含水量	含盐量	枝	叶	Na⁺	Cl⁻	Na⁺	Cl⁻
植物生物量	1											
地下水矿化度	−0.896**	1										
Na⁺（地下水）	−0.907**	0.999**	1									
Cl⁻（地下水）	−0.903**	1.000**	1.000**	1								
土壤含水量	−0.721**	0.437 NS	0.464 NS	0.452 NS	1							
土壤含盐量	−0.952**	0.839**	0.855**	0.849**	0.851**	1						
枝含水量	0.946**	−0.939**	−0.947**	−0.944**	−0.653*	−0.932**	1					
叶含水量	0.446NS	−0.268 NS	−0.269 NS	−0.269 NS	−0.179 NS	−0.256 NS	0.284 NS	1				
Na⁺（叶）	−0.797**	0.950**	0.950**	0.950**	0.391 NS	0.787**	−0.891**	−0.162 NS	1			
Cl⁻（叶）	−0.894**	1.000**	0.999**	0.999**	0.435 NS	0.835**	−0.939**	−0.270 NS	0.948**	1		
Na⁺（枝）	−0.793**	0.901**	0.901**	0.902**	0.327 NS	0.734**	−0.774**	−0.341 NS	0.882**	0.894**	1	
Cl⁻（枝）	−0.915**	0.992**	0.994**	0.994**	0.487 NS	0.873**	−0.946**	−0.262 NS	0.948**	0.988**	0.915**	1

*表示 $P<0.05$；**表示 $P<0.01$。

4.1.1.5　地下水矿化度对柽柳主要器官水盐分布的影响

地下水矿化度通过地下水—土壤层—植物各器官的"源—库—流"，并受植物生物学及生态学习性影响，在不同植物器官中表现出不同的水盐分布，进而影响植物的生长（Zhang *et al.*，2018）。不同地下水矿化度下，柽柳叶片含水量无显著性差异（$P>0.05$）；盐水矿化度下枝条含水量与其他矿化度差异显著（$P<0.05$）；这与表 4-1 中地下水矿化度与枝条含水量呈极显著负相关（$P<0.01$），而与叶片含水量不相关（$P>0.05$）一致。一方面，因为柽柳具有较强的对水盐的抗逆性，生态位较宽，且柽柳的叶片结构决定了柽柳对干旱或渍水较强的适应性（Zhao *et al.*，2019）；另一方面，在 1.2m 的地下水浅埋条件下，地下水能及时补充土壤水分，根系吸收水分，使柽柳地上部分各器官保持一定的膨压，保证柽柳的生长，维持正常的生理功能。因此，地下水矿化度对叶片含水量无影响。此外，柽柳具有较强的耐盐、旱胁迫的能力，在水盐胁迫中可通过自身抗氧化系统、渗透调节物质（朱金方等，2015）、关闭气孔调节光合（Xia *et al.*，2018）适应水盐逆境。但当地下水矿化度升高到一定值时，土壤绝对溶液浓度增加与根系吸水变弱、水分运输受抑有关，使树干液流降低（Xia *et al.*，2018），枝条导水性降低，因此，地下水矿化度升高时，枝条含水量呈降低趋势。相关研究也发现，在淡水–咸水–盐水的处理下，咸水矿化度可提高柽柳光合速率、蒸腾速率；树干液流速率随地下水矿化度升高先升高后降低，咸水处理下树干液流速率日变幅最大，日液流量最高，枝条导水性较高，有效稀释了柽柳体内的盐分含量,降低了植物体内盐分绝对溶液浓度,生物量提高;而盐水矿化度下树干液流降低(孔庆仙等,2016),枝条导水性下降,水盐运输能力下降,生物量降低。

在高盐环境下,盐分离子随水盐进入植物各器官,不同植物对离子的选择运输不同,并通过选择性离子吸收(Ventura *et al.*,2013;Shaukat *et al.*,2019)、生物量分配(Van *et al.*,2003)、形态适应(Souid *et al.*,2016;Tanveer and Shah,2017)、逆境生理调节过程(Muchate *et al.*,2016)等维持其适应策略。本研究发现,相同盐分离子含量叶片显著大于枝条,Na^+ 和 Cl^- 变化规律一致,地下水矿化度对柽柳器官 Na^+ 和 Cl^- 影响大于 Ca^{2+}、SO_4^{2-}。一方面,由于地下水是以 Na^+、Cl^- 为主的海盐,Na^+ 和 Cl^- 常表现为协同运输,茎作为运输部位,较少保存养分、矿物质和水分,而将物质运输并储存至消耗部位叶片;另一方面,Ca^{2+}、SO_4^{2-} 参与植物逆境生理生态过程,且受柽柳泌盐特性的影响,柽柳主要泌出 Na^+、Cl^-,对 Ca^{2+}、Mg^{2+}、K^+ 等的分泌作用小(陈阳等,2010)。外来入侵物种互花米草适应性强,其生存机制是根系吸收更多 K^+,排斥 Na^+,并通过盐腺将根部吸收的盐分离子及时泌出体外(肖燕等,2011);盐水条件下生长的滨藜比紫花苜蓿更加排斥 Na^+,以防止其加载到木质部流中,且较少依赖有机渗透物来适应不同的盐环境(Panta *et al.*,2018);而盐地碱蓬根部选择性地排除吸收土壤中的 Na^+ 和 Cl^-(Munns *et al.*,2005)。因此,不同植物对盐分离子的吸收、运输、储存不同,进而维持对不同盐分逆境的适应。

4.1.1.6　地下水矿化度对柽柳生长的影响

地下水通过潜水埋深及其矿化度影响土壤-植物不同介质内的水盐运移,并最终影响植物的生长(Vanessa and Michael,2011;Zhang *et al.*,2018)。而生物量尤其是地上生物量是植物生长状况的最直接反映。研究表明,地下水埋深是制约荒漠植被地上生物量和分布的主要因素,乔灌草地上总生物量与地下水埋深均呈极显著负相关($P<0.01$)(白玉锋等,2017);地下水极浅时,中生和旱生植物同时受到水分和盐分的胁迫,不利于植物生长(樊自立等,2008),生物量低;而地下水埋深过深时,潜水无法到达植物根系,土壤水分状况对植物根系生长发育影响较大(Musa *et al.*,2019),植物生物量较低。当地下水埋深为主要影响因子时,柽柳为适应水盐环境会通过降低根系分支(何广志等,2016)、根系垂直深度的变化(Song *et al.*,2018)等来适应环境变化。

当地下水埋深一致时,地下水矿化度决定了土壤水盐的浓度,从而影响植物的生长。研究表明,盐分条件对柽柳叶片的光合速率和电子传导率有显著影响,且叶片、根部等部位的生物量随土壤盐分的升高而降低(雷金银等,2011);随着土壤盐浓度的增高,多枝柽柳幼苗的株高、冠幅相对增长率及生物量减小(张瑞群,2016);以上研究均与本研究结论一致。相关分析也表明地下水矿化度直接影响土壤含盐量($P<0.01$),柽柳地上生物量与地下水矿化度、潜水 Na^+ 和 Cl^- 含量、土壤水盐含量、柽柳枝叶 Na^+ 和 Cl^- 含量均呈极显著负相关($P<0.01$)(表 4-1)。这是因为,在 1.2m 地下水浅埋区,地下水矿化度增大,通过潜水蒸发进入到土壤中的盐分较多,土壤表面形成盐膜,水分运输受到抑制,导致土壤绝对溶液浓度增大,柽柳器官内 Na^+、Cl^- 含量增加;在根系土壤盐分不断增加,柽柳

体内盐分含量高的情况下，柽柳叶片功能性状下降，生长受到抑制，生物量降低。

根系是植物与土壤环境接触的重要界面，高盐环境下植物根系首先感知土壤环境的变化，植物为适应外界环境条件的变化，生物量分配模式往往不同，以达到资源的优化配置（Musa *et al.*，2019），生物量的分配情况反映了植物对盐分逆境的适应策略。若植物地下部生长环境不利，光合产物会较多的分配到地下部，以保证根系优先生长，扩大根系与外界环境的接触面积，提高植物对水分和养分的吸收量，从而提高植物对外界环境变化的适应能力（Musa *et al.*，2019）。本研究发现，随地下水矿化度的升高，柽柳根冠比呈现增加趋势，将更多的产物运输到地下部；这与 Song 等（2018）研究的高盐条件下，中国柽柳和甘蒙柽柳均会通过调整根系生物量分配比例来缓解盐分对根系的危害，以及张瑞群等（2016）对多枝柽柳的研究一致。适宜地下水矿化度可提高柽柳光合速率、蒸腾速率，咸水处理下柽柳树干液流速率日变幅最大，日液流量最高（孔庆仙等，2016），柽柳器官的功能性状未受到影响。而当地下水矿化度不断升高，超出根系适宜盐分范围时，根系生长首先受到抑制，主根数减少，水盐运输能力下降，树干液流降低，地上生物量下降，柽柳泌盐腺数量减少，分泌出的盐分减少，更多的盐分存留在植物体内，导致根冠比降低。因此，在一定的盐分范围内，柽柳能通过较强的生理生态过程自我调节以适应盐分逆境胁迫。

4.1.1.7 结论

地下水浅埋区，在无来水（灌溉和降水）条件下，地下水矿化度显著影响土壤-柽柳系统水盐分布，进而影响柽柳生长。随地下水矿化度的升高，柽柳土柱中 SC、盐分 Na^+ 和 Cl^- 含量均增加，而对土壤 RWC、Ca^{2+} 和 SO_4^{2-} 含量影响不显著。在土壤垂直剖面上，各矿化度下，土壤 RWC 随土壤深度的增加而减少，SC 先减少后增加；矿化度对表土层和浅土层土壤水盐的影响大于底土层；不同矿化度下相同土层 SC 与整个土柱的变化规律一致，且表土层呈明显的盐分表聚，根系集中分布层为盐分降低拐点。

随地下水矿化度的升高，相同土层 SC 增加。表土层和浅土层盐分受地下水矿化度的影响大于底土层，呈明显的表聚现象，柽柳根系集中分布层（20～60cm）的 SC 最低。相同土层 Na^+ 和 Cl^- 含量随矿化度的升高而增加，而对 Ca^{2+} 和 SO_4^{2-} 含量无显著影响。地下水矿化度对柽柳枝叶盐分含量的影响显著大于水分。柽柳同一器官内 Na^+ 和 Cl^- 含量表现为盐水>咸水>微咸水（淡水），且差异显著（$P<0.05$），矿化度对柽柳枝条含水量的影响大于对叶片含水量的影响，对柽柳 Ca^{2+} 和 SO_4^{2-} 含量、叶片含水量无显著影响。柽柳地上、地下生物量随地下水矿化度升高而下降，且矿化度对主根生长的影响大于对侧根和毛细根生长的影响。

地下水矿化度对柽柳枝叶盐分的影响大于水分，且柽柳叶片内水盐含量显著高于枝条。地下水矿化度升高，土壤盐分增加，柽柳枝条含水量降低，枝条导水性下降，柽柳生物量下降，而矿化度对叶片含水量无显著影响。不同盐分离子对矿化度的响应不同，矿化度升高，柽柳同一器官内盐分 Na^+ 和 Cl^- 含量增加，但对 Ca^{2+} 和 SO_4^{2-} 影响较小，柽柳选择性吸收较多的 Ca^{2+} 和 SO_4^{2-}，分泌出 Na^+ 和 Cl^- 以适应高盐环境。地下水矿化度通过影响土壤水盐含量，影响柽柳器官的盐分离子含量和组成，及枝条导水性，进而影响柽柳地上、地下生物量，而柽柳通过根系选择性吸收盐分离子、调整根冠比、选择性泌出毒害离子等来适应高盐环境。

综上所述，地下水浅埋区，在无来水（灌溉和降水）条件下，地下水矿化度显著影响土壤（各土壤层）-柽柳（主要组织器官）系统的水盐含量及主要盐分离子含量。随地下水矿化度的升高，柽柳土柱中 SC、盐分 Na^+ 和 Cl^- 含量均增加，进而增加柽柳枝叶含盐量，减少枝条含水量，增加了根系土壤环境以及枝条盐分的溶液浓度，显著抑制柽柳的生长，导致柽柳地上、地下生物量降低。各矿化度下土壤剖面呈现盐分表聚，根系集中分布层是土壤盐分降低的拐点。在高盐环境下，柽柳通过选择性吸收盐分离子、泌出盐分毒害离子 Na^+ 和 Cl^-，增加根冠比来适应高地下水矿化度环境。

4.1.2　深水位下不同地下水矿化度对柽柳土柱水盐分布的影响

在稳定的地下水水位下，为有效探明不同地下水矿化度条件下，土壤各剖面水盐参数的分布特征，以黄河三角洲建群种柽柳栽植的土壤柱体为研究对象，在科研温室内，模拟设置 1.8m 地下水水位，4 个不同的地下水矿化度，测定分析不同地下水矿化度条件下，各土壤剖面的水分、盐分以及土壤溶液绝对浓度等水盐参数，揭示土壤水盐分布对地下水矿化度的响应规律，以期为黄河三角洲地区土壤盐渍化的发展状况、有效防治及柽柳幼苗的栽植管理，提供理论依据和技术参考。

4.1.2.1　柽柳土柱的水分变化特征

不同地下水矿化度下，柽柳土柱的土壤水分变化过程见图 4-8。柽柳土柱和对照组的土壤剖面水分变化均表现为：随土壤深度的增加，土壤含水量逐渐升高。但在垂直深度上，栽植柽柳和对照组的土壤剖面水分变化表现出一定差异，柽柳土柱的土壤剖面水

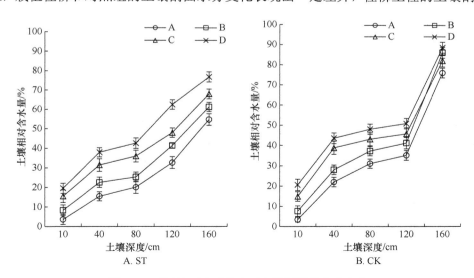

图 4-8　不同地下水矿化度下土壤剖面的水分变化

ST. 栽植柽柳的土柱；CK. 对照组，未栽植柽柳的土柱。A、B、C 和 D 分别代表淡水、微咸水、咸水和盐水矿化度，下同

分，随土壤深度的加深，呈显著增加趋势；而对照组土壤水分在土壤深度为 10～40cm 和 120～160cm 时显著增加，但在 40～120cm 时，变化比较平缓。其中，在盐水矿化度 D 处理下，柽柳土柱 40cm、80cm、120cm 和 160cm 的土壤含水量分别是 10cm（19.6%）的 1.9 倍、2.2 倍、3.2 倍和 3.9 倍；对照组对应土层分别是 10cm（20.6%）的 2.1 倍、2.3 倍、2.5 倍和 4.3 倍。可见，栽植柽柳，降低了土壤水分在垂直深度上的增加幅度。在相同土壤深度、不同地下水矿化度下，柽柳土柱和对照组的土壤含水量均表现为：盐水>咸水>微咸水>淡水，即随着地下水矿化度的升高，各土层的土壤水分显著升高，由此可见，地下水矿化度的升高，对土壤水分的运移有促进作用。

由表 4-2 可知，随着地下水矿化度的升高，整个土壤柱体的水分均值逐渐升高，其中微咸水、咸水和盐水矿化度下，柽柳土柱含水量均值，分别比淡水处理均值（25.4%）升高 25.4%、57.0% 和 88.0%，而对照组，对应处理分别比淡水处理（33.6%）升高 19.3%、33.8% 和 49.9%。可见，栽植柽柳，加剧了不同地下水矿化度下土壤柱体的水分变化，柽柳生长对土壤水分的提升有很大的促进作用；而对照条件下，不同地下水矿化度土壤柱体的水分变化差异相对较小。不同地下水矿化度处理下，柽柳土柱的土壤含水量均值显著低于对照组，但随着地下水矿化度的升高，柽柳土柱和对照组的水分差值在降低，其中，柽柳土柱土壤水分均值在淡水、微咸水、咸水和盐水矿化度下，分别比对应的对照组下降 24.4%、20.6%、11.3% 和 4.7%，栽植柽柳，可降低 1.6m 土壤层次的水分总量，分别为 634mm、636mm、393mm 和 184mm。可见，栽植柽柳，可显著降低土柱的水分，这可能与柽柳生长耗水和植物蒸腾作用有较大关系，但随着地下水矿化度的升高，栽植柽柳降低土壤水分的能力在逐渐下降。

表 4-2　不同地下水矿化度下柽柳土柱的水盐参数变化

土壤水盐参数	土壤相对含水量/%				土壤含盐量/%				土壤溶液绝对浓度/%			
地下水矿化度	A	B	C	D	A	B	C	D	A	B	C	D
CK	33.55	40.02	44.89	50.28	0.10	0.15	0.18	0.23	0.024	0.021	0.017	0.017
ST	25.35	31.79	39.80	47.90	0.10	0.14	0.17	0.21	0.026	0.020	0.016	0.016

4.1.2.2　柽柳土柱的盐分变化特征

不同地下水矿化度下，柽柳土柱的盐分变化过程见图 4-9。在淡水条件下，栽植柽柳土柱和对照土柱不同土层含盐量均值在 0.10%～0.11%，差异不显著（$P>0.05$）。而微咸水、咸水和盐水矿化度处理下，土壤剖面盐分随土壤深度的增加，整体呈现先下降后升高的趋势，在土壤深度为 80cm 时，降到最低值。柽柳土柱和对照组的土壤剖面盐分变化表现为：在土壤深度低于 80cm 时，土壤剖面含盐量随土壤深度的增加而降低，即表层含盐量均最高；在土壤深度为 80～160cm 的深土层时，土壤剖面含盐量随土壤深度的增加而升高，表明接近底土层时，土壤含盐量有升高趋势。在土壤深度为 10cm 时，不同地下水矿化度处理的柽柳土柱含盐量均最高，可见土壤盐分表聚现象明显。其中，在盐水矿化度下，柽柳土柱 10cm、40cm、120cm 和 160cm 的土壤含盐量，分别比 80cm（0.14%）增加 100%、42.9%、35.7% 和 85.7%；而对照组，对应土层含盐量，分别比 80cm（0.16%）增加 106.3%、43.8%、25.0% 和 62.5%。可见栽植柽柳，对中土层 40cm 以上的盐分增加具有一定的抑制作用，而对深土层 120cm 以下的盐分影响不大。在相同土壤深度、不同地下水矿化度下，柽柳土柱和对照土柱的土壤含盐量均表现为：盐水>咸水>微咸水>淡水，即随着地下水矿化度的升高，各土层的盐分显著升高。

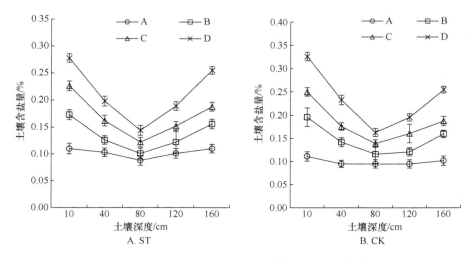

图 4-9　不同地下水矿化度下土壤剖面的盐分变化

由表 4-2 可知，随地下水矿化度的升高，整个土壤柱体的含盐量逐渐升高，但不同地下水矿化度下，栽植柽柳的土壤盐分变化幅度小于对照组。其中，微咸水、咸水和盐水矿化度下，柽柳土柱含盐量均值，分别比淡水处理均值（0.10%）升高 40%、70% 和 110%，而对照土柱的对应处理，分别比淡水处理的含盐量均值（0.10%）升高 50%、80% 和 130%。可见栽植柽柳，降低了不同地下水矿化度下土柱的盐分差异，对土壤盐分有一定的吸收作用，起到了较好的降盐作用；而对照条件下，不同地下水矿化度处理下，土壤盐分差异较大。栽植柽柳淡水条件下，柽柳土柱的土壤含盐量均值与对照组无显著差异（$P>0.05$），微咸水、咸水和盐水矿化度下，柽柳土柱的土壤含盐量均值，均显著低于对照组（$P<0.05$），但随地下水矿化度的升高，柽柳土柱和对照土柱的盐分差值呈升高趋势，即栽植柽柳，降低土壤盐分的能力逐渐升高，其中，微咸水、咸水和盐水矿化度下，柽柳土柱的含盐量均值分别比对照组下降 6.7%、5.6% 和 8.7%。可见，栽植柽柳，可显著降低土柱的盐分变化，这可能与柽柳为泌盐植物有关，可使植物在生长期吸收大量盐分，通过叶片和嫩枝排出体外，从而起到较好的泌盐、降盐作用。

4.1.2.3　柽柳土柱的溶液绝对浓度变化特征

不同地下水矿化度下，柽柳土柱溶液绝对浓度的变化过程见图 4-10。栽植柽柳的土柱和对照土柱均表现为：随土壤深度的增加，土壤剖面溶液绝对浓度呈下降趋势，其中，在土壤深度低于 40cm 时，土壤溶液绝对浓度显著降低；在 40～160cm 的深度内，其缓慢降低。土壤表层溶液绝对浓度最高，主要与该层土壤含盐量较高、土壤水分较低有关，而随着土壤深度的增加，土壤水分和盐分波动较大，两者的交互影响，致使在中土层以下土壤溶液绝对浓度变化比较稳定。其中，在微咸水矿化度下，柽柳土柱 40cm、80cm、120cm 和 160cm 的溶液绝对浓度，分别比 10cm 处（0.057%）降低 73.7%、80.7%、86.0%

和 87.7%；而对照土柱对应层次，分别比 10cm 处（0.071%）降低 80.3%、87.3%、88.7% 和 93.0%。在相同土壤深度、不同地下水矿化度下，柽柳土柱和对照土柱的表土层 10cm 处的溶液绝对浓度均表现为：淡水>微咸水>咸水>盐水，即随着地下水矿化度的升高，各土层的溶液绝对浓度显著降低，而在其他土层，土壤溶液绝对浓度差异不显著（$P>0.05$）。

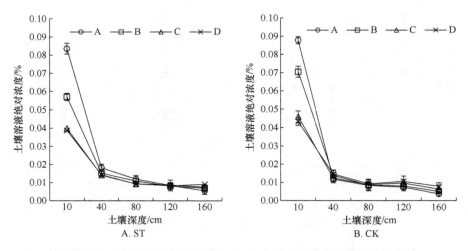

图 4-10　不同地下水矿化度下土壤剖面的溶液绝对浓度变化

由表 4-2 可知，随地下水矿化度的升高，柽柳土柱和对照土柱的溶液绝对浓度均值均显著降低。其中，微咸水、咸水和盐水矿化度下，柽柳土柱溶液绝对浓度均值分别比淡水处理均值（0.026%）降低 23.1%、38.5% 和 38.5%，对照组对应土层溶液绝对浓度分别比淡水处理均值（0.024%）降低 12.5%、29.2% 和 29.2%。可见，栽植柽柳，提高了对不同地下水矿化度下土壤溶液绝对浓度的降低幅度。不同地下水矿化度下，柽柳土柱和对照土柱的土壤溶液绝对浓度均值变化幅度差异较大，除淡水矿化度柽柳土柱的溶液绝对浓度均值比对照土柱（0.024%）增加 8.3%外，微咸水、咸水和盐水矿化度下，柽柳土柱的溶液绝对浓度均值分别比对照土柱减少 5.0%、5.8% 和 5.9%。可见，地下水矿化度的不同，对土壤溶液绝对浓度影响较大，而栽植柽柳，可降低土壤溶液绝对浓度。

4.1.2.4　地下水矿化度对土壤水盐含量的影响

地下水通过"饱和带-包气带-植被"间的垂向联系，由点及面产生极为重要的生态环境效应（姚荣江和杨劲松，2007a，2007b；安乐生等，2011；Lavers *et al.*，2015）。土壤剖面盐分质量分数和水分状况，受地下水埋深及地下水矿化度的控制和影响最大，其中，高矿化度是实现土壤积盐的基本条件（王金哲等，2012；刘显泽等，2014）。本研究表明，栽植柽柳的土柱和对照组，10cm 表土层土壤水分最低，含盐量最高，呈现明显的表聚性，这与内陆盐碱地和模拟土柱实验等的结论类似（管孝艳等，2012；孙九胜等，2012；陈永宝等，2014），但盐分聚集的土层厚度有一定差异。这主要是因为在浅层地下水条件下，土壤水分受植物蒸腾和土壤蒸发作用而呈现明显的上升运动，易导致地下水通过毛细管上升，将盐分带到浅土层；持续的高蒸发量加剧了土壤水分的散失，促进了地下水和土壤盐分向上运移，最终导致土壤表层积聚盐分较多。

随着地下水矿化度的升高，柽柳土柱和对照组的土壤水分和盐分质量分数均呈升高趋势，表明地下水矿化度高，利于盐分随水分在毛细管作用下向上迁移。Ceuppens 和 Wopereis（1992）也发现，浅地下水位条件下，地下水矿化度升高，促进了盐分离子的向上运移。众多研究表明，地下水矿化度越高，土壤含盐量也越高，特别是耕作层或表土层含盐量与地下水矿化度，可呈指数函数关系（王金哲等，2012）或线性正相关（姚荣江和扬劲松，2007a，2007b；陈永宝等，2014）。可见，地下水矿化度的升高，对浅土层物质和能量的运移转化过程起了较大作用，有利于盐分在毛细管作用下向上迁移（宫兆宁等，2006）。但也有研究发现，在野外试验条件下，地下水矿化度与土壤盐分运移的关系不显著（刘显泽等，2014）。这可能是因为，地下水矿化度仅为众多影响土壤含盐量变化的因素之一，而土壤自身的理化性质和外界微气候条件对盐分的吸收、滞留和阻隔作用也有较大差异。

不同地下水矿化度条件下，栽植柽柳的土柱和对照组土壤含盐量的最低值，出现在中间层 80cm 处，而底土层含盐量也呈升高趋势，这可能是因为土壤表面水分蒸发和植物蒸腾作用，使地下水通过毛细管作用，向土壤表层运移聚集，减弱了地下水与中间层土壤的相互作用，导致中间层土壤积盐受地下水的影响逐渐降低（孙九胜等，2012）；而中间层土壤盐分较低，也可能与柽柳是较强的泌盐植物有关，叶子和嫩枝可以将根系吸收的盐分排出体外。土壤底土层，因紧邻地下水，毛细管作用强，土壤基本达到饱和状态，所以含盐量也较高。因本研究是阶段性实验结果，缺少从柽柳地上、地下生长状况及外界微气象因子等角度，探讨不同土柱的水盐运移机制，在下一步的研究中，需对不同地下水矿化度条件下，土壤体溶质迁移的动力机制进行深入探讨。

4.1.2.5　结论

随土壤深度的增加，各地下水矿化度下，栽植柽柳的土柱和对照组土壤剖面水分均呈现升高趋势，土壤剖面盐分先下降再升高，表土层水分最低，而含盐量最高，土壤盐分表聚现象明显，80cm 深处，土壤盐分达最低值。栽植柽柳，降低了土壤水分在垂直深度上的增加幅度，抑制了中土层 40cm 以上的盐分增加，而对深土层 120cm 以下的盐分影响不大。

随地下水矿化度的升高，整个土柱及各土壤剖面的含水量和含盐量均呈现升高趋势，其中，柽柳土柱相对含水量均值在 4 种矿化度下，分别比对照组下降 24.4%、20.6%、11.3% 和 4.7%；微咸水、咸水和盐水矿化度下，柽柳土柱的含盐量均值分别比对照组下降 6.7%、5.6% 和 8.7%。栽植柽柳，可显著降低土柱的含水量和含盐量，但随地下水矿化度的升高，其对土壤水分的降低作用在减弱，而抑制盐分作用在增强。栽植柽柳，增强了不同地下水矿化度下土壤柱体的水分变化幅度，但减弱了土壤柱体盐分之间的差异。

不同地下水矿化度下，随土壤深度的增加，土壤各剖面溶液绝对浓度整体表现为下降趋势，其中，表土层 10cm 土壤溶液绝对浓度差异显著（$P<0.05$），而其他土层无显著差异（$P>0.05$）。随地下水矿化度的增加，各土柱溶液绝对浓度总体表现为下降趋势，除淡水外，栽植柽柳，可显著降低不同地下水矿化度下的土壤溶液绝对浓度。

地下水矿化度的升高，有利于盐分随水分向土壤表层迁移。栽植怪柳可显著降低土柱的含水量、含盐量和土壤溶液绝对浓度，但随地下水矿化度的升高，栽植怪柳对土壤水分的降低作用在减弱，而抑制盐分作用在增强。

4.2 不同地下水水位对土壤-怪柳系统水盐分布的影响

4.2.1 盐水矿化度下不同潜水埋深对土壤-怪柳水盐分布特征的影响

在无地表水分来源，土壤质地、植物及气候因素相同的情况下，为有效探明盐水矿化度条件下，不同稳定的潜水埋深下土壤各剖面以及植物体各组织器官水分和盐分的分布、聚集及迁移特征，以黄河三角洲建群种怪柳栽植的土壤柱体为研究对象，在科研温室内模拟设置盐水矿化度下 6 个不同的潜水埋深，探讨怪柳栽植条件下不同土壤剖面以及怪柳各组织器官的水盐变化对潜水埋深的响应特征，明确不同潜水埋深下土壤剖面水分和盐分发生明显变化的转折深度，揭示地下水水位–土壤–怪柳的水盐运移规律及其交互效应。本研究可为潜水浅埋深条件下土壤次生盐渍化的防治提供理论依据和技术参考，同时掌握不同潜水埋深下土壤水盐变异性与分布规律对于指导农林业生产和生态环境保护也具有十分重要的意义。

4.2.1.1 不同潜水埋深下怪柳土柱的水分变化

（1）浅水位下怪柳土柱的水分变化

由图 4-11 可知，在浅水位 0.3m 时，怪柳土柱各土层含水量与对照差异均不显著（$P>0.05$）。在浅水位 0.6m 时，在 0～20cm 土层内，怪柳土柱的含水量显著低于对照（$P<0.05$），10cm 和 20cm 土层含水量分别比对照土层下降 10.1%和 11.1%，但超过 30cm 深，怪柳土柱和对照差异均不显著（$P>0.05$），表明 30cm 是怪柳土柱和对照水分突变的转折深度，也可描述为水分变化的临界深度。随土壤深度的增加，怪柳土柱和对照土壤

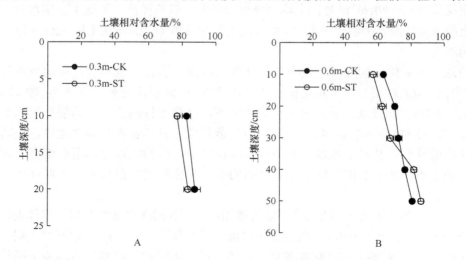

图 4-11　浅水位 0.3m（A）和 0.6m（B）下不同土层的相对含水量变化
CK. 对照；ST. 怪柳土柱。后同

含水量逐渐升高，但超过 30cm，各土层含水量差异较小，可见 30cm 也是土壤垂直深度上水分突变的转折点，表明越靠近潜水水位土壤水分含量差异越小。柽柳土柱含水量从上到下各土层分别比最底层 50cm（86.2%）下降 34.1%、27.7%、21.8% 和 5.1%；而对照土壤含水量从上到下各土层分别比最底层 50cm（80.9%）下降 21.9%、13.3%、10.3% 和 5.6%。分析表明，柽柳土柱各土层与对照各土层含水量差值随土壤深度增加总体呈减小趋势。与最底层土壤含水量相比，柽柳土柱各土层含水量下降幅度远大于对照，这可能与柽柳生长蒸腾耗水有关。

（2）中水位下柽柳土柱的水分变化

由图 4-12 可知，在 0.9m 和 1.2m 的中水位下，柽柳土柱各土层含水量均低于对照。与对照土层相比，50cm、70cm 土层分别是潜水埋深 0.9m 和 1.2m 下柽柳土柱和对照水分突变的临界深度，低于该临界深度，柽柳土柱和对照土层含水量差异显著（$P<0.05$），但超过该临界深度，各土层含水量差异不显著（$P>0.05$）。分析表明，随土壤深度的增加，柽柳土柱各土层与对照各土层的水分差值逐渐降低。与对照土层相比，1.2m 水位下的柽柳土柱各土层水分下降幅度远高于 0.9m，即随潜水埋深的增加，柽柳土柱与对照土层的水分下降幅度在增大。

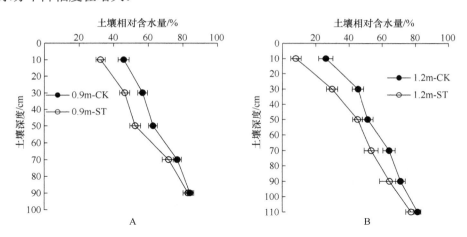

图 4-12　中水位 0.9m（A）和 1.2m（B）下不同土层的相对含水量变化

在垂直深度上，随土壤深度的增加，中水位下柽柳土柱和对照土壤水分均显著升高，柽柳土柱呈"凸线型"增加，但各土层之间的变化幅度显著减小。例如，在 0.9m 的潜水埋深下，柽柳土柱 0~70cm 土壤含水量从上到下 4 个土层分别比最底层 90cm（83.1%）下降 60.9%、44.1%、36.8% 和 13.4%，而对照 4 个土层分别比最底层（84.2%）下降 45.6%、32.5%、25.4% 和 8.6%。分析表明，与对照相比，柽柳土柱各土层间的水分下降幅度明显高于对照，栽植柽柳的土壤上下层之间水分变化更为剧烈。与最底层相比，1.2m 水位下柽柳土柱各土层水分的下降幅度显著高于 0.9m，即随潜水埋深的增加，柽柳土柱各土层间的水分变化幅度在增大，水分变化更剧烈。

（3）深水位下柽柳土柱的水分变化

由图 4-13 可知，在 1.5m 和 1.8m 的深水位下，柽柳土柱各土层含水量均低于对照。与对照土层相比，1.0m 和 1.3m 土层分别是潜水埋深 1.5m 和 1.8m 下柽柳土柱和对照水分突变的临界深度。例如，在 1.8m 的深水位（图 4-13B），在 0～1.3m 土层内，柽柳土柱各土层的含水量与对照土层差异显著（$P<0.05$），从上到下 5 个土层含水量分别比对照土层下降 45.6%、44.6%、45.6%、44.7% 和 23.5%。分析表明，深水位柽柳土柱与对照土层的含水量差值和下降幅度随土壤深度的增加先增加后减小，即表土层和深土层水分差异较小，但中间土层的水分差值较大。与对照土层相比，1.8m 水位下的土壤水分下降幅度远高于 1.5m。

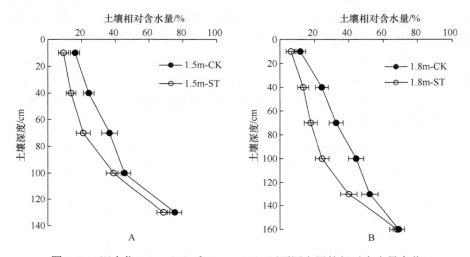

图 4-13　深水位 1.5m（A）和 1.8m（B）下不同土层的相对含水量变化

在垂直深度上，随土壤深度的变浅，柽柳土柱和对照土壤水分均显著降低，但与最底层相比，柽柳土柱含水量下降幅度显著高于对照。例如，在 1.5m 的深水位，柽柳土柱从上到下 4 个土层的含水量分别比最底层 130cm（68.3%）下降 86.5%、80.0%、69.4% 和 43.0%，而对照从上到下 4 个土层的含水量分别下降 78.6%、67.8%、51.2% 和 39.5%。与最底层相比，1.8m 的深水位下柽柳土柱各土层水分的下降幅度显著高于 1.5m。分析表明，潜水埋深越深，柽柳土柱垂直深度上土壤水分变化幅度越大，越接近表土层，土壤水分下降幅度越大，水分变化越剧烈。随土壤深度的增加，深水位下对照土层的含水量呈直线增加趋势，而柽柳土柱呈"凹线型"平缓增加。

由图 4-14 可知，不同潜水埋深下，柽柳土柱的含水量显著低于对照。随潜水埋深的增加，各柽柳土柱和对照整个土壤剖面水分均值显著降低，各土层水分的离散程度、水分变幅以及柽柳土柱与对照的含水量差值显著升高。潜水埋深在 0.3m、0.6m、0.9m、1.2m 和 1.5m 下的柽柳土柱含水量均值分别是 1.8m（28.4%）下的 2.8 倍、2.5 倍、2.0倍、1.6 倍和 1.1 倍。分析表明，潜水埋深的增加导致土壤剖面之间的水分变异性显著增大，并且土壤水分显著下降。由图 4-14 可知，随潜水埋深的增加，柽柳土柱水分随土壤深度增加的趋势逐渐变缓。柽柳的栽植降低了整个土柱的含水量，并且潜水埋深越大，栽植柽柳降低土壤水分的作用越大。

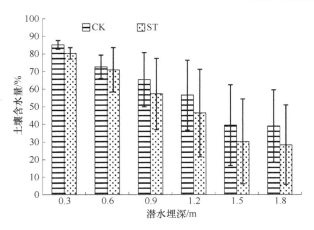

图 4-14　不同潜水埋深下柽柳土柱的相对含水量变化

4.2.1.2　不同潜水埋深下柽柳土柱的盐分变化特征

（1）浅水位下柽柳土柱的盐分变化

由图 4-15 可知,在浅水位 0.3m 时,柽柳土柱表层含盐量与对照差异不显著($P>0.05$),20cm 土层含盐量比对照增加 41.6%。在垂直深度上,土壤表层的含盐量显著高于 20cm 土层,柽柳土柱和对照的表土层含盐量分别是 20cm 土层的 2.4 倍和 3.7 倍。在 0.6m 的浅水位下,在 0～30cm 土壤深度内,柽柳土柱从上到下 3 个土层含盐量均低于对照,与对照土层相比分别下降 13.3%、25.6% 和 15.7%;而在 30～50cm 的 2 个土层内,柽柳土层含盐量分别比对照土层升高 29.5% 和 37.2%。从与对照土层含盐量的差值来看,浅水区柽柳土柱含盐量随土壤深度的增加先下降后升高,其中盐分变化的临界深度在 30cm。

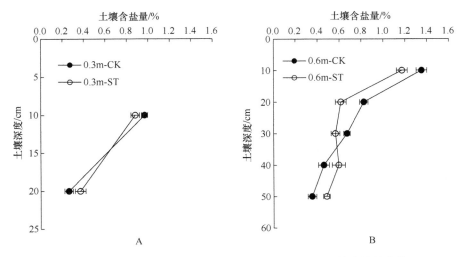

图 4-15　浅水位 0.3m（A）和 0.6m（B）下不同土层的含盐量变化

在垂直深度上,柽柳土柱和对照均表现为随土壤深度的增加,土壤含盐量逐渐降低,总体表现为在 0～30cm 土壤深度内,土壤含盐量急剧下降,此后随土壤深度的增加呈平稳下降趋势。柽柳土柱从上到下各土层含盐量分别是最底层 50cm（0.48%）的 2.4 倍、

1.3 倍、1.1 倍和 1.2 倍，对照土层含盐量从上到下分别是最底层（0.35%）的 3.9 倍、2.4 倍、1.9 倍和 1.3 倍。从与最底层的盐分差值来看，柽柳土柱的盐分下降幅度小于对照。随土壤深度的增加，土壤各层盐分的下降幅度在降低，0～30cm 土层盐分变化相对剧烈，而 30～50cm 土层盐分变化相对平稳。

（2）中水位下柽柳土柱的盐分变化

由图 4-16 可知，在 0.9m 和 1.2m 的中水位下，柽柳土柱各土层含盐量均低于对照各土层，50cm 和 70cm 土层分别是 0.9m 和 1.2m 的中水位下柽柳土柱和对照土壤盐分发生显著变化的临界深度，低于该临界深度，柽柳土柱各土层盐分与对照差异显著（$P<0.05$），超过该临界深度，柽柳土柱各土层含盐量与对照差异不显著（$P>0.05$）。例如，在潜水埋深为 1.2m 时，柽柳土柱 0～70cm 从上到下 4 个土层分别比对照各土层低 20.9%、18.7%、16.4% 和 13.2%。分析表明，随土壤深度的增加，柽柳土柱各土层与对照各土层的盐分差值逐渐减小，并且 0.9m 水位下土壤盐分差值显著低于 1.2m，即潜水埋深的变深增强了柽柳对土壤盐分的抑制作用。

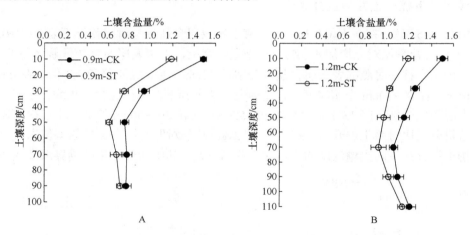

图 4-16 中水位 0.9m（A）和 1.2m（B）下不同土层的含盐量变化

在垂直深度上，中水位 0.9m 和 1.2m 下柽柳土柱和对照土壤含盐量随土壤深度的增加均先下降后升高，分别在 50cm 和 70cm 土壤含盐量达最低，并且柽柳土柱各剖面盐分与最低含盐量的增加幅度低于对照。与对照相比，潜水埋深在 0.9m 和 1.2m 时，栽植柽柳可分别有效降低 0～30cm 和 0～50cm 土层的含盐量，而对超过此土层的含盐量影响较小。分析表明，栽植柽柳可显著抑制土壤表土层和浅土层的盐分。

（3）深水位下柽柳土柱的盐分变化

由图 4-17 可知，在 1.5m 和 1.8m 的深水位下，在 0～40cm 土壤深度内，柽柳土柱的含盐量低于对照，而超过 70cm，柽柳土柱各土层含盐量与对照差异不显著（$P>0.05$）。分析表明，随土壤深度的增加，柽柳土柱各土层与对照的盐分差值先急剧减小然后平稳变化，70cm 是深水位下柽柳土柱与对照土壤含盐量发生显著变化的临界深度。

在垂直深度上，随土壤深度的增加，柽柳土柱和对照各土层均表现为先急剧下降再

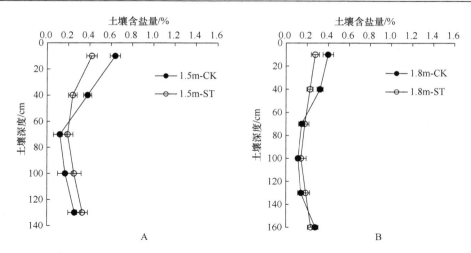

图 4-17　深水位 1.5m（A）和 1.8m（B）下不同土层的含盐量变化

缓慢升高。1.5m 和 1.8m 的深水位下，盐分最低值和柽柳土柱垂直深度上盐分突变的转折深度均分别出现在 0.7m 和 1.0m，低于该临界深度，柽柳土柱各土层盐分的增加幅度远低于对照，即栽植柽柳可显著降低土壤盐分；而超过该临界深度，柽柳土柱各土层盐分之间无显著差异（$P>0.05$）。例如，在潜水埋深为 1.8m 时，柽柳土柱 10cm、40cm 和 70cm 深的含盐量分别是 100cm 最低含盐量（0.14%）的 2.0 倍、1.6 倍和 1.3 倍，对照土层分别是 3.6 倍、3.0 倍和 1.4 倍；超过 70cm，各土层含盐量差异不显著（$P>0.05$）。可见深水位下柽柳栽植对 0～40cm 土壤根系层降盐效果较好。

由图 4-18 可知，随潜水埋深的增加，各柽柳土柱和对照整个土壤剖面的盐分均值先升高后显著降低，在潜水埋深达 1.2m 时，土壤盐分达到最高值。柽柳各土柱的离散程度随潜水埋深的增加整体表现为下降趋势，土壤剖面盐分变异性降低，并且柽柳土柱的含盐量均低于对照。柽柳土柱与对照的盐分差值整体表现为中水位最大，其次是浅水位，而深水位最小。潜水埋深在 0.3m、0.6m、0.9m、1.5m 和 1.8m 下的柽柳土柱盐分均值分别比 1.2m 盐分均值（1.04%）下降 39.9%、34.1%、24.5%、72.4% 和 79.8%。分析

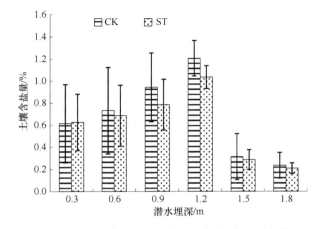

图 4-18　不同潜水埋深下柽柳土柱的含盐量变化

表明，潜水埋深的增加显著降低了深水位下土壤剖面盐分含量及其变异性，柽柳的栽植对中水位下整个土柱的含盐量下降作用最大。1.2m 水深是柽柳土柱盐分表聚性最强的水位，也是土壤盐分上升的临界高度。

4.2.1.3 不同潜水埋深下柽柳叶片和新生枝条的水盐变化特征

（1）柽柳叶片和新生枝条含水量的变化特征

从图 4-19 可以看出，随潜水埋深的增加，柽柳叶片和新生枝条的含水量总体呈降低趋势。潜水埋深为 0.3m、0.6m、0.9m、1.2m 和 1.5m 的柽柳叶片含水量分别比 1.8m 下的叶片含水量（67.9%）增加 10.7%、13.9%、9.4%、8.8%和 4.4%。柽柳枝条含水量分别比 1.8m 下的枝条含水量（58.0%）增加 26.8%、30.4%、19.8%、13.2%和 8.7%。分析表明，随潜水埋深的增加，柽柳枝条含水量的下降幅度显著高于叶片，即潜水埋深对柽柳枝条含水量的影响显著大于对叶片含水量的影响。

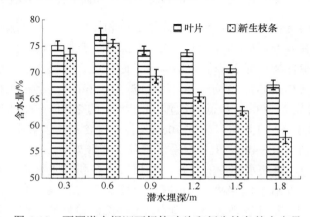

图 4-19 不同潜水埋深下柽柳叶片和新生枝条的含水量

潜水埋深处于浅水位（0.3m 和 0.6m）时，柽柳叶片和枝条的含水量差异不显著（$P>0.05$），而在中、深水位下柽柳叶片含水量显著高于枝条（$P<0.05$）。随潜水埋深的增加，水位对柽柳叶片和枝条等不同组织器官含水量的影响变大，更多的水分由枝条向叶片转移储存，柽柳叶片-枝条含水量差值也越来越大。

（2）柽柳叶片和新生枝条 Na^+ 含量的变化特征

从图 4-20 可以看出，随潜水埋深的增加，柽柳叶片 Na^+ 含量先下降后升高，而枝条的 Na^+ 含量先升高后降低。潜水埋深 0.3m、0.6m、1.2m、1.5m 和 1.8m 下的叶片 Na^+ 含量分别比 0.9m 最低 Na^+ 含量（36.72mg/g）增加 67.8%、56.9%、3.5%、19.6%和 94.0%，整体表现为浅水位下叶片 Na^+ 含量最高，其次是深水位，而中水位下叶片 Na^+ 含量最低。潜水埋深为 0.6m、0.9m、1.2m、1.5m 和 1.8m 下的柽柳枝条 Na^+ 含量分别比 0.3m 最低 Na^+ 含量（103.14mg/g）增加 15.5%、34.7%、40.0%、17.4%和 4.7%，整体表现为中水位下枝条 Na^+ 含量最高，其次是深水位，而浅水位下枝条 Na^+ 含量最低。

不同潜水埋深下，柽柳枝条 Na^+ 含量显著高于叶片（$P<0.05$），并且中水位 0.9m 和 1.2m 下柽柳叶片和枝条 Na^+ 含量差异最大，枝条 Na^+ 含量是叶片的 3.8 倍；其次是深水

位 1.5m 和浅水位 0.6m，柽柳枝条 Na$^+$含量分别是叶片的 2.8 倍和 2.1 倍。分析表明，中水位对柽柳叶片和枝条 Na$^+$含量影响最大，两者差值也最大，柽柳由叶片向枝条迁移的 Na$^+$含量显著升高。而在深水位 1.8m 和浅水位 0.3m 柽柳枝条和叶片 Na$^+$含量差异较小，即潜水埋深过高或过低，柽柳均可有效调节其各组织器官的盐分水平。

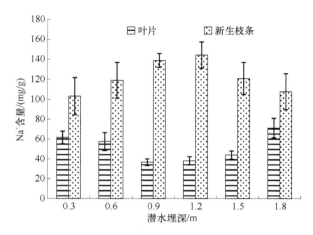

图 4-20　不同潜水埋深下柽柳叶片和新生枝条的 Na$^+$含量

4.2.1.4　地下水浅埋条件下土壤水分的运移规律

土壤水分的垂直变化受土壤结构、植物生长状况、微气候和地下水的毛细管作用等综合因素的影响（Ahmad *et al.*，2002；Shouse *et al.*，2006；安乐生等，2011；孙九胜等，2012；李彬等，2014），潜水埋深的高低对土壤含水量、土壤水分亏缺量和土壤水势（王水献等，2004；孙九胜等，2012；Dominik *et al.*，2013；Seeboonruang，2013）影响较大。李彬等（2014）研究发现，不同潜水埋深下土壤含水量的变化幅度随土壤深度的增加并未同步上升或下降。本研究也表明，随潜水埋深的不同，不同土层含水量随土壤深度的增加变化差异较大。随潜水埋深由浅-中-深水位，土壤剖面含水量随土壤深度的增加分别呈缓慢增加、急剧增加和先平缓后急剧增加的趋势，在线型上可描述为直线型、凸线型和凹线型，总体表现为土壤剖面含水量随土壤深度的变浅显著降低，这与陈永宝等（2014）的研究结果类似。总体来看，浅水位时表土层和浅土层的含水量较高，这主要是因为潜水埋深较浅时，潜水面形成的毛细水带到土壤表层较近，空气相对湿度较低时，毛细弯月面上的水可由液态变为气态直接进入大气，地下水则源源不断地通过毛细管作用上升持续蒸发（陈永宝等，2014），致使地下水浅埋区土壤表层和浅土层的水分较高。

柽柳土柱土壤各剖面含水量与潜水埋深密切相关，随潜水埋深的增加，包气带输水能力减弱，水分传导率降低，导致土壤剖面水分随潜水埋深的增加而减小，这与潜水埋深较浅时土壤含水量增大，土壤水分总亏缺量变小，潜水埋深较深时则相反的结论类似（郭全恩等，2010；李彬等，2014）。浅水位对柽柳土柱各剖面水分影响较小，中水位对表土层和中土层水分的影响显著大于深土层，而深水位对浅土层和底土层水分的影响远小于中土层，这与李彬等（2014）研究发现地下水水位对 60～100cm 深度土壤水分的影响大于 0～60cm 的结论有些类似。随潜水埋深的不同，柽柳土柱与对照不同剖面的土壤水分存在一个明显转折点，转折点以上水分变化梯度较大，转折点以下水分变化梯度较小。浅水位 0.6m、中水位 0.9m 和 1.2m、深水位 1.5m 和 1.8m 柽柳土柱与对照土壤剖面水分变化转折点分别为 0.3m、0.5m、0.7m、1.0m 和 1.3m。可见，随潜水埋深的增加，柽柳土柱和对照土壤剖面间水分转折点的变化深度在增加，而这一深度可能与潜水蒸发、植物蒸腾作用、根系吸水和地下水的毛细管作用等有关（Cetin and Kirda，2003；Ilichev et al.，2008；马玉蕾等，2013a，2013b；李彬等，2014）。

柽柳土柱水分总体低于对照，随潜水埋深的增加，栽植柽柳对各剖面土壤水分的影响差异较大。随土壤层次的加深，浅水位柽柳土柱和对照各土壤层间水分差值均较小，中水位下呈显著降低趋势，表现为中土层以上的水分差值明显高于深土层以下；而深水位下土壤水分差值则表现为先升高后降低，在中土层时柽柳土柱和对照土壤水分变化最大。综合分析表明，随潜水埋深的增加，柽柳土柱含水量显著减小。栽植柽柳对浅水位土壤水分影响较小，但中水位下对表土层水分影响最大，随土层变深影响逐渐降低；深水位下对中土层水分影响最大，对其他土层影响较小。

4.2.1.5　地下水浅埋条件下土壤盐分的运移规律

地下水垂直运动的活跃程度与潜水埋深密切相关，潜水埋深的不同对植物根系层的积盐程度影响较大（李彬等，2014）。随潜水埋深的增加，柽柳土柱各剖面盐分随土壤深度的增加变化差异较大，但相邻土壤剖面之间含盐量差值逐渐降低。浅水位下，柽柳土壤剖面盐分随土层变深明显降低。而中水位和深水位下，土壤剖面盐分随土层变深表现为先急剧降低后缓慢升高。不同潜水埋深下土壤盐分转折点的变化深度差异较大，随潜水埋深的增加，土壤剖面盐分变化转折点逐渐升高，浅水位（0.6m）、中水位（0.9m 和 1.2m）和深水位（1.5m 和 1.8m）下土壤剖面盐分转折点分别出现在 0.3m、0.5m、0.7m、0.7m 和 1.0m，转折点以上土壤剖面盐分变化梯度较大，也是土壤积盐的主要深度，而转折点以下土壤剖面盐分差异较小，可见土壤剖面盐分转折点的深度与潜水埋深呈正相关。郭全恩等（2010）研究也发现，土壤剖面电导率随潜水埋深的不同均存在不同的突变点，土壤电导率在突变点以上变化梯度较大，在突变点以下变化梯度较小；陈永宝等（2014）研究发现，新疆喀什地区弃荒地土壤盐分表层含盐量最高，5cm 以下土壤含盐量较低且变化较小，这都表明，不同潜水埋深下，土壤剖面上存在明显的盐分变化转折点。

柽柳土柱盐分随潜水埋深的增加先升高后降低，在 1.2m 的潜水埋深下达到最高。郭全恩等（2010）也发现类似规律，在 0.4～1.2m 的潜水埋深下，潜水埋深 1.0m 下的土壤剖面电导率最高，0.4m 水位下土壤剖面电导率最低。但在野外实际生境中，受大气降水、地表水和土壤水之间彼此消长转化的影响，浅层地下水埋深一直处于动态变化，总体呈现随潜水埋深逐渐变浅土壤含盐量逐渐增加，两者呈显著的负相关（Wang et al.，2008；王金哲等，2012）。相关研究表明，塔里木河流域潜水埋深小于 2.0m 时，土壤表层积盐强烈，表层以下土壤积盐逐渐减轻（樊自立等，2004）；盐渍化灌区 0～20cm 土壤层电导率的变化趋势随潜水埋深的增加而变缓，潜水埋深增加到一定深度时，土壤电导率趋于恒定值（李彬等，2014）。本研究也发现，潜水埋深达到 1.5m 时，土壤剖面含盐量变化幅度明显减小，而潜水埋深为 1.8m 时，各土壤剖面含盐量基本趋于稳定。一般认为，毛管水上升高度是土壤剖面聚盐的临界点，如果潜水埋深低于毛管水上升高度，土壤积盐强烈，反之，土壤积盐微弱（张长春等，2003）。当潜水埋深在 0～1.2m 时，随土壤深度的增加，土壤盐分呈显著下降向平缓升高的趋势变化（图 4-15、图 4-16）；当潜水埋深超过 1.2m 时，不同土壤深度的盐分差异变小（图 4-17）。因此，从土壤剖面含盐量的变化幅度可判断出，1.2m 潜水埋深是本次模拟实验柽柳土柱毛管水上升的临界高度，也是影响土壤盐分变化的转折水位，超过该潜水埋深，土壤表层聚盐性明显降低（图 4-17）。相关研究表明，盐渍化灌区毛管水的上升高度为 1.0m（李彬等，2014）；华北平原区地下水临界深度在 2.0～2.5m（王金哲等，2012）；内蒙古盐渍化较重的河套灌区，1.5m 潜水埋深是影响土壤盐分变化的转折点（管孝艳等，2012）；新疆焉耆盆地可使 2.0m 以内的土壤水蒸发明显（王水献等，2004）；立陶宛卡斯特山地，潜水埋深在 1.5～2.5m 时利于作物生长，但潜水埋深在 2.0m 左右更利于次生盐碱化的防治（Rudzianskaite and Sukys，2008）。可见，随土壤质地、地形条件和植被类型等的不同，土壤盐分变化的临界水位差异较大。

土壤质地、结构、孔隙度和含水量等因素对土壤水盐的滞留、阻隔作用影响程度不一，致使地下水中盐分进入土壤的动力不一致，因而积盐效果有较大差异（王金哲等，2012）。不同潜水埋深下，柽柳土柱土壤盐分表现为明显的表聚性，越靠近表土层和浅土层，土壤含盐量越高，不同潜水埋深下土壤表层 0～10cm 含盐量最高，而新疆焉耆盆地盐分多积累在 0～40cm 的耕作层（王水献等，2004）；郭全恩等（2010）通过土柱模拟实验发现土壤盐分多聚集于 0～20cm。这是由于在一定潜水埋深范围内，土壤水分受植物蒸腾和土壤蒸发作用而呈现明显的上升运动，易导致地下水通过毛细管上升将盐分带到浅土层（王水献等，2004）；持续的高蒸发量加剧了土壤水分的散失，促进了地下水或土壤盐分向上运移（孙九胜等，2012；陈永宝等，2014），最终导致土壤表层积聚盐分较多。柽柳土柱含盐量最低值出现在中间层，而底土层含盐量有升高趋势，这可能是因为潜水蒸发和植物蒸腾作用促进地下盐水向上运移，使地下水与中间层土壤的相互作用减弱，导致中间层土壤积盐受地下水的影响逐渐降低（孙九胜等，2012）；同时，中间层土壤盐分较低也可能与柽柳根系吸收盐分有关。而柽柳土壤底土层因紧邻地下水，毛细管作用强，土壤基本达到饱和状态，所以含盐量有升高趋势。

水分是盐分离子运移的载体，潜水蒸发是土壤盐分运输积累的主要动力，可加剧浅土层土壤盐分的积累（宫兆宁等，2006；Wang et al.，2008）。作为泌盐植物的柽柳，在进行植物蒸腾作用的同时，可使植物在生长期吸收大量盐分从而起到较好的泌盐降盐作用。不同潜水埋深下，柽柳土柱表土层和浅土层含盐量显著低于对照，而深土层和底土层差异较小。潜水埋深 0.6m、0.9m、1.2m、1.5m 和 1.8m 下，柽柳土柱和对照土壤剖面盐分发生显著变化的临界深度分别为 0.3m、0.5m、0.7m、0.7m 和 0.7m。柽柳土柱和对照各土层含盐量差值，随土壤深度的增加，整体呈下降趋势，即栽植柽柳对浅水位和中水位范围内的中土层以上土壤盐分影响较大，而对深土层和底土层影响较小，这可能与土壤盐分具有表聚性，而柽柳根系分布在浅土层吸收较多的盐分有关。柽柳栽植对深水位下的土壤剖面盐分影响较小，特别是在 1.8m 的深水位下，柽柳土柱和对照土层含盐量差异较小。可见，随潜水埋深变化和盐生植物柽柳的栽植对不同土壤剖面的盐分聚集影响较大，潜水埋深越高或土壤深度越大，柽柳降盐效果越好。

4.2.1.6 土壤-柽柳水盐参数及其与潜水水位的相关性

潜水埋深越高，柽柳土柱和柽柳枝条、叶片的含水量越显著降低（图 4-14、图 4-19）。相关分析表明，柽柳土壤含水量、枝条和叶片含水量与潜水水位均呈显著负相关（表 4-3）。当潜水埋深较低时，土壤含水量显著升高，柽柳枝条和叶片含水量也显著升高，两者呈显著正相关，并且叶片含水量显著高于枝条，但此时柽柳枝条和叶片 Na^+ 含量并非达最高水平（图 4-20）。土壤积盐过程受到盐源分布、盐分离子化学特征、土壤理化性质、地下水状况以及区域性气候条件的综合影响（Ilichev et al., 2008; Milzow et al., 2010; 田言亮等，2015）。Na^+ 是黄河三角洲土壤中的优势阳离子且土壤钠质化程度较高（姚荣江等，2008），所以本研究以柽柳枝条和叶片中的 Na^+ 含量来表征其含盐状况。本研究表明，过高的地下水位显著降低了柽柳土壤柱体的水分和盐分，致使深水位下柽柳枝条和叶片的含水量显著降低，但柽柳叶片盐分有升高趋势，深水位下柽柳枝条盐分和浅水位下比较接近，但显著低于中水位。

表 4-3 土壤-柽柳水盐参数及其与潜水水位的相关系数

	潜水水位	叶片 Na^+ 含量	枝条 Na^+ 含量	叶片含水量	枝条含水量	土壤含水量	土壤含盐量
潜水水位	1						
叶片 Na^+ 含量	0.031	1					
枝条 Na^+ 含量	0.115	−0.893[*]	1				
叶片含水量	−0.894[*]	−0.290	0.227	1			
枝条含水量	−0.961[**]	−0.100	−0.015	0.963[**]	1		
土壤含水量	−0.989[**]	0.066	−0.156	0.875[*]	0.948[**]	1	
土壤含盐量	−0.520	−0.603	0.704	0.713	0.535	0.513	1

**表示 $P<0.01$；*表示 $P<0.05$。

因此，柽柳土柱、柽柳叶片和枝条内的盐分含量与潜水埋深并非存在显著的线性相关（表 4-3），这主要是因为柽柳土柱盐分的积累存在一定的临界水位，1.2m 潜水埋深是柽柳土柱盐分聚集的转折水位，当潜水埋深大于 1.2m 时，随潜水埋深的降低，土壤含盐量逐步升高；小于 1.2m 时，则潜水埋深越低含盐量也越低。

朱金方等（2013）研究发现，盐旱交叉胁迫对柽柳叶片 Na^+ 含量的影响效果显著，随盐旱胁迫的加剧，柽柳叶片 Na^+ 含量显著升高，但相对于干旱胁迫而言，盐分胁迫是影响 Na^+ 含量变化的主导因子。由于强烈的毛细管蒸发作用，浅层地下水中的大量盐分被带到地表，地表土壤积盐过重，中水位（0.9m 和 1.2m）柽柳土柱含盐量最高，此时柽柳枝条 Na^+ 含量也最高，这与枸杞 Na^+ 含量随 NaCl 浓度升高显著增加的结论类似（王龙强等，2011）。但中水位下柽柳叶片 Na^+ 含量显著降低，可能与土壤盐分较高时，属于泌盐植物的柽柳叶片分泌大量盐分有关，因此，盐分胁迫显著影响 Na^+ 由叶片向枝条的迁移。随盐旱胁迫的加剧，柽柳叶片主要以提高 Na^+ 含量来保持细胞内膨压，维持细胞渗透压的平衡，防止细胞脱水（朱金方等，2013）。王龙强等（2011）也发现在高的 NaCl 浓度下，枸杞通过离子区域化作用吸收大量的 Na^+、Cl^- 并储存在叶片液泡组织中，以提高细胞渗透压、降低细胞内水势，来增强自身的耐盐能力。虽然 Na^+、Cl^- 的大量积累有助于柽柳的渗透调节，但随着盐胁迫的加剧，离子平衡被打破后会产生离子毒害，不利于柽柳的正常生长（朱金方等，2013）。柽柳叶片与枝条含盐量呈显著负相关（表 4-3）也进一步证明，不同潜水埋深下柽柳可有效分配各组织器官的盐分含量，表现出通过调节叶片和枝条 Na^+ 含量来适应水盐胁迫的生理特性。

4.2.1.7　结论

柽柳土壤水分、盐分含量与潜水埋深密切相关，随潜水埋深的不同，柽柳土柱不同土层水分或盐分的变化规律差异较大。在垂直深度上，柽柳土柱和对照的土壤水分和盐分均存在显著变化的临界土层。

浅水位和中水位下，随土壤深度的增加，柽柳土柱与对照土层的水分差值逐渐降低，而深水位则表现为先升高后降低。随浅水位到中水位潜水埋深的增加，柽柳土柱与对照土层的水分下降幅度随土壤深度的增加显著升高，而深水位下则表现为先升高后降低。栽植柽柳显著降低了土壤水分，并且潜水埋深越大，柽柳土柱的土壤水分下降越大。随潜水埋深的增加，柽柳土柱水分突变的临界深度在增加，其中潜水埋深 0.6m、0.9m、1.2m、1.5m 和 1.8m 下柽柳土柱和对照水分发生显著变化的临界深度分别为 0.3m、0.5m、0.7m、1.0m 和 1.3m，该临界深度以上柽柳土柱和对照含水量差异显著（$P<0.05$），超过该临界深度，各土层含水量差异不显著（$P>0.05$）。在垂直深度上，柽柳土柱随土壤深度的增加，土壤含水量总体呈增加趋势。由浅水位到深水位，柽柳土柱土壤剖面水分从上到下分别呈直线型、凸线型和凹线型的增加趋势。与各土柱最底层相比，随潜水埋深的增加，柽柳土柱各土层间的水分下降幅度在增大。

栽植柽柳可显著降低土壤盐分，但降盐幅度随潜水埋深的增加先升高后降低。随潜水埋深的增加，柽柳土柱与对照土层的含盐量差值先升高后降低，1.2m 的潜水埋深下，两者含盐量差值最大。潜水埋深 0.6m、0.9m、1.2m、1.5m 和 1.8m 下柽柳土柱与对照土壤盐分突变的临界深度分别为 0.3m、0.5m、0.7m、0.7m 和 0.7m，超过该临界深度，柽柳土柱与对照各土层含盐量差异不显著（$P>0.05$）。在垂直深度上，柽柳土柱含盐量随土壤深度的增加，总体呈先下降后升高；但随潜水埋深的增加，这种变化趋势逐渐变缓。在中水位（0.9m 和 1.2m）和深水位（1.5m 和 1.8m）下，柽柳土柱垂直深度上土壤盐分最低值和盐分突变的转折深度均分别出现在 0.5m、0.7m、0.7m 和 1.0m。

随潜水埋深的增加，柽柳土柱、柽柳叶片和新生枝条含水量逐渐下降，柽柳叶片含盐量先降低后升高，而柽柳土柱和新生枝条含盐量则表现为先升高后降低。不同潜水埋深下，柽柳叶片含水量显著高于枝条，而叶片含盐量显著低于枝条。随潜水埋深的增加，柽柳由枝条向叶片转移的水分显著增加，而柽柳叶片 Na^+ 向枝条迁移的比例先增加后减小，在土壤盐分最高的中水位下，柽柳叶片向枝条迁移的 Na^+ 量最大。

4.2.2　栽植柽柳土壤水盐参数对不同地下水水位的响应特征

本研究在无地表水分来源，土壤质地、植物及气候因素相同的情况下，为有效探明盐水矿化度条件下，不同稳定的地下水埋深下土壤各剖面水分和盐分的分布及迁移特征，以黄河三角洲建群种柽柳栽植的土壤柱体为研究对象，在科研温室内模拟设置盐水矿化度下 6 个不同的地下水水位，以探讨柽柳栽植条件下不同土壤剖面水盐变化对地下水水位的响应规律，明确对不同土壤层盐分积累显著的地下水水位，揭示地下水水位与土壤盐分积累和水分的动态变化过程及其耦合效应。研究结果可为地下盐水作用条件下土壤次生盐渍化的防治和地下水资源的高效利用提供理论依据和技术参考。

4.2.2.1 土壤水分对地下水水位的响应规律

由图 4-21A～E 可知，不同土层的相对含水量随地下水水位的增加显著降低，两者呈极显著负相关（$P<0.01$），但随土壤深度的不同，土壤相对含水量对地下水水位的响应关系差异较大。为反映土壤水分随地下水水位的下降幅度，可将土壤相对含水量与地下水水位线性关系的斜率绝对值描述为土壤水分随地下水水位的递减率。土壤水分随地下水水位的递减率随土壤深度的增加明显减小，其中，土壤剖面从上到下 4 个土层的土壤相对含水量随地下水水位的递减率分别是底土层的 5.5 倍、4.0 倍、3.6 倍和 3.0 倍，即土壤相对含水量随地下水水位变深而降低的趋势逐渐变缓。在所研究的地下水水位范围内，随土壤深度的增加土壤相对含水量均值逐步升高，但表土层、浅土层和中土层相对含水量均值在 44.4%～45.9%，差异不显著（$P>0.05$）；而深土层和底土层水分明显增

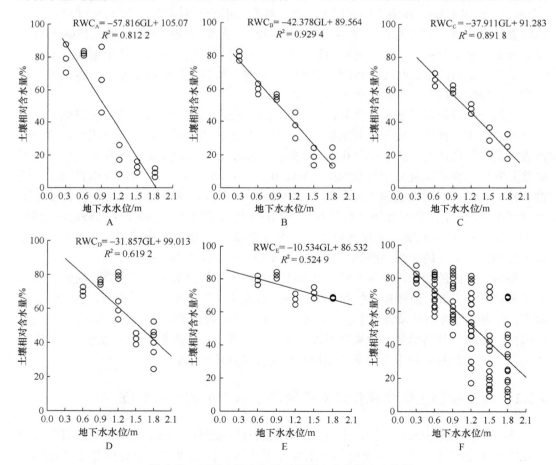

图 4-21　不同土层含水量对地下水水位的响应特征
A～E 分别为表土层、浅土层、中土层、深土层和底土层，F 为整个柽柳土壤柱体；RWC. 土壤相对含水量；
GL. 地下水水位。下同

加，土壤相对含水量均值分别为 58.1% 和 73.9%。土壤剖面从上到下相对含水量的变化幅度随地下水水位变深而逐渐降低，在 10cm 的表土层，土壤相对含水量在 6.4%~87.7%，表土层相对含水量变化幅度最大，分别达 81.2%；中土层相对含水量在 17.8%~70.2%，变化幅度达 52.4%；而底土层相对含水量在 64.4%~84.2%，变化幅度为 19.8%。从图 4-21A 可以看出，在地下水水位达 1.2m 时表土层相对含水量开始明显降低，在试验过程中也发现在地下水水位低于 1.2m 时，所有怪柳土柱的表层均保持湿润状态，即地下水所能上升并且保持土壤表层湿润的最高高度为 1.2m。

由图 4-21F 可知，整个土壤剖面相对含水量的均值随地下水水位增加显著降低，其中地下水水位在 0.3m、0.6m、0.9m、1.2m 和 1.5m 下的土壤相对含水量均值分别是 1.8m（29.7%）下的 2.7 倍、2.4 倍、2.3 倍、1.7 倍和 1.2 倍。不同地下水水位下各怪柳土柱整个土壤剖面相对含水量变幅在 17.3%~73.2%，土壤相对含水量的变幅随地下水水位的变深先增加后降低，在中水位为 1.2m 时，相对含水量变幅最高达 73.2%。

4.2.2.2　土壤盐分对地下水水位的响应规律

由图 4-22A~E 可知，不同土层含盐量随地下水水位的变深均表现为先升高后降低，呈抛物线型，但随土壤层次的加深，土壤含盐量与地下水水位之间二次函数的决定系数

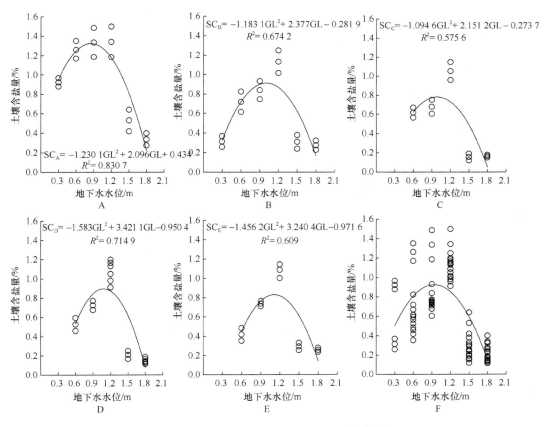

图 4-22　不同土层含盐量对地下水水位的响应特征

SC. 土壤含盐量；GL. 地下水水位

R^2 先减小后增大，土壤剖面含盐量差异较大。不同土壤剖面下，中水位 1.2m 下的土壤含盐量均最高，除浅土层的浅水位 0.3m、深水位 1.5m 和 1.8m 的含盐量较低，差异不显著外（$P>0.05$）（图 4-22B），其他土层含盐量均表现为浅水位显著高于深水位。不同地下水水位下表土层含盐量在 0.28%～1.50%，含盐量变幅最大为 1.22%；其次为深土层，含盐量变幅为 1.09%；其他土层含盐量变幅差异较小，在 0.91%～1.03%。可见，表土层和深土层受地下水水位影响波动性较大。

由图 4-22F 可知，整个土壤剖面含盐量均值随地下水水位增加先升高后明显降低，在中水位 1.2m 时柽柳土柱盐分达最高，地下水水位在 0.3m、0.6m、0.9m、1.5m 和 1.8m 下的土壤盐分均值分别比 1.2m 盐分均值（1.12%）下降 42.9%、36.6%、23.2%、73.2% 和 80.4%。不同地下水水位下各柽柳土柱整个土壤剖面含盐量变幅在 0.29%～1.00%，随地下水水位的增加，土壤含盐量变幅先增加后降低。在浅水位为 0.6m 时，土壤含盐量变化幅度最高为 1.00%；在深水位为 1.8m 时，土壤含盐量变幅最低为 0.29%。

根据土壤含盐量与地下水水位拟合方程的积分式：

$$\overline{SC} = \frac{1}{1.8-0.3}\int_{0.3}^{1.8}\left(-1.230GL^2 + 2.096GL + 0.434\right)dGL,$$

求出表土层地下水水位（GL）深度内（GL 为 0.3～1.8m）土壤含盐量（SC）的平均值为 1.10%，对应的地下水水位模拟值分别为 0.42m 和 1.28m；土壤含盐量最高值达 1.33%，对应地下水水位为 0.85m。分析表明，在 0.42～1.28m 的地下水水位内，土壤表层盐分含量较高，其中盐分最高值为地下水水位 0.85m。类似方法求出其他土层的盐分均值和最高值及对应的地下水水位（表 4-4），浅土层、中土层、深土层和底土层盐分均值以上对应的地下水水位分别为 0.57～1.44m、0.57～1.39m、0.71～1.45m 和 0.76～1.47m。由表 4-4 可知，在所研究的地下水水位内，土壤盐分平均值和最高含盐量随土壤深度的增加先降低后升高，从盐分平均值来看，土壤表层含盐量最高，表现出强烈的表聚性；而中土层含盐量较低，深土层和底土层含盐量有所升高，其中表土层、浅土层和深（底）土层含盐量均值分别是中土层含盐量（0.53%）的 1.8 倍、1.2 倍和 1.1 倍。各剖面土壤盐分最高值在 0.78%～1.33%，对应的地下水水位理论值在 0.85～1.11m，实测值在 0.90～1.20m，模拟值与实测值比较接近，说明该拟合方程可较好反映土壤盐分与地下水水位的定量关系。

表 4-4 不同土层下盐分平均值及最高值对应的地下水水位

土壤层次	盐分平均值/%		对应盐分模拟均值的水位/m		对应盐分最高值的水位/m		最高含盐量/%	
	实测值	模拟值	x_1	x_2	模拟值	实测值	实测值	模拟值
A	0.96	1.10	0.42	1.28	0.85	0.90	1.50	1.33
B	0.60	0.69	0.57	1.44	1.00	1.20	1.25	0.91
C	0.53	0.60	0.57	1.39	0.98	1.20	1.15	0.78
D	0.56	0.69	0.71	1.45	1.08	1.20	1.05	0.90
E	0.56	0.65	0.76	1.47	1.11	1.20	1.20	0.83

注：A、B、C、D、E 分别为表土层、浅土层、中土层、深土层和底土层。下同。

4.2.2.3　土壤剖面绝对溶液浓度对地下水水位的响应规律

由图 4-23A～E 可知，不同土层土壤绝对溶液浓度随地下水水位的增加先升高后降低，但表土层以升高为主，随土壤深度的不同，土壤溶液绝对浓度对地下水水位的响应关系差异较大，整个土壤剖面的土壤溶液绝对浓度在中水位 1.2m 时达最高，表土层和浅土层下深水位的土壤溶液绝对浓度明显高于浅水位，而其他土层则表现为浅水位和中水位高于深水位。各土层土壤溶液绝对浓度的变化幅度在 0.04%～0.11%，随土壤深度的增加，土壤溶液绝对浓度随地下水水位加深的变化幅度呈下降趋势，表土层变化幅度最大，其次为浅土层，而中土层、深土层和底土层较小且无显著差异（$P>0.05$）。土壤溶液绝对浓度均值随土壤深度的增加显著降低，其中深土层和底土层的土壤溶液绝对浓度均值均为 0.02%，表土层、浅土层和中土层的土壤溶液绝对浓度均值分别是深（底）土层的 4.0 倍、2.0 倍和 1.5 倍。

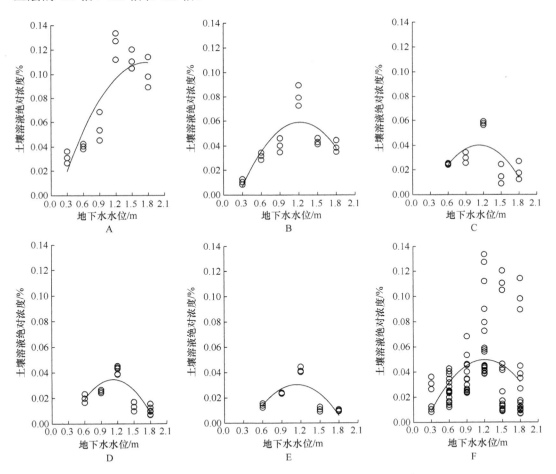

图 4-23　不同土层溶液绝对浓度对地下水水位的响应特征
A～E 分别为表土层、浅土层、中土层、深土层和底土层，F 为整个柽柳土壤柱体；
$C_{\rm S}$. 土壤溶液绝对浓度；GL. 地下水水位

由图 4-23F 可知，各个土柱整个剖面土壤溶液绝对浓度均值随地下水水位增加先升高后明显降低，在中水位 1.2m 时，整个土柱的土壤溶液绝对浓度均值最高达 0.06%，地下水水位在 0.3m、0.6m、0.9m、1.5m 和 1.8m 下的土壤溶液绝对浓度均值分别比 1.2m 下降 66.7%、50.0%、33.3%、33.3% 和 50.0%。不同地下水水位下各柽柳土柱整个剖面土壤溶液绝对浓度的变化幅度在 0.03%~0.11%，随地下水水位的增加土壤溶液绝对浓度变幅呈升高趋势，可见土壤溶液绝对浓度在浅水位下变化稳定，而中水位和深水位下波动较大。

4.2.2.4　土壤水盐参数与地下水水位的相关性分析

从土壤各剖面水盐参数与地下水水位的 Pearson 相关系数（表 4-5）可以看出，随土壤深度的不同，土壤相对含水量、含盐量、土壤溶液绝对浓度与地下水水位之间的相关性差异较大。各剖面土壤相对含水量与地下水水位均呈极显著负相关（$P<0.01$），随土壤深度的增加，土壤相对含水量与地下水水位的相关系数表现为先增大后减小，其中在浅土层时两者的负相关性最强。因此，可利用浅土层时所测定的土壤相对含水量进行地下水水位的预测，其估算地下水埋深的精度最高，其次是中土层和表土层，而深土层和底土层较低。分析表明，地下水水位对表土层、浅土层和中土层土壤水分影响较大，其次是深土层，而对紧邻地下水水位的底土层水分影响最小。

表 4-5　土壤水盐参数与地下水水位的相关系数

土壤层次	水盐参数	地下水水位	土壤相对含水量	土壤含盐量
	RWC	−0.901**		
A	SC	−0.611**	0.578**	
	C_S	0.438	−0.611**	0.025
	RWC	−0.965**		
B	SC	−0.166	−0.163	
	C_S	−0.509*	−0.561*	0.666**
	RWC	−0.943**		
C	SC	−0.589*	0.650**	
	C_S	−0.234	0.258	0.987**
	RWC	−0.791**		
D	SC	−0.558**	0.792**	
	C_S	−0.458*	0.593**	0.950**
	RWC	−0.715**		
E	SC	−0.342	0.013	
	C_S	−0.243	−0.178	0.985**

*表示 $P<0.05$ 显著相关；**表示 $P<0.01$ 极显著相关。RWC. 土壤相对含水量；SC. 土壤含盐量；C_S. 土壤溶液绝对浓度。

从土壤含盐量与地下水水位的相关系数来看，柽柳表层土壤含盐量与地下水水位的线性负相关性最好，其次是深土层和中土层，而浅土层和底土层两者的相关性不明显。这可能与土壤蒸发促使地下水中的盐分向上运移，减弱了地下水与中间层土壤的联系，使其土壤积盐受地下水的影响趋弱或减缓，孙九胜等（2012）也发现地下水埋深与土壤积盐有类似规律。而地下水水位与浅土层和底土层土壤含盐量无显著相关性（$P>0.05$），这可能由于土壤底层紧邻地下水水位，土壤水分接近饱和状态，致使含盐量比较稳定，而浅土层可能与柽柳根系吸收较多的土壤盐分有关。从土壤溶液绝对浓度与地下水水位的相关系数来看，浅土层和深土层的土壤溶液绝对浓度与地下水水位呈显著负相关（$P<0.05$），其他土层两者相关不显著（$P>0.05$）。

从土壤水盐参数的交互效应来看，表土层和浅土层下土壤溶液绝对浓度与相对含水量分别呈极显著（$P<0.01$）、显著负相关（$P<0.05$），在深土层则呈极显著正相关（$P<0.01$）。表土层、中土层和深土层土壤相对含水量与土壤含盐量呈极显著正相关（$P<0.01$），其他土层则无显著相关性（$P>0.05$）。除表土层土壤溶液绝对浓度与土壤含盐量无显著相关性外，其他土层两者均呈极显著正相关（$P<0.01$）。从整个土壤剖面水盐参数与地下水水位的相关性来看，土壤含盐量和土壤相对含水量与地下水水位呈显著负相关（$P<0.05$），土壤相对含水量与土壤含盐量呈极显著正相关（$P<0.01$），即随地下水水位的加深，整个土柱的含水量和含盐量均降低，由于土壤溶液绝对浓度受土壤重量含水量和含盐量的共同影响，与地下水水位的相关性较小。

4.2.2.5　土壤水分与地下水水位的耦合效应分析

地下水与土壤水之间水力联系密切，地下水借助包气带自身的水势梯度或植物蒸腾作用向土壤输送水分（安乐生等，2015）。本研究表明，柽柳土柱土壤水分随地下水水位加深明显减低，两者呈极显著负相关，这与沙漠绿洲区（魏彬等，2013）和地下水浅埋区（吴启侠等，2009；Zhang et al.，2011）土壤含水量与地下水埋深存在显著负相关性的结论类似。地下水埋深较浅时，潜水面形成的毛管水带到土壤表层较近，空气相对湿度较低时，毛管弯月面上的水可由液态变为气态直接进入大气，地下水则源源不断地通过毛细管作用上升持续蒸发，致使地下水浅埋区土壤水分含量较高（Zhang et al.，2011；Laversa et al.，2015）；而随地下水埋深的增加，地下水向上运动达到表土层和浅土层的路径越长，包气带输水能力减弱，水分传导性能降低，地下水对土壤水的补给量减少（王水献等，2004），表土层或浅土层水分含量降低形成干燥层，导致土壤剖面含水量随地下水埋深的增加显著减小。不同土层相对含水量与地下水水位的相关性随土壤深度的加深先增加后降低（表4-5），这是因为土壤剖面越靠近地下水，包气带输水能力越强，土壤水分变异性越低；底土层紧邻地下水致使土壤水分相对稳定，变化幅度较小。地下水水位小于 0.9m 时，表土层含水量较高且剖面变化幅度较小，这与浅水位下土壤表层含水量主要受大气蒸发力和毛管支持水的双重作用有关（陈永宝等，2014，）。但在地下水水位大于 1.2m 后，表土层相对含水量变幅也较小，这主要是因为随地下水水位变深，地下水对土壤表层的补给量减少，超过毛细管作用的临界深度，致使土壤表层形成水分缺乏的干土层。相关研究表明，地下水埋深高低可明显改变土壤水分含量、土壤水分亏缺量和土壤水重力水库容等水分参数（Sriroop and Srinivasulu，2014；Laversa et al.，2015）。克里雅绿洲土壤剖面水分自上而下呈逐渐增大趋势，土壤含水量与地下水埋深之间的关系也逐渐增强，其中以 15～20cm 土壤含水量与地下水埋深的负相关性最强（魏彬等，2013），而本研究发现在浅土层 20～40cm 时土壤含水量与地下水水位线性负相关性最强。但也有研究发现，当地下水埋深>1.0m 时，表层 0～10cm 土壤水分与地下水水位没有相关性（吴启侠等，2009）。因此，地下水埋深对土壤剖面水分的影响应存在一定的水位深度，1.2m 深可能是地下水沿柽柳土柱所能上升的临界深度，此时土壤相对含水量变化幅度最大，超过此水位，土壤表层水分明显减少。

4.2.2.6 土壤盐分与地下水水位的耦合效应分析

地下水作为盐分的载体直接影响土壤盐分的变化，即盐随水移是土壤中盐分迁移的主要方式，水分的运移带动了盐分在土壤中的移动和累积（安乐生等，2015；邓宝山等，2015）。土壤因潜水蒸发而积盐的过程一般与地下水水位从高到低的回降过程相对应，持续到地下水水位降至临界深度以下（王水献等，2004），当地下水埋深大于蒸发极限深度时（Zhang et al.，2011），地下水难以被输送到土壤浅土层。相关研究发现，浅埋深水位下，土壤盐分随地下水埋深的增加而减小，两者之间可满足负相关（王水献等，2004；姚荣江等，2007a，2007b；陈永宝等，2014）或指数关系（Ibrakhimov et al.，2007；常春龙等，2014；李彬等，2014）；邓宝山等（2015）研究发现，克里雅绿洲地下水埋深与土壤盐分含量之间的耦合度均值在 0.7 以上。但土壤盐分与地下水埋深两者又并非同步升降（王水献等，2004），当地下水埋深达到一定深度时土壤电导率趋于恒定值，而这一恒定值与地下水埋深成正比（李彬等，2014）。本研究表明，土壤各剖面含盐量随地下水水位的增加先升高后降低，但所有地下水水位下仍表现为土壤表层含盐量最高，表聚现象明显，只是地下水水位的不同导致土壤表层积盐效果差异较大。姚荣江等（2007a）的研究也发现，黄河三角洲土壤盐分剖面以表聚和底聚型为主。

在相同的土壤剖面层，土壤含盐量与地下水水位并非呈现单一线性相关（图 4-22，表 4-5），这主要是因为一般野外实际生境下，地下水与土壤水之间存在一个相互作用、相互影响的内部自适应自调节过程（王水献等，2004；吴启侠等，2009），而本模拟试验是在矿化度和地下水水位稳定的条件下开展的，即有足够的地下水和盐分来补充因潜水蒸发带走的水盐。另外，以中水位 1.2m 为界，可发现在地下水水位低于 1.2m 时，各土壤剖面盐分随地下水水位的下降而降低，这可能是因为地下水水位较低时，土壤含水量较高，聚集在表层的土壤盐分增大了渗透压，降低了蒸发速率（Mohamed et al.，2013；Jordán et al.，2004），致使土壤盐分呈下降趋势；而地下水水位超过 1.2m 时，各土壤剖面盐分随地下水水位的变深而降低，两者也可满足负相关，即抛物线型的右侧趋势线型，这与相关结论类似（王水献等，2004；姚荣江等，2007a，2007b；陈永宝等，2014）。柽柳土柱盐分随地下水水位的波动性变化趋势，可能与土壤表层活性积盐和土体内积盐方式的不同有关（Ibrakhimov et al.，2007；Seeboonruang，2013），当地下水埋深小于潜水蒸发临界深度时，地下水主要通过毛管薄膜水达到土壤表层，形成活性积盐，但当水位过低时，土壤盐分在表层迅速聚集形成一种类似结皮性质的保护层，降低了水分蒸发，致使含盐量有降低趋势；当地下水埋深大于潜水蒸发临界深度时，盐分不能达到地表，部分盐分聚集在土壤中形成残余盐土（Ibrakhimov et al.，2007；Seeboonruang，2013）。柽柳土柱表土层含盐量在地下水水位 1.2m 时分别是 0.3m 和 1.8m 水位下的 1.2 倍和 3.1 倍，底土层含盐量在地下水水位 1.2m 时分别是 0.6m 和 1.8m 水位下的 2.6 倍和 4.2 倍。陈永宝等（2014）研究也发现，新疆喀什地区表层土壤积盐速率随地下水埋深的增大而减小且趋势明显，其中地下水埋深 25cm 是 50cm 的 2 倍多。分析表明，不同土壤剖面的最高含盐量对应着某一特定的地下水水位，土壤盐分随地下水埋深的变化过程应存在地下水水位转折点，1.2m 水深应该是土壤盐分聚集发生转变的地下水水位，此水位下柽柳土壤柱体盐分聚集最高。

柽柳土柱表土层 0～10cm 含盐量变化幅度最大,其次是深土层,其他土层差异较小,这与内蒙古河套盐渍化灌区土壤表层 0～20cm 电导率随地下水埋深增加变化幅度最大的结论类似(李彬等,2014)。随土壤深度的增加,土壤含盐量与地下水水位二次函数的决定系数 R^2 先下降后升高,而两者之间的 Pearson 相关系数波动性较大。李彬等(2014)研究发现,内蒙古河套盐渍化灌区土壤电导率与地下水埋深的指数相关性随地下水埋深增加逐层下减,表层电导率与地下水埋深的函数相关性最强;孙九胜等(2012)研究发现,克拉玛依农业开发区耕层、底层土壤含盐量与地下水埋深呈负相关,中层土壤含盐量与地下水埋深相关性不明显。可见,不同土壤剖面的积盐程度除了与地下水水位密切相关外,还与植被类型(刘虎俊等,2012;Sriroop and Srinivasulu,2014)、气象因子(李彬等,2014)、水文地质和地形地貌(赵新风等,2010;魏彬等,2013;安乐生等,2015)等有关,但地下水埋深是土壤发生盐渍化的一个决定性条件(Rudzianskaite and Sukys,2008;Ruan et al.,2008;邓宝山等,2015),从防止区域土壤盐渍化的角度考虑,应采取合理措施将地下水埋深控制在不因蒸发而使土壤积盐的深度,结合土壤表土层和浅土层盐分较高的地下水水位(表 4-4),柽柳幼苗生长适宜的地下水水位应大于 1.2m,在 1.5～1.8m 地下水埋深下较好。

土壤渍水、水分亏缺或含盐量过高均可影响植物生长,而土壤溶液绝对浓度是表征植物生长状况与土壤水分、盐分关系的重要参数,可较好反映植物生长所需的土壤水盐状态。柽柳土壤柱体的土壤溶液绝对浓度在表土层最高,随土壤深度的增加显著下降,这与土壤上层含盐量高、土壤水分低,而底土层含盐量较低、土壤水分较高有关。

4.2.2.7　结论

随地下水水位的增加,不同土壤剖面和整个柽柳土柱的相对含水量均显著降低,但柽柳土柱相对含水量变化幅度先升高后降低,在中水位 0.9～1.2m 时,整个土壤剖面水分变化最剧烈,浅水位 0.3～0.6m 时土壤水分变化最稳定。随土壤深度的增加,不同地下水水位下土壤相对含水量均值呈升高趋势。土壤剖面水分从上到下的变化幅度随地下水水位变深而逐渐降低,越接近浅土层和表土层,土壤水分变化越剧烈。

随地下水水位的增加,不同土层的土壤盐分和土壤溶液绝对浓度均先升高后降低,1.2m 水位是土壤水盐变化的转折点,此水位下各土壤剖面的盐分和土壤溶液绝对浓度均达最高,也是地下水所能上升并且保持柽柳土柱表层湿润的最高水位。整个土壤剖面盐分变化最剧烈的是浅水位,其次是中水位,而深水位最为稳定。随土壤深度的增加,土壤盐分均值和最高值先降低后升高,土壤溶液绝对浓度均值呈明显下降趋势。不同土层的含盐量均值和最高值均对应特定的地下水水位,各剖面土壤盐分最高值出现的地下水水位理论值在 0.85～1.11m,实测值在 0.90～1.20m,各土层含盐量均值以上对应的地下水水位理论值在 0.42～1.47m。

柽柳土柱的土壤水分、盐分和土壤溶液绝对浓度与地下水水位密切相关,但随土壤剖面的不同,各参数间的相关性差异较大。土壤相对含水量和土壤含盐量分别在浅土层和表土层时与地下水水位的负相关性最强,浅土层土壤水分和表土层含盐量用来预测地下水水位的估算精度最高,模拟方程可分别描述为 RWC=−42.378GL+89.564(R^2=

0.929 4），$SC = -1.230GL^2 + 2.096GL + 0.434$（$R^2 = 0.830 7$）。地下盐水矿化度条件下，不同地下水水位下柽柳幼苗栽植深度应以浅土层为主，比较适宜的地下水水位在 1.5～1.8m。

4.2.3 不同潜水水位下栽植柽柳土柱盐分离子的迁移特征

本研究在无地表水分来源，土壤质地、植物及气候因素相同的情况下，针对地下水-土壤-植物系统水盐交互效应中，土壤盐分离子迁移特征尚不明确这一问题，以 3 年生柽柳幼苗栽植的土壤柱体为研究对象，模拟盐水矿化度下 6 个潜水水位，测定分析柽柳栽植条件下，各潜水水位下不同土壤剖面的 K^+、Na^+、Ca^{2+}、Mg^{2+} 等主要盐分阳离子和 Cl^-、SO_4^{2-}、NO_3^-、CO_3^{2-}、HCO_3^- 等主要盐分阴离子含量，以期探明不同土壤剖面盐分离子迁移对潜水水位的响应规律。研究结果可为黄河三角洲地区土壤次生盐渍化的防治和柽柳幼苗栽植的水盐管理提供理论依据和技术参考。

4.2.3.1 不同潜水水位对土壤剖面盐分阳离子的影响

（1）土壤剖面 Na^+ 的变化

由图 4-24A 可知，潜水水位 0.3m 时，土壤 Na^+ 含量随土壤深度的增加逐渐降低，但表层土和底层土差异不明显（$P>0.05$），变异系数仅为 19.32%。其他潜水水位下，随土壤深度的增加，Na^+ 含量表现为先降低后升高，呈现不同程度的表聚现象，且各水位下最低 Na^+ 含量的转折点出现在土壤深度 20～50cm 处，此后随土壤深度的增加 Na^+ 含量逐渐升高。

随潜水水位的增加，土壤表层 Na^+ 含量总体呈逐渐降低的趋势，表现为潜水水位 0.3m>0.6m>1.5m>0.9m>1.2m>1.8m。潜水水位 0.3m、0.6m、0.9m、1.2m 及 1.5m 下表层土壤 Na^+ 含量分别为 1.8m 表层 Na^+ 含量（0.439mg/g）的 2.48 倍、2.24 倍、1.40 倍、1.25 倍和 1.48 倍，潜水水位 0.9m 和 1.2m 的表层 Na^+ 含量无明显差异（$P>0.05$）。从整个土柱分析（图 4-25A），土壤 Na^+ 含量均值随潜水水位的增加，呈现先降低后升高再降低的趋势，与表层土壤 Na^+ 含量变化相似。柽柳土柱的平均 Na^+ 含量为 0.341～0.957mg/g，是盐分的主要阳离子，变异系数为 19.39%～51.72%，土柱 Na^+ 最低含量及变化转折水位为 0.9m。

（2）土壤剖面 K^+ 的变化

由图 4-24B 可知，各潜水水位下，随土壤深度的增加，土壤 K^+ 含量逐渐降低，在土壤深度 20～50cm 处快速降低，此后变化平稳。表层土和其他土层的 K^+ 含量差异明显（$P<0.05$），呈现明显的表聚现象。

随潜水水位的增加，表层土壤 K^+ 含量呈现"W"形，其变化规律为潜水水位 0.3m>0.6m>1.2m>1.8m>1.5m>0.9m，潜水水位 0.9m 时 K^+ 含量最低，为 0.088mg/g，潜水水位 0.3m、0.6m、1.2m、1.5m、1.8m 下表层土壤 K^+ 含量分别为 0.9m 下的 5.62 倍、3.55 倍、2.76 倍、1.09 倍、1.92 倍。由图 4-25A 可知，柽柳土柱 K^+ 含量均值随潜水水位的增加，与表土层 K^+ 含量变化一致，但表土层与中土层、底土层的变化幅度较大；潜水水位 0.9m 土层间 K^+ 含量变异系数最低，为 45.67%；其他潜水水位下柽柳土柱内变异系数高达 111.36%～154.29%。

（3）土壤剖面 Ca^{2+} 和 Mg^{2+} 的变化

由图 4-24C、D 可知，相同潜水水位下，Ca^{2+} 和 Mg^{2+} 含量的变化基本一致，呈现不同程度的表聚现象。潜水水位 0.3m、0.6m、0.9m 及 1.2m 时，土壤剖面 Ca^{2+} 和 Mg^{2+} 含量随土壤深度的增加而降低，呈快速—缓慢的变化趋势；深水位 1.5m 和 1.8m 则表现为先降低后升高，中土层 40～70cm 为转折土层。

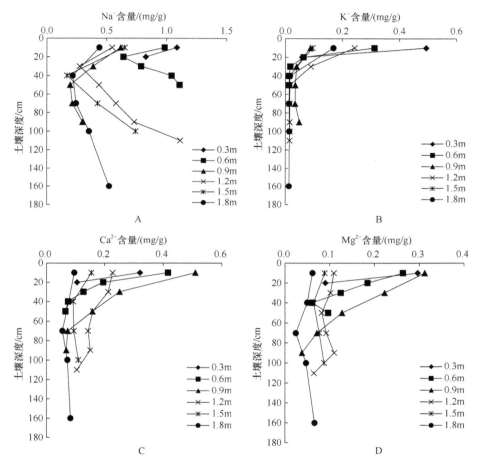

图 4-24　不同潜水水位下土壤剖面盐分阳离子的变化

随潜水水位的增加，表层土壤 Ca^{2+} 和 Mg^{2+} 含量先升高后降低；潜水水位 0.9m 时，表层土壤 Ca^{2+} 和 Mg^{2+} 含量最高，分别为 0.510mg/g、0.312mg/g，为深水位 1.8m 表层土壤 Ca^{2+} 和 Mg^{2+} 含量的 5.39 倍、5.08 倍。由图 4-25A 可知，柽柳土柱 Ca^{2+} 和 Mg^{2+} 含量均值呈先降低后升高再降低的趋势，中水位 0.9m 是再升高的转折水位。柽柳土柱的 Ca^{2+} 含量为 0.076～0.212mg/g，变异系数为 19.63%～86.47%；Mg^{2+} 含量为 0.050～0.193mg/g，变异系数为 14.47%～72.97%。

4.2.3.2 不同潜水水位对土壤剖面盐分阴离子的影响

（1）土壤剖面 Cl⁻的变化

由图 4-24A 和图 4-26A 可知，不同潜水水位下 Cl^-含量与 Na^+含量变化趋势相似。除潜水水位 0.3m 下土壤 Cl^-含量与土壤深度呈显著负相关（$P<0.05$）外，其他潜水水位下，Cl^-含量随土壤深度的增加先降低后升高，在土壤深度 30～50cm 出现 Cl^-含量最低值，呈现明显表聚现象。

随潜水水位的增加，表层土壤 Cl^-含量逐渐降低，0.3m、0.6m 和 0.9m 三个潜水水位，以及 1.2m、1.5m 和 1.8m 三个潜水水位下的表层土壤 Cl^-含量均无显著差异（$P>0.05$），但 0.9m 和 1.2m 下 Cl^-含量差异显著（$P<0.05$）。潜水水位 0.6m、0.9m、1.2m、1.5m 及 1.8m 下表土层 Cl^-含量分别比 0.3m（0.439mg/g）下降了 7.72%、22.44%、73.87%、72.74% 及 82.46%。不同潜水水位下柽柳土柱 Cl^-含量均值和变异系数分别在 0.334～2.035mg/g 和 16.53%～77.22%，是土壤盐分的主要阴离子；随潜水水位的增加，Cl^-含量均值先降低再升高再降低，潜水水位 0.9m 时其含量最高；当潜水水位高于 0.9m 时，柽柳土柱 Cl^-含量均值差异显著（$P<0.05$），且 Cl^-含量均值迅速下降（图 4-25B）。

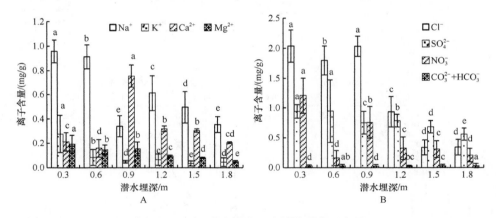

图 4-25　不同潜水水位下土壤盐分离子含量

（2）土壤剖面 SO_4^{2-} 的变化

由图 4-26B 可知，随土壤深度的增加，0.3m、0.6m 和 0.9m 潜水水位下土壤剖面 SO_4^{2-}含量呈下降趋势，而在深水位 1.5m 和 1.8m 时，SO_4^{2-}含量呈先迅速下降后缓慢增加的趋势。这与土壤盐分阳离子 Ca^{2+} 和 Mg^{2+} 的变化趋势相似。

随潜水水位的增加，表土层 SO_4^{2-}含量先升高后降低，在 0.6m 水位下达到最高，表聚现象明显，与 Ca^{2+} 和 Mg^{2+}含量变化趋势相似。0.3m、0.9m、1.2m、1.5m 和 1.8m 潜水水位下表土层 SO_4^{2-}含量分别为 0.6m 水位的 39.07%、46.54%、36.26%、28.86%和 31.11%。由图 4-25B 可知，潜水水位 0.6m 时，柽柳土柱 SO_4^{2-}含量均值最高，为 0.945mg/g，与潜水水位 0.3m 差异不显著（$P>0.05$），但与其他潜水水位差异显著（$P<0.05$）。柽柳土柱 SO_4^{2-}含量随潜水水位基本呈平缓的"M"形，潜水水位 0.9m 是柽柳土柱 SO_4^{2-}含量

均值明显下降的转折水位。

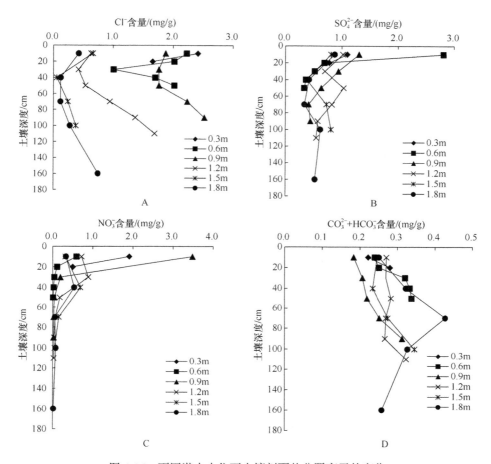

图 4-26　不同潜水水位下土壤剖面盐分阴离子的变化

（3）土壤剖面 NO_3^- 的变化

由图 4-26C 可知，随土壤深度的增加，0.3m、0.6m 和 0.9m 潜水水位下土壤剖面 NO_3^- 含量呈快速降低到 30cm 土层后缓慢降低的趋势，与盐分阳离子 K^+ 含量变化趋势一致。例如，在潜水水位 0.9m 下，随土层深度的增加，其他四个土层（30～90cm）NO_3^- 含量依次比表土层下降了 94.39%、98.77%、99.19% 和 99.27%。潜水水位 1.2m、1.5m 和 1.8m 时，随土层深度的增加，土壤 NO_3^- 含量先升高后降低，在土层深度 30～40cm 处 NO_3^- 含量达最高。

随潜水水位的增加，柽柳土柱 NO_3^- 含量均值表现为先降低后升高再降低的趋势，与表土层 NO_3^- 含量变化规律一致。0.9m 潜水水位下表土层 NO_3^- 含量最高，为 3.485mg/g，分别为 0.3m、0.6m 下的 1.83 倍、5.85 倍，差异显著（$P<0.05$）。当潜水水位大于 1.2m 时，柽柳土柱内 NO_3^- 含量变化幅度降低，但变异系数仍大于 100%。

（4）土壤剖面 $CO_3^{2-} + HCO_3^-$ 的变化

由图 4-26D 可知，随土壤深度的增加，潜水水位 1.8m 时，土壤剖面 $CO_3^{2-} + HCO_3^-$ 含量先升高后降低；其他潜水水位下，土壤剖面 $CO_3^{2-}+HCO_3^-$ 含量呈升高趋势。潜水水位 0.9m 下，随土层深度的增加，其他四个土层 $CO_3^{2-}+HCO_3^-$ 含量依次为底土层的 58.54%、66.02%、69.92% 和 80.49%。

表土层和柽柳土柱 $CO_3^{2-}+HCO_3^-$ 含量随潜水水位的增加呈先降低后升高的趋势。在潜水水位 0.9m 时，表土层和柽柳土柱 $CO_3^{2-}+HCO_3^-$ 含量均最低，分别为 0.183mg/g 和 0.234mg/g。不同潜水水位下，柽柳土柱 $CO_3^{2-}+HCO_3^-$ 含量在 0.234～0.317mg/g，变异系数在 7.77%～22.41%。

4.2.3.3　土壤盐分离子垂直分布与潜水水位的互作效应

土壤积盐程度与大气蒸发能力、土壤岩性特征、地下水水位及其矿化度有直接关系，特别在无灌溉和降雨影响，大气蒸发能力和土壤岩性一定的情况下，土体内水盐运动与地下水水位密切相关（马玉蕾等，2013a；张骜等，2015）。研究表明，地下水是影响土壤盐渍化的主要因子，土壤的积盐程度主要与地下水水位及其矿化度有关（尹春艳，2017；吕真真等，2017）。强烈蒸发作用下土壤盐分溶解于地下水，以毛管上升水为载体，逐步向上运动积聚于表层；当毛管上升水以水汽扩散的方式进入大气后，盐分会滞留在浅层土壤。在蒸降比大、潜水水位浅的黄河三角洲地区，潜水蒸发是产生次生盐渍化的原因（Fan et al.，2012；夏江宝等，2015；尹春艳，2017；赵西梅等，2017）。在水分蒸发、毛管水上升过程中，引起了水盐的重新分布，地下水（或土壤溶液）中携带可溶性盐离子逐渐向土壤表层聚集；水分蒸发进入大气后，可溶性盐分离子则根据不同离子迁移速率的快慢被保留在不同土层中，导致土壤盐分离子重新分布，而不同地下水水位下土壤盐分离子分布差异较大（Buscaroli and Zannoni，2017）。

本研究表明，不同潜水水位下土壤垂直剖面 Na^+ 与 Cl^- 含量变化相似，均为潜水水位 0.3m 时，其盐分离子含量随土壤深度的增加而降低，其他潜水水位下，随土壤深度的增加先降低后升高，表聚现象明显，这与土壤含盐量的分布趋势（夏江宝等，2015；赵西梅等，2017）相同。产生上述变化主要是因为受海水入侵的影响，黄河三角洲地下水主要成分为NaCl，且矿化度较高；而 Na^+ 和 Cl^- 与土壤胶体的吸附力较弱，均带一价电荷，具有很强的随水分迁移的能力，Na^+ 与 Cl^- 相关性较高（安乐生等，2015；李攻科等，2016），呈现协同运移关系（张体彬等，2012）。因此，不同潜水水位下，Na^+ 与 Cl^- 含量垂直变化规律相似。郭全恩等（2010）研究发现，随土壤深度的增加，各潜水水位下 Na^+ 和 Cl^- 含量呈现逐渐降低的趋势和明显的表聚现象，与本研究中浅层土壤（0～20cm）变化规律一致；但超过 20～50cm 土层后又呈现升高趋势，这主要是因为本研究中地下水位较浅，盐分离子通过水分能持续供给运输，且底土层处于饱和含水层，导致底层土壤 Na^+ 和 Cl^- 含量较高。

本研究中，相同潜水水位下 Ca^{2+}、Mg^{2+} 以及 SO_4^{2-} 含量的变化趋势基本一致，但变化幅度不如 Na^+ 和 Cl^- 剧烈。离子的相关性研究也表明，Ca^{2+} 与 Mg^{2+} 的相关系数最大，在离子运移研究中常将两者归为一类（Xiong，2001）。由于 Ca^{2+}、Mg^{2+} 和 SO_4^{2-} 受离子电荷、水化半径和离子浓度以及其他特性的影响，被土壤胶体吸附的能力较强，受灌溉水分运动的影响较小，因此，在盐分上下运动中，活跃程度氯化物>硫酸盐>碳酸盐（焦艳平等，2008）。潜水水位 1.5m 和 1.8m 时，Ca^{2+}、Mg^{2+} 以及 SO_4^{2-} 含量随土层深度的增加先降低后升高，其他潜水水位下与土层深度呈负相关，这与郭全恩等（2010）、杨思存等（2014）研究甘肃盐渍土结论基本一致。

不同潜水水位下，K^+ 和 NO_3^- 含量均随土层深度的增加而降低，表层变化剧烈，其他土层变化平缓。当潜水水位大于 1.2m 时，土壤 NO_3^- 含量最高值未出现在表土层，而是集中在土层深度 30～40cm 处，这是因为 NO_3^- 不易被土壤胶体吸附，且随水移动。夏江宝等（2015）研究也发现，当潜水水位小于 0.9m 时，地下水通过毛细管作用充分供给包气带，能维持表土层湿润；而随潜水水位的增加，地下水向上运动至表土层和浅土层的距离增加，受重力作用和毛细管作用减弱，超过毛细管作用的临界深度，致使土壤表层形成水分缺乏的干土层。与本研究中当潜水水位大于 1.2m 时，NO_3^- 最高含量出现在土层 30～40cm 处结论一致。

土壤剖面 $CO_3^{2-} + HCO_3^-$ 含量均随土壤深度的增加而升高，且土层间变化幅度不剧烈，碳酸根运移比较稳定，这与宁夏银北地区龟裂碱土的研究结果一致（张体彬等，2012）。环渤海地区土壤碳酸盐的变化规律和其他盐分离子大致呈相反趋势，HCO_3^- 含量与其他盐分离子含量为负相关（王颖等，2016）。模拟土柱表土层 HCO_3^- 含量随地下水深度增加而减少，重碳酸盐类溶解度最小，随水运动时先被析出（郭全恩等，2010）。在模拟新疆干旱区土壤（张鹜等，2015）和黄河三角洲柽柳栽植土柱水分运移（夏江宝等，2015；赵西梅等，2017）的研究中发现，随土壤深度的增加，土壤剖面含水量增加。土体中 Na^+ 和 Ca^{2+} 的表聚能力增加，Na^+ 的水解生成 OH^- 增多，HCO_3^- 与 OH^- 生成 CO_3^{2-} 和 H_2O，CO_3^{2-} 与表聚的 Ca^{2+} 生成 $CaCO_3$ 沉淀（张鹜等，2015），导致表层土壤 HCO_3^- 含量有所减小。这与本研究中 $CO_3^{2-} + HCO_3^-$ 含量的变化规律一致。

4.2.3.4 土壤盐分表聚及剖面盐分突变层的影响因素

土壤盐分受潜水蒸发的影响呈现不同程度的表聚现象。本研究发现除 $CO_3^{2-} + HCO_3^-$ 外，其他盐分离子均在表土层呈现不同程度的表聚。地下水埋藏较浅或地下水矿化度较高时，土壤剖面含盐量受地下水水位影响显著，潜水水位越低，土壤剖面内的含盐量越高（尹春艳，2017），在蒸发作用下，地下水在毛细管作用下向上运动，会引起表层积盐（Ohrtmanet et al.，2012；Buscaroli and Zannoni，2017；赵西梅等，2017），Na^+ 和 Cl^- 向土柱表层积聚速率最快，并且富集的浓度最高。叶文等（2014）也发现 SO_4^{2-} 与 Cl^- 的累积主要发生在浅层土壤，深层土壤 SO_4^{2-} 的变化不明显。Na^+ 和 Cl^- 是黄河三角洲地下水和盐碱土中土壤盐分的主要离子，由于 Na^+、Cl^- 均易被水淋洗，因此，在黄河三角洲地区通过淡水灌溉可以控制土壤表层盐分含量。

盐分在土壤表层聚集，一方面是因潜水蒸发产生（姚荣江等，2007a；安乐生等，2011；Ohrtman et al.，2012）；另一方面，植物根系对土壤盐分选择性吸收后，会产生盐分和盐分离子的下降拐点，经转运至茎叶。柽柳是泌盐植物，具有丰富的泌盐腺，盐分能通过茎叶分泌，在重力作用下进入土壤表层，从而产生盐分的表聚（Cui et al.，2010；Ohrtman et al.，2012；张立华等，2016）。荒漠盐生植物根际盐分的盈亏在吸收盐分的过程中起到了盐泵的作用，促进了盐分向地上部的运输。

在土壤深度为 20～50cm 时，Na^+、Cl^-、K^+、Ca^{2+}、Mg^{2+}、SO_4^{2-} 和 NO_3^- 含量出现迅速下降拐点，该土壤层次的离子含量均比表土层明显降低，变化幅度较大，这与相关研究结果类似（张体彬等，2012；叶文等，2014；杨思存等，2014；张鹜等，2015）。盐分离子迁移速率的差别、各土层中不同生物量根系对盐分吸收的差异，是土壤垂直剖面盐分含量变化的主要因素（张鸣等，2015；张立华和陈小兵，2015；张立华等，2016）。受根系生长和植物吸收水分等的影响，不同盐分离子的突变点呈现一定的差异（Li *et al.*，2015；Buscaroli and Zannoni，2017；Alharby *et al.*，2018），NO_3^- 含量从表层到土壤 40～60cm 时明显降低（叶文等，2014），或在根系集中分布层出现最低值，而更深土层其含量渐趋稳定；而 Na^+、Cl^-、Ca^{2+}、Mg^{2+}、SO_4^{2-} 含量随土层深度的增加先降低后增加，且在 20～40cm 土层明显降低（杨思存等，2014），与本研究结果一致。

4.2.3.5 潜水水位影响土壤盐分离子的垂直变异性

变异函数（CV）能够反映随机变量的离散程度，一般认为 CV<10% 为弱变异性，10%<CV<100% 为中等变异性，CV>100% 为强变异性（Xu *et al.*，2012）。柽柳土柱盐分离子变异系数的大小，在一定程度上可反映不同离子在土壤垂直剖面上的分布特征和随水盐迁移速率的差异。

Na^+、Cl^-、Ca^{2+} 和 Mg^{2+} 在柽柳土柱内呈现中等变异性。随潜水水位的增加，Na^+ 和 Cl^- 间在土柱间变异系数呈现先升高后降低的趋势，且 20～50cm 根系集中分布层与表土层、底土层的变异程度高于表土层与底土层，这主要由 Na^+ 和 Cl^- 的表聚及根系对盐分离子的吸收造成。当潜水水位较低时，柽柳土柱 Ca^{2+} 和 Mg^{2+} 的变异较大；当潜水水位≥1.2m 时，柽柳土柱间的变异幅度减小。

随潜水水位的增加，SO_4^{2-} 含量在柽柳土柱间的变异程度先增加后减小，除 0.6m 潜水水位下土柱间 CV>100%，呈现强变异性外，其他潜水水位下均为中等变异性，这与 SO_4^{2-} 在 0.6m 时盐分离子随水盐运动产生强烈的表聚有关。各潜水水位下，柽柳土柱 K^+ 与 NO_3^- 含量的变异性主要来自表土层与根系集中分布层的强变异性，这是由两种离子的表聚性、土壤的离子吸附特性、离子半径和根系吸收等共同作用产生的（Li *et al.*，2015；Buscaroli and Zannoni，2017）。$CO_3^{2-}+HCO_3^-$ 在柽柳土柱中的变异系数为 7.77%～22.41%，变异程度较小，这与郭全恩等（2010）、张体彬等（2012）对半干旱地区盐渍土的研究结果一致。

4.2.3.6 结论

在盐水矿化度的不同潜水水位下，随土壤深度的增加，土壤盐分离子的迁移变化差异较大。不同潜水水位下，随土壤深度的增加，土壤盐分离子的变化趋势差异较大，并存在一定的土壤盐分离子突变点。随土壤深度的增加，Na^+ 与 Cl^- 含量先降低后升高，表聚现象明显；K^+ 和 NO_3^- 含量逐渐降低，表层变化剧烈，底层变化较小；Ca^{2+}、Mg^{2+} 及 SO_4^{2-} 含量除深水位 1.5m 和 1.8m 下先降低后升高外，其他潜水水位下与土层深度呈负相关；$CO_3^{2-}+HCO_3^-$ 含量逐渐升高。

　　栽植柽柳能降低根系集中分布层的土壤盐分离子累积。在土壤 20~50cm 的根系分布层主要盐分离子显著降低，呈现土壤盐分剖面变化的突变层。

　　表土层盐分离子受潜水水位影响显著大于其他土层，且不同盐分离子随潜水水位的变化差别较大。受潜水蒸发的影响，除 $CO_3^{2-}+HCO_3^-$ 随潜水水位的增加呈先降低后升高外，表土层其他盐分离子均呈现不同程度的表聚现象，建议栽植柽柳时避开表土层，以超过 20cm 土层为宜。随潜水水位的增加，表土层 Na^+ 与 Cl^- 含量逐渐降低，Ca^{2+} 和 Mg^{2+} 含量呈先升高后降低的趋势。

　　盐水矿化度下，柽柳土柱盐分离子与潜水水位密切相关，但各离子间差异较大。柽柳土柱 Na^+、Cl^-、Ca^{2+}、Mg^{2+}、NO_3^- 含量随潜水水位的增加先降低后升高再降低，中水位 0.9m 是其含量发生显著变化的转折水位。柽柳土柱 $CO_3^{2-}+HCO_3^-$ 含量随潜水水位的增加先降低后升高，土层间变化幅度较小。Na^+、Cl^-、Ca^{2+} 和 Mg^{2+} 在柽柳土柱内呈现中等变异性；柽柳土柱 K^+ 除潜水水位 0.9m 呈中等变异外，其他潜水水位均达到强变异性。

　　蒸发条件下主要盐分离子表聚在 0~20cm，栽植柽柳能有效降低根系集中分布层 20~50cm 土壤盐分离子的积累，建议盐水矿化度下栽植柽柳深度大于 20cm。该研究可为盐水矿化度下土壤次生盐渍化的防治和柽柳幼苗栽植管理提供参考。

参 考 文 献

安乐生, 赵全升, 叶思源, 等. 2011. 黄河三角洲地下水关键水盐因子及其植被效应. 水科学进展, 22(5): 689-694.

安乐生, 周葆华, 赵全升, 等. 2015. 黄河三角洲土壤氯离子空间变异特征及其控制因素. 地理科学, 35(3): 358-364.

白玉锋, 徐海量, 张沛, 等. 2017. 塔里木河下游荒漠植物多样性、地上生物量与地下水埋深的关系. 中国沙漠, 37(4): 724-732.

常春龙, 杨树青, 刘德平, 等. 2014. 河套灌区上游地下水埋深与土壤盐分互作效应研究. 灌溉排水学报, 33(4/5): 315-319.

陈阳, 王贺, 张福锁, 等. 2010. 新疆荒漠盐碱生境柽柳盐分泌特点及其影响因子. 生态学报, 30(2): 511-518.

陈永宝, 胡顺军, 罗毅, 等. 2014. 新疆喀什地下水浅埋区弃荒地表层土壤积盐与地下水的关系. 土壤学报, 51(1): 75-81.

邓宝山, 瓦哈甫·哈力克, 党建华, 等. 2015. 克里雅绿洲地下水埋深与土壤盐分时空分异及耦合分析. 干旱区地理, 38(3): 599-607.

樊自立, 陈亚宁, 李和平, 等. 2008. 中国西北干旱区生态地下水埋深适宜深度的确定. 干旱区资源与环境, 22(2): 1-5.

樊自立, 马英杰, 张宏, 等. 2004. 塔里木河流域生态地下水位及其合理深度确定. 干旱区地理, 27(1): 8-13.

宫兆宁, 宫辉力, 邓伟, 等. 2006. 浅埋条件下地下水-土壤-植物-大气连续体中水分运移研究综述. 农业环境科学学报, 25(增刊): 365-373.

管孝艳, 王少丽, 高占义, 等. 2012. 盐渍化灌区土壤盐分的时空变异特征及其与地下水埋深的关系. 生态学报, 32(4): 1202-1210.

郭全恩, 马忠明, 王益权, 等. 2010. 地下水埋深对土壤剖面盐分离子分异的影响. 灌溉排水学报, 29(6): 64-67.

何广志, 陈亚宁, 陈亚鹏, 等. 2016. 柽柳根系构型对干旱的适应策略. 北京师范大学学报(自然科学版),

52(3): 277-282.

焦艳平, 康跃虎, 万书勤, 等. 2008. 干旱区盐碱地滴灌土壤基质势对土壤盐分分布的影响. 农业工程学报, 24(6): 53-58.

孔庆仙, 夏江宝, 赵自国, 等. 2016. 不同地下水矿化度对柽柳光合特征及树干液流的影响. 植物生态学报, 40(12): 1298-1309.

雷金银, 班乃荣, 张永宏, 等. 2011. 柽柳对盐碱土养分与盐分的影响及其区化特征. 水土保持通报, 31(4): 73-78.

李彬, 史海滨, 闫建文, 等. 2014. 节水改造后盐渍化灌区区域地下水埋深与土壤水盐的关系. 水土保持学报, 28(1): 117-122.

李玫科, 王卫星, 曹淑萍, 等. 2016. 天津滨海土壤盐分离子相关性及采样密度研究. 中国地质, 43(2): 662-670.

刘虎俊, 刘世增, 李毅, 等. 2012. 石羊河中下游河岸带植被对地下水位变化的响应. 干旱区研究, 29(2): 335-341.

刘显泽, 岳卫峰, 贾书惠, 等. 2014. 内蒙古义长灌域土壤盐分变化特征分析. 北京师范大学学报(自然科学版), 50(5): 503-507.

吕真真, 杨劲松, 刘广明, 等. 2017. 黄河三角洲土壤盐渍化与地下水特征关系研究. 土壤学报, 54(6): 1377-1385.

马玉蕾, 王德, 刘俊民, 等. 2013a. 地下水与植被关系的研究进展. 水资源与水工程学报, 24(5): 36-40, 44.

马玉蕾, 王德, 刘俊民, 等. 2013b. 黄河三角洲典型植被与地下水埋深和土壤盐分的关系. 应用生态学报, 24(9): 2423-2430.

孙九胜, 耿庆龙, 常福海, 等. 2012. 克拉玛依农业开发区地下水埋深与土壤积盐空间异质性分析. 新疆农业科学, 49(8): 1471-1476.

田言亮, 严明疆, 张光辉, 等. 2015. 环渤海低平原土壤盐分分布格局及其影响机制研究. 水文地质工程地质, 42(1): 118-122, 133.

王金哲, 张光辉, 严明疆, 等. 2012. 环渤海平原区土壤盐分分布特征及影响因素分析. 干旱区资源与环境, 26(11): 104-109.

王龙强, 米永伟, 蔺海明. 2011. 盐胁迫对枸杞属两种植物幼苗离子吸收和分配的影响. 草业学报, 20(4): 129-136.

王水献, 周金龙, 董新光. 2004. 地下水浅埋区土壤水盐试验分析. 新疆农业大学学报, 27(3): 52-56.

魏彬, 海米提·依米提, 王庆峰, 等. 2013. 克里雅绿洲地下水埋深与土壤含水量的相关性. 中国沙漠, 33(4): 1110-1116.

吴启侠, 朱建强, 刘凯文. 2009. 地下水浅埋区3种水分的定量关系分析. 湖北农业科学, 48(3): 604-606.

夏江宝, 赵西梅, 赵自国, 等. 2015. 不同潜水埋深下土壤水盐运移特征及其交互效应. 农业工程学报, 31(15): 93-100.

肖燕, 汤俊兵, 安树青. 2011. 芦苇、互花米草的生长和繁殖对盐分胁迫的响应. 生态学杂志, 30(2): 267-272.

杨思存, 逄焕成, 王成宝, 等. 2014. 基于典范对应分析的甘肃引黄灌区土壤盐渍化特征研究. 中国农业科学, 47(1): 100-110.

姚荣江, 扬劲松. 2007a. 黄河三角洲地区浅层地下水与耕层土壤积盐空间分异规律定量分析. 农业工程学报, 23(8): 45-51.

姚荣江, 杨劲松, 姜龙. 2008. 黄河下游三角洲盐渍区表层土壤积盐影响因子及其强度分析. 土壤通报, 39(5): 1115-1119.

姚荣江, 杨劲松. 2007b. 黄河三角洲典型地区地下水位与土壤盐分空间分布的指示克立格评价. 农业环境科学学报, 26(6): 2118-2124.

叶文, 王会肖, 高军, 等. 2014. 再生水灌溉土壤主要盐离子迁移模拟. 农业环境科学学报, 33(5):

1007-1015.

尹春艳. 2017. 黄河三角洲滨海盐渍土水盐运移特征与调控技术研究. 烟台: 中国科学院烟台海岸带研究所硕士学位论文.

张骜, 王振华, 王久龙, 等. 2015. 蒸发条件下地下水对土壤水盐分布的影响. 干旱地区农业研究, 33(6): 229-233, 253.

张长春, 邵景力, 李慈君, 等. 2003. 地下水位生态环境效应及生态环境指标. 水文地质工程地质, 3: 6-10.

张立华, 陈沛海, 李健, 等. 2016. 黄河三角洲柽柳植株周围土壤盐分离子的分布. 生态学报, 36(18): 5741-5749.

张鸣, 李昂, 刘芳, 等. 2015. 民勤绿洲盐生草周围土壤盐渍化类型及其盐分离子相关性研究. 水土保持研究, 22(3): 56-60, 66.

张瑞群, 马晓东, 吕豪豪. 2016. 多枝柽柳幼苗生长及其根系解剖结构对水盐胁迫的响应. 草业科学, 33(6): 1164-1173.

张体彬, 康跃虎, 胡伟, 等. 2012. 基于主成分分析的宁夏银北地区龟裂碱土盐分特征研究. 干旱地区农业研究, 30(2): 39-46.

赵西梅, 夏江宝, 陈为峰, 等. 2017. 蒸发条件下潜水埋深对土壤-柽柳水盐分布的影响. 生态学报, 37(18): 6074-6080.

赵新风, 李伯岭, 王炜, 等. 2010. 极端干旱区 8 个绿洲防护林地土壤水盐分布特征及其与地下水关系. 水土保持学报, 24(3): 75-79.

朱金方, 刘京涛, 陆兆华, 等. 2015. 盐胁迫对中国柽柳幼苗生理特性的影响. 生态学报, 35(15): 5140-5146.

朱金方, 陆兆华, 夏江宝, 等. 2013. 盐旱交叉胁迫对柽柳幼苗渗透调节物质含量的影响. 西北植物学报, 33(2): 357-363.

Ahmad M U D, Bastiaanssen W G M, Feddes R A. 2002. Sustainable use of groundwater for irrigation: a numerical analysis analysis of the subsoil water fluxes. Irrigation and Drainage, 51(3): 227-241.

Brolsma R J, Beek L P, Bierkens M F. 2010. Vegetation competition model for water and light limitation II: spatial dynamics of groundwater and vegetation. Ecological Modelling, 221(10): 1364-1377.

Buscaroli A, Zannoni D. 2017. Soluble ions dynamics in Mediterranean coastal pinewood forest soils interested by saline groundwater. Catena, 157: 112-129.

Cetin M, Kirda C. 2003. Spatial and temporal changes of soil salinity in a cotton field irrigated with low-quality water. Journal of Hydrology, 272: 238-249.

Ceuppens J, Wopereis M C S. 1992. Impact of non-drained irrigated rice cropping on soil salinization in the Senegal River Delta. Geoderma, 92(1-2): 125-140.

Cui B S, Yang Q C, Zhang K J, et al. 2010. Responses of saltcedar(Tamarix chinensis)to water table depth and soil salinity in the Yellow River Delta, China. Plant Ecol, 209: 279-290.

Dominik K, Dorota M H, Ewa K. 2013. The relationship between vegetation and groundwater levels as an indicator of spontaneous wetland restoration. Ecological Engineering, 57: 242-251.

Fan X, Pedroli B, Liu G, et al. 2012. Soil salinity development in the yellow river delta in relation to groundwater dynamics. Land Degradation & Development, 23(2): 175-189.

Feng X H, An P, Li X G, et al. 2018. Spatiotemporal heterogeneity of soil water and salinity after establishment of dense-foliage Tamarix chinensis on coastal saline land. Ecologoical Engineering, 121: 104-113.

Ibrakhimov M, Khamzina A, Forkutsa I, et al. 2007. Groundwater table and salinity: spatial and temporal distribution and influence on soil salinization in Khorezm region (Uzbekistan, Aral Sea Basin). Irrigation and Drainage Systems, 12(3-4): 219-236.

Ilichev A T, Tsypkin G G, Pritchard D, et al. 2008. Instability of the salinity profile during the evaporation of saline groundwater. The Journal of Fluid Mechanics, 614: 87-104.

Ireson A M, Kamp G V D, Nachshon U, et al. 2013. Modeling groundwater-soil-plant-atmosphere exchanges in fractured porous media. Procedia Environmental Sciences, 19: 321-330.

Isayenkov S V, Maathuis F J M. 2019. Plant salinity stress: many unanswered questions remain. Frontiers in Plant Science, 10: 80.

Iwaoka C, Imada S, Taniguchi T, et al. 2018. The impacts of soil fertility and salinity on soil nitrogen dynamics mediated by the soil microbial community beneath the halophytic shrub Tamarisk. Microbial Ecology, 75: 985-996.

Jordán M M, Navarro-Pedreno J, García-Sánchez E, et al. 2004. Spatial dynamics of soil salinity under arid and semi-Arid conditions: geological and environmental implications. Environmental Geology, 45(4): 448-456.

Lavers D A, Hannah D M, Bradley C. 2015. Connecting large-scale atmospheric circulation, river flow and groundwater levels in a chalk catchment in southern England. Journal of Hydrology, 523: 179-189.

Liu D D, She D L, Mu X M. 2019. Water flow and salt transport in bare saline-sodic soils subjected to evaporation and intermittent irrigation with saline/distilled water. Land Degradation & Development, 30(10): 1204-1218.

Milzow C, Burg V, Kinzelbach W. 2010. Estimating future ecoregion distributions within the Okavango Delta Wetlands based on hydrological simulations and future climate and development scenarios. Journal of Hydrology, 381(1-2): 89-100.

Mohamed K I, Tsuyoshi M, Hiromi I. 2013. Contribution of shallow groundwater rapidfluctuation to soil salinization under arid and semiarid climate. Arabian Journal of Geosciences, 7(9): 3901-3911.

Muchate N S, Nikalje G C, Rajurkar N S, et al. 2016. Physiological responses of the halophyte Sesuvium portulacastrum to salt stress and their relevance for saline soil bio-reclamation. Flora, 224: 96-105.

Munns R. 2005. Genes and salt tolerance: bringing them together. New Phytologist, 167(3): 645-663.

Musa A, Zhang Y H, Cao J, et al. 2019. Relationship between root distribution characteristics of Mongolian pine and the soil water content and groundwater table in Horqin Sandy Land, China. Trees-Structure and Function, 33: 1203-1211.

Ohrtman M K, Sher A A, Lair K D. 2012. Quantifying soil salinity in areas invaded by Tamarix spp. Journal of Arid Environments, 85: 114-121.

Panta S, Flowers T, Doyle R, et al. 2018. Temporal changes in soil properties and physiological characteristics of Atriplex species and Medicago arborea grown in different soil types under saline irrigation. Plant and Soil, 432(1-2): 315-331.

Ruan B Q, Xu F R, Jiang R F. 2008. Analysis on spatial and temporal variability of groundwater level based on spherical sampling model. Journal of Hydraulic Engineering, 39(5): 573-579.

Rudzianskaite A, Sukys P. 2008. Effects of groundwater level fluctuation on its chemical composition in karst soils of Lithuania. Environmental Geology, 56(2): 289-297.

Schulthess U, Ahmed Z U, Aravindakshan S, et al. 2019. Farming on the fringe: shallow groundwater dynamics and irrigation scheduling for maize and wheat in Bangladesh's coastal delta. Field Crops Research, 239: 135-148.

Seeboonruang U. 2013. Relationship between groundwater properties and soil salinity at the Lower Nam Kam River Basin in Thailand. Environmental Earth Sciences, 69(6): 1803-1812.

Shaukat M, Wu J T, Fan M M, et al. 2019. Acclimation improves salinity tolerance capacity of pea by modulating potassium ions sequestration. Scientia Horticulturae, 254: 193-198.

Shouse P J, Goldberg S, Skaggs T H, et al. 2006. Effects of shallow groundwater management on the spatial and temporal variability of boron and salinity in an irrigated field. Vadose Zone Journal, 5(1): 377-390.

Song X, Li S, Guo J, et al. 2018. Effects of different salinity levels on the growth and physiological characteristics of roots of Tamarix chinensis cuttings. Acta Ecologica Sinica, 38(2): 606-614.

Souid A, Ganriele M, Longo V, et al. 2016. Salt tolerance of the halophyte Limonium delicatulum is more associated with antioxidant enzyme activities than phenolic compounds. Functional Plant Biology, 43(7): 607-619.

Sriroop C, Srinivasulu A. 2014. Long-term(1930-2010)trends in groundwater levels in Texas: influences of soils, landcover and water use. Science of the Total Environment, 490: 379-390.

Tahtouh J, Mohtar R, Assi A, et al. 2019. Impact of brackish groundwater and treated wastewater on soil chemical and mineralogical properties.Science of the Total Environment, 647(1): 99-109.

Tanveer M, Shah A N. 2017. An insight into salt stress tolerance mechanisms of *Chenopodium album*. Environmental Science & Pollution Research, 24(19): 16531-16535.

Van Z P A, Tobler M A, Mouton E, *et al*. 2003. Positive and negative consequences of salinity stress for the growth and reproduction of the clonal plant, *Iris hexagona*. Journal of Ecology, 91(5): 837-846.

Vanessa M, Michael K. 2011. Testing the effect-response framework: key response and effect traits determining above-ground biomass of salt marshes.Journal of Vegetation Science, 22(3): 387-401.

Ventura Y, Sagi M. 2013. Halophyte crop cultivation: The case for Salicornia and Sarcocornia. Environmental & Experimental Botany, 92(5): 144-153.

Wang Y G, Xiao D N, Li Y, *et al*. 2008. Soil evolution and its relationship with dynatics of groundwater in the oasis of inland river basins: a case study from Fubei region of Xinjiang Province, China. Enviromental Monitoring and Assessment, 140: 291-302.

Xia J B, Ren J Y, Zhao X M, *et al*. 2018. Threshold effect of the groundwater depth on the photosynthetic efficiency of *Tamarix chinensis* in the Yellow River Delta. Plant and Soil, 433(12): 157-171.

Xu Y Y, Tiyip T, Zhang F, *et al*. 2012. Spatial variability of salt ions in soils in oasis of delta of Weigan River-Kuqa River in Different Seasons. Agricultural Science & Technology, 13(7): 1473-1477.

Yousef E, Elaheh K. 2019. Saltcedar (*Tamarix mascatensis*) inhibits growth and spatial distribution of eshnan (*Seidlitzia rosmarinus*) by enrichment of soil salinity in a semi-arid desert. Plant and Soil, 440: 1-2.

Zhang J, van Heyden J, Bendel D, *et al*. 2011. Combination of soil-water balance models andwater-table fluctuation methods for evaluation and improvement of groundwater recharge calculations. Hydrogeology Journal, 19(8): 1487-1502.

Zhang X L, Guan T Y, Zhou J H, *et al*. 2018. Groundwater depth and soil properties are associated with variation in vegetation of a desert riparian ecosystem in an arid area of China. Forests, 9(1): 34.

Zhao X M, Xia J B, Chen W F, *et al*. 2019. Transport characteristics of salt ions in soil columns planted with *Tamarix chinensis* under different groundwater levels. PLoS One, 14(4): e0215138.

第5章 地下水水位及矿化度对柽柳光合生理特征的影响

5.1 不同地下水矿化度对柽柳光合生理特征的影响

5.1.1 0.9m 水位下地下水矿化度对柽柳光合及耗水特征的影响

在地下水水位 0.9m 条件下，模拟设置淡水、微咸水、咸水和盐水 4 个地下水矿化度，测定柽柳叶片气体交换参数的光响应和柽柳茎干液流参数，探讨柽柳光合作用及树干液流对地下水矿化度的响应规律，明确柽柳维持较好光合生理活性的地下水矿化度，阐明柽柳光合生理参数和水分利用策略对地下水矿化度的响应过程，以期为黄河三角洲滨海盐碱地植被修复中柽柳的栽培管理提供理论依据。

5.1.1.1 栽植柽柳土柱的土壤水盐特征

在 0.9m 地下水水位条件下，随地下水矿化度升高，土壤含水量、含盐量和土壤溶液绝对浓度均有逐渐增加的趋势（表 5-1）。微咸水、咸水和盐水矿化度下土壤含盐量分别是淡水条件下的 1.75 倍、3.88 倍和 7.25 倍。与淡水地下水相比，咸水和盐水矿化度下土壤含水量分别增加了 14.5%和 15.7%，土壤溶液绝对浓度分别增加了 1.91 倍和 4.98倍。地下水矿化度显著影响了土壤的水盐特征（$P<0.05$）。

表 5-1 不同地下水矿化度下土壤水盐参数（平均值±标准误，$n=3$）

地下水矿化度	土壤含盐量/%	土壤含水量/%	土壤溶液绝对浓度/%
淡水	0.08±0.02a	18.25±0.92a	0.46±0.11a
微咸水	0.14±0.01b	19.15±0.94ab	0.76±0.09a
咸水	0.31±0.02c	20.90±0.95bc	1.48±0.14b
盐水	0.58±0.04d	21.12±1.22c	2.75±0.34c

注：同列不同小写字母表示差异显著（$P<0.05$）。

由于土壤表面水分的蒸发，浅层地下水及其中溶解的盐分可以通过毛细管作用进入土壤，影响土壤的含水量和含盐量，进而影响植物的生长（Gou and Miller，2014；Xia *et al.*，2017b）。在地下水水位 0.9m 条件下，淡水、微咸水、咸水和盐水 4 个地下水矿化度下，土壤含水量和含盐量均随地下水矿化度的升高而增加，表明地下水矿化度可以促进水分在土壤中通过毛细管作用向上迁移，并带动盐分在土壤中的向上运移，这与前人研究结果一致（宋战超等，2016；孔庆仙等，2016；Xia *et al.*，2017）。但也有研究发现，土壤中盐分运移与地下水矿化度无显著相关性（刘显泽等，2014），这可能是因为地下水矿化度只是影响土壤盐分分布与运移的众多因素中的一个，土壤固有的理化性质、外部微气候条件等因素都可能对土壤盐分的吸收和运移产生重要影响。

5.1.1.2　柽柳叶片光合作用的光响应过程

从柽柳叶片在 4 种地下水矿化度条件下的光合作用光响应曲线（图 5-1）可以看出，在不同地下水矿化度条件下，随着光合有效辐射的增加，低光强下柽柳叶片的净光合速率均先快速升高，随后增速变缓；当达到一定的光合有效辐射强度后，柽柳叶片净光合速率达到最高值，之后逐渐下降，这表明柽柳幼苗光合作用存在光饱和现象。在淡水、微咸水、咸水矿化度下，柽柳净光合速率快速升高的低光强范围为 0～400μmol/（m²·s），而盐水矿化度下为 0～200μmol/（m²·s）。随地下水矿化度的升高，柽柳叶片净光合速率整体表现为先升高后降低，其中在咸水和盐水矿化度条件下，分别达最高和最低水平。柽柳叶片净光合速率光响应均值在咸水矿化度条件下最高[19.30μmol/（m²·s）]，淡水、微咸水和盐水矿化度条件下，柽柳叶片净光合速率光响应均值分别是咸水条件下的 77.5%、88.7% 和 40.4%。可见适当的地下水矿化度可以提高柽柳的光合作用水平，而过高的含盐量则会导致盐胁迫，抑制柽柳的生长。

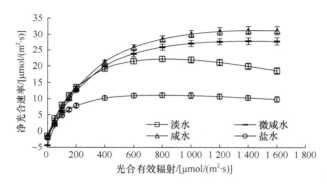

图 5-1　不同地下水矿化度下柽柳叶片光合作用光响应

地下水矿化度对柽柳光合光响应参数有显著影响（表 5-2）。随着地下水矿化度的升高，柽柳叶片最大净光合速率（P_{nmax}）、表观量子效率（AQY）均先升高后降低。P_{nmax} 最大值出现在咸水矿化度条件下［32.11μmol/（m²·s）］，其后依次是微咸水和淡水，最小值出现于盐水矿化度；淡水、微咸水和咸水矿化度下的 P_{nmax} 分别是盐水矿化度下的 1.99 倍、2.51 倍和 2.88 倍。AQY 在微咸水矿化度条件下最高，盐水矿化度下最低，在淡水和咸水矿化度下差异不显著（$P>0.05$）；淡水、微咸水和咸水矿化度下的 AQY 分别是盐水矿化度下的 1.41 倍、1.68 倍和 1.44 倍。结果表明，过高的地下水矿化度（盐水）

表 5-2　不同地下水矿化度下柽柳叶片光合作用参数（平均值±标准误，$n=3$）

矿化度	最大净光合速率/ [μmol/（m²·s）]	光饱和点/ [μmol/（m²·s）]	光补偿点/ [μmol/（m²·s）]	表观量子效率/ （mol/mol）	暗呼吸速率/ [μmol/（m²·s）]
淡水	22.17±1.07c	832±22a	35.9±1.4d	0.0817±0.003b	4.37±0.18c
微咸水	27.92±1.20b	1439±47b	13.1±0.6a	0.0972±0.0038c	1.58±0.13a
咸水	32.11±1.35a	1462±49b	16.7±0.7b	0.0832±0.0027b	1.71±0.12a
盐水	11.14±0.84d	792±26a	20.5±0.9c	0.0579±0.0024a	2.00±0.15b

注：同列不同小写字母表示不同处理之间差异显著（$P<0.05$）。

不但降低了柽柳对弱光的利用能力，而且严重抑制了其在高光强下的光合作用潜能。与淡水和盐水矿化度相比，微咸水和咸水矿化度下柽柳的光饱和点（LSP）更高，光补偿点（LCP）更低，光照生态幅更宽。微咸水和咸水矿化度下柽柳的暗呼吸速率（R_d）显著低于淡水和盐水矿化度（$P<0.05$）。

5.1.1.3 柽柳叶片的气孔导度、胞间 CO_2 浓度和气孔限制值的光响应

在不同的地下水矿化度条件下，柽柳叶片气孔导度（G_s）的光响应过程有显著差异（$P<0.05$）（图 5-2）。在较低矿化度下（淡水、微咸水、咸水），柽柳叶片 G_s 在弱光［光合有效辐射（PAR）≤200μmol/（$m^2 \cdot s$）］下，随 PAR 增强而迅速升高；当 PAR≥400μmol/（$m^2 \cdot s$）时，G_s 随 PAR 的升高趋于平稳。在盐水矿化度下，G_s 在试验 PAR 范围内［0～1 600μmol/（$m^2 \cdot s$）］对 PAR 的变化均不敏感，始终保持较低水平［0.073～0.133mol（H_2O）/（$m^2 \cdot s$）］，在较高的矿化度下，柽柳气孔开放程度低，开闭调节能力弱。在气孔导度相对稳定的 PAR 范围内［PAR>400μmol/（$m^2 \cdot s$）］，地下水矿化度对 G_s 均值的影响显著（$P<0.05$），G_s 均值在微咸水矿化度下最高，其后依次是咸水和淡水，盐水矿化度下最低，说明较低的地下水矿化度有利于气孔的开放。

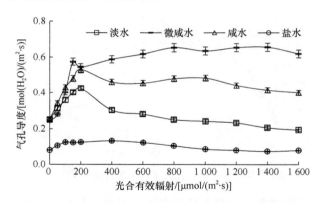

图 5-2 不同地下水矿化度下柽柳叶片气孔导度光响应

在 4 种地下水矿化度下，随 PAR 增加，胞间 CO_2 浓度（C_i）逐渐降低，而气孔限制值（L_s）逐渐升高；当 PAR>400μmol/（$m^2 \cdot s$）时，这种变化的幅度变小，趋于平稳（图 5-3、图 5-4）。在 PAR>400μmol/（$m^2 \cdot s$）时，C_i 的光响应均值随地下水矿化度的升高出现先升高后降低的趋势，在微咸水矿化度下最高，其后依次是咸水和淡水，盐水矿化度下最低，这与 G_s 的变化规律一致；而 L_s 的光响应均值则随着地下水矿化度的升高出现先降低后升高的趋势，在盐水矿化度下最高，其后依次是淡水和咸水，微咸水下最低，变化规律与 C_i 和 G_s 相反。

5.1.1.4 柽柳叶片蒸腾速率的光响应

不同地下水矿化度条件下，柽柳叶片蒸腾速率（T_r）的光响应过程具有明显差异（图 5-5）。随 PAR 增加，在微咸水和咸水矿化度下，T_r 先快速升高[PAR≤200μmol/（$m^2 \cdot s$）]，随后[PAR>200μmol/（$m^2 \cdot s$）]缓慢上升；在淡水处理下，T_r 先快速升高[PAR<200μmol/（$m^2 \cdot s$）]，随后趋于平稳，当光照强度大于饱和光强[约 800μmol/（$m^2 \cdot s$）]

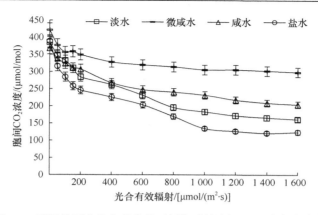

图 5-3 不同地下水矿化度条件下柽柳叶片胞间 CO_2 浓度光响应

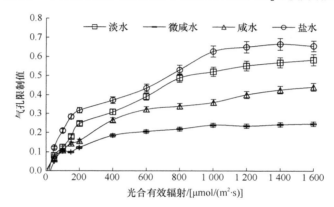

图 5-4 不同地下水矿化度下柽柳叶片气孔限制值光响应

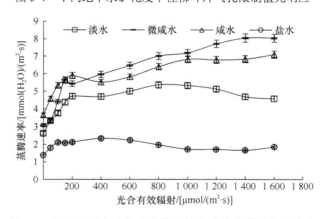

图 5-5 不同地下水矿化度条件下柽柳叶片蒸腾速率光响应

时，T_r 逐渐降低；在盐水矿化度下，T_r 对 PAR 变化不敏感，一直保持在较低的水平[1.38～2.33mmol（H_2O）/（$m^2 \cdot s$）]。T_r 光响应极值（T_{rmax}）在微咸水矿化度下最高[8.06mmol（H_2O）/（$m^2 \cdot s$）]，其后依次是咸水和淡水，盐水矿化度下 T_{rmax} 最低；淡水、微咸水和咸水矿化度下柽柳叶片 T_{rmax} 分别是盐水矿化度下的 2.30 倍、3.45 倍和 3.04 倍。T_r 光响应均值在微咸水[6.03mmol（H_2O）/（$m^2 \cdot s$）]和咸水[5.87mmol（H_2O）/（$m^2 \cdot s$）]矿化度下差异不显著（$P > 0.05$），但显著高于淡水处理，盐水矿化度下的 T_r 光响应均值最低。

结果表明，在较低的地下水矿化度条件下（微咸水、咸水矿化度），柽柳叶片的蒸腾作用水平较高，而过高的地下水矿化度会抑制蒸腾作用。

5.1.1.5　柽柳叶片水分利用效率的光响应

不同地下水矿化度下柽柳叶片水分利用效率（WUE）的光响应过程相似（图 5-6）。在 PAR<400μmol/（m²·s）范围内，WUE 随 PAR 增加而快速升高，对 PAR 比较敏感；当 PAR>400μmol/（m²·s）时，随着 PAR 的继续增加，WUE 变化比较平缓，仅在盐水矿化度下当 PAR 超过 1 000μmol/（m²·s）时有明显的下降趋势。WUE 光响应极值（WUE_{max}）在盐水矿化度下最高[6.52μmol（CO_2）/mmol（H_2O）]，淡水、微咸水和咸水矿化度下的 WUE_{max} 比盐水矿化度下分别低 33.9%、40.6%和 28.8%。WUE 的光响应均值在盐水矿化度下最高，其次是淡水和咸水，微咸水矿化度下最低，淡水、微咸水和咸水矿化度下的 WUE 光响应均值比盐水矿化度下分别低 22.7%、38.7%和 23.9%。盐水矿化度下，柽柳 P_n、G_s、T_r 最低，WUE 最高，气孔开放程度低，降低了蒸腾耗水。在较高的地下水矿化度条件下，柽柳可以通过提高叶片的 WUE 来适应盐胁迫环境。

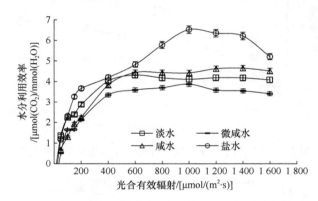

图 5-6　不同地下水矿化度条件下柽柳叶片水分利用效率光响应

5.1.1.6　柽柳树干液流特征

在 4 种地下水矿化度下，柽柳液流速率均表现出白天高、晚上低的特点（图 5-7）。在淡水、微咸水和咸水矿化度下，液流速率从 6:30 开始快速上升，15:30 之后下降至较低水平；而盐水矿化度下，液流速率从 8:30 才开始快速上升，12:30～13:30 有"午休"现象，液流速率日变化呈"双峰"曲线。不同矿化度下柽柳液流速率最大值在微咸水处理下最高（65.88g/h），其后依次是咸水和淡水，盐水矿化度下最低（20.77g/h）。随地下水矿化度的升高，柽柳日累积液流量先升高后减低，在微咸水矿化度下最高（371.02g），其后依次是咸水和淡水，盐水矿化度下最低（图 5-8），咸水、淡水和盐水矿化度下的日累积液流量分别比微咸水下低 18.0%、47.2%和 55.1%。结果表明，高矿化度地下水（盐水）条件下，柽柳树干液流白天提速启动时间晚，高水平液流持续时间短，日累积液流量显著低于低矿化度处理。

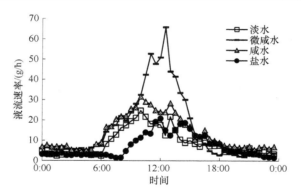

图 5-7　不同地下水矿化度下柽柳液流速率日变化

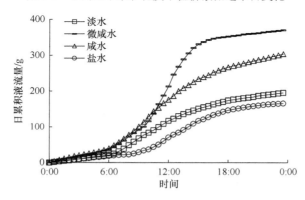

图 5-8　不同地下水矿化度下柽柳日累积液流量

5.1.1.7　地下水矿化度对柽柳光合作用的影响

地下水可以通过改变土壤水盐特征，影响植物的光合作用，而光合作用是探究植物在盐胁迫环境下生理适应机制的一个重要指标。孔庆仙等（2016）研究发现，在地下水水位 1.2m 时，柽柳在咸水矿化度（8g/L）下的光合效率高于淡水和盐水（20g/L）。王林等（2017）研究表明，重度土壤盐碱胁迫能显著降低柽柳的光合效率和气孔开度。孟阳阳等（2018）研究发现土壤含水量、含盐量过高或过低都会降低柽柳的光合效率。本研究发现，在地下水水位 0.9m 条件下，地下水矿化度对柽柳叶片光合作用有显著影响：适度的地下水矿化度水平（微咸水、咸水）可以提高柽柳的光合效率，而过高的矿化度水平（盐水）则显著抑制光合作用。与淡水、盐水处理相比，柽柳在微咸水、咸水处理下，具有更高的最大净光合速率、光饱和点、表观量子效率和更低的光补偿点及暗呼吸速率，说明此时柽柳对强光和弱光的利用能力都更强，光照生态幅更宽，更有利于干物质的积累和植株的生长。这与其他研究者在柽柳、多枝柽柳等盐生植物中的研究结果相似（王伟华等，2009；王鹏等，2012；孔庆仙等，2016；Xia et al.，2017a）。柽柳属于泌盐型盐生植物，可以通过盐腺将多余的盐分排出体外，并通过激活抗氧化酶系统来清除体内因盐分水平高产生的活性氧（Goedhart et al.，2010；苏华等，2012；Hejnák et al.，2015；朱金方等，2015），所以对盐渍环境具有较强的适应能力（Anderson et al.，2005）。由于长期的适应性演化，盐生植物的最适生长环境往往是具有一定盐度的土壤；过高的矿化度水平会产生严重的盐胁迫,影响植物对水分和营养物质的吸收,破坏叶绿素合成系统,产生大量活性氧使细胞产生氧化损伤,并降低渗透调节能力(朱金方等,2013,2015)。

根据气孔限制理论(Farquhar and Sharkey,1982;Hejnák *et al.*,2016),植物在胁迫环境下光合作用水平下降的原因可以分为气孔限制和非气孔限制。哪种因素占主导,主要取决于气孔导度、胞间 CO_2 浓度和气孔限制值变化的方向:若随着净光合速率下降,气孔导度和胞间 CO_2 浓度下降,气孔限制值上升,则气孔限制占主导;反之,则非气孔因素占主导。在较强的盐胁迫处理下(盐水浓度>12g/L),多枝柽柳光合作用水平下降主要是受气孔因素限制(朱金方等,2013)。本研究中,咸水矿化度下柽柳光合效率最高;从咸水到盐水随矿化度升高,柽柳气孔导度和胞间 CO_2 浓度降低,气孔限制值升高,光合作用水平下降的主要原因是气孔限制,这与王伟华等(2009)的研究结果一致。在盐水矿化度下,土壤含盐量和土壤溶液绝对浓度达到最高,在柽柳根系形成渗透胁迫,导致吸水困难;柽柳通过降低气孔开度(气孔导度最低)来减少蒸腾耗水(蒸腾速率最低);但这同时限制了叶片对 CO_2 的吸收(胞间 CO_2 浓度最低),降低了光合作用的水平(净光合速率最低)。但王鹏等(2012)对多枝柽柳的研究得到了不同的结果,认为随地下水矿化度增大,净光合速率下降主要是非气孔限制的结果(赵西梅等,2017),这可能和该研究设计的地下水水位(0.2m)不同有关,而地下水水位又会影响土壤的水盐特征。从咸水到微咸水,随矿化度降低,气孔导度和胞间 CO_2 浓度升高,气孔限制值降低,其光合效率下降主要是受非气孔因素限制,即柽柳的光合作用系统在咸水矿化度下具有更高的光能利用效率,这是柽柳光合作用系统对盐生环境长期适应的结果。从微咸水到淡水,随矿化度降低,气孔导度和胞间 CO_2 浓度降低,气孔限制值升高,光合效率降低的主导因素是气孔限制。在微咸水矿化度下,柽柳气孔导度值最高,气孔限制值最低,最有利于气孔的开放,气孔限制对光合作用的影响最小。

5.1.1.8 地下水矿化度对柽柳水分利用及耗水特征的影响

树木生长过程中需要的水分主要从根系吸收,通过茎干向上运输到叶片,99%以上通过气孔蒸腾作用耗散到空气中,只有少部分用于植物生理过程,所以树干液流日变化能够反映植物生理用水规律和瞬时蒸腾耗水特征(金鹰等,2011;王鹏等,2012)。本研究发现,地下水矿化度对柽柳日累积液流量和液流速率日变化均有显著影响。日累积液流量在微咸水矿化度下最高,随矿化度的升高逐渐降低,盐水矿化度下最低,微咸水和咸水矿化度下的日累积液流量高于淡水处理,这与气孔导度和蒸腾速率的变化规律一致。这可能是因为微咸水矿化度下柽柳气孔开放程度最大,蒸腾速率最高,所以树干日累积液流量也最高;而盐水矿化度下,由于渗透胁迫导致的生理干旱,柽柳气孔开放程度下降至最低以减少蒸腾耗水,故日累积液流量也最低。米文精等(2011)的研究也发现,随盐胁迫强度增加,柽柳蒸腾速率呈下降趋势。

光合有效辐射是影响树木蒸腾耗水的主要因素之一,蒸腾耗水与光合有效辐射表现出一定程度的正相关(倪广艳等,2015;徐世琴等,2015)。本研究发现,柽柳树干液流速率日变化呈现明显的周期性,上午随光合有效辐射升高而升高,白天维持较高的液流速率;下午随光合有效辐射降低而降低。这是因为,随光合有效辐射升高,气孔开放程度增加，植物叶片光合作用增强，蒸腾耗水和生理用水都增加，故树干液流速率逐渐升高，这与前人研究结果相一致（倪广艳等，2015；徐世琴等，2015）。在盐水矿化度下，柽柳树干液流启动时间晚于其他较低矿化度处理，可能是因为过高的盐分导致了渗透胁迫，柽柳通过降低气孔开度和减少气孔开放时间来减少蒸腾耗水，以适应这种生理干旱逆境。

水分利用效率是衡量植物对环境胁迫适应性的关键指标（Cowan and Farquhar，1977）。刘玉娟等（2015）研究发现，盐胁迫可以提高柽柳叶片的水分利用效率。本研究发现，地下水矿化度可以显著影响柽柳的水分利用效率，从微咸水到盐水，随地下水矿化度升高，土壤含盐量和柽柳水分利用效率均逐渐升高，在盐水处理下达到最高水平。根据气孔最优化理论（Cowan and Farquhar，1977），植物可以通过调节气孔的短时变化，在保持最高 CO_2 同化速率的同时降低水分损耗，提高水分利用效率，从而更好地适应盐胁迫环境。从咸水到盐水，随矿化度升高，柽柳叶片净光合速率降低的幅度小于蒸腾速率，所以柽柳在盐水矿化度下水分利用效率更高，以此来应对高盐度导致的渗透胁迫和生理干旱。

5.1.1.9　结论

在地下水水位 0.9m 条件下，地下水矿化度显著影响土壤水盐特征，随地下水矿化度的升高，土壤含水量、含盐量和土壤溶液绝对浓度均显著增加。土壤是柽柳水、盐的直接来源，土壤水、盐含量的增加，尤其是土壤溶液绝对浓度的增加，进一步影响了植物的光合效率和水分利用策略。适度的地下水矿化度可以提高柽柳的光合能力，但过高的矿化度则会造成盐胁迫，降低柽柳的光合作用水平。柽柳在盐水矿化度（8g/L）下的光合效率最高，其后依次是微咸水、淡水和盐水。较低的地下水矿化度（微咸水）可以提高柽柳的气孔导度、蒸腾速率和净光合速率，但对净光合速率的影响小于蒸腾速率，故水分利用效率反而下降；随地下水矿化度的继续升高，气孔导度、蒸腾速率逐渐降低，水分利用效率逐渐升高，以此来适应盐胁迫导致的生理干旱。在地下水水位 0.9m，咸水矿化度下，柽柳具有较高的光合效率和水分利用效率，光照生态幅宽，是柽柳生长的适宜地下水矿化度条件。研究成果可为植物光合生理过程与水盐关系的深入研究提供理论基础，对黄河三角洲盐碱地退化水土保持防护林的恢复与重建具有重要的理论意义和参考价值。

5.1.2　1.2m 水位下地下水矿化度对柽柳生理生态特征的影响

5.1.2.1　土壤水盐参数

由表 5-3 可知：在 1.2m 潜水水位下，随地下水矿化度升高，土壤水盐参数变化差异较大，其中土壤含盐量和土壤溶液绝对浓度显著升高，与淡水处理相比，微咸水、咸水和盐水处理下土壤含盐量分别增加 3.5 倍、8.5 倍和 9.6 倍，差异显著（$P<0.05$）；土壤溶液绝对浓度分别增加 3.2 倍、7.4 倍和 9.5 倍，差异显著（$P<0.05$）；而地下水矿化度对土壤含水量无显著影响（$P>0.05$）。

表 5-3　不同地下水矿化度下土壤水盐参数（平均值±标准误，n=3）

地下水矿化度	淡水	微咸水	咸水	盐水
土壤含盐量/%	0.11±0.07a	0.49±0.14b	1.05±0.17c	1.17±0.13d
土壤含水量/%	17.31±5.46a	18.33±4.73a	19.53±5.40a	17.47±6.22a
土壤溶液绝对浓度/%	0.64±0.01a	2.67±0.03b	5.38±0.03c	6.70±0.02d

注：同行不同小写字母表示不同处理之间差异显著（$P<0.05$）。

5.1.2.2　柽柳光合生理特征

（1）不同地下水矿化度对柽柳叶片光合光响应曲线的影响

由图 5-9 可知：随地下水矿化度增加，柽柳叶片 P_n 先增大后减小，咸水处理下达最高 P_n[46.32μmol/(m²·s)]。咸水处理下 P_n 光响应均值也达最大[25.90μmol/(m²·s)]，淡水、微咸水、盐水处理下 P_n 光响应均值分别比咸水处理降低 44.13%、15.06%、62.55%。分析表明，地下水矿化度过高会抑制柽柳叶片的光合作用，适度的盐分胁迫可增强柽柳的光合能力。咸水处理下，柽柳叶片光合作用达最高，而盐水处理下最低。

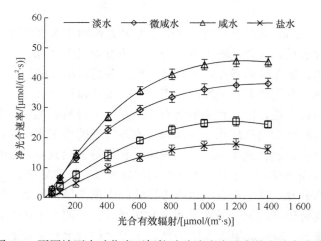

图 5-9　不同地下水矿化度下柽柳叶片净光合速率的光响应曲线

由表 5-4 可知，不同地下水矿化度下，柽柳叶片光合光响应曲线参数差异显著（$P<0.05$）。随地下水矿化度增大，柽柳叶片 AQY、P_{nmax} 先增大后减小，各处理间差异显著（$P<0.05$），咸水处理下两者均达最高，而盐水处理下均最低。其中，淡水、微咸水和盐水处理下，AQY 分别比咸水处理降低 59.62%、18.27%和 65.38%；P_{nmax} 分别比咸水处理降低 44.34%、16.60%和 60.70%，表明咸水处理下，柽柳叶片利用弱光的能力较强，具有很高的光合能力，而盐水处理严重抑制了柽柳的最大光合能力。随地下水矿化度增加，柽柳叶片 R_d 先增大后减小，咸水处理下达最高，其中，淡水、微咸水和盐水处理下 R_d 分别比咸水处理降低 91.98%、59.49%和 35.02%。可见，淡水处理下柽柳叶片呼吸作用较弱，而咸水和盐水处理下呼吸作用旺盛，可为柽柳苗木生长提供较多的物质和能量。随地下水矿化度增大，柽柳叶片 LCP 逐渐增大且差异显著（$P<0.05$），而 LSP 先增大后减小，微咸水处理下 LSP 达最高值。其中，淡水、微咸水和咸水处理下 LCP

分别比盐水处理降低 68.21%、50.56%和 16.04%；淡水、咸水和盐水处理下 LSP 分别比微咸水处理降低 18.01%、12.70%和 13.88%。可见，过高的地下水矿化度会显著抑制柽柳叶片对弱光的利用，而适度的盐分胁迫增强了柽柳对强光的利用能力。柽柳叶片光照生态幅最大为微咸水处理时，其次是咸水，而淡水和盐水处理时光能利用率偏低。分析表明，适度提高地下水矿化度增强了柽柳叶片 AQY、P_{nmax}，降低了 LSP，有利于柽柳对弱光和强光的利用，可显著提高其光能利用率和光合能力。

表 5-4　柽柳叶片光合光响应参数（平均值±标准误，$n=3$）

地下水矿化度	表观量子效率/（mol/mol）	最大净光合速率/[μmol/(m²·s)]	暗呼吸速率/[mmol/(m²·s)]	光补偿点/[μmol/(m²·s)]	光饱和点/[μmol/(m²·s)]
淡水	0.042±0.0019c	25.58±1.15c	0.19±0.02d	20.14±0.99d	1181±57c
微咸水	0.085±0.0040b	38.33±1.72b	0.96±0.05c	31.32±1.53c	1441±69a
咸水	0.104±0.0055a	45.96±2.07a	2.37±0.11a	53.19±2.60b	1258±60b
盐水	0.036±0.0019d	18.06±0.82d	1.54±0.07b	63.35±3.10a	1241±59b

注：同列不同小写字母表示不同处理之间差异显著（$P<0.05$）。

（2）不同地下水矿化度对不同光强度下柽柳叶片的气孔导度、胞间 CO_2 浓度和气孔限制值的影响

由图 5-10 可知，不同地下水矿化度下柽柳叶片 G_s、C_i 和 L_s 的光响应过程存在显著差异。盐水处理下，柽柳 G_s 随 PAR 增加变化比较平稳，说明盐分胁迫对柽柳生长造成了一定的影响，柽柳叶片气孔基本上失去了调节作用，导致 G_s 对 PAR 的变化响应不敏感。咸水至淡水处理下，随地下水矿化度降低，柽柳叶片 P_n 下降，G_s 下降，C_i 上升，L_s 下降；咸水至盐水处理下，随地下水矿化度增加，柽柳叶片 P_n 下降，G_s 下降，C_i 下降，L_s 上升。依据气孔限制理论（Farquhar and Sharkey，1982），咸水至淡水处理下柽柳叶片 P_n 下降以非气孔限制为主，而咸水至盐水处理下柽柳叶片 P_n 下降以气孔限制为主。

5.1.2.3　柽柳水分生理特征

（1）不同地下水矿化度对不同光强度下柽柳叶片蒸腾速率的影响

由图 5-11 可知，不同地下水矿化度下，柽柳叶片 T_r 的光响应曲线差异显著。其中，在淡水和盐水处理下，T_r 对 PAR 响应不敏感，较强的 PAR 并没有导致 T_r 显著增加。但不同地下水矿化度下 T_r 差别较大，随地下水矿化度增加，T_r 先增大后减小，咸水处理下达最高 T_r[15.80mmol/(m²·s)]，淡水、微咸水和盐水处理下 T_r 最大值分别比咸水处理降低59.30%、11.08%和49.87%。咸水处理下 T_r 光响应均值也达最高[12.50 mmol/(m²·s)]，淡水、微咸水和盐水处理下 T_r 光响应均值分别比咸水处理降低 55.44%、16.00%和50.16%。分析表明，地下水矿化度过高会抑制柽柳叶片的蒸腾作用，适度的盐分胁迫会增强其蒸腾能力，咸水矿化度下柽柳蒸腾作用最强。

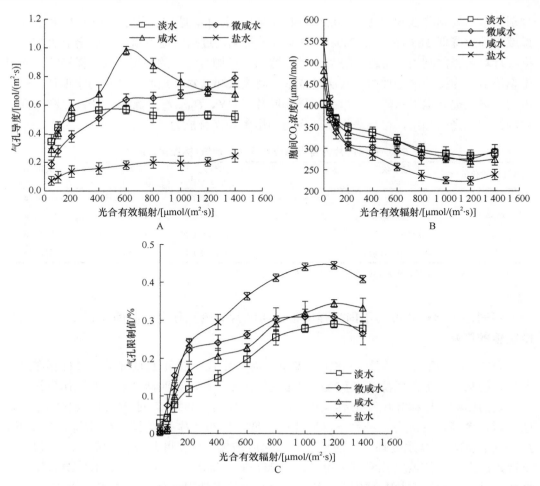

图 5-10　不同地下水矿化度下柽柳叶片气孔导度（A）、胞间 CO_2 浓度（B）和
气孔限制值（C）的光响应

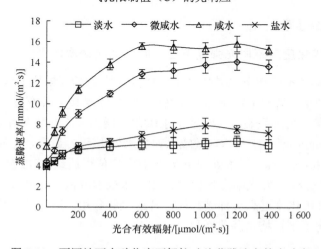

图 5-11　不同地下水矿化度下柽柳叶片蒸腾速率的光响应

（2）不同地下水矿化度对不同光强度下柽柳叶片水分利用效率的影响

由图 5-12 可知，不同地下水矿化度下，柽柳叶片 WUE 的光响应过程类似。低光强 [PAR≤200μmol/(m²·s)]时，随 PAR 增强，WUE 上升较快，达到光饱和点[1 000～1 400μmol/(m²·s)]后，随光强增强 WUE 变化较小。不同地下水矿化度下 WUE 差异显著（$P<0.05$），淡水处理下 WUE 最高；随地下水矿化度增加，WUE 逐渐降低，微咸水、咸水和盐水处理下 WUE 最大值分别比淡水处理（23.99μmol/mmol）降低 26.09%、27.76% 和 43.39%，WUE 光响应均值分别比淡水处理（2.40μmol/mmol）降低 25.00%、29.17% 和 41.67%。分析表明，咸水和微咸水处理下，柽柳叶片 WUE 差异不显著（$P>0.05$），地下水矿化度的增加可显著降低柽柳叶片 WUE。

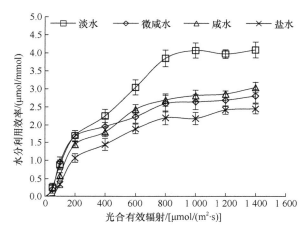

图 5-12　不同地下水矿化度下柽柳叶片水分利用效率的光响应

（3）不同地下水矿化度下柽柳叶片蒸腾耗水的日动态分析

由图 5-13 可知，在科研温室内因不同地下水矿化度下各指标测定时段相同，不同处理下 PAR 日变化类似，均呈抛物线型，在 11:00～13:00 时达最高值；但水汽压亏缺（VPD）变化趋势则有较大不同，淡水处理下表现为双峰曲线，在 11:00～13:00 呈现"午休"现象，随后在 15:00～17:00 达到第二次峰值；其他 3 种处理则为单峰曲线，峰值出现在 15:00 左右。不同地下水矿化度下 PAR 和 VPD 的日变化导致柽柳叶片 T_r 和 G_s 的日动态变化趋势类似，随 PAR 和 VPD 逐渐升高后降低，T_r 和 G_s 总体也呈先升高后降低趋势，其中咸水和微咸水处理下 T_r 和 G_s 呈双峰曲线，在 13:00～15:00 出现"午休"，而淡水和盐水处理下 T_r 和 G_s 日变化呈单峰曲线且变化相对平缓，但峰值出现时刻有较大差异。随地下水矿化度升高，柽柳叶片 T_r 和 G_s 均表现为先升高后降低，咸水处理下两者均达最高。其中，淡水、微咸水和盐水处理下 T_r 分别比咸水处理均值[4.10mmol/(m²·s)]下降 75.65%、17.14% 和 65.61%；G_s 分别比咸水处理均值[0.29mol/(m²·s)]下降 74.60%、20.15% 和 75.41%。

（4）不同地下水矿化度下柽柳树干液流的日动态分析

由图 5-14A 可知，柽柳树干昼夜液流速率差异较大，白天液流速率明显高于夜间。

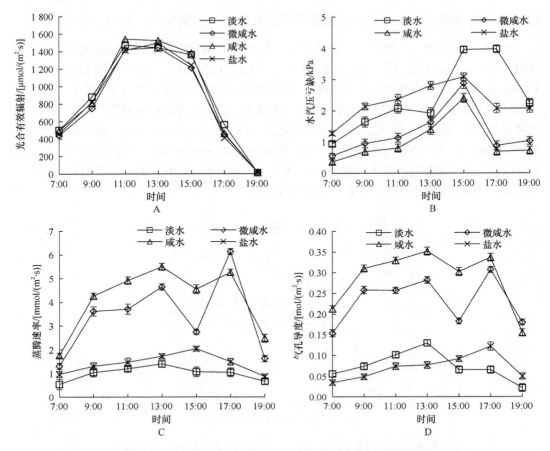

图 5-13　不同地下水矿化度下柽柳光合有效辐射（A）、水汽压亏缺（B）、
蒸腾速率（C）和气孔导度（D）的日动态

柽柳树干在 18:30～5:30 液流速率较小，清晨 6:00 液流启动后速率迅速升高，随 PAR 和 VPD 先升高后降低（图 5-13A、B），咸水和微咸水处理下，柽柳树干液流和叶片 T_r、G_s（图 5-13C、D）变化类似，也呈现双峰型，峰值出现在 12:00 和 16:00，在 12:00～14:00 呈现"午休"现象；而淡水和盐水处理呈现单峰型，峰值分别出现在 12:00 和 14:30。随地下水矿化度升高，日液流时间先延长后缩短，淡水和盐水处理下，日夜液流速率变化较小且启动时间延后至 6:30，结束时间提前至 19:00，日液流时间明显缩短；微咸水和咸水处理下，日夜液流速率变化较大且启动时间提前至 6:00，结束时间延后至 19:30，日液流时间明显延长。液流速率达到峰值时间为淡水>盐水>咸水>微咸水。随地下水矿化度增大，液流速率日变幅表现为先升高后降低，咸水处理下日变幅最高（47.88g/h），淡水、微咸水和盐水处理下液流速率日变幅分别比咸水处理降低 68.63%、1.17%和 57.56%。分析表明，地下水矿化度会显著影响柽柳树干液流速率的日动态；咸水处理下，柽柳树干液流速率最高且日变幅最大。地下水矿化度过高或过低均会导致柽柳树干液流速率日变幅降低，液流速率日均值也显著降低，而适度提高地下水矿化度会增加柽柳树干的液流速率。

　　由图 5-14B 可知，不同地下水矿化度下，柽柳树干的日液流量变化趋势类似，呈现

"S"形。0:00～6:00 日累计液流量较低，6:00～18:00 日累计液流量上升较快，随后日累计液流量保持平稳变化趋势，即树干液流微弱，夜间（19:30～5:30）柽柳进行液流活动。不同地下水矿化度下柽柳树干日累计液流量差异较大，日液流量表现为咸水>微咸水>盐水>淡水。其中，淡水、微咸水和盐水处理下日液流量分别比咸水处理（180.67g/d）降低 56.92%、4.73%和40.67%。分析表明，地下水矿化度对柽柳日耗水量影响较大，地下水矿化度过高或过低均会降低柽柳日耗水量，而微咸水和咸水处理下柽柳日耗水量显著增加。

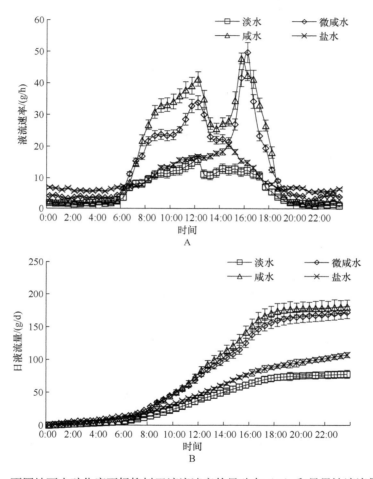

图 5-14　不同地下水矿化度下柽柳树干液流速率的日动态（A）和日累计液流量（B）

5.1.2.4　地下水矿化度对柽柳叶片光合参数的影响

水分是盐分运移的载体，潜水蒸发作用下，浅埋深地下水通过毛细管作用进入包气带土壤层，致使土壤水盐发生变化，进而影响植物根系生长和叶片的光合作用（宫兆宁等，2006；Gou and Miller，2014）。本研究发现相同潜水水位下，地下水矿化度对土壤水分无显著影响（$P>0.05$），而土壤盐分和溶液绝对浓度差异较大成为影响柽柳苗木光合作用的主要因素。王鹏等（2012）研究发现，多枝柽柳幼苗净光合速率随地下水矿化度增大而增大，在地下水水位 20cm、矿化度为 3.00～10.00g/L 的咸水处理下多枝柽柳有最大净光合速率,光照生态幅最宽,矿化度为 1.00~3.00g/L 的微咸水处理下多枝柽柳有最大表观量子效率、暗呼吸速率。本研究发现,随地下水矿化度增大,柽柳净光合速率先增大后减小;在咸水处理下(8.00g/L),柽柳净光合速率、最大净光合速率、表观量子效率、暗呼吸速率均达到最大值,微咸水处理下光照生态幅最宽。王伟华等(2009)研究发现,多枝柽柳净光合速率日均值随盐水浓度的增加先升高后降低,在 4.00g/L 盐水处理下多枝柽柳净光合速率日均值达最高。淡水处理下柽柳并非表现出最好的光合性能,而适度提高地下水至咸水矿化度会促进柽柳苗木的光合特性,应该与盐生植物柽柳的泌盐生理特性和较强的耐盐性有关,这可能是柽柳长期适应盐碱地生境的一种竞争策略。柽柳苗木适宜生长在含盐量不超过 1.00% 的土壤中,耐盐能力可达 2.50%,此时柽柳苗木具有较好的光合特性和水分利用效率(董兴红和岳国忠,2010;朱金方等,2015)。本研究中不同地下水矿化度处理下,栽植柽柳土壤柱体的含盐量在 0.11%~1.17%,咸水处理下土壤含盐量达 1.05%,此时柽柳具有最高的光合特性,这进一步证明适宜的地下水矿化度可能是柽柳类植物生长所需营养盐分的一种来源。淡水处理下较低的土壤盐分(0.11%)并未促进柽柳的生长,此时表观量子效率、暗呼吸速率和最大净光合速率也较低,光照生态幅较窄。地下水矿化度的增加使土壤含盐量增加,柽柳苗木可通过增强叶片的光能转化效率、暗呼吸速率和光照生态幅来提高光合作用以适应盐胁迫,并且抗氧化物酶系统可以清除体内因盐分过多而产生的活性氧,保持体内活性氧的动态平衡(苏华等,2012;朱金方等,2012,2015),这可能是咸水处理下柽柳光合能力显著提高的主要原因。柽柳具有泌盐特性,可以通过泌盐腺将体内过多的 Na^+、Cl^- 以盐粒结晶的形式排出体外,同时还将其他有害微量元素进行离子区隔化,可溶性糖、脯氨酸等可以维持细胞渗透压,能使柽柳在高盐度环境下生长(Scholander *et al.*,1996;Anderson *et al.*,2005)。盐水处理下,土壤含盐量和土壤溶液绝对浓度均达最高,致使土壤中的渗透势升高,根系吸水困难,导致柽柳表观量子效率、暗呼吸速率和最大净光合速率降低,光照生态幅变窄。李紫薇等(2014)也发现,重度土壤盐分胁迫使藜黎和苜蓿叶片的光能转化效率降低,表观量子效率降低,而导致最大净光合速率、光饱和点降低,光补偿点升高,光照生态幅变窄,暗呼吸速率减小,这与本研究结果类似。这主要是因为柽柳对 Na^+、Cl^- 的吸收,排斥了对另一些营养元素的吸收,幼苗生长受到威胁;同时重度盐分胁迫促进了叶绿素酶对叶绿素的分解,使叶绿素合成系统受到破坏,活性氧自由基超过超氧化物歧化酶清除量,细胞受损严重(朱金方等,2012,2015),渗透调节物质的功能显著降低(朱金方等,2013)。

气孔限制和非气孔限制是抑制光合作用下降的主要原因,一般判定依据主要是叶片胞间 CO_2 浓度和气孔导度的变化方向,如果叶片胞间 CO_2 浓度随气孔导度降低而减小,说明净光合速率下降是由气孔因素所致,若相反,则为非气孔因素所致(Farquhar and Sharkey,1982)。王伟华等(2009)研究发现,4g/L 盐水浓度处理下多枝柽柳光合作用受到促进,其他盐水浓度处理(12g/L、20g/L 和 28g/L)下,多枝柽柳植株光合能力下降主要以气孔限制为主,并且灌溉盐水的浓度越大气孔限制越强烈。本研究也发现类似规律,在盐水和淡水处理下,柽柳叶片净光合速率下降分别以气孔限制和非气孔限制为主。但也有研究发现,在地下水水位为 20cm 时,随着淡水(1.00g/L)、微咸水(1.00~3.00g/L)、咸水(3.00~10.00g/L)处理条件下地下水矿化度的增大,多枝柽柳幼苗净光合速率下降主要以非气孔限制为主（王鹏等，2012）。可见，在不同地下水水位及其矿化度、土壤介质内盐胁迫处理方式下，随地下水矿化度和土壤盐分的增加，柽柳叶片光合作用下降的气孔限制机制有一定差异。淡水至咸水处理下，土壤含盐量和溶液绝对浓度分别为 0.11%~1.05%、0.64%~5.38%，柽柳的泌盐特性可以缓解盐分胁迫对柽柳生长的影响，同时柽柳叶片气孔导度增大，可以满足植物光合作用对 CO_2 的需求；咸水至盐水处理下，土壤含盐量和溶液绝对浓度分别为 1.05%~1.17%、5.38%~6.70%，过高的盐胁迫降低了柽柳的光合作用，柽柳为保证自身水分利用和避免光合机构进一步受损而关闭气孔。

5.1.2.5 地下水矿化度对柽柳蒸腾耗水和水分利用效率的影响

树木液流速率日动态可以表征植物生理用水对环境因子的响应过程和规律，不但能够反映植物本身瞬时蒸腾耗水特性，也是确定树体储存水对蒸腾耗水贡献程度的主要参数（金鹰等，2011；Wang et al.，2012）。辐射和水汽压亏缺是影响树木蒸腾耗水的主要驱动因子（倪广艳等，2015；徐世琴等，2015）。相关研究发现，荷木蒸腾在干、湿季均与光合有效辐射和水汽压亏缺呈显著正相关（倪广艳等，2015）；梭梭液流密度日变化过程受光合有效辐射、温度和水汽压亏缺的共同影响呈多峰特征（徐世琴等，2015）。本研究发现，随光照增强，气温和水汽压亏缺逐渐升高，树木生理活动增强，柽柳蒸腾速率、气孔导度和液流速率逐渐升高并且日动态变化趋势类似，但随地下水矿化度的不同，各指标表现出单峰和双峰型，并且日变幅差异较大。在土壤盐分为 1.05%的咸水矿化度下，柽柳蒸腾速率、气孔导度和日液流量最大，而在土壤盐分为 1.17%的盐水矿化度下，柽柳蒸腾速率、气孔导度、液流速率和日液流量显著降低。已有研究表明：柽柳蒸腾速率随盐胁迫增加而降低（米文精等，2011）；微咸水（1.00~3.00g/L）和咸水（3.00~10.00g/L）处理下，柽柳蒸腾速率高于淡水处理（王鹏等，2012）。地下水矿化度与土壤盐分胁迫可显著影响树木耗水特性，但适当提高地下水矿化度可增强柽柳的蒸腾生理活性。淡水处理下土壤含盐量过低，气孔调节作用弱，蒸腾速率与液流速率较低；随地下水矿化度和土壤盐分增加，柽柳气孔导度增大，蒸腾速率上升，液流速率增大，其中咸水处理下蒸腾速率和日液流量达最高，这可能是因为柽柳为泌盐植物，适度的土壤盐分起到类似营养盐的作用，盐分增高促进了柽柳的生理活性，在水分不受限制的条件下，导致其蒸腾耗水有升高趋势。随咸水至盐水处理下盐分渗透胁迫增强，进入植物体内的水分减少，蒸腾作用和液流速率显著降低。高地下水矿化度下，柽柳苗木通过关闭气孔降低蒸腾耗水来维持自身水分的有效利用。

植物能否较好地协调碳同化与水分耗散之间的关系是辨识植物能否适应逆境胁迫生境的主要方法，即水分利用效率是判定植物适应逆境生存与否的关键因子（曹生奎等，2009）。根据 Cowan 和 Farquhar（1977）提出的气孔最优化理论，气孔通过短期行为，以有限的水分损失来换取最大的 CO_2 同化量，导致蒸腾速率降幅大于净光合速率，水分利用效率升高，使植物适应盐分逆境。本研究发现：淡水和盐水处理下，柽柳水分利用效率分别达最高和最低。已有研究表明：柽柳水分利用效率随盐分胁迫的加重有所增强，在 2.26μmol/mmol 的盐胁迫下柽柳水分利用效率最高（刘玉娟等，2015）。地下水水位20cm 和矿化度为 3.00~10.00g/L 的咸水处理下，多枝柽柳水分利用效率始终大于微咸水和淡水处理（王鹏等，2012）。随盐分处理方式的不同，盐胁迫引起的渗透胁迫对柽柳水分利用效率的影响表现出一定差异，这主要与植物净光合速率和蒸腾速率对盐分胁迫的响应不一致有关。例如，在微咸水和咸水处理下，柽柳净光合速率、蒸腾速率和液流活动均保持在较高状态，生理活动旺盛，柽柳通过调节光合特性和日液流量的变化来适应盐胁迫，能保持较高的水分利用效率；淡水处理下，由于蒸腾速率对地下水矿化度响应更加敏感，下降幅度高于净光合速率，导致水分利用效率最高；但此时净光合速率和蒸腾速率均较低，液流活动微弱，易导致蒸腾耗水过低而使叶片温度升高，长时间的这种生理维持状态对植物正常的生理活动产生不利影响。

地下水矿化度可显著影响土壤盐分，进而影响柽柳叶片的光合特性和树干液流量。柽柳苗木对盐胁迫适应能力较强，适度提高地下水矿化度可显著增强柽柳的光合能力和耗水量，并显著提高其光能利用率，但降低了其水分利用效率。淡水和盐水处理下柽柳叶片净光合速率下降分别以非气孔限制和气孔限制为主。咸水处理下柽柳苗木可维持最高的光合效率和较高的水分利用效率，更有利于柽柳苗木的生长。盐分胁迫下柽柳叶片光合特性和树木耗水能力表现出较高的可塑性，在泥质海岸带对地下咸水矿化度的适应能力最好，在低于咸水矿化度的地下水浅埋区具有较强的潜在适应能力，这对于柽柳在黄河三角洲泥质海岸带的生存和竞争生长具有重要意义。但因本研究为在科研温室内实施的单一地下水矿化度处理的模拟控制试验，特别是对温室内的温度和湿度等微环境因子进行了控制，这与野外实际生境下的天气变化状况有较大差异，而柽柳光合和耗水特征在受地下水矿化度影响的同时，可能与其他因子存在交互效应，尤其是柽柳蒸腾耗水日动态的变化受外界环境因子的综合影响较大。因此，在下一步的研究中，需在野外选取不同地下水水位及其矿化度生境，深入分析典型季节柽柳光合效率和蒸腾耗水变化及其对环境因子的响应规律。

5.1.2.6 结论

在1.2m的潜水水位下，地下水矿化度通过影响土壤盐分可显著影响柽柳光合特性及耗水性能。随地下水矿化度升高，柽柳叶片净光合速率、最大净光合速率、蒸腾速率、气孔导度、表观量子效率和暗呼吸速率均先升高后降低，而水分利用效率持续降低。淡水、微咸水和盐水处理下，柽柳净光合速率光响应均值分别比咸水处理降低44.13%、15.06%和62.55%；微咸水、咸水和盐水处理下，柽柳水分利用效率光响应均值分别比淡水处理降低25.00%、29.17%和41.67%。随地下水矿化度升高，柽柳叶片光饱和点先升高后降低，而光补偿点持续升高，光照生态幅变窄，光能利用率变低。淡水和盐水处理下，柽柳净光合速率下降分别以非气孔限制和气孔限制为主。柽柳树干液流速率及日液流量均随地下水矿化度升高而先增加后降低，咸水处理下树干液流速率日变幅最大，日液流量最高。淡水、微咸水和盐水处理下日液流量分别比咸水处理降低56.92%、4.73%和40.67%。适宜提高地下水矿化度可增强柽柳的光合能力、耗水性能和水分利用效率，咸水矿化度下柽柳有较高的光合特性，在蒸腾耗水较严重的情况下可实现高效生理用水，适宜柽柳较好生长。研究结果可为黄河三角洲地下水浅埋区柽柳的栽培管理提供理论依据和技术参考。

5.1.3　1.5m 水位下地下水矿化度对柽柳光合及水分生理特征的影响

5.1.3.1　土壤水盐参数

由表 5-5 可知：在 1.5m 的地下水水位下，随地下水矿化度升高，土壤含水量和含盐量均显著升高（$P<0.05$）。微咸水、咸水和盐水处理下土壤含盐量分别是淡水处理的 1.36 倍、1.73 倍和 2.18 倍，土壤含水量分别是淡水处理的 1.62 倍、2.46 倍和 3.02 倍。土壤溶液绝对浓度随地下水矿化度的升高显著降低（$P<0.05$）。与淡水处理相比，微咸水、咸水和盐水处理下土壤溶液绝对浓度分别降低 29.0%、46.8% 和 47.8%。

表 5-5　不同地下水矿化度下土壤水盐参数（平均值±标准误，$n=3$）

参数	地下水矿化度			
	淡水	微咸水	咸水	盐水
土壤含盐量/%	0.11±0.02a	0.15±0.03b	0.19±0.05c	0.24±0.06d
土壤含水量/%	9.55±2.46a	15.45±3.11b	23.50±5.31c	28.80±3.06d
土壤溶液绝对浓度/%	1.86±0.69c	1.32±0.08b	0.99±0.67a	0.97±0.63a

注：同行不同小写字母表示不同处理之间差异显著（$P<0.05$）。

水分是盐分运移的载体，潜水蒸发作用下，浅埋深地下水通过毛细管作用进入包气带土壤层，致使土壤水盐发生变化，进而影响植物根系生长和叶片的光合作用（Gou and Miller，2014）。在相同地下水水位 1.5m 下，地下水矿化度对土壤水分、盐分及溶液绝对浓度产生显著影响（$P<0.05$）。土壤剖面含盐量和水分状况，受地下水水位及地下水矿化度的控制和影响最大，其中，高矿化度是实现土壤积盐的基本条件（王金哲等，2012；刘显泽等，2014）。随地下水矿化度的升高，柽柳土柱的土壤水分和盐分含量均呈升高趋势，土壤溶液绝对浓度呈下降趋势，表明地下水矿化度对土壤水分的运移有促进作用，利于盐分随水分在毛细管作用下向上迁移，这与宋战超等（2016）在 1.8m 潜水水位下的研究结果类似。Ceuppens 和 Wopereis（1992）也发现，浅地下水位条件下，地下水矿化度升高，促进了盐离子的向上运移。众多研究表明，地下水矿化度越高，土壤含盐量也越高，特别是耕作层或表土层含盐量与地下水矿化度，可呈指数函数关系（王金哲等，2012）或线性正相关（陈永宝等，2014）。可见，地下水矿化度的升高，对浅土层物质和能量的运移转化过程起了较大作用，有利于盐分在毛细管作用下向上迁移。但也有研究发现，在野外试验条件下，地下水矿化度与土壤盐分运移的关系不显著（刘显泽等，2014）。这可能因为地下水矿化度仅是影响土壤含盐量变化的众多因素之一，土壤自身的理化性质和外界微气候条件对盐分的吸收、滞留和阻隔作用也有较大差异。

5.1.3.2　柽柳生长和生物量指标

地下水矿化度处理对柽柳生长产生了显著影响（表 5-6）。微咸水矿化度下，柽柳株高、根茎和侧枝粗均显著增加，地上和地下生物量达最高。其次是淡水处理下柽柳生长较好。咸水和盐水处理下，柽柳株高、根茎、侧枝数和侧枝粗度差异均不显著（$P>0.05$），生长均较差，特别是盐水处理下，地上和地下生物量显著降低。与微咸水处理相比，淡水、咸水和盐水矿化度下柽柳株高分别下降 16.2%、23.7% 和 26.0%，地上部鲜重分别下降 26.8%、30.2% 和 63.1%，地下部鲜重分别下降 13.8%、52.3% 和 80.1%。

表 5-6 不同地下水矿化度对柽柳生长参数的影响（平均值±标准误，n=3）

地下水矿化度	株高/cm	根茎/cm	侧枝数/个	侧枝粗/cm	地上部鲜重/（g/pot）	地下部鲜重/（g/pot）
淡水	145±10b	8.11±0.03b	7±1b	0.52±0.03bc	215.39±9.87b	360.68±11.23c
微咸水	173±13c	8.23±0.04b	8±2b	0.56±0.02c	294.31±12.78c	418.57±13.51d
咸水	132±7a	6.81±0.03a	6±1a	0.48±0.03ab	205.38±7.54b	199.71±9.34b
盐水	128±8a	6.83±0.02a	6±1a	0.43±0.02a	108.66±6.22a	83.11±7.86a

注：同列不同小写字母表示不同处理之间差异显著（$P < 0.05$）。

5.1.3.3 柽柳叶片光合作用参数的光响应

（1）柽柳叶片净光合速率的光响应

由图 5-15 可知：不同地下水矿化度下，低光强[PAR≤400μmol/(m²·s)]时，柽柳叶片 P_n 随光照增强上升较快；中光强[600μmol/(m²·s)<PAR<1 000μmol/(m²·s)]时，柽柳 P_n 随光照增强缓慢升高；高光强[PAR≥1 000 μmol/(m²·s)]后，柽柳 P_n 逐渐达到光饱和状态后呈现下降趋势。微咸水处理下，柽柳叶片光合作用水平达最高，其最高 P_n 为 40.05μmol/(m²·s)，其次是淡水和咸水，而盐水处理下最低。微咸水处理下 P_n 光响应均值也达最高[23.27μmol/(m²·s)]，淡水、咸水和盐水处理下 P_n 光响应均值分别比微咸水处理降低 18.3%、44.7%、63.0%。

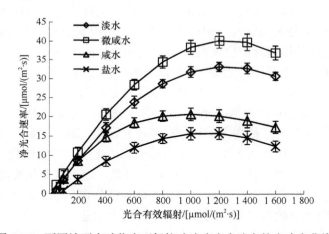

图 5-15 不同地下水矿化度下柽柳叶片净光合速率的光响应曲线

由表 5-7 可知，不同地下水矿化度下，柽柳叶片光合光响应曲线参数差异显著（$P<0.05$）。柽柳叶片 AQY 和 P_{nmax} 分别在咸水和微咸水处理下达最高，而盐水处理下均最低。其中淡水、微咸水和咸水处理下，AQY 分别是盐水处理的 1.73 倍、1.88 倍和 2.09 倍；淡水、咸水和盐水处理下 P_{nmax} 分别比微咸水处理降低 17.6%、48.7% 和 60.7%，表明咸水处理下，柽柳叶片利用弱光的能力较强，而盐水处理严重抑制了柽柳的最大光合能力。柽柳叶片 R_d 在微咸水处理下达最低，其次是淡水，而在咸水和盐水处理下较高，但是差异不显著（$P>0.05$）。柽柳叶片 LCP 在微咸水和盐水处理下分别达最低和最高值，而淡水和咸水处理下 LCP 差异不显著（$P>0.05$）。柽柳叶片 LSP 在淡水和微咸水处理下较高，而在咸水处理下最低。

表 5-7　柽柳叶片光合光响应参数（平均值±标准误，$n=3$）

地下水矿化度	表观量子效率/ （mol/mol）	最大净光合速率/ [mmol/(m²·s)]	暗呼吸速率/ [mmol/(m²·s)]	光补偿点/ [μmol/(m²·s)]	光饱和点/ [μmol/(m²·s)]
淡水	0.057±0.001 1b	33.16±2.12c	1.83±0.03b	33±2b	1254±43c
微咸水	0.062±0.001 5bc	40.23±2.13d	0.69±0.04a	11±3a	1260±56c
咸水	0.069±0.001 8c	20.62±1.76b	2.23±0.02b	34±2b	989±62a
盐水	0.033±0.002 1a	15.79±1.34a	2.33±0.02c	73±4c	1110±21b

注：同列不同小写字母表示不同处理之间差异显著（$P<0.05$）。

（2）柽柳叶片蒸腾速率的光响应

由图 5-16 可知，不同地下水矿化度下，柽柳叶片 T_r 的光响应曲线差异显著（$P<0.05$），其中 PAR<400μmol/(m²·s) 时，T_r 随光强的增加迅速升高，此后 T_r 随 PAR[>400μmol/(m²·s)] 的增加变化平缓。微咸水处理下柽柳蒸腾作用最强，其次是淡水、咸水，而盐水矿化度下最低。淡水、咸水和盐水处理下 T_r 最大值分别比微咸水处理最高 T_r 值[10.73mmol/(m²·s)] 降低 13.1%、29.0% 和 41.6%。微咸水处理下 T_r 光响应均值也达最高[8.27mmol/(m²·s)]，淡水、微咸水和盐水处理下 T_r 光响应均值分别比咸水处理降低 16.0%、25.8% 和 39.7%。

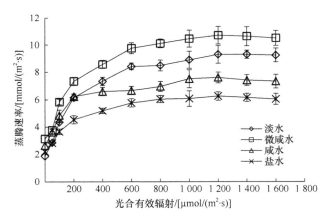

图 5-16　不同地下水矿化度下柽柳叶片蒸腾速率的光响应

（3）柽柳叶片水分利用效率的光响应

由图 5-17 可知，不同地下水矿化度下，柽柳叶片 WUE 的光响应过程类似。低光强 [PAR≤400μmol/(m²·s)] 时，随 PAR 增强，WUE 上升较快，达到光饱和点[800～1 200μmol/(m²·s)]后，随光强增强 WUE 呈下降趋势。不同地下水矿化度下 WUE 差异显著（$P<0.05$），微咸水处理下 WUE 最高，其次是淡水，而咸水和盐水均较低。淡水、咸水和盐水处理下 WUE 最大值分别比微咸水处理最大值（3.73μmol/mmol）降低 6.9%、20.6% 和 29.8%，WUE 光响应均值分别比微咸水处理均值（2.81μmol/mmol）降低 3.9%、20.0% 和 35.8%。

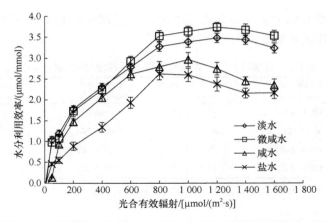

图 5-17   不同地下水矿化度下柽柳叶片水分利用效率的光响应

（4）柽柳叶片的气孔导度、胞间 CO₂ 浓度和气孔限制值的光响应

由图 5-18 可知，不同地下水矿化度下柽柳叶片 G_s、C_i 和 L_s 的光响应过程差异显著。咸水和盐水处理下，当 PAR ≥ 600μmol/(m²·s) 时，柽柳 G_s 随 PAR 增加变化比较平稳，

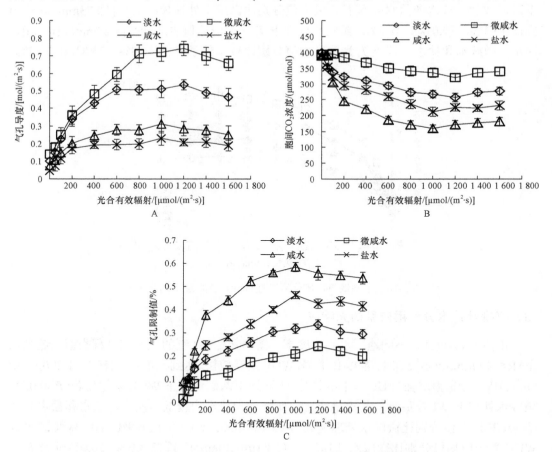

图 5-18   不同地下水矿化度下柽柳叶片气孔导度（A）、胞间 CO₂ 浓度（B）和
气孔限制值（C）的光响应

说明盐分胁迫对柽柳生长造成了一定的影响，柽柳叶片气孔基本失去调节作用，导致 G_s 对 PAR 的变化响应不敏感。而淡水和微咸水处理下，G_s 对 PAR 的变化响应敏感，呈现气孔调节作用明显。不同地下水矿化度下，随 PAR 升高，初始阶段的 G_s 和 L_s 逐渐上升，C_i 逐渐下降，说明气孔限制是影响光合作用的主要原因。此后随 PAR 逐步升高，当 PAR 超过某一临界值时，如在淡水和微咸水处理下[当 PAR $\geqslant$ 1 200μmol/(m²·s)时]、在咸水和盐水处理下[当 PAR $\geqslant$ 1 000μmol/(m²·s)时]，G_s 和 L_s 又逐渐下降，C_i 逐渐上升。依据气孔限制理论（Farquhar and Sharkey，1982），不同地下水矿化度下的 PAR 临界值可认为是光合作用由气孔限制（气孔导度降低引起的 CO_2 供应不足）转变为非气孔限制（光合机构受损导致光合能力下降）的临界光强点，其中淡水和微咸水处理下 PAR 临界转折点均为 1 200μmol/(m²·s)，而咸水和盐水处理下 PAR 临界转折点均为 1 000μmol/(m²·s)。微咸水至淡水处理下，随地下水矿化度降低，柽柳叶片 P_n 下降，G_s 和 C_i 下降，L_s 上升，柽柳叶片 P_n 下降以气孔限制为主。咸水至盐水处理下，随地下水矿化度增加，柽柳叶片 P_n 下降，G_s 下降，C_i 上升，L_s 下降，柽柳叶片 P_n 下降以非气孔限制为主。

5.1.3.4　柽柳树干液流的日动态

由图 5-19A 可知，不同地下水矿化度下柽柳树干液流日动态均呈单峰型，柽柳昼夜液流速率差异较大，白天液流速率明显高于夜间液流速率。柽柳树干在 18:30～6:00 液

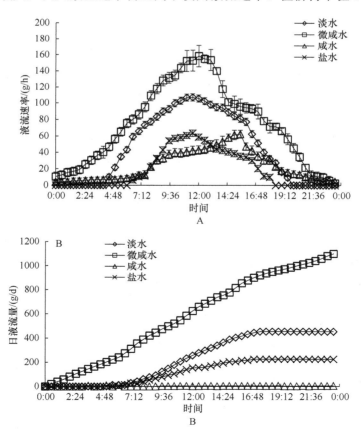

图 5-19　不同地下水矿化度下柽柳树干液流速率的日动态（A）和日累计液流量（B）

流速率较小，清晨 6:00 液流启动后速率迅速升高，随 PAR 和空气温度的先升高后降低（峰值出现在 11:00～14:00 时）、空气相对湿度的先降低后升高（在 11:00～14:00 时维持在较低值），树干液流在 11:30～15:30 达到峰值。其中液流速率最大值微咸水（158.64g/h）>淡水（107.09g/h）>盐水（63.60g/h）>咸水（62.50g/h）。咸水和微咸水矿化度下，柽柳树干液流速率峰值分别出现在 15:30 和 12:00；而淡水和盐水矿化度下，峰值均出现在 11:30。随地下水矿化度升高，日液流时间呈现缩短趋势，日液流启动时间由淡水条件下的 4:30 延后至盐水处理下的 6:30，而结束时间由淡水条件下的 20:00 提前至盐水处理下的 18:00；其中在微咸水和咸水处理下，柽柳在夜间均进行液流活动，但咸水处理下液流活动较为微弱。随地下水矿化度增大，柽柳液流速率日变幅表现为先升高后降低，微咸水处理下日变幅最高（156.08g/h），淡水、咸水和盐水处理下液流速率日变幅分别比微咸水处理降低 31.4%、65.5% 和 59.3%。

由图 5-19B 可知，淡水、咸水和盐水矿化度下，柽柳树干的日液流量变化趋势类似，呈现"S"形，而微咸水矿化度下，呈现线性变化趋势。柽柳在 0:00～6:00 日液流量较低，6:00～18:00 日液流量上升较快，随后日液流量保持平稳变化趋势，即树干液流微弱，夜间（18:30～5:30）柽柳也进行液流活动。不同地下水矿化度下柽柳树干日累计液流量差异较大，日液流量表现为微咸水>淡水>咸水>盐水，其中淡水、咸水和盐水处理下日液流量分别比微咸水处理（1 100g/d）降低 58.8%、74.9% 和 79.4%。

5.1.3.5 地下水矿化度对柽柳生长和叶片光合参数的影响

树木幼苗阶段的生长状况和形态特征可较好反映植物的生长潜力（Mokany et al., 2006）。植物可以通过调节分配地上和地下各器官的生物量对资源的竞争做出响应，以保证自身能够最大化地吸收受限资源（黎磊等，2011）。微咸水矿化度下柽柳单株苗木生物量达最高，植物积累能量作用显著。超过咸水矿化度，柽柳地上和地下生物量均显著降低，并且根系生长受到更大抑制。地上、地下生物量分配方式的调整，能够使柽柳更好地平衡资源获取和利用的关系，这对盐渍化逆境条件下柽柳维持正常的生理活性具有重要意义。

王鹏等（2012）研究发现，多枝柽柳幼苗净光合速率随地下水矿化度增大而增大，在地下水水位 20cm，矿化度为 3.00～10.00g/L 的咸水处理下多枝柽柳有最大净光合速率，光照生态幅最宽，矿化度为 1.00～3.00g/L 的微咸水处理下多枝柽柳有最大表观量子效率、暗呼吸速率。而本研究发现，地下水矿化度过高（盐水）会抑制柽柳叶片的光合作用和弱光利用率，而适度的盐分胁迫（微咸水）可增强柽柳叶片的光合能力和强光利用率。在微咸水处理下（8.00g/L），柽柳净光合速率、最大光合速率、表观量子效率、光饱和点均达到最大值，暗呼吸速率达最低，呼吸作用弱，消耗能量少，可为柽柳苗木生长提供较多的干物质。柽柳叶片光照生态幅最大为微咸水处理时，其次是淡水，而咸水和盐水处理时光能利用率偏低，可见，适度提高地下水矿化度可显著提高柽柳叶片的光能利用率和光合能力，有利于柽柳对弱光和强光的利用。王伟华等（2009）研究发现，多枝柽柳净光合速率日均值随盐水浓度的增加先升高后降低，在 4.00g/L 盐水处理下多枝柽柳净光合速率日均值达最高。因此，淡水处理下柽柳并非表现出最好的光合性能，而适度提高地下水至微咸水矿化度会促进柽柳苗木的光合特性，这应该与盐生植物柽柳的泌盐生理特性和较强的耐盐性有关，这可能是柽柳长期适应盐碱地生境的一种竞争策略。淡水处理下较低的土壤盐分（0.11%）并未促进柽柳的生长，但光合能力显著高于盐水处理。地下水矿化度的增加使土壤含盐量增加，柽柳苗木可通过增强叶片的光能转化效率、暗呼吸速率和光照生态幅来提高光合作用以适应盐胁迫，并且抗氧化物酶系统可以清除体内因盐分过多而产生的活性氧，保持体内活性氧的动态平衡（苏华等，2012；朱金方等，2012，2015），这可能是微咸水处理下柽柳光合能力显著提高的主要原因。柽柳的泌盐特性可以通过泌盐腺将体内过多的 Na^+、Cl^- 以盐粒结晶的形式排出体外，同时还将其他有害微量元素进行离子区隔化，可溶性糖、脯氨酸等可以维持细胞渗透压，能使柽柳在高盐度环境下生长（Anderson et al.，2005）。但柽柳对水盐胁迫的适应能力有限，盐水处理下，土壤含水量达最高（28.80%），致使土壤溶液绝对浓度降到最低（0.97%），但此时土壤含盐量达最高（0.24%），土壤渗透势升高，根系吸水困难，导致柽柳表观量子效率和最大光合速率最低，光补偿点最高，净光合效率显著下降。李紫薇等（2014）也发现，重度土壤盐分胁迫使蒺藜苜蓿叶片的光能转化效率降低，表观量子效率降低进而导致最大光合速率、光饱和点降低，光补偿点升高，光照生态幅变窄，暗呼吸速率减小，这与本研究结果类似。这主要是因为柽柳对 Na^+、Cl^- 的吸收，排斥了对另一些营养元素的吸收，幼苗生长受到威胁；同时重度盐分胁迫促进了叶绿素酶对叶绿素的分解，使叶绿素合成系统受到破坏，活性氧自由基超过 SOD 清除量，细胞受损严重（朱金方等，2012，2015），渗透调节物质的功能显著降低（朱金方等，2013）。

5.1.3.6　地下水矿化度对柽柳叶片光合气孔限制的影响

气孔限制和非气孔限制是抑制光合作用下降的主要原因。一般判定依据主要是叶片胞间 CO_2 浓度和气孔导度的变化方向，如果叶片胞间 CO_2 浓度随气孔导度降低而减小，说明净光合速率下降是由气孔因素所致；若相反，则为非气孔因素所致（Farquhar and Sharkey，1982）。王伟华等（2009）研究发现，4g/L 盐水浓度处理多枝柽柳光合作用受到促进，其他盐水浓度处理（12g/L、20g/L、28g/L）下，多枝柽柳植株光合能力下降主要以气孔限制为主，并且灌溉盐水的浓度越大气孔限制越强烈。但本研究发现，在盐水和淡水处理下，柽柳叶片净光合速率下降分别以非气孔限制和气孔限制为主，这与王鹏等（2012）的研究发现类似，随地下水矿化度增大，多枝柽柳幼苗净光合速率下降主要以非气孔限制为主，而非气孔限制由叶片组织细胞的生化变化造成，会对植物光合机构造成伤害（Zhang et al.，2014）。可见，在不同地下水水位及其矿化度以及土壤介质内盐胁迫处理方式下，随地下水矿化度和土壤盐分的增加，柽柳叶片光合作用下降的气孔限制机制有一定差异。淡水至微咸水处理下，土壤含盐量和溶液绝对浓度分别为 0.11%～0.15%、1.86%～1.32%，柽柳的泌盐特性可以缓解盐分胁迫对柽柳生长的影响，同时为满足植物光合作用对 CO_2 的需求，柽柳叶片气孔导度增大，气孔限制值升高，此时叶片气孔保卫细胞的运动调节主要通过气孔限制来实现；咸水至盐水处理下，土壤含盐量和溶液绝对浓度分别为 0.19%～0.24%、0.99%～0.97%，过高的盐胁迫降低了柽柳的光合作用，柽柳为保证自身水分利用和避免光合机构进一步受损而关闭气孔，非气孔限制作用显著。不同地下水矿化度下气孔限制发生转变的光照强度也不相同，柽柳叶片光合作用下降由气孔限制转变为非气孔限制的临界光强点，基本上与相同地下水矿化度下光合作用的光饱和点相同，表明地下水矿化度的增高，会导致叶片光合作用发生非气孔限制的光强临界值降低[光合有效辐射由 1 200μmol/（m²·s）降到 1 000μmol/（m²·s）]，导致柽柳忍耐强光胁迫的能力减弱。可见，非气孔限制的出现不仅取决于植物本身抗逆能力的强弱，也与地下水矿化度、土壤水盐条件和光照强度等生态因子密切相关。

5.1.3.7 地下水矿化度对柽柳蒸腾耗水和水分利用效率的影响

树木液流速率日动态可以表征植物生理用水对环境因子的响应过程和规律，不但能够反映植物本身瞬时蒸腾耗水特性，也是确定树体储存水对蒸腾耗水贡献程度的主要参数（Wang et al.，2012）。辐射和水汽压亏缺是影响树木蒸腾耗水的主要驱动因子（倪广艳等，2015；徐世琴等，2015），相关研究发现，荷木蒸腾在干、湿季均与光合有效辐射和水汽压亏缺呈显著正相关（倪广艳等，2015）；梭梭液流密度日变化过程受光合有效辐射、温度和水汽压亏缺的共同影响呈多峰特征（徐世琴等，2015）。本研究发现，随光照增强，气温升高，树木生理活动增强，柽柳液流速率逐渐升高并且日变化趋势类似，但随地下水矿化度的不同，各指标表现出峰值时间、日变幅差异较大。淡水处理下土壤含盐量过低，气孔调节作用弱，蒸腾速率与液流速率较低；随地下水矿化度和土壤盐分增加，柽柳气孔导度增大，蒸腾速率上升，液流速率增大；其中，微咸水处理下蒸腾速率和日液流量达最高，这可能因为柽柳是泌盐植物，适度土壤盐分可以起到类似营养盐的作用，盐分增高促进了柽柳的生理活性，特别是在水分不受限制的条件下柽柳蒸腾耗水显著升高。在土壤盐分为 0.24% 的盐水矿化度下，柽柳液流速率和日液流量显著降低。咸水至盐水处理下，随盐分渗透胁迫增强，进入植物体内的水分减少，蒸腾作用和液流速率显著降低。高地下水矿化度下，柽柳苗木表现出通过关闭气孔降低蒸腾耗水来维持自身水分有效利用的生理策略。已有研究表明：柽柳蒸腾速率随盐胁迫增加而降低（米文精等，2011）；微咸水（1.00～3.00g/L）和咸水（3.00～10.00g/L）处理下，柽柳蒸腾速率高于淡水处理（王鹏等，2012）。可见，地下水矿化度与土壤盐分胁迫可显著影响树木耗水特性和树干液流速率日动态，地下水矿化度过高（超过咸水矿化度）会抑制柽柳叶片的蒸腾作用和树干液流量，但适度提高地下水矿化度（微咸水）可增强柽柳的蒸腾生理活性和日耗水量。

植物能否较好地协调碳同化与水分耗散之间的关系是辨识植物能否适应逆境胁迫生境的主要方法，即水分利用效率是判定植物适应逆境生存与否的关键因子（Zhang et al.，2014）。根据 Cowan 和 Farquha（1977）提出的气孔最优化理论，气孔通过短期行为总是以有限的水分丧失来换取最大的 CO_2 同化量，导致蒸腾速率降幅大于净光合速率，水分利用效率升高，使植物适应盐分逆境。本研究发现：适当增加地下水矿化度（微咸水）可增强柽柳叶片水分利用效率，而过高的地下水矿化度（高于咸水）会显著抑制其叶片水分利用效率，微咸水和盐水处理下，柽柳水分利用效率分别达最高和最低。已有研究表明：柽柳水分利用效率随盐分胁迫的加重有所增强，在 2.26μmol/mmol 的盐胁迫下柽柳水分利用效率最高（刘玉娟等，2015）；矿化度为 3.00～10.00g/L 的咸水处理下，多枝柽柳水分利用效率始终大于微咸水和淡水处理（王鹏等，2012）。可见，随盐分处理方式的不同，柽柳水分利用效率对盐胁迫引起的渗透胁迫表现出一定差异，这主要与植物净光合速率和蒸腾速率对盐分胁迫的响应不一致有关。例如，在微咸水和淡水处理下，柽柳净光合速率、蒸腾速率和液流活动均保持在较高状态，生理活动旺盛，并且净光合速率对地下水矿化度响应更加敏感，增加幅度高于蒸腾速率，导致水分利用效率较高，表明柽柳可有效调节光合特性和日液流量的变化来适应盐胁迫，能保持高的水分利用效率。咸水和盐水处理下，柽柳净光合速率和蒸腾速率均较低，液流活动微弱，蒸腾耗水过低而使叶片温度升高，长时间的这种生理维持对植物正常的生理活动不利，并且净光合速率下降幅度高于蒸腾速率，导致水分利用效率显著降低。

5.1.3.8　结论

地下水矿化度可显著影响土壤水分和盐分变化。随地下水矿化度的升高，柽柳土柱的含水量和含盐量显著升高，但土壤溶液浓度显著降低；土壤水盐含量的变化，进而影响柽柳生长、叶片光合能力和耗水特性。地下水矿化度过高（超过咸水）可严重抑制柽柳生长，其中对地下生物量的抑制效应显著高于地上部。

地下水矿化度可显著影响柽柳的光合能力，适度提高地下水矿化度可显著增强柽柳的光合能力。微咸水处理下柽柳苗木可维持最高的光合效率、耗水能力、光能利用率和水分利用效率，更有利于柽柳苗木的生长，生物量达最高。过高的地下水矿化度（超过咸水）会显著抑制柽柳叶片的光合效率和耗水特性。柽柳最大净光合速率、水分利用效率和树木耗水均表现为微咸水>淡水>咸水>盐水。

淡水和盐水处理下柽柳叶片净光合速率下降主要以气孔限制和非气孔限制为主。随地下水矿化度的升高，柽柳叶片净光合速率下降由气孔限制转变为非气孔限制的光合有效辐射临界值由 1 200μmol/(m^2·s)下降到 1 000μmol/(m^2·s)。地下水矿化度会显著影响柽柳树干液流速率的日动态和日耗水量，微咸水处理下，柽柳树干液流速率和日耗水量最高且日变幅最大，其次是淡水，而咸水和盐水处理下均较低。地下水矿化度过高（超过咸水）均会导致柽柳树干液流速率日变幅和日耗水量显著降低，适度提高地下水矿化度（微咸水）会增加柽柳树干的液流速率和日耗水量。

盐分胁迫下柽柳叶片光合特性和树木耗水能力表现出较高的可塑性。适宜提高地下水矿化度到微咸水条件可显著增强柽柳的光合能力，在蒸腾耗水较高的情况下可实现高效生理用水，柽柳生长较好，在黄河三角洲区域对地下微咸水矿化度的适应能力最好。但超过咸水矿化度会显著抑制柽柳生长和光合效率，而淡水条件下柽柳生长、光合能力及水分利用效率显著高于咸水和盐水矿化度。研究结果对揭示柽柳在泥质海岸带的生存和竞争生长机制具有重要意义，可为黄河三角洲地下水浅埋区柽柳的栽培管理提供理论依据和技术参考。

5.2　不同地下水水位对柽柳光合生理特征的影响

5.2.1　淡水生境下柽柳光合作用及树干液流对潜水水位的响应

在淡水生境下，模拟设置 0～1.8m 共 7 种不同的潜水水位，测定分析不同潜水水位下柽柳叶片气体交换参数的光响应过程和树干液流参数，以明确适宜柽柳较好生长的潜水水位，可为柽柳在黄河沿岸的有效栽植及生长的适宜地下水水位提供理论依据和技术参考。

5.2.1.1 栽植柽柳土壤柱体的水分变化

由图 5-20 可知，随潜水水位上升，栽植柽柳的土柱含水量显著减少（$P<0.05$）。与 0m 相比，土壤相对含水量在 0.3m、0.6m、0.9m、1.2m、1.6m、1.8m 潜水水位下分别下降 2.55%、11.26%、13.89%、19.35%、25.02%、28.46%。1.2～1.8m 各潜水水位之间土壤相对含水量差异显著（$P<0.05$），0m 与 0.3m、0.6m 与 0.9m 潜水水位之间土壤相对含水量差异不显著（$P>0.05$）。

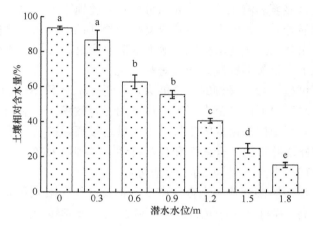

图 5-20   不同潜水水位下土壤相对含水量变化

5.2.1.2 柽柳叶片净光合速率的光响应及其参数

（1）柽柳叶片净光合速率的光响应

直角双曲线修正模型拟合柽柳叶片光合-光响应曲线后，得到的模拟曲线与实测值的变化趋势一致，且模拟方程的相关系数（R^2）均大于 0.98。由图 5-21 可知，各潜水水位下柽柳叶片 P_n 随 PAR 的变化规律基本一致，当 PAR 在 0<PAR≤200μmol/(m^2·s)时，柽柳叶片 P_n 随 PAR 上升迅速增加；200μmol/(m^2·s)<PAR≤1 800μmol/(m^2·s)时，P_n 随 PAR 上升处于缓慢增加并逐渐稳定的状态。随潜水水位的上升，柽柳叶片 P_n 先增大后减小，在潜水水位 1.2m 处 P_n 达最高值。不同潜水水位下，P_n 均值表现为 1.2m>1.5m>0.9m>0.6m>1.8m>0.3m>0m，呈现高水位（≥0.9m，1.8m 除外）下柽柳 P_n 显著高于低水位（≤0.3 m），并且柽柳叶片 P_n 光饱和点出现在 800μmol/(m^2·s)≤PAR≤1 400μmol/(m^2·s)。其中在 PAR 为 1 400μmol/(m^2·s)，除 0m 潜水水位外都达到光合作用最大值，在此 PAR 下，1.5m、0.9m、0.6m、1.8m、0.3m、0m 潜水水位下柽柳叶片 P_n 分别比 1.2m 水位下降 12.99%、19.30%、22.35%、28.99%、36.29%、58.62%，可见柽柳维持较高 P_n 的适宜潜水水位为 0.9～1.5m。在 1.2m 的潜水水位下，柽柳 P_n 最高值为 21.13μmol/(m^2·s)，低于或高于 1.2m 水位时，柽柳叶片 P_n 显著下降，所以 1.2m 是柽柳 P_n 的转折水位点。

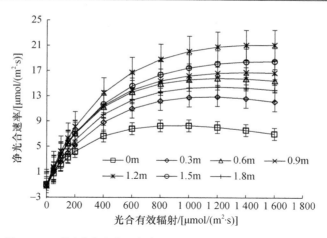

图 5-21　不同潜水水位下柽柳叶片净光合速率的光响应曲线

（2）柽柳叶片光合光响应曲线参数

如图 5-22 所示，随潜水水位的上升，柽柳叶片 LSP 先增加后降低且差异显著（$P<0.05$），在 1.2m 水位下 LSP 达最高值 1 513.4μmol/(m²·s)，此水位下柽柳利用强光能力最强。随潜水水位上升，柽柳叶片 LCP 先下降后上升，在 1.2m 潜水水位下达到最低值 17.25μmol/(m²·s)。柽柳叶片在 0～0.6m、0.9～1.5m 和 1.8m 的光照生态幅分别为 889.07～1 221.13μmol/(m²·s)、1 412.60～1 557.33μmol/(m²·s) 和 1 368.55μmol/(m²·s)，可见柽柳叶片在 0.9～1.5m 潜水水位下光照生态幅较宽，适宜的潜水水位升高显著提高柽柳叶片对强光、弱光的利用效率，并且高水位下柽柳 LSP 显著高于低水位，而 LCP 显著低于低水位，表现出高水位下柽柳光能利用率显著高于低水位，具有一定的耐干旱不耐水湿的光适应性，呈现适宜水位对光强具有补偿效应。在 1.2m 潜水水位时，柽柳光照生态幅最宽达 1 557.33μmol/(m²·s)，利用强光与弱光的能力最好，光适应能力最强。

柽柳叶片 AQY、R_d 和 P_{nmax} 对潜水水位具有明显的响应性（$P<0.05$）。柽柳叶片 R_d 随潜水水位上升，整体呈现先升高后降低的变化趋势。不同潜水水位下 R_d 表现为 0.6m>0.9m>1.5m>1.2m>0m>1.8m>0.3m，在 0.6m 潜水水位 R_d 达到最大值 1.17μmol/(m²·s)，在 0.3m 水位下达到最小值 0.84μmol/(m²·s)。随潜水水位升高，柽柳叶片 AQY 和 P_{nmax} 均表现为先增加后减小，均在 1.2m 水位下达最高值。在 0.6～1.5m 水位 AQY 维持在较高水平，弱光利用能力较高；P_{nmax} 在不同潜水水位下差异显著（$P<0.05$），1.5m、0.9m、0.6m、1.8m、0.3m、0m 潜水水位下柽柳叶片 P_{nmax} 比 1.2m 水位 P_{nmax} 最大值 [21.15μmol/(m²·s)]分别下降 12.37%、20.67%、25.13%、28.81%、38.97%、60.56%，呈现高水位（≥0.6 m）柽柳的光合能力显著高于低水位（≤0.3m），并且柽柳在潜水水位 0.9～1.5m 的光合能力较强。

5.2.1.3　柽柳叶片气孔导度、蒸腾速率、胞间 CO_2 浓度和气孔限制值的光响应

由图 5-23 可知，不同潜水水位下柽柳叶片 G_s 在低光强[≤200μmol/(m²·s)]下随 PAR 上升迅速增加，在 PAR>200μmol/(m²·s)时柽柳 G_s 呈现不同的变化趋势，表现为随 PAR

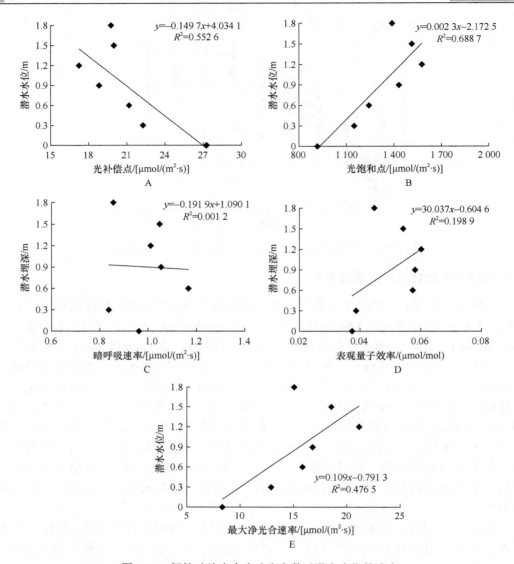

图 5-22　柽柳叶片光合光响应参数对潜水水位的响应

的上升，0.6m、0.9m、1.5m 潜水水位下 G_s 先缓慢增加后减小；0m、0.3m、1.8m 潜水水位下 G_s 呈缓慢增长直至稳定的趋势；而 1.2m 潜水水位下 G_s 先增加后减小，PAR 为 600μmol/(m²·s)时达到最大值 0.67mol/(m²·s)。不同潜水水位下，柽柳 G_s 变化差异显著（$P<0.05$），G_s 均值表现为 1.2m>1.5m>0.9m>0.6m>1.8m>0.3m>0m；随潜水水位升高，柽柳 G_s 先升高后降低，在 1.2m 水位下 G_s 最大。

　　不同潜水水位下柽柳叶片 T_r 在低光强 [≤200μmol/(m²·s)]下随 PAR 升高显著增加，但 PAR 超过 600μmol/(m²·s)后，PAR 升高并未导致 T_r 显著增加。柽柳 T_r 随潜水水位的上升先增加后减小，在 1.2m 潜水水位时，柽柳蒸腾作用达到最高水平，T_r 最高值达 8.51μmol/(m²·s)。不同潜水水位下 T_r 均值表现为 1.2m>1.5m>0.9m>0.6m>1.8m>0.3m>0m。在 1.5m、0.9m、0.6m、1.8m、0.3m 和 0m 潜水水位下 T_r 最高值分别比 1.2m 水位下降 8.78%、9.90%、22.56%、27.96%、37.14%、44.49%。过低或过高的潜水水位都会导致

柽柳 T_r 降低，潜水水位在 0.9m 和 1.5m 时柽柳的蒸腾作用仅次于 1.2m 潜水水位，而高水位 1.8m 和地表淹水时柽柳蒸腾耗水能力显著减弱。

不同潜水水位下，柽柳叶片 C_i 随 PAR 升高在低光强[≤200μmol/(m²·s)]下迅速降低，在 PAR>200μmol/(m²·s)时，C_i 随 PAR 上升缓慢降低。不同潜水水位下柽柳 C_i 表现为 1.2m>1.5m>1.8m>0.9m>0.6m>0.3m>0m。柽柳叶片 L_s 随 PAR[≤200μmol/(m²·s)]升高迅速上升，之后随 PAR 升高缓慢增加。根据 Farquhar 和 Sharkey（1982）关于气孔限制与非气孔限制判断的原则得出，从 1.2m 水位升高到 1.8m 或从 1.2m 水位下降到 0m，柽柳叶片 G_s、P_n 和 C_i 减小，L_s 增加，表明柽柳在此水位变化范围内，光合作用下降主要以气孔限制为主。

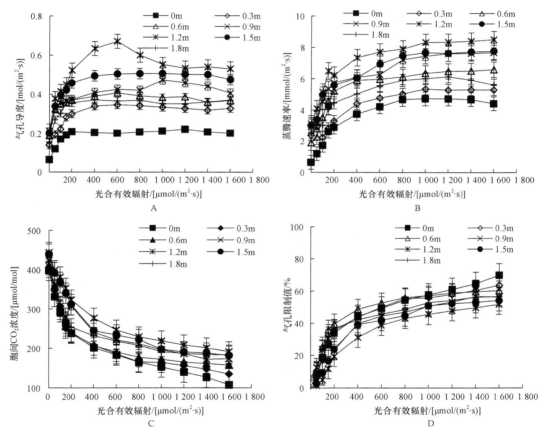

图 5-23　不同潜水水位下柽柳气孔导度（A）、蒸腾速率（B）、胞间 CO_2 浓度（C）和气孔限制值（D）的光响应

5.2.1.4　柽柳叶片水分利用效率的光响应

由图 5-24 可知，不同潜水水位下在低光强[≤200μmol/(m²·s)]时，随着 PAR 的增强，柽柳叶片 WUE 呈直线上升；之后 WUE 随 PAR 的增强缓慢上升直至达到光饱和点。随潜水水位升高，柽柳叶片 WUE 先增加后减小，在 1.2m 潜水水位下，柽柳 WUE 均维持最高水平，最高值为 3.90μmol/(m²·s)。在 1.5m、0.9m、0.6m、1.8m、0.3m 和 0m 潜水水

位下 WUE 最高值分别比 1.2m 水位下降 6.45%、14.02%、17.27%、31.32%、37.42%、52.44%。在低水位（≤0.3m）和高水位（1.8m）下柽柳水分利用效率都显著减小，0.6～1.5m 潜水水位下柽柳可维持较高的水分利用效率。

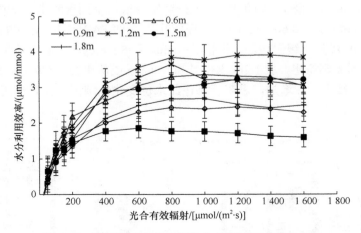

图 5-24　不同潜水水位下柽柳水分利用效率的光响应

5.2.1.5　柽柳树干液流速率的日动态

如图 5-25 所示，不同潜水水位下柽柳树干液流速率日动态差异显著，液流速率出现"昼高夜低"的变化规律，白天液流速率变化明显，夜间液流速率趋近为 0，区别于油松（张涵丹等，2015）具有明显的夜间流量，峰宽大致相同。不同潜水水位下，柽柳树干液流速率呈单峰型且变化平缓，在 6:30 液流启动之后速率迅速升高，之后随太阳辐射的增加变化显著；在 12:00～12:30 液流速率达到最大值之后迅速下降。随潜水水位的升高，柽柳树干液流速率先升高后降低，在 1.2m 潜水水位下达到最大值 81.63g/h，具体表现为：1.2m>1.5m>0.9m>0.6m>1.8m>0.3m>0m；在 1.5m、0.9m、0.6m、1.8m、0.3m 和 0m 潜水水位下，柽柳液流速率的最高值分别比 1.2m 水位下降 21.46%、44.55%、

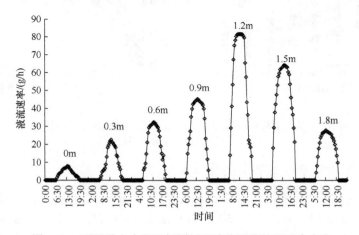

图 5-25　不同潜水水位下柽柳树干液流速率的日动态变化

60.36%、65.85%、72.30%、90.36%，呈现高水位下（≥0.9m，1.8m 除外）的耗水量明显高于低水位（≤0.3m），柽柳树干液流速率在 0.9～1.5m 潜水水位下较高。

5.2.1.6　潜水水位对柽柳光合生理特征的影响

植物光合作用的光响应参数能较好地反映逆境条件下植物的光合潜能、光能利用率及光抑制水平高低等特性，而这些光合参数的变化与潜水水位密切相关。柽柳属深根系植物，依赖地下水补给维持正常生理活动（Horton and Clark，2001），随着水分减少，深根植物从深层次的土壤中吸取水分供自身生长，蒸腾速率、净光合速率显著增加（李周等，2018）。维持柽柳较高光合生产能力的潜水水位为 0.9～1.5m；低水位（≤0.3m）和过高水位（1.8m）下柽柳叶片净光合速率明显小于其他潜水埋深。在地下水深 4.91m 和 6.93m 处，胡杨因为高饱和水汽压差使光合速率在 PAR 不超过 1 600μmol/(m²·s) 时都明显下降（陈亚鹏等，2011），而柽柳在高地下水水位与无地下水情形下的净光合速率与水汽压亏缺关系均不显著（吴桂林等，2016），表明水位过低，土壤水分含量过高，柽柳可受到渍水胁迫，减少了柽柳根系的氧气供给，从而限制了柽柳的生长和养分吸收，柽柳的光合作用较弱，净光合速率较低（张佩等，2011）；随潜水水位的加深，土壤含水量减少，柽柳根系的分支显著减少，柽柳通过较高级根的连接长度将吸水根系延伸到土壤含水量相对稳定的土层（何广志等，2011），柽柳的光合作用增强。但过高水位下（1.8m），柽柳幼苗净光合速率显著降低，这与水位过高，土壤含水量显著降低（土壤相对含水量为 15.61%），出现干旱胁迫有关。因此，淡水生境下，在低水位（≤0.3m）渍水胁迫和高水位（1.8m）干旱胁迫时，柽柳幼苗光合作用受到较大抑制。而本研究发现柽柳在 1.8m 水位下，受干旱胁迫影响柽柳光合作用显著下降，这可能与本研究中柽柳为 3 年生幼苗、生长时间较短，并且为模拟试验且无降水条件有关。

最大净光合速率、暗呼吸速率、表观量子效率、光饱和点和光补偿点是表征植物光合作用的重要参数。在 0.9～1.5m 潜水水位下，柽柳光合能力较强，光合生理活性和对环境变化的适应能力较强。在 0～1.2m 的潜水水位范围内，柽柳最大净光合速率随潜水水位升高、土壤含水量降低而显著增大，在 1.2～1.8m 水位内表现出相反的变化趋势。也有研究发现多枝柽柳最大净光合速率在潜水水位 0.2～1.0m 范围内逐渐增大，在 1.0～4.0m 水位范围内不断降低（王鹏等，2012；邹杰等，2015），与本研究变化趋势类似，即随潜水水位的升高，最大净光合速率先升高后降低。柽柳暗呼吸速率在 0.9～1.2m 水位时显著下降，光合产物高消耗较低，有助于柽柳干物质的积累。旱柳随土壤含水量的减小，表观量子效率、光饱和点先升高后降低，光补偿点先减小后增加（夏江宝等，2013），与本研究随潜水水位的上升，柽柳光饱和点、表观量子效率先升高后降低，光补偿点先减小后增加一致，而随地下水位的上升，芦苇在 1.6～2.7m 地下水位范围内的最大净光合速率、光饱和点、光补偿点、暗呼吸速率降低（刘卫国等，2014），骆驼刺幼苗在 1.0～2.5m 地下水位范围内，光补偿点降低，光饱和点和表观量子效率升高（张晓蕾等，2011），因为干旱半干旱地区，芦苇在大于 2m 地下水位时受到干旱胁迫，在小于 2m 地下水位时受到盐胁迫，所以降低最大净光合速率、光饱和点、光补偿点、暗呼吸速率来抵御胁迫环境。而深根植物骆驼刺在地下水水位较低时其根系有向深层土壤生长发育的趋势。地下水水位较浅时，表层土壤含水量高，根系分布趋于表层，此时骆驼刺幼苗根系的生长受到限制。柽柳在高水位（≥0.9m，1.8m除外）时光适应性强。因此，要维持柽柳叶片在强光下的高光合生产能力，需要适宜的潜水水位，1.2m水位下最佳。在低水位（≤0.3m）或1.8m水位下，柽柳叶片的光能转化能力降低，在弱光利用方面受到较大抑制。可见，在潜水水位过高或过低条件下柽柳受到水分胁迫时，具有降低对光的利用以此补偿逆境水分条件的应对策略（夏江宝等，2013），并且适宜潜水水位导致的土壤水分减少会促进柽柳的光合特性。

在1.2～1.8m的潜水水位下，土壤水分显著下降，但柽柳光合作用的下降并没有发生非气孔限制，表明柽柳的耐旱能力较强，但在1.2m潜水水位下，随土壤含盐量降低或升高，柽柳叶片净光合速率下降分别呈现以非气孔限制或气孔限制为主（孔庆仙等，2016），表明目前的土壤干旱条件还没引起柽柳叶肉光合能力的下降。湿地松幼苗在轻度干旱胁迫下发生气孔限制，重度干旱胁迫下发生非气孔限制，降低蒸腾速率和胞间 CO_2 浓度来降低水分散失的同时加强 CO_2 同化来抵御干旱胁迫的影响（王振夏等，2012）。但本研究在1.8m潜水水位下发生干旱胁迫时，柽柳叶片仍保持相对稳定的气孔导度及稳定的胞间 CO_2 浓度，表明柽柳通过维持叶片胞间 CO_2 浓度在一个稳定的水平上，以此弥补气孔开度减小而造成的 CO_2 进气损失，减轻了同化速率的降低，这可能是柽柳叶片通过气体交换适应地下水水位的一个重要机制（张佩等，2011），表明柽柳幼苗对潜水深水位引起的干旱胁迫适应能力较强。

瞬时水分利用效率反映植物在逆境下适应水分能力的强弱（王会提等，2015）。本研究中随潜水水位升高，土壤含水量降低，柽柳净光合速率、水分利用效率、蒸腾速率呈先上升后下降的趋势，与骆驼刺幼苗随地下水水位升高，净光合速率和蒸腾速率均增大，光合能力随之增强一致（张晓蕾等，2011）；柽柳在低水位（≤0.3m）下，通过低净光合速率、低蒸腾速率来维持高水分利用效率，高潜水水位（≥0.6m）下，柽柳通过高净光合速率、高蒸腾速率来维持高水分利用效率。表明柽柳与梭梭类似，具有一定的高光合、高蒸腾和高水分利用效率特征（田媛等，2014）。柽柳高水位（≥0.6m）下的水分利用效率显著大于低水位（≤0.3m），这与Horton等（2001）研究柽柳的水分利用效率随地下水位的下降而增高的结论一致。王思宇等（2017）认为低水位阶段，植物吸收上升或滞留在根系吸水层内的地下水，在水分充足下水分利用效率较低；在高水位阶段，因重力释水及植物蒸腾，根系吸水层的干旱加重，柽柳叶片通过降低水势来吸收足够水分，导致叶片气孔闭合，水分利用效率增加。吴桂林等（2016）认为在水分充足的条件下，柽柳均通过降低水分利用效率以增加水分消耗成本，维持高效碳同化水平，在无地下水利用时均通过增加水分利用效率以维持碳同化能力。柽柳在干旱胁迫过程中，水分利用效率变化稳定，而且大部分时段还出现升高的趋势，但是淹水胁迫下影响了柽柳正常生理代谢和生长发育，形成了较低的水分利用效率（闫海龙等，2010）。综合分析可知，淡水生境下，柽柳对高水位引起干旱胁迫的适应性强于低水位导致的渍水胁迫，适度干旱生境下仍表现出较强的高效生理用水特性，在水分利用方面表现出一定的水位可塑性。

在科研温室内影响柽柳树干液流速率的太阳辐射、水汽压亏缺、相对湿度和大气温度等气象因子基本一致，潜水水位的波动会引起土壤水分的降低或升高，而土壤含水量的变化会直接引起柽柳树干液流速率的变化，是影响液流峰值的重要原因（杨明杰等，

2018）。在潜水水位 0.9～1.5m 范围内，土壤水分随潜水水位的增加逐渐减低，但柽柳树干液流速率、蒸腾速率、水分利用效率仍维持较高值，表明在高水位土壤干旱胁迫时，柽柳可启动气孔调节功能，导致树干液流速率随土壤水分的减小变化不太剧烈（刘潇潇等，2017）。高水位（≥0.9m，1.8m 除外）下柽柳树干液流速率、日耗水量明显高于低水位（≤0.3m）。在一定的潜水水位范围内，适度潜水水位导致的干旱胁迫会使柽柳蒸腾作用加强、耗水量增加，但土壤含水量过高或过低都会抑制柽柳的蒸腾作用和柽柳树干的液流速率。干旱胁迫引起柽柳的耗水量比渍水胁迫更大（Xia *et al.*，2017b）；宁夏平原北部 3 年生多枝柽柳对 0.8～1.4m 土壤水利用率较高（朱林等，2012）。在黑河下游柽柳对表层 0.2m 土壤水的利用比例平均为 5.5%，对 0.2～0.8m 土壤水的利用也仅为 11.0%，主要利用 0.8m 以下的土壤水和地下水（陈亚宁等，2018）。本研究发现柽柳耗水量主要在 0.9～1.5m 的潜水水位内，说明柽柳在不同水分条件下已形成相应的用水策略，即根系有可利用的地下水源时，植株以高水分消耗将碳获取达到最大化（许皓等，2010）。

5.2.1.7　结论

不同潜水水位会显著影响土壤水分的变化，从而影响柽柳的光合性能、水分利用效率及耗水特性，柽柳叶片净光合速率、光合光响应参数、水分利用效率以及树干液流速率具有明显的水位响应性。淡水生境下，维持柽柳较高净光合速率的适宜潜水水位为 0.9～1.5m，1.2m 是柽柳光合作用的转折水位点。在低水位（≤0.3m）导致渍水胁迫和高水位（1.8m）导致干旱胁迫时，柽柳幼苗光合作用受到较大抑制。适宜水位条件下高光强会提高柽柳的光合能力，水位对柽柳光能利用的补偿效应显著。随潜水水位的升高，柽柳叶片光饱和点、表观光合量子效率和最大净光合速率先升高后降低，在 1.2m 水位下均达最高值；光补偿点先下降后上升。柽柳呈现出耐干旱不耐水湿的光合水分适应性，高水位（≥0.6m）柽柳的光合能力显著高于低水位（≤0.3m），在潜水水位 0.9～1.5m 柽柳光合能力较强，1.2m 是柽柳生长最适宜的潜水水位。

随潜水水位升高，土壤含水量降低，柽柳净光合效率、水分利用效率、蒸腾速率呈先上升后下降的趋势，在潜水水位 1.2m，土壤相对水量为 40.51% 时，柽柳净光合速率 $[21.13\mu mol/(m^2 \cdot s)]$、水分利用效率（3.90μmol/mmol）、蒸腾速率 $[8.51mmol/(m^2 \cdot s)]$ 均表现为最大值。在 0～1.8m 水位，柽柳光合作用下降主要以气孔限制为主，土壤干旱条件还没引起柽柳叶肉光合能力的下降，柽柳耗水量主要在 0.9～1.5m，气孔调节使柽柳在干旱胁迫下仍能维持较高的生理特性。从柽柳光合生理参数的水位效应来看，柽柳光合效率表现出对干旱胁迫的适应性大于渍水胁迫，呈现出耐干旱不耐水湿的水分适应性。

5.2.2　微咸水条件下柽柳光合效率的潜水水位阈值效应

本研究不同于单一土壤介质中的盐旱胁迫对柽柳光合生理过程的影响，而是基于"源库流"理论，以地下水作为水盐运移的主要来源，探讨柽柳光合生理过程对地下水、土壤层 2 介质中水盐变化的响应规律。迄今，大多数研究偏重于潜水水位导致的干旱胁迫与植物关系的研究，很少涉及水盐在地下水-土壤等不同介质层面的变化及其对柽柳生长和光合效率的研究，因而导致柽柳光合生理过程与潜水水位的响应规律及调节机制等诸多具体的生理生态学问题不明确。

在微咸水矿化度下，模拟设置 0～1.8m 共 7 个潜水水位，以 3 年生柽柳幼苗为研究对象，测定分析不同潜水水位对土壤水盐含量、柽柳生物量及叶片光合参数的影响，探讨柽柳光合参数的水位临界点及其阈值效应，明确适宜柽柳较好生长的潜水水位。本研究的假设：①柽柳生长及光合生理过程与潜水水位密切相关；②柽柳主要光合参数存在明显的水位阈值效应。该研究成果可为柽柳光合生理过程与水盐关系的深入研究提供地下水-土壤等介质层面的理论基础，对泥质海岸柽柳林的水盐管理提供技术参考。

5.2.2.1　柽柳土柱的水盐参数

由图 5-26A 可知，微咸水矿化度下，柽柳土柱水分和盐分含量随潜水水位上升逐渐降低，不同潜水水位下两个指标均呈显著差异（$P<0.05$）。但两个指标的变化趋势有所不同，土壤相对含水量先平缓后急剧下降，而土壤含盐量先急剧后平缓下降。在 0～1.8m 潜水水位内，土壤相对含水量和土壤含盐量值分别在 28.2%～79.1%、0.13%～0.80%。在地表淹水即 0m 潜水水位时，土壤相对含水量（79.7%）和土壤含盐量（0.8%）均达最高值，深水位 1.8m 时土壤相对含水量和土壤含盐量分别比 0m 潜水水位下降 64.7% 和 83.5%。

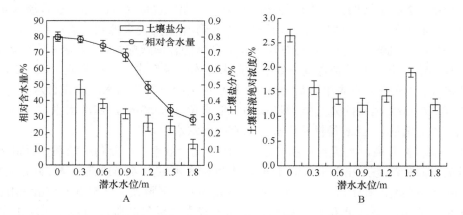

图 5-26　不同潜水水位下土壤含水量、土壤盐分（A）和土壤溶液绝对浓度（B）

由图 5-26B 可知，在 0～1.8m 潜水水位内，土壤溶液绝对浓度值在 1.23%～2.65%。随潜水水位上升，土壤溶液绝对浓度表现为由最高值先降低后升高再下降的趋势（$P<0.05$），在中水位 0.9m 下降到最低值（1.23%），与深水位 1.8m 土壤溶液绝对浓度值（1.24%）无显著差异（$P>0.05$）。

水分是盐分运移的载体，土壤水分运动和潜水蒸发是导致土壤盐分变化的关键因素。受淋溶作用及盐分本身对土壤水分较强的亲和力和气象因子等的影响（Xia et al.，2016；安乐生等，2017），潜水水位是土壤水盐运移、土壤储水量和盐分差异的主要因素（Xia et al.，2016）。浅地下水通过毛管上升作用进入包气带土壤层，致使土壤水盐发生变化，进而影响植物根系生长和叶片光合作用（Gou and Miller，2014）。当地下水位上升至一定范围达到临界深度，盐分才能随水分通过毛细管作用积聚于地表。但由于土壤性状（安乐生等，2017）、地形（Chaudhuri and Ale，2014）、植被（Xia *et al.*，2016）及气候环境（Lavers *et al.*，2015）等因素的不同，致使土壤水盐运移与潜水水位的相关性差异较大。黄河三角洲地下水位浅，矿化度高，蒸降比大，盐分更容易通过毛细管作用向上迁移，易形成次生盐渍化，导致植被和土地生产力退化严重。本研究发现，微咸水矿化度下，潜水水位可显著影响柽柳土柱的土壤相对含水量、土壤含盐量和土壤溶液绝对浓度，随潜水水位上升，土壤相对含水量和土壤含盐量逐渐降低，而土壤溶液绝对浓度先降低后升高再下降，0.9m 潜水水位下土壤溶液绝对浓度达最低值，也是土壤盐分变化的分界水位。但在盐水矿化度下，随潜水水位上升，柽柳土柱土壤相对含水量逐渐降低，而土壤含盐量和土壤溶液绝对浓度先增加后降低，1.2m 潜水水位是土壤盐分变化的分界水位（Xia *et al.*，2016）。高地下水矿化度条件下可通过加速毛管水的上升来增加土壤盐渍化，如果地下水位超过临界水位，地下水及其盐分受蒸发作用可达到土壤表面，盐分在地表进行聚集（Zhang *et al.*，2017）。可见，除了潜水水位之外，地下水矿化度也显著影响土壤盐分及其溶液浓度的变化，并且土壤水分、盐分和溶液绝对浓度并未完全与潜水水位表现出同步性。

5.2.2.2　柽柳的地上和地下生物量干重

由图 5-27A 可知，随潜水水位上升，柽柳茎杆和叶片生物量干重均表现为先升高后降低，然后在深水位 1.8m 时又升高。在 0～1.8m 潜水水位内，柽柳茎杆和叶片生物量分别在 24.64～148.39g、13.83～78.76g，差异均显著（$P<0.05$），并且茎杆生物量显著高于叶片生物量。在中水位 0.9m 处，柽柳茎杆和叶片生物量均达最高值，分别是 0m 潜水水位最低值的 6.0 倍和 5.7 倍。

由图 5-27B 可知，随潜水水位上升，柽柳地上、地下和总生物量干重均表现为先升高，在中水位 0.9m 处均达最高值，此后又降低再升高。在 0～1.8m 潜水水位内，柽柳总生物量和地下生物量分别为 82.26～488.28g、43.79～289.61g，差异均显著（$P<0.05$），并且高水位（≥0.9m）地下生物量和总生物量显著高于低水位（≤0.6m）。潜水水位对柽柳地上和地下生长影响差异较大，在≥0.9m 的高水位下，柽柳地下生物量显著高于地上生物量，但在 1.2m 潜水水位和低水位（≤0.6m）下柽柳地上和地下生物量差异不显著（$P>0.05$）。

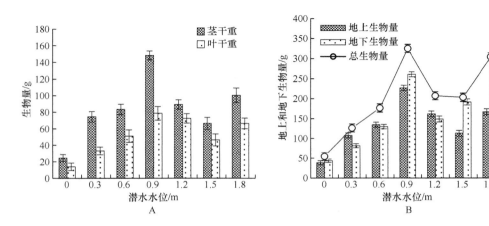

图 5-27　不同潜水水位下柽柳地上茎杆、叶（A）生物量和总生物量（B）干重

5.2.2.3 柽柳叶片光合效率的光响应

（1）净光合速率的光响应

由图 5-28 可知，不同潜水水位下柽柳叶片净光合速率的光响应过程相似，整体表现为随光强的增加，净光合速率先升高，达到光饱和点后再下降。随潜水水位上升，柽柳叶片净光合速率先增大后减小，在中水位 0.9m 处净光合速率达最高值[41.1μmol/（m²·s）]，净光合速率均值大小表现为 0.9m>1.2m>0.6m>1.5m>1.8m>0.3m>0m。过低或过高的潜水水位都会抑制柽柳叶片的光合作用，适宜的潜水水位可显著增强柽柳的光合能力，但高水位（≥1.2m）的柽柳叶片光合能力显著高于低水位（≤0.6m）。

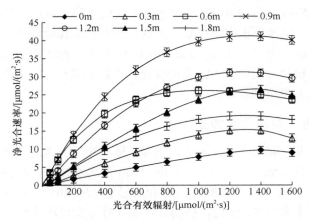

图 5-28　不同潜水水位下柽柳叶片净光合速率的光响应

由表 5-8 可知，随潜水水位上升，柽柳叶片表观量子效率、最大净光合速率先升高后降低，中水位 0.9m 时两者均达最高。其中 0m、0.3m、0.6m、1.2m、1.5m 和 1.8m 潜水水位下，表观量子效率分别比 0.9m 潜水水位（0.089mol/mol）下降 89.9%、79.8%、3.4%、40.5%、65.2%和65.2%；最大净光合速率分别比 0.9m 潜水水位[41.2μmol/（m²·s）]下降 76.5%、62.9%、36.6%、24.3%、35.7%和53.4%。暗呼吸速率随潜水水位上升先升高后下降，在 1.2m 潜水水位处达最大值，而光补偿点先降低后升高，在 0.9m 潜水水位处达最低值。不同潜水水位下，光饱和点除了 0.6m 潜水水位较低之外，其他水位光饱和点差异不显著（$P>0.05$）。分析表明，在中水位 0.9m 时，柽柳叶片利用弱光的能力

表 5-8　柽柳叶片光合光响应参数

潜水水位/m	表观量子效率/（mol/mol）	最大净光合速率/[μmol/（m²·s）]	暗呼吸速率/[mmol/（m²·s）]	光补偿点/[μmol/（m²·s）]	光饱和点/[μmol/（m²·s）]
0	0.009	9.7	0.15	45.8	133 7
0.3	0.018	15.3	0.31	34.7	130 3
0.6	0.086	26.1	0.59	29.8	103 2
0.9	0.089	41.2	0.78	24.3	130 9
1.2	0.053	31.2	1.05	25.8	128 1
1.5	0.031	26.5	0.80	27.9	136 4
1.8	0.031	19.2	0.45	36.7	129 3

最强，具有较高的光合潜能，而地表淹水（0m 潜水水位）严重抑制了柽柳的光合能力，光能利用率最低。高水位（≥0.9m）下柽柳光能利用率、最大净光合速率显著高于低水位（≤0.6m）。

（2）蒸腾速率的光响应

由图 5-29 可知，不同潜水水位下柽柳叶片蒸腾速率的光响应曲线类似，低光强[≤200μmol/(m²·s)]下，柽柳叶片蒸腾速率随光强升高显著增加，但光强超过 600μmol/(m²·s)后，蒸腾速率对光合有效辐射响应不敏感，持续升高的光合有效辐射并未导致蒸腾速率显著增加。不同潜水水位下柽柳蒸腾速率最高值在 4.63～12.19mmol/(m²·s)，差异极显著（$P<0.01$）。柽柳蒸腾速率随潜水水位上升先升高后降低，在中水位 0.9m 时，柽柳蒸腾作用达到最高水平，蒸腾速率最高值达 12.19mmol/(m²·s)。蒸腾速率均值表现为 0.9m>1.2m>1.5m>0.6m>0.3m>1.8m>0m，在 0m、0.3m、0.6m、1.2m、1.5m 和 1.8m 潜水水位下蒸腾速率最高值分别比 0.9m 潜水水位下降 62.0%、40.4%、32.5%、10.5%、23.6%和50.2%。过低或过高的潜水水位都会导致柽柳蒸腾速率降低，在中水位 0.9m 时柽柳蒸腾作用最强，其次是 1.2～1.5m 潜水水位，而高水位 1.8m 和地表淹水时柽柳蒸腾耗水能力显著减弱。

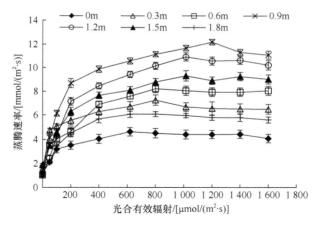

图 5-29 不同潜水水位下柽柳叶片蒸腾速率的光响应

（3）水分利用效率的光响应

由图 5-30 可知，不同潜水水位下，在低光强[≤400μmol/(m²·s)]时，随光合有效辐射增强，柽柳叶片水分利用效率上升较快，达到光饱和点[1 200μmol/(m²·s)]后，随光合有效辐射增强水分利用效率呈现轻微下降趋势，但中水位 0.9m 时水分利用效率一直呈现升高趋势。柽柳叶片水分利用效率均值表现为 0.9m>0.6m>1.2m>1.8m>1.5m>0.3m>0，水分利用效率最大值在 2.09～3.63μmol/mmol。随潜水水位上升柽柳水分利用效率先升高后下降，中水位 0.9m 时水分利用效率维持在最高水平，其次为 0.6m 和 1.2m 潜水水位；而潜水水位≤ 0.3m 时，水分利用效率维持在较低水平。高的潜水水位（≥0.6m）和高的光合有效辐射[≥1 200μmol/(m²·s)]可显著提高柽柳叶片水分利用效率。

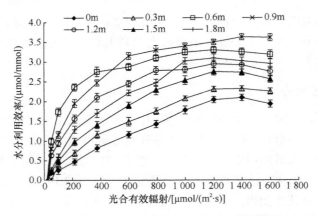

图 5-30　不同潜水水位下柽柳叶片水分利用效率的光响应

（4）气孔导度、胞间 CO_2 浓度和气孔限制值的光响应

由图 5-31A 可知，不同潜水水位下柽柳叶片气孔导度光响应与蒸腾速率光响应过程类似。随潜水水位上升，气孔导度先升高后降低，在中水位 0.9m 时达最高值，其次是

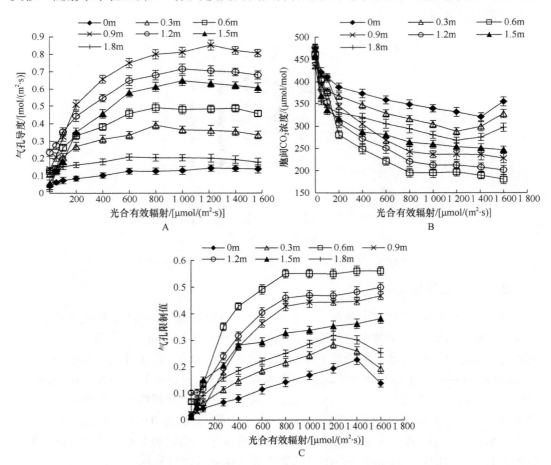

图 5-31　不同潜水水位下柽柳叶片气孔导度（A）、胞间 CO_2 浓度（B）和气孔限制值（C）的光响应

1.2m 和 1.5m 潜水水位，而深水位 1.8m 和地表淹水 0m 潜水水位时，柽柳叶片气孔导度达较低水平。依据气孔限制分析理论（Farquhar and Sharkey，1982），随水位 0.9m 升高到 1.2m 或下降到 0.6m，呈现柽柳净光合速率下降，伴随气孔导度和胞间 CO_2 浓度下降，气孔限制值升高的趋势，表现为此水位范围内净光合速率下降以气孔限制为主。而随水位 0.9m 升高到 1.5～1.8m 或下降到 0～0.3m，均呈现净光合速率下降，伴随气孔导度和气孔限制值下降，胞间 CO_2 浓度升高的趋势，表现为净光合速率下降以非气孔限制为主。从气孔导度、胞间 CO_2 浓度和气孔限制值的光响应过程来看，在浅水位（≤0.3m）和深水位 1.8m 时，超过一定光合有效辐射后，胞间 CO_2 浓度随光合有效辐射升高先下降后升高，气孔限制值先升高后下降，即在此水位范围内，净光合速率下降存在由气孔限制转变为非气孔限制的光合有效辐射临界点，0m、0.3m 和 1.8m 潜水水位的光合有效辐射临界值分别为 1 400μmol/(m²·s)、1 200μmol/(m²·s)和 1 200μmol/(m²·s)，接近其净光合速率光饱和点。而在其他水位（0.6～1.5m）下，随光合有效辐射升高，均表现为胞间 CO_2 浓度降低气孔限制值升高，即此水位范围内，净光合速率随光合有效辐射升高而下降的原因主要以气孔限制为主。

5.2.2.4 柽柳叶片光合效率的水位有效性分级及评价

（1）柽柳叶片主要光合参数的水位临界效应

由图 5-32 可知，柽柳叶片净光合速率、蒸腾速率和水分利用效率随潜水水位（DGW）上升，表现为先升高后下降。采用饱和光强光合有效辐射为 1 200～1 400μmol/(m²·s)

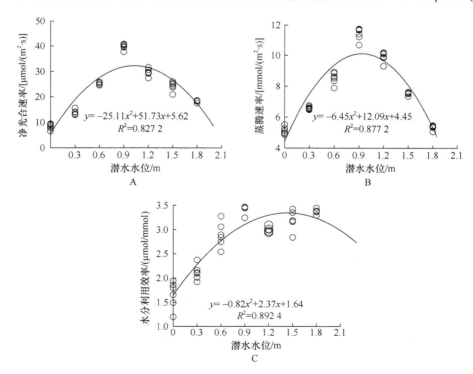

图 5-32 柽柳叶片净光合速率（A）、蒸腾速率（B）和水分利用效率（C）对潜水水位的响应

时对应的净光合速率值，分析柽柳净光合速率对潜水水位的响应规律（图 5-32A），其拟合结果符合二次方程（$P_n=-25.11DGW^2+51.73DGW+5.62$，$R^2=0.827$）。由此模拟方程确定出维持净光合速率最高值的潜水水位为 1.03m；净光合速率为 0 时对应的潜水水位分别为 2.16m 和–0.11m（负值可认为达到淹水条件，结合本研究可表述为 0m 潜水水位），表明在 DGW≥2.16m 和地表淹水条件下，柽柳叶片光合作用受到较大抑制，苗木存活受到限制。根据净光合速率拟合方程的积分式（x 为 DGW）：

$$\overline{P}_n = \frac{1}{1.8}\int_0^{1.8}\left(\frac{-25.11}{3}x^3+\frac{51.73}{2}x^2+5.62x\right)^3 dx$$

求出 0～1.8m 潜水水位范围内净光合速率的平均值为 25.05μmol/(m²·s)，其对应的潜水水位分别为 0.49m 和 1.57m。由此认为，维持柽柳叶片光合作用中等水平的潜水水位范围为 0.49～1.57m，其中最适宜的潜水水位为 1.03m，而 DGW≥2.16m 和淹水条件（≤0m）对柽柳光合作用均无效。

在光合有效辐射为 1 200～1 400μmol/(m²·s)时，柽柳叶片蒸腾速率和水分利用效率的水位响应过程也符合二次方程（图 5-32B、C）。蒸腾速率和水分利用效率的拟合方程积分式分别为

$$\overline{T}_r = \frac{1}{1.8}\int_0^{1.8}\left(\frac{-6.45}{3}x^3+\frac{12.09}{2}x^2+4.45x\right)dx$$

$$\overline{WUE} = \frac{1}{1.8}\int_0^{1.8}\left(\frac{-0.82}{3}x^3+\frac{2.37}{2}x^2+1.64x\right)dx$$

类似上述方法可确定出维持柽柳蒸腾速率最高值的潜水水位为 0.94m，0～1.8m 潜水水位范围内的蒸腾速率平均值为 8.36mmol/(m²·s)，其对应的潜水水位分别为 0.42m 和 1.46m。维持柽柳水分利用效率最高值的潜水水位为 1.44m，0～1.8m 潜水水位范围内的水分利用效率平均值为 2.89μmol/mmol，其对应的潜水水位分别为 0.69m 和 2.19m。

（2）柽柳叶片光合效率的水位阈值分级

通过上述拟合方程，得到柽柳叶片净光合速率和水分利用效率最高值、最低值及其平均值对应的水位临界值，并结合净光合速率和水分利用效率随潜水水位的响应规律（图 5-32），建立以净光合速率和水分利用效率为指标的光合效率水位阈值分级（表 5-9）。用"产"（净光合速率）和"效"（水分利用效率）的概念代替了以往研究中"效"（根系吸水难易）的概念，赋予"产"和"效"更加明确的植物生理学意义，并结合上述拟合积分方程计算不同模拟水位（0～1.8m）范围内净光合速率和水分利用效率均值，为明确"产"和"效"提供理论依据。净光合速率为 0 时对应的潜水水位分别为 0m 和 2.16m，可称为"净光合速率水位补偿点"，在≤0m 和≥2.16m 的潜水水位下，柽柳叶片 P_n≤0，将此水位范围称为"无产无效水位"。将净光合速率和水分利用效率获得最大值时的潜水水位分别称为"净光合速率水位饱和点"和"水分利用效率水位高效点"，对应潜水水位分别为 1.03m 和 1.44m，因此，将 1.03～1.44m 称为"高产高效水位"，此水位范围内净光合速率类均值较高，达到净光合速率最高水平[32.26μmol/（m²·s）]的 95.6%，水

分利用效率类均值达到其最高水平（3.35μmol/mmol）的 98.5%。以净光合速率和水分利用效率均值点对应的水位范围可称为"中产中效水位"，能获得中等以上的净光合速率和水分利用效率，对应的潜水水位为 1.44～1.57m 和 0.69～1.03m。据此，可以确定 0～0.49m 和 1.57～2.16m 分别称为"低产低效水位"和"低产中效水位"；0.49～0.69m 称为"中产低效水位"。依据净光合速率和水分利用效率拟合方程积分式，求出不同潜水水位阈值范围内的柽柳"产效"拟合均值，具体见表 5-9。

表 5-9　柽柳叶片光合效率的水位临界点及其阈值分级

潜水水位临界指标	水位临界值/m	潜水水位有效性分级	水位阈值范围/m	产效拟合均值	
				[μmol/（m²·s）]	（μmol/mmol）
净光合速率水位补偿点	0, 2.16	无产无效水	≤0 或 ≥2.16	0	0
净光合速率水位饱和点	1.03	低产低效水	0～0.49	16.29	2.16
净光合速率水位均值点	0.49, 1.57	中产低效水	0.49～0.69	27.31	2.75
水分利用效率水位高效点	1.44	中产中效水	0.69～1.03；1.44～1.57	28.92	3.20
水分利用效率水位均值点	0.69, 2.19	高产高效水	1.03～1.44	30.85	3.30
		低产中效水	1.57～2.16	14.01	3.17

目前基于光合生理指标的土壤水分有效性分级为限值求解法，主要依据光合指标与土壤水分之间的定量关系，通过求解的光合参数水分低限值和高限值，对土壤水分有效性进行划分（Zhang et al.，2010，2014）。限值求解法确定出了维持植物光合效率的土壤水分低限值和高限值，但对中等水平的光合效率值未定量界定。本研究在借鉴土壤水分限值求解法的基础上，引入"光合参数-潜水水位"数学模型积分求解净光合速率和水分利用效率均值，再用模型求解两参数均值对应的水位点作为中等光合效率的分界值（图 5-32 和表 5-9），如净光合速率水位补偿点和饱和点、水分利用效率水位高效点等，据此可依据维持净光合速率和水分利用效率水平高低的低限值、高限值和中等值进行柽柳光合效率水位阈值分级与评价，本方法可称为植物"光合-水位"临界值分类法。确定出黄河三角洲柽柳在潜水水位≤0m 或潜水水位≥2.16m 时为无产无效水位，0m<潜水水位<0.49m 为低产低效水位，0.69m<潜水水位<1.03m 和 1.44m<潜水水位<1.57m 为中产中效水位。1.03m<潜水水位<1.44m 为高产高效水位，这一潜水水位范围既可使柽柳具有较高的光合能力，又抑制了蒸腾作用引起的低效耗水，保证了柽柳叶片的高效生理用水。Cui 等（2010）发现了类似的结果，潜水水位<1.5m 并且在低盐度（<30psu）条件下更加适合黄河三角洲区域柽柳生长。比较其他研究，河岸地带多枝柽柳在 0.2～0.6m 的潜水水位下更适合生长（Li et al.，2013）；民勤绿洲边缘地区，柽柳生长的最适生态水位为 2～3m，生态警戒水位为 4m，死亡临界地下水位为 10m（徐高兴等，2017）。可见，柽柳光合生理过程对潜水水位有一定的适应性和抵抗性（Cui et al.，2010；Li et al.，2013；Chen et al.，2016；李亚飞等，2017），柽柳比较活跃的光合生理活动是在适度的水位范围之内，这一适宜水位范围与柽柳长期生长的土壤水盐生境和地下水矿化度密切相关。

5.2.2.5　潜水水位对柽柳生长和叶片光合参数的影响

植物光合特性可较好反映植物生长及其水分利用对逆境条件的适应能力（Chen et al.，2012；Li et al.，2013）。光合参数是反映植物对逆境生理过程响应的主要敏感指标，通过研究光合特征对潜水水位的响应有助于阐明植物在水盐生境变化中的生理适应性（王鹏等，2012；党亚玲等，2017；Xia et al.，2017a）。地下水是影响植物生理过程（Cui et al.，2010；Li et al.，2013；李亚飞等，2017）、植物分布（Felipe et al.，2012；安乐生等，2017）和生长（白玉锋等，2017；徐高兴等，2017）的重要生态因子，对植物的光合作用（王鹏等，2012；刘卫国和邹杰，2014）及水分利用（Chen et al.，2016；吴桂林等，2016；李亚飞等，2017）影响较大。

柽柳植根于土壤中，土壤水分和盐分显著影响柽柳生长。地下水位下降速度可显著影响柽柳幼苗生长率和存活率（Horton et al.，2001）。土壤水盐条件可显著影响多枝柽柳幼苗的整株生物量（Shogo et al.，2015）。随潜水水位下降，中国民勤绿洲区柽柳灌丛逐渐衰退（徐高兴等，2017），塔里木河下游荒漠植物的地上生物量呈降低趋势（白玉锋等，2017）。本研究发现，微咸水矿化度下，柽柳在 0.9m 潜水水位时，土壤盐分迅速下降，土壤溶液绝对浓度达到最低值，柽柳生物量最高，而水位过低或过高均降低了柽柳生物量。但低水位（≤0.6m）比高水位（≥0.9m）更能抑制柽柳生长，地表淹水条件下柽柳生长受到严重抑制。这主要是因为潜水水位和土壤盐分是影响黄河三角洲柽柳生长的关键要素（Cui et al.，2010；安乐生等，2017），而地下水矿化度是影响土壤盐分的主要因子（Xia et al.，2017b）。微咸水矿化度下，低水位土壤含盐量和土壤溶液绝对浓度均处于较高状态，盐分胁迫限制了柽柳生长。柽柳个体与土壤盐分和地下水水位密切相关，地下水位（<1.5m）和低盐度（<30psu）是柽柳最适宜的生长条件（Cui et al.，2010）。

净光合速率光响应参数能较好反映逆境条件下植物的光合潜能、光能利用率及光抑制水平高低等特性（Chen et al.，2012，2016；Li et al.，2013）。植物叶片气体交换参数有助于确定植物光合作用机构是否运转正常（Li et al.，2013）、判别植物的水盐适应性（王鹏等，2012；Xia et al.，2017b）、蒸腾耗水（Yu et al.，2017）和水分利用效率（吴桂林等，2016；李亚飞等，2017）等，而这些参数的变化与土壤水盐、潜水水位密切相关（王鹏等，2012；李熙萌等，2016；党亚玲等，2017）。微咸水矿化度下，潜水水位过高或过低均可抑制柽柳的光合能力、蒸腾耗水和水分利用效率。在 0.9m 潜水水位柽柳光补偿点最低，最大净光合速率、光饱和点、表观量子效率、蒸腾速率和水分利用效率均最高，显著增强了柽柳对强光和弱光的利用能力，光照生态幅较宽，提高了柽柳的光能捕获范围和光合能力，增加了同化量，柽柳生理用水显著提高。高水位（>0.9m，此时土壤相对含水量和土壤含盐量显著降低）下柽柳的光合能力显著高于低水位（<0.6m，此时土壤相对含水量和土壤含盐量显著升高），在地表淹水 0m 潜水水位下柽柳净光合速率、蒸腾速率和水分利用效率均达最低值。这主要是因为高水位下柽柳土柱土壤溶液绝对浓度较高，土壤相对含水量较低，柽柳光合效率受干旱胁迫为主；低水位下柽柳土柱土壤相对含水量、土壤含盐量和土壤溶液绝对浓度均较高，柽柳光合生理过程受盐分胁迫为主；而只有在中水位 0.9m 处，柽柳土柱土壤溶液绝对浓度最低，土壤相对含水量适宜，土壤含盐量（0.31%）较低，土壤属于轻度盐碱类型，柽柳光合性能、

蒸腾作用及水分利用效率均达较高水平。在潜水水位变化导致的干旱生境内，植物可通过气孔优化调控（Farquhar and Sharkey，1982）和调节叶片运动等形态、生理途径，使碳同化过程和水分丧失达到平衡（Juvany et al.，2013），提高水分利用效率是植物在干旱地区生存和繁衍的主要适应策略。Brotherson 和 Field（1987）发现在有利的水分条件下，柽柳可通过高耗水维持高效的碳同化能力，这是柽柳入侵北美西南河岸生态系统并逐渐替代本土杨属植物的重要原因。相关研究发现，潜水水位>5.2m 和<2.7m 时，土壤水分和盐分分别成为降低胡杨叶片气孔密度的主要因子（Zhao et al.，2012）；潜水水位下降会显著降低胡杨、榆树的光合性能和水分利用效率（Chen et al.，2011；苏华等，2012）；在胡杨正常生长的地下生态水位 4.5m 以内，土壤盐分不是影响胡杨水分消耗的主要因子（马建新等，2010；Chen et al.，2011）；潜水水位过低会抑制多枝柽柳生长，矿化度增大会减弱光合能力和气孔调节能力，在 20cm 潜水水位，地下咸水矿化度（3.00～10.00g/L）下，多枝柽柳的光合参数和水分利用效率最高（王鹏等，2012）。干旱生境下植物水分利用效率随地下水位加深而逐渐降低（Liu et al.，2017），土壤水分对植物蒸发散的贡献率远超过气候因子（Yu et al.，2017）。从植物光合参数和水分利用效率来看，2.25m 潜水水位最适宜塔干柽柳在博斯腾湖湿地环境中生长（党亚玲等，2017）。可见，滨海或河岸带区域植被生长受潜水水位及其矿化度的双重影响较大，水位-盐分对柽柳光合生理过程及柽柳生长所直接汲取的水盐来源利用上存在较大差异，这除了与生境条件和植物种类不同有关外，还可能与采用的土壤含水量和土壤含盐量这些表观性指标不能真正反映水盐逆境特征有关。综上所述，土壤溶液绝对浓度是影响柽柳光合参数的关键要素，而潜水水位是通过影响土壤水分和盐分来影响土壤溶液绝对浓度的。在土壤溶液绝对浓度都较高的低水位和高水位下，土壤盐分和土壤水分分别成为影响柽柳光合性能和水分利用的敏感要素。

5.2.2.6　潜水水位对柽柳光合作用气孔限制的影响

气孔是植物进行 CO_2 和水汽交换的主要通道，而气孔导度则是反映这种交换能力的一个重要生理指标。气孔导度是限制光合作用的一个重要因素（Bowes，1991），但只依靠气孔导度的大小来判断对植物光合作用的限制是不全面的，还有一些非气孔限制，研究表明核酮糖-1,5-二磷酸（RuBP）羧化酶是非常重要的非气孔限制因素（Huber et al.，1984）。本研究发现，在 0.6～1.5m 潜水水位下，柽柳土柱土壤相对含水量为 33.91%～74.22%，土壤含盐量为 0.24%～0.38%，土壤溶液绝对浓度为 1.35%～1.89%；柽柳净光合速率下降以气孔限制为主，主要是柽柳气孔导度减小导致的 CO_2 供应受阻。而在浅水位≤0.3m（柽柳土柱土壤相对含水量为 78.29%～79.74%，土壤含盐量为 0.47%～0.80%，土壤溶液绝对浓度为 1.59%～2.65%）和深水位 1.8m（柽柳土柱土壤相对含水量为 28.18%，土壤含盐量为 0.13%，土壤溶液绝对浓度为 1.24%）均存在由气孔限制转变为非气孔限制的光合有效辐射临界点，发生强光胁迫产生光抑制，光合酶活性、光能利用率和光合生产能力严重下降，且不同水位下发生非气孔限制转变的光合有效辐射差异较大，这与净光合速率下降（在浅水位受土壤盐分胁迫和高水位受土壤干旱胁迫）有一定关系。相关研究发现，适宜水分条件下，紫藤没有发生光合作用的非气孔限制，但当水分过高（>80.3%）或水分过低（<55.9%）时，随光合有效辐射增加，光合作用均会出现

由气孔限制向非气孔限制的转变（夏江宝等，2007）。苹果树由气孔限制转变为非气孔限制的水分转折点土壤相对含水量为 48%，当土壤相对含水量<48%时，苹果树净光合速率下降以非气孔限制为主（Zhang *et al.*，2010）。淡水和盐水处理下柽柳光合作用下降分别以气孔限制和非气孔限制为主，随地下水矿化度升高，柽柳光合作用下降由气孔限制转变为非气孔限制的光合有效辐射临界值由 1 200μmol/(m²·s)下降到 1 000μmol/(m²·s)（Xia *et al.*，2017a）。可见非气孔限制的出现除了取决于柽柳本身抗逆能力的强弱，还与地下水水位及其矿化度和光照强度等生态因子密切相关，特别是地下水导致的土壤水分和盐分胁迫是关键因素。

5.2.2.7　结论

土壤水盐运移和分布与潜水水位密切相关。潜水水位变化可影响土壤相对含水量和土壤含盐量，特别是土壤溶液绝对浓度，从而对柽柳生长及其光合生理过程产生重要影响。

微咸水矿化度下，随潜水水位上升，柽柳土柱的土壤相对含水量和土壤含盐量逐渐降低，而土壤溶液绝对浓度和柽柳生物量先下降后升高又下降，净光合速率、蒸腾速率、水分利用效率等光合参数先升高后降低。0.9m 潜水水位是土壤盐分显著变化的转折水位，此水位下土壤溶液绝对浓度最低，柽柳生长和光合生理活性均达最高水平，光照生态幅较宽，水分和光能利用率最高。

土壤溶液绝对浓度是影响柽柳生长及光合效率的关键要素，高水位下土壤干旱胁迫和低水位下土壤盐分胁迫是影响柽柳光合生理过程的限制因子，也是水位由 0.9m 上升到 1.8m 或下降到 0.3m，柽柳光合下降由气孔限制转变为非气孔限制的主要原因。在低水位（≤0.3m）和深水位（1.8m），柽柳叶片净光合速率下降受光合有效辐射影响较大，存在由气孔限制转变为非气孔限制的光合有效辐射临界值[1 200～1 400μmol/(m²·s)]。

柽柳叶片光合效率对潜水水位存在明显的阈值效应，水位过高或过低都会抑制柽柳生长及其光合性能，但高水位（≥0.9m）下柽柳生长及其叶片光合能力显著高于低水位（<0.6m）。地表淹水导致的水分和盐分胁迫会严重抑制柽柳的光合积累和正常生理过程，容易引起其退化或死亡。基于植物"产"（净光合速率）、"效"（水分利用效率）概念，研究建立了柽柳"光合参数-潜水水位"数学模型和"光合-水位"临界值分类法，其中 1.03～1.44m 为"高产高效水位"，此水位范围内柽柳具有较高的光合能力和高效生理用水特性。柽柳表现出较好的耐干旱而不耐盐分和淹水胁迫的适应特性。在实测值0.9m 潜水水位，模拟值 1.03m 潜水水位下，黄河三角洲柽柳的适应能力最好。研究结果可为黄河三角洲微咸水矿化度下柽柳的适宜水位选择及水盐栽培管理提供理论依据和技术参考。

5.2.3　盐水矿化度下不同潜水水位对柽柳光合作用的影响

本研究在盐水矿化度下，模拟设置不同潜水水位，探讨盐水矿化度下，柽柳光合作用的限制因素和植物光系统 II 的运转情况，分析柽柳在不同潜水水位下的光合作用响应机制，以期为黄河三角洲河口湿地柽柳的栽植管理提供依据和参考。

5.2.3.1　栽植柽柳土壤柱体的水盐参数

不同潜水水位下，种植柽柳的土壤相对含水量、土壤含盐量和土壤溶液绝对浓度平均值都差异显著（$P<0.05$，表 5-10）。随着潜水水位的增加，土壤相对含水量逐渐减小；随着潜水水位的增加，土壤含盐量在潜水水位 1.2m 时最大，为 1.13%；土壤溶液绝对浓度同样在潜水水位 1.2m 时最大，为 0.06%。

表 5-10　不同潜水水位下的土壤水盐参数

潜水水位/m	土壤相对含水量/%	土壤含盐量/%	土壤溶液绝对浓度/%
0	97.58±3.25a	0.50±0.02d	0.01±0.0003d
0.3	79.42±2.65b	0.62±0.02c	0.02±0.0006c
0.6	71.52±2.38cd	0.71±0.02c	0.03±0.001bc
0.9	67.84±2.26d	0.86±0.03b	0.04±0.001b
1.2	51.51±1.72e	1.13±0.03a	0.06±0.002a
1.5	34.86±1.62f	0.30±0.01e	0.04±0.001b
1.8	29.66±0.99g	0.22±0.01e	0.03±0.001bc

注：同列数据不同小写字母表示在不同潜水水位下差异显著（$n=3$，$P<0.05$）。

5.2.3.2　柽柳叶片的气体交换参数

当潜水水位为 0.9m 时，柽柳叶片净光合速率最大，为 49.19μmol/(m²·s)（表 5-11）；当潜水水位为 0m 时，柽柳叶片净光合速率最低，为 11.13μmol/(m²·s)。当潜水水位为 0.6m 和 1.2m 时，柽柳叶片净光合速率差异不显著（$P>0.05$）；而柽柳叶片在潜水水位为 1.5m 和 1.8m 时的净光合速率较 0.3m 时显著增加（$P<0.05$）。整体上，中、高潜水水位（≥0.6m）下，柽柳叶片净光合速率高于低潜水水位（≤0.3m）。

表 5-11　不同潜水水位下柽柳叶片的净光合速率

参数	潜水水位/m						
	0	0.3	0.6	0.9	1.2	1.5	1.8
净光合速率/[μmol/(m²·s)]	11.13±0.17e	29.21±1.31d	43.82±0.49b	49.19±0.98a	43.00±2.76b	39.80±1.25c	38.90±0.83c

随着潜水水位的增加，柽柳叶片细胞间隙 CO_2 浓度呈现单峰型变化，当潜水水位为 0.6m 时，达到最大值，为 311μmol/mol（表 5-12）；当潜水水位为 0m 时，柽柳叶片细胞间隙 CO_2 浓度最小，为 214μmol/mol。当潜水水位为 0.3m、1.5m 和 1.8m 时，柽柳叶片细胞间隙 CO_2 浓度都明显小于潜水水位 0.9m，但差异不显著（$P>0.05$）。

表 5-12　不同潜水水位下柽柳叶片的细胞间隙 CO_2 浓度

参数	潜水水位/m						
	0	0.3	0.6	0.9	1.2	1.5	1.8
细胞间隙 CO_2 浓度/（μmol/mol）	214±5e	254±5d	311±4a	270±4b	263±3bc	261±5cd	261±5cd

随着潜水水位的增加，柽柳叶片气孔限制值呈现波动变化（表 5-13）。当潜水水位为 0m 时，柽柳叶片气孔限制值达到最大值，为 0.468；当潜水水位为 0.6m 时，达到

最小值，为 0.208。当潜水水位为 0.9m、1.2m 和 1.5m 时，柽柳气孔限制值差异不显著（$P > 0.05$）。

表 5-13 不同潜水水位下柽柳叶片的气孔限制值

参数	潜水水位/m						
	0	0.3	0.6	0.9	1.2	1.5	1.8
气孔限制值	0.468±0.006a	0.377±0.039b	0.208±0.009e	0.314±0.011c	0.318±0.002c	0.329±0.013c	0.243±0.007d

随着潜水水位的增加，柽柳叶片气孔导度波动变化（表 5-14）。当潜水水位为 0m 时，柽柳叶片的气孔导度最小，为 0.108μmol/(m²·s)；当潜水水位为 1.8m 时，气孔导度最大，为 0.922μmol/(m²·s)。当潜水水位为 0.6m、0.9m 和 1.2m 时，柽柳叶片气孔导度差异不显著（$P > 0.05$），但都显著高于潜水水位为 0.3m 和 1.5m 时（$P < 0.05$）。

表 5-14 不同潜水水位下柽柳叶片的气孔导度

参数	潜水水位/m						
	0	0.3	0.6	0.9	1.2	1.5	1.8
气孔导度/[μmol/(m²·s)]	0.108±0.003d	0.516±0.071c	0.758±0.025b	0.784±0.034b	0.748±0.080b	0.606±0.040c	0.922±0.030a

5.2.3.3 柽柳叶片的叶绿素荧光参数

在不同潜水水位下，柽柳叶片植物光系统 II 最大光能转换效率为 0.846~0.855，各潜水水位下差异不显著（$P > 0.05$）（表 5-15）。随着潜水水位的增加，柽柳叶片植物光系统 II 的电子传递量子效率呈单峰型变化，当潜水水位为 0.9m 时，电子传递量子效率最大，为 0.210；当潜水水位为 0m 时，柽柳叶片植物光系统 II 的电子传递量子效率最小，为 0.166。不同潜水水位下，柽柳叶片植物光系统 II 的电子传递量子效率差异显著（$P < 0.05$）。

表 5-15 不同潜水水位下柽柳叶片植物光系统 II 最大光能转换效率和电子传递量子效率

参数	潜水水位/m						
	0	0.3	0.6	0.9	1.2	1.5	1.8
最大光能转换效率	0.852±0.008a	0.841±0.001a	0.854±0.003a	0.855±0.003a	0.853±0.005a	0.846±0.006a	0.848±0.007a
电子传递量子效率	0.166±0.008e	0.176±0.008d	0.202±0.006b	0.210±0.005a	0.195±0.007b	0.186±0.008c	0.181±0.009cd

随着潜水水位的增加，柽柳叶片光化学猝灭系数呈单峰型变化（表 5-16）。当潜水水位为 0.6m 时，柽柳叶片光化学猝灭系数最大，为 0.378；当潜水水位为 0m 时最小，为 0.346。当潜水水位大于 0.6m 时，柽柳光化学猝灭系数差异不显著（$P > 0.05$），但显著高于潜水水位为 0m 和 0.3m 时（$n=9$，$P < 0.05$）。当潜水水位为 0.6m 和 0.9m 时，柽柳叶片植物光系统 II 反应中心全部开放时的激发能捕获效率都较高，分别为 0.536 和 0.541，显著高于潜水水位为 0m、0.3m 和 1.8m 时（$n=9$，$P < 0.05$），而与潜水水位为 1.2m 时的差异不显著（$P > 0.05$）。

表 5-16　不同潜水水位下柽柳叶片的光化学猝灭系数和激发能捕获效率

参数	潜水水位/m						
	0	0.3	0.6	0.9	1.2	1.5	1.8
光化学猝灭系数	0.346±0.006c	0.354±0.004bc	0.378±0.005a	0.375±0.007a	0.366±0.003ab	0.365±0.002ab	0.363±0.001ab
激发能捕获效率	0.504±0.008b	0.506±0.003b	0.536±0.007a	0.541±0.006a	0.531±0.002ab	0.514±0.003ab	0.505±0.004b

当潜水水位为 0m 时，柽柳叶片非光化学猝灭系数最大，可达 4.770（表 5-17）；当潜水水位为 0.9m 时，柽柳叶片非光化学猝灭系数最小，为 4.148。潜水水位为 0m 时的柽柳叶片非光化学猝灭系数显著大于 0.9m 时（$P<0.05$），其他潜水水位下差异不显著（$P>0.05$）。

表 5-17　不同潜水水位下柽柳叶片的非光化学猝灭系数

参数	潜水水位/m						
	0	0.3	0.6	0.9	1.2	1.5	1.8
非光化学猝灭系数	4.770±0.190a	4.483±0.170ab	4.201±0.120ab	4.148±0.130b	4.220±0.190ab	4.437±0.210ab	4.608±0.190ab

5.2.3.4　潜水水位对柽柳光合效率参数的影响

黄河三角洲盐碱地分布广泛，地下水水位浅且矿化度高，不同的潜水水位是土壤水盐运移和盐分差异的主要因素，进而影响植物的分布和生长（孔庆仙等，2016；曲文静等，2018）。本研究中，在盐水矿化度下，随着潜水水位的增加，种植柽柳的土壤水分逐渐降低，而土壤含盐量和土壤溶液绝对浓度先升后降，1.2m 的潜水水位是土壤盐分变化的分界。气孔导度是限制光合作用的一个重要因素，但只依靠气孔导度大小来判断其对植物光合作用的限制并不全面，还有一些非气孔限制。研究表明，RuBP 羧化酶是非常重要的非气孔限制因素（Huber et al.，1984）。本研究中，与潜水水位 0.9m 相比，当潜水水位为 0m 和 0.3m 时，柽柳叶片净光合速率和细胞间隙 CO_2 浓度明显减小，气孔限制值明显增大，气孔导度明显减小。有研究认为，植物叶片细胞间隙 CO_2 浓度减小和气孔限制值增大时，可以认为净光合速率减小主要是由气孔导度减小引起的（Farquhar and Sharkey，1982）。因此，当潜水水位为 0m 和 0.3m 时，柽柳叶片净光合速率下降主要是气孔限制造成的；当潜水水位为 0.6m、1.2m、1.5m 和 1.8m 时，主要是由非气孔限制导致的。当潜水水位为 0m 和 0.3m 时，土壤相对含水量大于 79%，土壤含盐量大于 0.5%。涝渍和盐分胁迫的同时存在导致柽柳净光合速率降低，而淹水植物净光合速率的减弱与气孔闭合有关（邓丽娜等，2015；张乖乖等，2018）。相关研究也发现，当潜水水位为 1.2m 时，淡水和盐水矿化度下，柽柳叶片净光合速率下降的原因分别以非气孔限制和气孔限制为主（孔庆仙等，2016）。由此可见，非气孔限制的出现除了取决于柽柳本身抗逆能力的强弱，还与地下水水位以及矿化度相关，特别是地下水导致的土壤水分和盐分胁迫是关键因素。

柽柳属于盐生植物，适当浓度的盐处理能够促进柽柳的生长（王鹏等，2012；朱金方等，2012；朱金方等，2015），提高地下水矿化度至咸水（8.0g/L）条件下，可显著增强柽柳的光合效率（史海滨等，2009）。相关研究发现，潜水水位过浅会抑制多枝柽柳的生长，在地下咸水矿化度为 3.0~10.0g/L、潜水水位为 0.2m 时，多枝柽柳的光合效率最高（王鹏等，2012）；但潜水水位增加也会显著降低胡杨、榆树的光合作用和抗逆性能（Chen *et al.*，2011；苏华等，2012）；当潜水水位大于 1.8m 时，极度干旱胁迫导致羊草的净光合速率和蒸腾速率大幅度下降（杨帆等，2016）。本研究中，当潜水水位为 0.9m 时，土壤含盐量为 0.86%，土壤相对含水量为 67.84%，土壤溶液绝对浓度为 0.04%，这可能处于促进柽柳生长的适宜盐度，此时柽柳维持最高的光合效率。当潜水水位大于 1.5m 时，由于潜水的毛细管作用上升能力减弱，补充到植物根区的土壤水分有限，土壤相对含水量为 29.66%~34.86%，使柽柳根系受到干旱胁迫，导致柽柳净光合速率降低。

最大光能转换效率代表了植物叶片植物光系统Ⅱ潜在的光化学效率，盐水矿化度下，不同潜水水位下，柽柳植物光系统Ⅱ潜在光化学效率差异不显著，表明不同潜水水位并没有造成柽柳叶片的光抑制甚至光破坏。但有研究表明，最大光能转换效率并不敏感，需要用其他荧光参数配合说明植物光系统Ⅱ运转的情况（姜闯道，2003）。电子传递量子效率代表作用光存在时，植物光系统Ⅱ的实际量子效率能较好地说明植物光合机构的运转情况。当潜水水位为 0.9m 时，柽柳叶片电子传递量子效率显著高于其他潜水水位，而电子传递量子效率主要受光化学猝灭系数及其激发能捕获传递效率两个因素的制约，光化学猝灭系数反映了植物光系统Ⅱ反应中心的开放比例。与潜水水位 0.9m 相比，当潜水水位为 0m 和 0.3m 时，柽柳叶片的光化学猝灭系数和激发能捕获传递效率显著减小，光化学猝灭系数的降低幅度更大，即当潜水水位为 0m 和 0.3m 时，植物光系统Ⅱ开放的反应中心比例显著降低，影响了柽柳光合效率。当潜水水位为 0m 时，柽柳叶片非光化学猝灭系数显著大于 0.9m 时的，说明当潜水水位为 0m 时，柽柳植物光系统Ⅱ较多的光能以热耗散的形式释放，此时柽柳的光能利用率较低，热耗散也是一种光破坏防御机制，以防过多的光能造成植物的光抑制甚至光破坏。热耗散主要发生在植物光系统Ⅱ的捕光色素蛋白复合体，主要依赖于叶黄素循环进行能量耗散，但也有研究认为，可逆失活的植物光系统Ⅱ中心积累也能耗散过剩光能（洪双松和许大全，1997；薛忠财等，2011）。本研究发现，当潜水水位为 0m 和 0.3m 时，柽柳叶片电子传递量子效率开放的反应中心比例大大减小，从而影响了电子传递量子效率，涝渍和盐分双重胁迫导致柽柳电子传递量子效率反应中心可能发生了可逆失活。与潜水水位 0.9m 相比，当潜水水位为 1.8m 时，柽柳叶片的激发能捕获传递效率降低幅度更大，即当潜水水位为 1.8m 时，干旱胁迫严重，柽柳叶片激发能捕获传递效率受到了较大影响。与潜水水位 0.9m 相比，当潜水水位为 0.6m、1.2m 和 1.5m 时，柽柳叶片的光化学猝灭系数和激发能捕获传递效率差异不显著，当潜水水位 0.9m 时，柽柳叶片电子传递量子效率显著高于 0.6m、1.2m 和 1.5m 时，这表明当潜水水位为 0.9m 时，柽柳叶片的电子传递量子效率反应中心和捕光色素复合体协作性较强，整体效率较高。

不同潜水水位下，柽柳叶片净光合速率与电子传递量子效率的变化规律一致。与潜水水位 0.9m 相比，潜水水位≤0.3m 时，柽柳叶片的净光合速率的下降幅度远大于电子传递量子效率。当潜水水位≤0.3m 时，柽柳叶片净光合速率的下降主要是气孔因素引起的。盐水矿化度下，中、高潜水水位（≥0.6m）导致了柽柳光合暗反应功能的降低。

5.2.3.5　结论

在模拟黄河三角洲盐水矿化度（20g/L）的不同潜水水位生境下，研究发现在盐水矿化度下，随着潜水水位的增加，柽柳叶片净光合速率和植物光系统 II 的电子传递量子效率都呈单峰型变化，当潜水水位为 0.9m 时，都达到最大值，柽柳光合效率最高。气孔因素可显著导致浅潜水水位（≤0.3m）下柽柳叶片净光合速率的降低，而中、高潜水水位（≥0.6m）下净光合速率的降低主要以非气孔限制为主。浅潜水水位（≤0.3m）时，柽柳叶片植物光系统 II 开放的反应中心比例的降低是导致其实际光化学效率降低的主要原因，而 1.8m 潜水水位时，柽柳激发能捕获传递效率受到了较大影响，导致其实际光化学效率降低。与潜水水位为 0.9m 相比，当潜水水位为 1.2m、1.5m 和 1.8m 时，柽柳叶片净光合速率下降幅度远大于电子传递量子效率的下降幅度，即在盐水矿化度下，中、高潜水水位导致了柽柳光合暗反应功能降低。随潜水水位的增加，柽柳叶片净光合速率和实际光化学效率均呈现先上升后下降的趋势，均在潜水水位 0.9m 达到最高，即光合作用的光反应和暗反应以及光系统的协调性能达到最佳。建议在黄河三角洲的盐水矿化度下栽植柽柳幼苗时以 0.9m 潜水水位为宜。

参 考 文 献

安乐生, 周葆华, 赵全升, 等. 2017. 黄河三角洲植被空间分布特征及其环境解释. 生态学报, 37(20): 6809-6817.

白玉锋, 徐海量, 张沛, 等. 2017. 塔里木河下游荒漠植物多样性、地上生物量与地下水水位的关系. 中国沙漠, 37(4): 724-732.

曹建荣, 徐永兴, 于洪军, 等. 2014. 黄河三角洲浅层地下水化学特征与演化. 海洋科学, 38(12): 78-85.

曹生奎, 冯起, 司建华, 等. 2009. 植物叶片水分利用效率研究综述. 生态学报, 29(7): 3882-3892.

陈亚宁, 李卫红, 陈亚鹏, 等. 2018. 荒漠河岸林建群植物的水分利用过程分析. 干旱区研究, 35(1): 130-136.

陈亚鹏, 陈亚宁, 徐长春, 等. 2011. 塔里木河下游地下水水位对胡杨气体交换和叶绿素荧光的影响. 生态学报, 31(2): 344-353.

陈永宝, 胡顺军, 罗毅, 等. 2014. 新疆喀什地下水浅埋区弃荒地表层土壤积盐与地下水的关系. 土壤学报, 51(1): 75-81.

党亚玲, 韩炜, 马霄华, 等. 2017. 博斯腾湖北岸不同地下水水位对塔干柽柳光合特性的影响. 生态科学, 36(6): 188-194.

邓丽娜, 梁涛, 张子学, 等. 2015. 苗期涝害对夏玉米叶片光合特性的影响. 安徽科技学院学报, 29(6): 41-46.

范晓梅, 刘高焕, 唐志鹏, 等. 2010.黄河三角洲土壤盐渍化影响因素分析. 水土保持学报, 24(1): 139-144.

宫兆宁, 宫辉力, 邓伟, 等. 2006. 浅埋条件下地下水—土壤—植物—大气连续体中水分运移研究规律. 农业环境科学学报, 25(S1): 365-373.

何广志, 陈亚宁, 陈亚鹏, 等. 2016. 柽柳根系构型对干旱的适应策略. 北京师范大学学报(自然科学版), 52(3): 277-282.

洪双松, 许大全. 1997. 小麦和大豆叶片荧光参数对强光响应的差异. 科学通报, 42(7): 753-756.

姜闯道. 2003. 高等植物光合作用中的激发能分配及光破坏防御机制. 泰安: 山东农业大学博士学位论文.

金鹰, 王传宽, 桑英. 2011. 三种温带树种树干储存水对蒸腾的贡献. 植物生态学报, 35(12): 1310-1317.

孔庆仙, 夏江宝, 赵自国, 等. 2016. 不同地下水矿化度对柽柳光合特征及树干液流的影响. 植物生态学报, 40(12): 298-1309.

黎磊, 周道玮, 盛连喜. 2011. 密度制约决定的植物生物量分配格局. 生态学杂志, 30(8): 1579-1589.

李熙萌, 杨琼, 李征珍, 等. 2016. 胡杨(Populus euphratica)叶片呼吸作用对地下水水位的响应. 生态科学, 35(3): 29-36.

李亚飞, 于静洁, 陆凯, 等. 2017. 额济纳三角洲胡杨和多枝柽柳水分来源解析. 植物生态学报, 41(5): 519-528.

李周, 赵雅洁, 宋海燕, 等. 2018. 不同水分处理下喀斯特土层厚度异质性对两种草本叶片解剖结构和光合特性的影响. 生态学报, 38(2): 721-732.

李紫薇, 马天意, 梁国婷, 等. 2014. 蒺藜苜蓿叶片光合作用对盐胁迫的响应. 西北植物学报, 34(10): 2070-2077.

刘卫国, 邹杰. 2014. 水盐梯度下克里雅河流域芦苇光合响应特征. 西北植物学报, 34(3): 572-580.

刘显泽, 岳卫峰, 贾书惠, 等. 2014. 内蒙古义长灌域土壤盐分变化特征分析. 北京师范大学学报(自然科学版), 50(5): 503-507.

刘潇潇, 何秋月, 闫美杰, 等. 2017. 黄土丘陵区辽东栎群落优势种和主要伴生种树干液流动态特征. 生态学报, 38(13): 4744-4751.

刘玉娟, 贺康宁, 王伟路, 等. 2015. 盐胁迫对柽柳和白刺光合日变化的影响. 中国农学通报, 31(28): 6-12.

马建新, 陈亚宁, 李卫红, 等. 2010. 胡杨液流对地下水水位变化的响应. 植物生态学报, 34(8): 915-923.

马玉蕾, 王德, 刘俊民, 等. 2013. 地下水与植被关系的研究进展. 水资源与水工程学报, 24(5): 36-40.

孟阳阳, 刘冰, 刘婵. 2018. 水盐梯度下湿地柽柳(Tamarix ramosissima)光合响应特征和水分利用效率. 中国沙漠, 38(3): 568-577.

米文精, 刘克东, 赵永刚, 等. 2011. 大同盆地盐碱地生态修复利用植物的初步选择, 北京林业大学学报, 33(1): 49-54.

倪广艳, 赵平, 朱丽薇, 等. 2015. 荷木整树蒸腾对干湿季土壤水分的水力响应. 生态学报, 2015, 35(3): 652-662.

邱权, 潘昕, 李吉跃, 等. 2014. 速生树种尾巨桉和竹柳幼苗耗水特性和水分利用效率. 生态学报, 34(6): 1401-1410.

曲文静, 乔娅楠, 王灵艳, 等. 2018. 子花形态、生理和繁殖对水位变化的响应. 湿地科学, 16(1): 79-84.

史海滨, 杨树青, 李瑞平. 2009. 作物水盐联合胁迫效应与水分高效利用研究. 北京: 中国水利水电出版社.

宋战超, 夏江宝, 赵西梅, 等. 2016. 不同地下水矿化度条件下柽柳土柱的水盐分布特征. 中国水土保持科学, 14(2): 41-48.

苏华, 李永庚, 苏本营, 等. 2012. 地下水位下降对浑善达克沙地榆树光合及抗逆性的影响. 植物生态学报, 36(3): 177-186.

田媛, 塔西甫拉提·特依拜, 徐贵青. 2014. 梭梭与白梭梭气体交换特征对比分析. 干旱区研究, 31(3): 542-549.

王会提, 曾凡江, 张波, 等. 2015. 不同种植方式下柽柳光合生理参数光响应特性研究. 干旱区地理, 38(4): 753-762.

王金哲, 张光辉, 严明疆, 等. 2012. 环渤海平原区土壤盐分分布特征及影响因素分析. 干旱区资源与环境, 26(11): 104-109.

王林, 刘宁, 王慧, 等. 2017. 盐碱胁迫下枸杞和柽柳的水力学特性和碳代谢. 植物科学学报, 35(6): 865-873.

王鹏, 赵成义, 李君. 2012. 地下水水位及矿化度对多枝柽柳幼苗光合特征及生长的影响. 水土保持通报, 32(2): 84-89.

王思宇, 龙翔, 孙自永, 等. 2017. 干旱区河岸柽柳水分利用效率(WUE)对地下水位年内波动的响应. 地质科技情报, 36(4): 215-221.

王伟华, 张希明, 闫海龙, 等. 2009. 盐处理对多枝柽柳光合作用和渗调物质的影响. 干旱区研究, 26(4): 561-568.

王振夏, 魏虹, 李昌晓, 等. 2012. 土壤水分交替变化对湿地松幼苗光合特性的影响. 西北植物学报,

32(5): 980-987.

吴桂林, 蒋少伟, 王丹丹, 等. 2016. 地下水水位对胡杨(*Populus euphratica*)、柽柳(*Tamarix ramosissima*)气孔响应水汽压亏缺敏感度的影响. 中国沙漠, 36(5): 1296-1301.

夏江宝, 张光灿, 刘刚, 等. 2007. 不同土壤水分条件下紫藤叶片生理参数的光响应. 应用生态学报, 18(1): 30-34.

夏江宝, 张淑勇, 赵自国, 等. 2013. 贝壳堤岛旱柳光合效率的土壤水分临界效应及其阈值分级. 植物生态学报, 37(9): 851-860.

夏江宝, 赵西梅, 赵自国, 等. 2015. 不同潜水水位下土壤水盐运移特征及其交互效应. 农业工程学报, 31: 93-100.

徐高兴, 王立, 徐先英, 等. 2017. 民勤绿洲边缘地下水水位对柽柳灌丛生长及物种多样性的影响. 草原与草坪, 37(2): 49-56.

徐世琴, 吉喜斌, 金博文. 2015. 典型固沙植物梭梭生长季蒸腾变化及其对环境因子的响应. 植物生态学报, 39(9): 890-900.

许皓, 李彦, 谢静霞, 等. 2010. 光合有效辐射与地下水位变化对柽柳属荒漠灌木群落碳平衡的影响. 植物生态学报, 34(4): 375-386.

薛忠财, 高辉远, 柳洁. 2011. 野生大豆和栽培大豆光合机构对 NaCl 胁迫的不同响应. 生态学报, 31(11): 3101-3109.

闫海龙, 张希明, 许浩, 等. 2010. 塔里木沙漠公路防护林 3 种植物光合特性对干旱胁迫的响应. 生态学报, 30(10): 2519-2528.

杨帆, 安丰华, 杨洪涛, 等. 2016. 松嫩平原苏打盐渍土区不同潜水水位下羊草的光合特征. 生态学报, 36(6): 1-8.

杨明杰, 杨广, 何新林, 等. 2018. 干旱区梭梭茎干液流特性及对土壤水分的响应. 人民长江, 49(6): 33-38.

叶子飘. 2008. 光合作用对光响应新模型及其应用. 生物数学学报, 23(4): 710-716.

张乖乖, 简敏菲, 余厚平, 等. 2018. 水淹胁迫下空心莲子草的光合和荧光特征及其生理和生态响应. 湿地科学, 16(1): 73-78.

张涵丹, 卫伟, 陈利顶, 等. 2015. 典型黄土区油松树干液流变化特征分析. 环境科学, 36(1): 349-356.

张佩, 袁国富, 庄伟, 等. 2011. 黑河中游荒漠绿洲过渡带多枝柽柳对地下水位变化的生理生态响应与适应. 生态学报, 31(22): 6677-6687.

张晓蕾, 曾凡江, 刘波, 等. 2011. 不同地下水水位下骆驼刺幼苗叶片生理参数光响应特性. 干旱区地理, 34(2): 229-235.

赵西梅, 夏江宝, 陈为峰. 2017. 蒸发条件下潜水水位对土壤-柽柳水盐分布的影响. 生态学报, 37(18): 1-8.

周在明. 2012. 环渤海低平原土壤盐分空间变异性及影响机制研究. 北京: 中国地质科学院博士学位论文.

朱金方, 刘京涛, 陆兆华, 等. 2015. 盐胁迫对中国柽柳幼苗生理特性的影响. 生态学报, 35(15): 5141-5146.

朱金方, 陆兆华, 夏江宝, 等. 2013. 盐旱交叉胁迫对柽柳幼苗渗透调节物质含量的影响. 西北植物学报, 33(2): 357-363.

朱金方, 夏江宝, 陆兆华, 等. 2012. 盐旱交叉胁迫对柽柳幼苗生长及生理生化特性的影响. 西北植物学报, 32(1): 124-130.

朱林, 许兴, 毛桂莲. 2012. 宁夏平原北部地下水水位浅地区不同灌木的水分来源. 植物生态学报, 36(7): 618-628.

邹杰, 李春, 刘卫国, 等. 2015. 不同地下水位多枝柽柳幼苗光合作用及抗逆性变化. 广东农业科学, 42(9): 32-39.

Anderson G L, Garruthers R I, Ge S K, *et al*. 2005. Monitoring of invasive *Tamarix* distribution and effects of biological control with airborne hyperspectral remote sensing. International Journal of Remote Sensing, 26(12): 2487-2489.

Bowes G. 1991. Growth at elevated CO_2: photosynthetic responses mediated through Rubisco. Plant, Cell and Environment, 14: 795-806.

Brolsma R J, Beek L P, Bierkens M F. 2010. Vegetation competition model for water and light limitation. II: spatial dynamics of groundwater and vegetation. Ecological Modelling, 221(10): 1364-1377.

Brotherson J D, Field D. 1987. Tamarix: impacts of a successful weed. Rangelands Archives, 9(3): 110-112.

Ceuppens J, Wopereis M C S. 1992. Impact of non-drained irrigated rice cropping on soil salinization in the Senegal River Delta. Geoderma, 92(1-2): 125-140.

Chaudhuri S, Ale S. 2014. Long-term(1930-2010)trends in groundwater levels in Texas: influences of soils, landcover and water use. Science of the Total Environment, 490: 379-390.

Chen Y N, Wang Q, Li W H, et al. 2006. Rational groundwater table indicated by the eco-physiological parameters of the vegetation: A case study of ecological restoration in the lower reaches of the Tarim River. Chinese Science Bulletin, 51(1): 8-15.

Chen Y P, Chen Y N, Xu C C, et al. 2011. Photosynthesis and water use efficiency of *Populus euphratica* in response to changing groundwater depth and CO_2 concentration. Environmental Earth Sciences, 62(1): 119-125.

Chen Y P, Chen Y N, Xu C C, et al. 2012. Groundwater depth affects the daily course of gas exchange parameters of *Populus euphratica* in arid areas. Environmental Earth Sciences, 66: 433-440.

Chen Y P, Chen Y N, Xu C C, et al. 2016. The effects of groundwater depth on water uptake of *Populus euphratica* and *Tamarix ramosissima* in the hyperarid region of Northwestern China. Environmental Science and Pollution Research, 23: 17404-17412.

Cowan I R, Farquhar G D. 1977. Stomatal function in relation to leaf metabolism and environment. Symposium for the Society of Experimental Biology, 31: 471-505.

Cui B S, Yang Q C, Zhang K J, et al. 2010. Responses of saltcedar (*Tamarix chinensis*) to water table depth and soil salinity in the Yellow River Delta, China. Plant Ecology, 209(2): 279-290.

Demmig-adams B, Adams III W W. 1996. The role of xanthophyll cycle carotenoids in the protection of photosynthesis. Trends in Plant Science, 1(1): 21-26.

Farquhar G D, Sharkey T D. 1982. Stomatal conductance and photosynthesis. Annual Review of Plant Physiology, 33: 317-345.

Felipe O, Parikshit V, Steven P L, et al. 2012. Monitoring and modeling water-vegetation interactions in groundwater-dependent ecosystems. Reviews of Geophysics, 50(3): 1-24.

Goedhart C M, Pataki D E, Billings S A. 2010. Seasonal variations in plant nitrogen relations and photosynthesis along grassland to shrubland gradient in Owens Valley, California. Plant and Soil, 327(1): 213-223.

Gou S, Miller G. 2014. A groundwater-soil-plant-atmosphere continuum approach for modelling water stress, uptake, and hydraulic redistribution in phreatophytic vegetation. Ecohydrology, 7(3): 1029-1041.

Hejnák V, Hniličková H, Hnilička F, et al. 2016. Gas exchange and *Triticum* sp. with different ploidy in relation to irradiance. Plant, Soil and Environment, 62(2): 47-52.

Hejnák V, Hniličková H, Hnilička F. 2015. Physiological response of juvenile hop plants to water deficit. Plant, Soil and Environment, 61(7): 332-338.

Horton J L, Clark J L. 2001. Water table decline alters growth and survival of *Salix gooddingii* and *Tamarix chinensis* seedlings. Forest Ecology and Management, 140(2-3): 239-247.

Horton J L, Hart S C, Kolb T E. 2003. Physiological condition and water source use of Sonoran Desert riparian trees at the Bill Williams River, Arizona, USA. Isotopes in Environmental and Health Studies, 39(1): 69-82.

Horton J L, Kolb T E, Hart S C. 2001. Responses of riparian trees to interannual variation in ground water depth in a semi-arid river basin. Plant Cell and Environment, 24(3): 293-304.

Horton J L, Thomas E K, Stephen C H. 2001. Physiological response to ground water depth varies among species and with river flow regulation. Ecological Applications, 11(4): 1046-1059.

Huang C, Wei G, Jie Y, et al. 2014. Effects of concentrations of sodium chloride on photosynthesis, antioxidative enzymes, growth and fiber yield of hybrid ramie. Plant Physiology and Biochemistry, 76(5): 86-93.

Huber S C, Rogers H H, Israel D W. 1984. Effect of CO_2 enrichment on photosynthesis and photosynthate partitioning in soybean leaves. Physiologia Plantarum, 62(1): 95-101.

Juvany M, Müller M, Munné-Bosch S. 2013. Plant age-related changes in cytokinins, leaf growth and pigment accumulation in juvenile mastic trees. Environmental and Experimental Botany, 87: 10-18.

Lavers D A, Hannah D M, Bradley C. 2015. Connecting large-scale atmospheric circulation, river flow and groundwater levels in a chalk catchment in southern England. Journal of Hydrology, 523: 179-189.

Li J, Yu B, Zhao C, et al. 2013. Physiological and morphological responses of *Tamarix ramosissima* and *Populus euphratica* to altered groundwater availability. Tree Physiology, 33(1): 57-68.

Liu B, Guan H D, Zhao W Z, et al. 2017. Groundwater facilitated water-use efficiency along a gradient of groundwater depth in arid northwestern China. Agricultural and Forest Meteorology, 233: 235-241.

Maria B G, Jose M F. 2005. Strategies underlying salt tolerance in halophytes are present in *Cynara cardunculus*. Plant Science, 168(3): 653-659.

Mokany K, Raison R J, Prokushkin A S. 2006. Critical analysis of root: shoot ratios in terrestrial biomass. Global Change Biology, 12: 84-96.

Nippert J B, Butler J J, Kluitenberg G J, et al. 2010. Patterns of *Tamarix* water use during a record drought. Oecologia, 162(2): 283-292.

Peykanpour E, Ghehsareh A M, Fallahzade J, et al. 2016. Interactive effects of salinity and ozonated water on yield components of cucumber. Plant Soil and Environment, 62(8): 361-366.

Prior S A, Runion G B, Rogers H H, et al. 2010. Elevated atmospheric carbon dioxide effects on soybean and sorghum gas exchange in conventional and no-tillage systems. Journal of Environmental Quality, 39(2): 596-608.

Scholander P F, Bradstreet E D, Hammel H T, et al. 1996. Sap concentrations in halophytes and some other plants. Plant Physiology, 41(3): 529-532.

Shogo I, Naoko M, Kumud A. et al. 2015. Effects of salinity on fine root distribution and whole plant biomass of *Tamarix ramosissima* cuttings. Journal of Arid Environments, 114: 84-90.

Tränkner M, Jákli B, Tavakol E, et al. 2016. Magnesium deficiency decreases biomass water-use efficiency and increases leaf water-use efficiency and oxidative stress in barley plants. Plant and Soil, 406(1): 409-423.

Wang H, Zhao P, Holscher D, et al. 2012. Nighttime sap flow of *Acacia mangium* and its implications for nighttime transpiration and stem water storage. Journal of Plant Ecology, 5(3): 294-304.

Xia J B, Zhang S Y, Zhao X M, et al. 2016. Effects of different groundwater depths on the distribution characteristics of soil-Tamarix water contents and salinity under saline mineralization conditions. Catena, 142: 166-176.

Xia J B, Zhao X M, Ren J Y, et al. 2017a. Photosynthetic and water physiological characteristics of *Tamarix chinensis* under different groundwater salinity conditions. Environmental and Experimental Botany, 138: 173-183.

Xia J B, Zhao Z G, Sun J K, et al. 2017b. Response of stem sap flow and leaf photosynthesis in *Tamarix chinensis*, to soil moisture in the Yellow River Delta, China. Photosynthetica, 55(2): 368-377.

Ye Z P. 2007. A new model for relationship between irradiance and the rate of photosynthesis in *Oryza sativa*. Photosynthetica, 45(4): 637-640.

Yu T F, Qi F, Si J H, et al. 2017. *Tamarix ramosissima* stand evapotranspiration and its association with hydroclimatic factors in an arid region in northwest China. Journal of Arid Environments, 138: 18-26.

Zhang S Y, Xia J B, Zhang G C, et al. 2014. Threshold effects of photosynthetic efficiency parameters of wild jujube in response to soil moisture variation on shell beach ridges, Shandong, China. Plant Biosystems, 148(1): 140-149.

Zhang S Y, Zhang G C, Gu S Y, et al. 2010. Critical responses of photosynthetic efficiency of goldspur apple tree to soil water variation in semiarid loess hilly area. Photosynthetica, 48(4): 589-595.

Zhang X, Li P, Li Z B, et al. 2017. Soil water-salt dynamics state and associated sensitivity factors in an irrigation district of the loess area: a case study in the Luohui Canal Irrigation District. China. Environmental Earth Sciences, 76(20): 1-12.

Zhao Y, Zhao C Y, Xu Z L, et al. 2012. Physiological responses of *Populus euphratica* Oliv. to groundwater table variation in the lower reaches of Heihe River, Northwest China. Journal of Arid Land, 4(3): 281-291.

第6章 不同密度柽柳林生长动态及其改良土壤效应

6.1 柽柳林生长动态对密度结构的响应特征

以山东昌邑国家级海洋生态特别保护区内 10 年生 3 种不同密度柽柳林为研究对象，研究不同林分密度对柽柳林生物量、林木生长动态和径级结构的影响，探讨其生长潜力和密度合理性，以期为黄河三角洲柽柳林的经营与管理提供理论依据和技术支持。

6.1.1 不同密度柽柳林的生物量

由表 6-1 可知，不同密度柽柳林主干及侧枝生物量均高于叶片生物量，林木单株生物量表现为随林分密度的增加，平均单株生物量呈递减趋势，且变化幅度越来越小，低密度、中密度单株地上生物量干重分别比高密度大。说明密度较大的林分，林木个体生长受到抑制，导致平均单株生物量随密度增加而减小。单位面积林分生物量表现为随密度增大有明显增加趋势，高密度、中密度单位面积林分生物量干重分别为低密度的 1.25 倍、1.08 倍，表明密度因素是影响柽柳林分生长及其群体生产力的因素之一。

表 6-1 不同密度柽柳林的地上生物量

树体器官	林木单株生物量/kg			单位面积林分生物量/（t/hm²）		
	L	M	H	L	M	H
主干及侧枝	2.68±0.66a	1.61±0.47ab	1.42±0.55b	6.43±1.11a	5.96±0.92a	6.25±0.93a
叶	0.89±0.14a	0.90±0.08a	1.02±0.08a	2.14±0.87a	3.33±0.78ab	4.49±0.52b
合计	3.57±0.80a	2.51±0.63b	2.43±0.63b	8.57±1.98a	9.29±1.69ab	10.74±1.42b

注：L. 低密度林分；M. 中密度林分；H. 高密度林分；林木单株生物量同行和单位面积林分生物量同行不同小写字母分别表示差异达显著水平（$P<0.05$）。

6.1.2 不同密度柽柳林的树高生长过程

从林分树高总生长量来看（图 6-1A），生长过程符合二次曲线。低密度林分的年生长量为–0.048m/a，表明随林龄增大，低密度林分树高生长速率、年生长量逐年降低；而中、高密度林分年生长量分别为 0.007m/a、0.014m/a，表明随林龄增大，2 种林分树高生长速率逐年加快，年生长量有增加趋势，但随密度和林龄不同也表现出不同的变化趋势。相同林龄下，在 1～3 年生时，低密度林分树高相对低，但 3 种密度林分下树高差异不显著（$F_{1年}=9.363$, Sig.=0.014；$F_{2年}=3.874$, Sig.=0.083；$F_{3年}=9.890$, Sig.=0.013；$P>0.05$）；在第 4 年后，低密度林分生长较高，明显高于其他 2 种林分，并且林龄越大差别也越大，如 8 年生时，平均树高表现为低密度>高密度>中密度，即随着密度不同表现出显著性差异（$F_{8年}$=126.071，Sig.=0.000，$P<0.01$）；而在 9~10 年生时，低密度和高密度林分在树高上无显著差异，中密度林分树高一直较低。

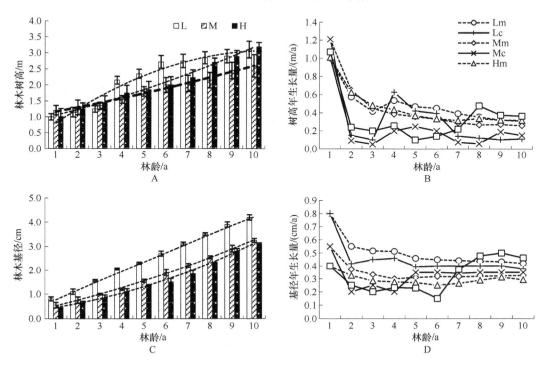

图 6-1　不同密度柽柳林分树高总生长量（A）、树高年生长量（B）、
基径总生长量（C）和基径年生长量（D）
L. 低密度林分；M. 中密度林分；H. 高密度林分；m. 平均值；c. 连年值。下同

从林分树高年生长量变化过程来看（图 6-1B），3 种密度林分的树高变化过程基本相似，幼苗时树高生长速率较快，随林龄的增大，均表现出缓慢下降趋势，但在第 4~7 年生时，低密度林分树高平均值显著高于其他 2 种密度林分，随后低密度和高密度生长速率差异不明显。从连年生长量来看，低密度林分的树高速生期在 4~6 年生时，特别是 4 年生时表现突出；中密度林分 4~6 年生时、高密度林分 7~10 年生时树高生长速率较快。总体来看，4~6 年生时，低密度林分连年生长量高于中密度、高密度；而从第 7 年开始，高密度林分连年生长量高于其他 2 种密度林分，即低密度林分在生长初期生长速率明显快，但随林龄增大，高密度林分树高生长速率显著加快，可见随着密度的增加，高密度林分树高生长有一定滞后现象。

6.1.3　不同密度柽柳林的基径生长过程

林分基径总生长量的生长过程符合二次方程（图 6-1C）。低密度林分随林龄增加，其年生长速率表现为下降趋势，但降低速率仅为 0.004cm/a，而中密度、高密度林分的基径年生长量加速率均为正值，即基径生长速率逐年加快，年生长量逐年增加，分别为

0.019cm/a、0.034cm/a。相同林龄时，基径总生长量均表现为低密度>中密度>高密度，在 9～10 年生时，中密度和高密度林分差异不显著。并且林龄越大差异越小。例如，5年生时，低密度、中密度林分基径分别是高密度林分（1.35cm）的 1.70 倍、1.15 倍，差异显著（$F=278.905$，Sig.=0.000，$P<0.01$）；10 年生时，低密度、中密度林分基径分别是高密度林分（3.10cm）的 1.35 倍、1.05 倍（$F=427.000$，Sig.=0.000，$P<0.01$）。

从林分基径年生长量变化过程来看（图 6-1D）：除柽柳幼苗在生长初期生长较快外，即首次生长高峰均在第 1 年，低密度林分从第 3 年开始表现为速生期，连年值的平均值为 0.43cm/a，在 10 年时连年值下降较大，但林分平均值一直高于连年值，即随林龄增大，其生长速率下降。中密度林分从第 5 年开始表现为稳定的生长速率，连年值的平均值为 0.34cm/a，并且连年值（0.35cm/a）大于平均值（0.31cm/a），即生长速率开始加快。高密度林分速生期从第 7 年开始，增长幅度较大，连年值的平均值为 0.40cm/a，而 2～6年生时连年值的平均值仅为 0.22cm/a，连年值超过平均值，即生长后期柽柳基径生长速率加快。可见低密度林分尽管生长速率减缓，但其每年基径的当年生长量仍高于其他 2种林分，中密度林分生长速率相对稳定，高密度林分在生长后期当年生长量有所增加。从速生期林龄来看，基径生长速率随林分密度增大有滞后现象，表明基径生长潜力受密度制约影响较大。

6.1.4 不同密度柽柳林的基径分布特征

3 种密度林分的林木株数按基径分布具有较大差别（图 6-2）。与正态分布相比较，低密度林分基径分布的顶峰曲线偏右，即大径级（大于平均基径）的林木数量较多，林分密度偏小；而高密度林分基径分布的顶峰曲线偏左，其偏离程度明显大于低密度林分，即小径级（小于平均基径）的林木数量较多，林分密度偏大（黄文丁等，1989；Zhang *et al.*，2008）。从描述林木基径分布的两个特征参数：偏度系数（S_K）和峰度系数（K）来看，低密度林分 $S_K=-0.842$，$K=0.017$；中密度林分 $S_K=0.085$，$K=-0.878$；高密度林分 $S_K=0.303$，$K=-0.674$。S_K 越接近 0（正态分布的 S_K），意味着林分直径分布和密度结构

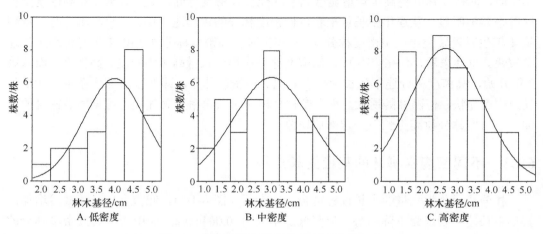

图 6-2 不同密度柽柳林分的林木基径分布

越合理；K 越大，表明集中于平均直径附近的林木株数越多（黄文丁等，1989；Zhang et al.，2008）。可见中密度林分 S_K 最接近正态分布，即中密度林分的基径结构和密度结构最合理，其次为高密度林分，而低密度林分密度偏小，但其林木生长相对整齐。

　　林木径级分布是检验林分密度适宜状态、合理调整林分密度的重要理论依据（黄文丁等，1989；Xia et al.，2009）。在相同立地条件下，胸径生长节律可反映林分密度的适宜程度（孙时轩，1990；王玉芬，2011），密度超过一定限度，林分直径将最终保持在一个相对水平上（洪伟等，1996）。在相同的生存环境及一定的时间内，林木的直径越大它所获得的物质与能量越多，它在竞争环境中的生存能力就越强（宝秋利等，2011）。在密度适宜、生长正常的林分中，直径分布近似正态分布；其偏度系数（S_K）在 $-0.5 \sim 0.5$，峰度系数（K）在 -0.5 以上（黄文丁等，1989；沈国舫，2001）。林分密度偏高时，直径分布曲线呈顶峰偏左的类型（$S_K>0$），而且 S_K 值越大，密度越偏高。研究表明，兴安落叶松密度越大，林木分化越明显（任宝平，2010）；南方红壤区林分密度对尾赤桉人工林林分径级结构有极显著影响（罗素梅等，2010）。本研究表明，中密度林分的 S_K（0.085）处于适宜密度范围，而且几乎呈正态分布（图 6-2）；低密度林分 S_K（-0.842）已超过正常林分的下限值（-0.5），密度明显偏小；高密度林分 S_K（0.303）小于正常林分的上限值（0.5），径级结构呈现顶峰左偏的曲线形状，密度偏高，表明柽柳林分生长受到一定程度的抑制。如任其自然发展，则易出现枯立木并且数量会不断增加，若及时采取间伐措施，除去那些受抑制的小径阶林木，就会使林分内林木个体之间的竞争减弱或基本上趋于停止（王玉芬，2011）。可见中密度林分的基径生长正常，没有受到林分密度的制约，但高密度林分的生长量提前下降，3 年生时便受到密度偏大的制约（图 6-1C、图 6-2C）；导致其单株材积生长量 3 年生时开始明显下降，在 10 年生时其材积年生长量明显下降，导致林木单株生物量明显降低。从 K 值来看，低密度林分基径分布相对集中，而中密度、高密度基径分布相对分散，这可能与随着林龄增大，密度效应对柽柳林分生长产生一定影响有关（黄文丁等，1989；洪伟等，1996）。本研究中、高密度林分基径生长量及单株材积生长量明显小于低密度林分的结果也证明了这一点。密度对径级分布的影响，总的表现是密度加大使小径级林木的数量增大，而大中径级的数量减少，符合正态分布规律（王玉芬，2011），这与本研究结果一致。

6.1.5　柽柳林分密度与生长特征

　　造林密度不仅决定着林分郁闭的早晚和林木的生长过程，在一定程度上决定着森林形成的速度、林木分化的早晚和自然稀疏的程度（Sprintsin et al.，2009；任宝平，2010）。本研究表明，随着密度的增大，柽柳林郁闭度呈增加趋势，中密度以上 10 年生柽柳林郁闭度达 0.7 以上，达到密郁闭状态，而低密度（郁闭度仅为 0.4）柽柳林推迟了郁闭时间，减小了单位面积林分生物量。林分生物量的高低可以反映林木利用自然潜力的能力，可较好反映林木生产力的大小和生态效益的发挥（Alcorn et al.，2007；Sprintsin et al.，2009；Xia et al.，2009）。本研究发现，柽柳林木单株地上生物量随密度增大呈现减小趋势，而单位面积林分生物量表现为升高趋势，表明在研究密度范围内柽柳林的生长具有一定潜力。

遗传特性、立地条件和密度结构等诸多因子对林分树高生长均产生一定的影响（孙时轩，1990；Alcorn et al.，2007；Zhang et al.，2008；任宝平，2010），其中对立地条件的响应敏感性较强，表现为立地环境越好，树高生长量越大，且在一定范围内几乎不受林分密度因素的影响（孙时轩，1990）。相关研究表明，抑制黄土丘陵区油松林分树高生长的主导因素是立地环境（Xia et al.，2009）；林分密度对五台山华北落叶松树高生长作用也不明显（Zhang et al.，2008）；但在相同立地条件下，林分营养面积及林分平均直径随密度的增加而呈递减趋势（洪伟等，1996）。本研究在滨海滩涂地带，距海距离一致，立地条件相差不大，表现为低密度下树高生长最高，但随着林龄的增大，林分树高差异性在减小，如5～6年生时中密度和高密度林分、9～10年生时高密度和低密度林分均无显著差异（图 6-1A、B），可见密度结构对柽柳林分树高生长产生一定的影响，这与前人研究（Zhang et al.，2008；Xia et al.，2009）有一定差异，可能与立地环境和柽柳生物学习性有关。柽柳幼苗生长速率较快，随后树高连年生长量明显下降，表现出速生期提前结束的现象，但在第4年始表现出一定的速生现象，表明柽柳林分树高生长除了受密度结构的影响之外，可能还与其遗传特性有关。

密度偏高，林木个体生长会受到制约；密度偏低影响林分郁闭度和土地资源的高效利用（孙时轩，1990；任宝平，2010）。相关研究表明，随着林分类型及立地条件的不同，密度对林分生长表现出一定的差异，石质山地油松人工林随林分密度的增大，胸径逐渐降低，树高有逐渐减小的趋势，但不明显（李晓宏等，2010）；南方红壤区尾赤桉人工林林分密度与平均胸径、树高间存在极显著的负相关（罗素梅等，2010）。本研究表明，柽柳林平均基径随密度的减小而增加（图 6-1C、D），这主要是由于林分密度小，大、中、小林木都能得到充足的光照，特别是小径木树冠伸展，营养面积增加，生长率较高，促进基径生长。

密度适当可充分利用土壤肥力，加速林木生长；密度过大会减少林木的营养面积、光照和营养条件，影响林木生长发育；密度过小易造成疏林，单位面积林分生物量降低，土地生产力下降（黄文丁等，1989；任宝平，2010）。根据不同的培育目标，林分合理的经营密度应当充分利用营养空间，提高林地的生产潜力，谋取可能的最大收获量，为确定抚育间伐措施服务，因此，适宜密度是林分形成合理结构及发挥高效功能的基础。相关研究证明（洪伟等，1996；沈国舫，2001；王玉芬，2011），植物种群存在合理密度，即在植物种群的不同时期单位面积上生产力最高的密度，不同时期的合理密度不是一个固定值，而是随树木种类、林分年龄和立地环境不同而变化的数量范围。

6.1.6　结论

密度因素是影响黄河三角洲湿地柽柳林林分生长及其群体生产力的主要因素之一，3 种密度林分的地上生物量、树高生长量和林木基径生长过程差别较大。密度较大的林分，林木个体生长受到显著抑制。随着林分密度的增大，林木单株生物量和基径减小，树高、基径的速生期都出现滞后现象，但单位面积林分生物量增加，其中 4 400 株/hm^2、3 600 株/hm^2 林分单位面积生物量干重分别为 2 400 株/hm^2 林分的 1.25 倍和 1.08 倍。

3 种密度林分基径分布的偏度系数（S_K）差别较大，密度为 3 600 株/hm^2 林分（S_K

为 0.085）接近正态分布，密度结构和基径分布较为合理；密度为 2 400 株/hm²、4 400 株/hm² 林分的 S_K 分别为–0.842、0.303，偏离正态分布，密度结构不合理。2 400 株/hm² 林分的峰度系数 K 为 0.017，林木生长相对整齐，3 600 株/hm² 和 4 400 株/hm² 林分的 K 值相差不大，密度因素对林木分化的作用较小。

综合考虑林分生物量、生长状况和径级分布特征，在研究区立地环境下，柽柳林在 10 年生时，较适宜的林分密度应在 3 600 株/hm² 左右，若不考虑 10 年期间的间伐利用，应是人工造林合理的初植密度，因此建议优先采用中密度栽植，即 3 600 株/hm²（株行距约 2.0m×2.0m），这一造林密度也在《造林技术规程》（GB/T 15776—1995）柽柳造林密度 1 240～5 000 株/hm² 的范围内。由于研究区柽柳林受密度范围和年龄范围的限制，本研究未能对维持柽柳林较好生长的上下限及最优密度进行精确判定，因此，在今后的研究中需加强系列密度下林分生长及生产力特征的研究，同时需结合林分改良土壤环境质量状况，来综合评价滨海湿地柽柳林密度阈值问题。

6.2　不同密度柽柳林的土壤调蓄水功能

合理调控密度结构是保证滨海盐碱地柽柳林生长稳定和效益高效的关键技术，在野外调查与室内分析的基础上，通过研究滨海湿地不同密度柽柳林土壤水分物理性质的变化规律，探讨其土壤调蓄水功能，以期为柽柳林的经营改造及滨海湿地生态系统的恢复及保护提供理论依据和技术支持。

6.2.1　不同密度柽柳林的土壤颗粒组成及盐碱含量

土壤颗粒组成状况对土壤质地和孔隙结构等物理性状影响较大。由表 6-2 可知，不同密度柽柳林土壤以细砂粒含量最高，其次为粗砂粒含量，但低密度柽柳林粉黏粒含量稍高，而其他密度林分的粉黏粒和石砾含量相对较低，表明研究区土壤颗粒组成具有砂壤土的典型特征。不同密度柽柳林下，以粉黏粒含量差别最大（$P<0.05$），均值大小表现为低密度>中密度>草地>高密度；细砂粒含量均值大小表现为高密度>中密度>草地>低密度，

表 6-2　不同密度柽柳林的土壤颗粒质量与总质量百分比及盐碱含量

林分密度/（株/hm²）	土壤层次	土壤粒级/%						盐碱含量	
		石砾	粗砂粒		细砂粒		粉黏粒	pH	含盐量/%
		2.0～1.0mm	1.0～0.5mm	0.5～0.25mm	0.25～0.1mm	0.1～0.05mm	<0.05mm		
2 400	I	7.8	12.3	6.6	4.1	45.9	23.1	7.69	0.25
	II	5.9	10.7	7.6	5.3	47.3	23.2	8.96	0.45
3 700	I	10.5	13.4	8.7	6.4	49.1	11.9	7.45	0.11
	II	6.7	9.6	5.0	3.9	59.8	14.9	8.27	0.37
4 400	I	6.2	12.7	13.4	20.0	40.5	7.3	7.50	0.19
	II	4.7	9.8	10.7	15.9	51.3	7.5	8.77	0.39
草地	I	9.2	18.2	12.5	7.4	36.0	16.7	7.67	0.23
	II	4.0	8.4	8.2	10.7	59.6	9.0	8.83	0.26

注：I. 0～20cm 土层；II. 20～40cm 土层。下同。

其他粒级含量差别不大，表明随着密度的增大，柽柳林具有显著提高细砂粒含量和降低粉黏粒含量的作用。从垂直结构来看，各密度林分下石砾、粗砂粒含量表土层高于 20～40cm 土层，而细砂粒和粉黏粒则与之相反。

土壤 pH 和含盐量是衡量滨海湿地土壤环境质量的重要指标，与土壤水分关系密切（余世鹏等，2011）。由表 6-2 可知，不同密度柽柳林各土层土壤 pH 均在 7.45 以上，含盐量均超过 0.11%，pH 均值大小表现为低密度>草地>高密度>中密度，含盐量均值大小表现为低密度>高密度>草地>中密度。从垂直变化来看，各密度林分 pH 及含盐量均低于 20～40cm 土层；除草地外，不同密度柽柳林上层、下层含盐量差异显著（$P<0.05$）。表层盐碱含量低于 20～40cm 土层，主要与柽柳林树龄较大，表土层受枯枝落叶及草本植物覆盖的影响，在一定程度上抑制了土壤水分的上升，致使其表层盐碱含量低；同时其表层凋落物分解形成的腐殖质层，改良盐碱效果也较好。

6.2.2　不同密度柽柳林的土壤水分物理参数

由表 6-3 可知，土壤容重均值表现为高密度>草地>低密度>中密度，中密度、低密度、草地分别比高密度下降 5.4%、3.6%和 2.2%。李辉等（2011）研究发现吉林东部金川湿地泥炭沼泽土开垦前土壤容重为 0.50mg/cm³，开垦 4 年后为 1.28mg/cm³。本研究表明，3 种密度柽柳林土壤容重在 1.17～1.60g/cm³，相对偏高，这与该区域潮土基质含有的黏质沉积物有一定关系，可见湿地类型及其土地利用方式的不同，均可改变土壤水分物理性质。柽柳林表层土壤容重偏小，主要与其地表植被繁茂、植被凋落物累积和浅层根系发达有关，对防止雨滴溅蚀有一定作用。

表 6-3　不同密度柽柳林的土壤容重和孔隙度

林分密度/（株/hm²）	土壤层次	土壤容重/（g/cm³）	总孔隙度/%	毛管孔隙度/%	非毛管孔隙度/%	孔隙比
2 400	I	1.23	53.33	51.02	2.31	1.14
	II	1.44	42.29	37.91	4.38	0.73
3 700	I	1.18	64.03	57.54	6.49	1.78
	II	1.44	43.89	39.43	4.46	0.78
4 400	I	1.17	57.74	55.83	2.41	1.37
	II	1.60	43.79	38.35	5.44	0.78
草地	I	1.23	57.89	55.27	2.62	1.37
	II	1.48	41.94	37.12	4.82	0.72

总孔隙度均值表现为中密度>高密度>草地>低密度，中密度、高密度、草地分别比低密度高 12.9%、6.2%和 4.4%。毛管孔隙度均值表现为中密度和高密度相对较高，低密度较小，可见中密度柽柳林吸持土壤水用于维持自身生长发育的能力较好。非毛管孔隙度中密度柽柳林最大，低密度、高密度和草地差异不显著（$P>0.05$），表明中密度柽柳林滞留水分发挥涵养水源的能力较强。3 种密度柽柳林非毛管孔隙度上层、下层仅为 2.31%～6.49%，非毛管孔隙度占总孔隙度比例为 4.3%～12.4%，纳帕海湖滨草甸湿地未

干扰区非毛管孔隙度为 28%～44%（张昆等，2009），可见该区域不同密度柽柳林的土壤非毛管孔隙度偏小，其调蓄水分的潜在能力偏低。中密度、高密度、草地的孔隙比均值分别比低密度高 26.9%、13.0%和 10.5%，可见中密度柽柳林通气透水性能要好于高密度和低密度。从垂直变化来看，不同密度柽柳林及草地表土层土壤容重均小于 20～40cm 土层，并且差异性显著（P<0.05）；除非毛管孔隙度外，不同密度柽柳林及草地总孔隙度、毛管孔隙度及孔隙比均表现为表土层高于 20～40cm 土层，可见表层受凋落物覆盖及分解的影响，改良土壤通气透水性能好于下层。

6.2.3　不同密度柽柳林的土壤入渗特征

土壤水分渗透特征与地表径流的产生、土壤水分的储存及壤中流的产生和发展关系密切，对生态水文过程的动态调节影响较大（贾宏伟等，2006；刘继龙等，2010）。合适的入渗模型是研究土壤水分调节功能的重要手段之一（刘继龙等，2010；朱元骏和邵明安，2010）。由表 6-4 和图 6-3 可知，Horton 模型和通用经验模型对不同密度柽柳林土壤入渗过程均能取得较好的拟合效果，能够反映渗透曲线的变化特征，其渗透曲线变化趋势一致，可分为 3 个阶段，即渗透初期的渗透率瞬变阶段，其次为渐变阶段，随着时间的推移而下降，最后达到平稳阶段。采用 Horton 模型时，f_c 值在 0.59～3.96mm/min，与实测值比较接近，k 值在 0.11～0.32。中密度柽柳林 k 值最低，表明中密度柽柳林从初始入渗率减小到稳渗率的时间缩短，即渗透性能有增强趋势；其次为高密度，而低密度林分达到稳渗速率的时间较长。通用模型 b 值在 0.43～1.70mm/min，远小于对应实测稳渗率。结合相关系数、实测初始入渗率、稳渗率值综合分析，可以看出 Horton 模型拟合精度较高，其拟合结果比通用模型更接近实测值，表明 Horton 模型比较适用于描述柽柳林的土壤入渗特征。参考 Horton 模型参数的变化规律，利用实测参数分析比较，中密度、低密度和高密度的初渗速率分别是草地的 1.8 倍、1.6 倍、1.4 倍，中密度、高密度和低密度稳渗速率分别是草地的 3.5 倍、2.2 倍和 2.0 倍。分析表明柽柳林土壤入渗性能好于草地，随着林分密度的不同其土壤入渗特性表现出一定的差异，中密度最好，高密度次之，低密度最差。

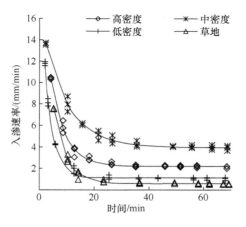

图 6-3　不同密度柽柳林的土壤入渗特征曲线

表 6-4　不同密度柽柳林土壤入渗过程的模型拟合

林分密度/ (株/hm²)	实测参数/（mm/min）		Horton 模型参数				通用模型参数			
	f_0	f_c	f_0	f_c	k	R^2	a	b	n	R^2
2 400	11.80	3.26	21.14	1.14	0.32	0.998	24.37	0.61	1.07	0.997
3 700	13.55	5.78	16.51	3.96	0.11	0.987	18.62	1.23	0.48	0.952
4 400	10.30	3.62	20.27	2.20	0.19	0.992	50.87	1.70	1.22	0.961
草地	7.52	1.63	22.64	0.59	0.22	0.986	127.74	0.43	1.73	0.975

注：f_0，初始入渗率；f_c，稳定入渗率；k，与土壤特性相关的经验常数；R^2，方差；a，通用模型中初始入渗率；b，通用模型中稳定入渗率；n，经验常数

6.2.4　不同密度柽柳林的土壤蓄水功能

土壤蓄水量是评价不同植被土壤理水调洪和涵养水源的重要指标，多用来反映土壤储蓄和调节水分的潜在能力（李辉等，2011）。吸持储存是水分依靠毛管吸持力在毛管孔隙中的储存，其水分主要供给植物根系吸收、叶面蒸腾或土壤蒸发，不能参与径流和地下水的形成，但能为植物生长提供必需的水肥条件，因而具有重要的植物生理生态功能；滞留储存是饱和土壤中自由重力水在非毛管孔隙中的暂时储存，为大雨或暴雨提供应急的水分储存，能够有效地减少地表径流；降雨停止后水分逐渐向深层下渗，使土壤水分不断补充地下水或以壤中流的形式注入河网，因而具有较高的涵养水源功能。

由表 6-5 可知，不同密度柽柳林土壤 0～40cm 饱和蓄水量、吸持蓄水量、滞留蓄水量均表现为中密度>高密度>草地>低密度，中密度、高密度和草地的饱和蓄水量分别比低密度林分（191.23mm）高 12.9%、6.2% 和 4.4%；吸持蓄水量分别比低密度林分（177.85mm）高 9.0%、5.9%、3.9%，滞留蓄水量分别比低密度林分（13.38mm）高 63.7%、17.3%、11.2%。表明中密度柽柳林在保持水土、蓄水潜能和供给植物生理有效水利用方面均好于高密度林分和草地，而低密度林分在涵养水源及植物有效水利用方面较差。从垂直变化来看，相同密度林分下上下层各指标差异显著（$P<0.05$），不同密度林分的上层差异显著（$P<0.05$），但下层无显著差异（$P>0.05$）。除滞留蓄水量外，不同密度柽柳林均表现为表层蓄水量高于 20～40cm 土层，可见表土层由于凋落物的分解，腐殖质层相对较厚，及其根系微生物活动的影响，改善了土壤容重和孔隙度状况，从而使其表现出较好的水分储存及利用效能。

表 6-5　不同密度柽柳林的土壤蓄水指标

林分密度/ (株/hm²)	土壤层次	饱和蓄水量/mm	吸持蓄水量/mm	滞留蓄水量/mm	涵蓄降水量/mm	有效涵蓄量/mm
2 400	I	106.65	102.03	4.62	83.86	79.24
	II	84.58	75.82	8.76	43.24	34.48
3 700	I	128.06	115.08	12.98	105.45	92.47
	II	87.78	78.86	8.92	57.72	48.80
4 400	I	115.47	111.65	4.82	96.52	92.70
	II	87.58	76.70	10.88	60.78	49.90
草地	I	115.77	110.53	5.24	91.42	86.18
	II	83.88	74.24	9.64	53.60	43.96

6.2.5　不同密度柽柳林的土壤水分调节功能

湿地土壤水分调节功能与雨季前期土壤含水量关系密切，前期土壤含水量的多少以及饱和蓄水量的大小决定了湿地土壤的蓄水空间。因此，把饱和蓄水量与土壤前期含水量之差作为衡量土壤涵蓄降水量的指标（张昆等，2009），其值越高越不容易发生地表径流，即储蓄雨水的潜能越强。本次测定时样地内土壤重量含水量差异不显著，均值为（10.31±1.64）%，由表 6-5 可知，全剖面土壤涵蓄降水量表现为中密度>高密度>草地>低密度，差异显著（$P<0.05$），中密度、高密度、草地分别比低密度林分（127.10mm）高 28.4%、23.8%、14.1%。吸持蓄水量与土壤前期含水量之差反映供植物利用的潜在土壤有效蓄水，称其为有效涵蓄量，大小表现为高密度>中密度>草地>低密度，高密度、中密度、草地 0～40cm 土层内的有效涵蓄量分别比低密度林分（113.72mm）高 24.2%、25.4%、14.4%。从土壤垂直结构来看，不同密度柽柳林表层土壤的涵蓄降雨能力及有效土壤水分的涵蓄量均好于 20～40cm 土层，即表层土壤调节水分功能较强。分析表明中密度柽柳林在储蓄降雨、减少地表径流、防止土壤侵蚀等方面有较好功能，且能够吸持供植物生长所需水分条件的潜力较强；高密度和草地在涵蓄降雨、减少水土流失方面也较好，而低密度林分由于植被郁闭度较低、地表蒸发量相对较大，土壤物理结构的改变及土壤水分的波动在涵蓄降雨及有效水分供给等方面最差。

6.2.6　结论

渤海海岸带莱州湾南岸的滨海湿地柽柳林群落，土壤颗粒组成具有砂壤土的典型特征；随着林分密度的增大，柽柳林具有显著提高细砂粒含量和降低粉黏粒含量的作用；各林分下石砾、粗砂粒含量表土层高于 20～40cm 土层，而细砂粒和粉黏粒则与之相反。不同密度柽柳林降盐抑碱效应表现为中密度最好，其次为高密度，而低密度盐碱含量最高；并且表土层的 pH 及含盐量均低于 20～40cm 土层。

土壤容重随林分密度增大表现为先减小后增大，孔隙度状况则与之相反，中密度、高密度、草地总孔隙度均值分别比低密度林分高 12.9%、6.2% 和 4.4%；柽柳林土壤容重表现为中密度最小，孔隙度最大，其次为低密度，而高密度土壤较密实，孔隙度较小。不同密度柽柳林及草地表土层土壤容重均小于 20～40cm 土层，总孔隙度、毛管孔隙度及孔隙比变化趋势则相反。Horton 模型可较好模拟柽柳林土壤水分入渗过程，柽柳林土壤入渗性能好于草地，中密度柽柳林渗透性能最好，高密度次之，低密度最差。

40cm 土层饱和蓄水量、吸持蓄水量、滞留蓄水量均表现为中密度最高，其次为高密度，而草地和低密度最低；40cm 土层调蓄降水量表现为中密度>高密度>草地>低密度，中密度、高密度、草地涵蓄降水量分别比低密度林分高 28.4%、23.8%、14.1%；有效调蓄量表现为高密度>中密度>草地>低密度，并且表土层土壤调蓄水功能好于 20～40cm 土层。中密度柽柳林具有巨大的水分调蓄空间，调节功能最强，其次为高密度柽柳林，而低密度柽柳林较差。

6.3 不同密度柽柳林的土壤理化特征

以莱州湾南岸典型滨海湿地3种不同密度柽柳林为研究对象，采用野外实地调查与室内样品分析相结合的方法，探讨滨海湿地不同密度柽柳林地的土壤基本物理性状、盐碱及养分特征，明确不同密度柽柳林对滨海湿地土壤的改良作用，以期为滨海湿地柽柳林的栽植管理及低效林质量提升改造提供理论依据和技术参考。

6.3.1 不同密度柽柳林的土壤物理性质

由表 6-6 可知，中密度、高密度柽柳林上层土壤总孔隙度分别比低密度林分增加13.53%和4.34%，下层土壤分别增加6.73%和3.37%。中密度、高密度柽柳林上层土壤毛管孔隙度分别比低密度林分增加12.26%和4.42%，下层分别增加5.70%和2.63%。从垂直变化来看，不同密度柽柳林上层土壤总孔隙度和毛管孔隙度显著高于下层（$P<0.05$）。高密度柽柳林上层土壤总孔隙度较下层增加 20.18%，毛管孔隙度增加22.44%；中密度林分分别增加26.63%和27.82%，低密度林分分别增加19.06%和20.35%。中密度、高密度柽柳林 0～60cm 土壤总孔隙度分别比低密度林分增加10.43%和1.95%，毛管孔隙度分别增加9.29%和3.60%。表明中密度柽柳林在提高土壤孔隙度方面能力优于高密度，而低密度林分表现较差。

表 6-6 不同密度柽柳林的土壤物理参数

林分密度	土壤层次	孔隙度/%			容重/（g/cm³）	含水量/%
		总孔隙度	毛管孔隙度	非毛管孔隙度		
高密度	上层	47.59±2.29b	45.39±2.34ab	2.20±0.20a	1.15±0.03c	7.56±0.56c
	下层	39.60±0.86c	37.07±1.58c	2.53±0.72a	1.25±0.02b	10.48±0.09b
中密度	上层	51.78±1.60a	48.80±1.67a	2.98±0.66a	1.03±0.03d	9.75±0.12b
	下层	40.89±1.34c	38.18±2.05c	2.71±0.71a	1.16±0.01c	12.62±0.49a
低密度	上层	45.61±3.40b	43.47±3.47b	2.14±0.24a	1.13±0.01c	6.57±0.93d
	下层	38.31±0.77c	36.12±1.39c	2.19±0.65a	1.32±0.04a	9.82±0.42b

高密度和低密度林分的上层土壤容重分别较中密度增加 11.65%和9.71%，下层则分别增加 7.76%和13.79%。从垂直变化来看，上层土壤容重显著低于下层（$P<0.05$），高密度、中密度和低密度下层土壤容重较上层分别增加 8.70%、12.62%和16.81%。低密度、高密度柽柳林 0～60cm 土壤容重均值比中密度林分分别增加 11.87%和9.41%。表明中密度林分在降低土壤容重方面的能力最强。

中密度、高密度柽柳林上层土壤含水量较低密度林分分别增加 48.40%和15.07%；下层分别增加 6.7%和10.87%。从垂直变化来看，不同林分上层土壤含水量显著低于下层（$P<0.05$），高密度、中密度和低密度林分下层土壤含水量较上层分别增加 38.62%、29.44%和49.47%。中密度、高密度林分 0～60cm 土壤含水量均值较低密度林分分别增加36.49%和10.07%，表明中密度林分在提高土壤含水量方面有更好的表现。

6.3.2　不同密度柽柳林的土壤盐碱特征

由图 6-4 可知，高密度和低密度柽柳林上层土壤含盐量是中密度林分的 1.71 倍和 2.50 倍，下层则分别为 1.30 倍和 2.00 倍。低密度柽柳林 0~60cm 土壤含盐量是高密度和中密度林分的 1.51 倍和 2.15 倍。从垂直变化来看，上层含盐量显著低于下层（$P<0.05$），高密度、中密度和低密度林分的下层土壤含盐量分别是上层的 1.79 倍、2.36 倍和 1.89 倍，表明中密度林分抑制地表盐分积聚的作用最强，而高密度林分最弱。

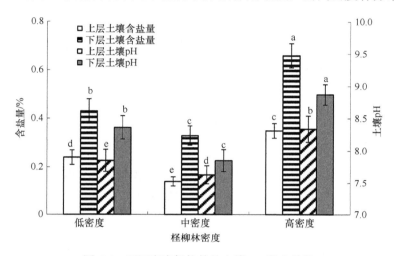

图 6-4　不同密度柽柳林的土壤 pH 及含盐量

高密度和低密度柽柳林上层土壤 pH 较中密度林分分别增加 2.88% 和 9.30%，下层则分别增加 6.50% 和 12.99%。低密度林分 0~60cm 土壤 pH 较高密度和中密度林分增加 6.13% 和 11.17%。从垂直变化来看，下层土壤 pH 显著高于上层（$P<0.05$），高密度、中密度和低密度林分下层土壤 pH 较上层分别增加 6.50%、2.88% 和 6.35%，表明不同密度柽柳林对 0~30cm 的土壤抑碱效应较好，中密度林分在 0~60cm 抑碱效应最优。

6.3.3　不同密度柽柳林的土壤养分特征

（1）土壤有机质

由图 6-5 可知，中密度、高密度柽柳林上层土壤有机质含量是低密度林分的 1.52 倍和 1.06 倍，下层则分别是 2.51 倍和 1.59 倍。从垂直变化来看，上层土壤有机质显著高于下层（$P<0.05$），高密度、中密度和低密度林分的上层土壤有机质含量分别是下层的 1.40 倍、1.27 倍和 2.05 倍。中密度、高密度柽柳林 0~60cm 土壤有机质含量分别是低密度林分的 1.68 倍和 1.13 倍，表明中密度林分在土壤有机质提升方面有最好的表现，高密度林分次之。

中密度、高密度柽柳林上层土壤总有机碳分别是低密度林分的 2.12 倍和 1.66 倍，下层是 2.74 倍和 1.85 倍。从垂直变化来看，上层土壤总有机碳显著高于下层（$P<0.05$），高密度、中密度和低密度林分的上层土壤总有机碳分别是下层的 1.44 倍、1.25

倍和 1.61 倍。中密度、高密度柽柳林 0～60cm 土壤总有机碳分别是低密度林分的 2.36 倍和 1.74 倍，表明中密度林分在提升土壤总有机碳能力方面最优。

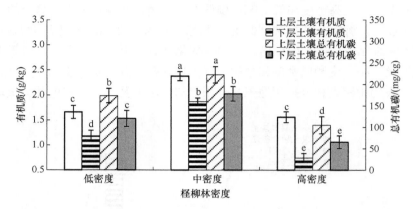

图 6-5　不同密度柽柳林的土壤有机质及总有机碳含量

（2）土壤速效养分

如表 6-7 所示，中密度、高密度柽柳林上层土壤铵态氮含量分别是低密度林分的 1.64 倍和 1.19 倍，下层分别是 2.23 倍和 1.42 倍；上层土壤硝态氮含量分别是 2.23 倍和 1.45 倍，下层分别是 1.50 倍和 1.13 倍。从垂直变化来看，上层土壤铵态氮和硝态氮含量显著高于下层（$P<0.05$）。高密度、中密度和低密度林分上层土壤铵态氮含量分别是下层的 1.98 倍、1.74 倍和 2.36 倍；硝态氮含量分别是 1.35 倍、1.57 倍和 1.05 倍。中密度、高密度林分 0～60cm 土壤铵态氮和硝态氮含量分别是低密度的 1.82 倍、1.88 倍和 1.26 倍、1.30 倍，表明中密度林分有最强的提升土壤有效氮素的能力，而低密度林分最差。

表 6-7　不同密度柽柳林的土壤速效养分含量

林分密度	土壤层次	铵态氮/（mg/kg）	硝态氮/（mg/kg）	速效钾/（mg/kg）	速效磷/（mg/kg）
高密度	上层	22.28±0.68b	7.56±0.27b	66.55±2.81c	10.99±0.37b
	下层	11.25±0.90d	5.60±0.18c	59.04±0.83d	6.39±0.67d
中密度	上层	30.66±1.75a	11.67±0.72a	94.43±2.23a	14.28±0.66a
	下层	17.63±0.27c	7.43±0.32b	76.75±3.79b	10.69±0.48b
低密度	上层	18.64±0.50c	5.21±0.15c	51.28±0.50e	7.55±0.61c
	下层	7.91±0.22e	4.96±0.13c	43.52±5.87f	3.22±0.43e

中密度、高密度柽柳林上层土壤速效钾含量比低密度林分分别增加 84.15%和 29.78%，下层分别增加 76.36%和 35.66%。从垂直变化来看，上层土壤速效钾含量显著高于下层（$P<0.05$），高密度、中密度和低密度林分上层土壤速效钾含量分别比下层增加 12.72%、23.04%和 17.83%。中密度、高密度林分 0～60cm 土壤速效钾含量分别是低密度的 1.81 倍和 1.33 倍，表明中密度林分在对土壤速效钾提升方面有最好的表现，且显著优于低密度林分。

中密度、高密度林分上层土壤速效磷含量分别是低密度的 1.89 倍和 1.45 倍，下层分别是 3.32 倍和 1.98 倍。从垂直变化来看，上层土壤速效磷含量显著高于下层（$P<$ 0.05），高密度、中密度和低密度林分的上层土壤速效磷含量分别是下层的 1.72 倍、1.34

倍和 2.34 倍。中密度、高密度林分 0～60cm 土壤速效钾含量是高密度和低密度林分的 2.32 倍和 1.61 倍，表明中密度林分有较强的提升速效磷的能力。

6.3.4　不同密度柽柳林土壤理化指标相关性分析

如表 6-8 所示，土壤容重和含水量、毛管孔隙度呈强负相关（$P<0.01$），土壤含水量与毛管孔隙度呈强正相关（$P<0.01$），其他物理指标间相关性较弱。土壤总孔隙度与土壤盐碱指标间呈强负相关（$P<0.01$），而与土壤有机和速效养分指标间呈强正相关（$P<0.01$）。土壤盐碱指标间与土壤有机质及速效养分间呈强负相关（$P<0.01$）。土壤有机质及速效养分呈强正相关（$P<0.01$）。

表 6-8　不同密度柽柳林土壤理化参数的相关系数

	TP	CP	SD	SWC	SC	pH	OM	TOC	AP	NH_4^+	NO_3^-	K^+
TP	1.00											
CP	−0.12	1.00										
SD	−0.02	−0.96**	1.00									
SWC	0.05	0.75**	−0.80**	1.00								
SC	−0.97**	0.21	−0.10	0.02	1.00							
pH	−0.95**	0.03	0.12	−0.25	0.94**	1.00						
OM	0.97**	−0.18	0.01	0.01	−0.93**	−0.94**	1.00					
TOC	0.92**	0.02	−0.18	0.34	−0.90**	−0.98**	0.92**	1.00				
AP	0.96**	−0.10	−0.05	0.03	−0.91**	−0.90**	0.96**	0.90**	1.00			
NH_4^+	0.96**	−0.18	0.04	−0.05	−0.91**	−0.87**	0.95**	0.85**	0.98**	1.00		
NO_3^-	0.86**	0.12	−0.27	0.33	−0.78**	−0.84**	0.85**	0.90**	0.92**	0.87**	1.00	
K^+	0.98**	−0.15	0.02	−0.03	−0.95**	−0.92**	0.98**	0.90**	0.98**	0.97**	0.86**	1.00

注：TP. 总孔隙度；CP. 毛管孔隙度；SD. 土壤容重；SWC. 土壤含水量；SC. 土壤含盐量；OM. 有机质；TOC. 总有机碳；AP. 有效磷；**表示 $P<0.01$。

6.3.5　不同密度柽柳林对土壤主要物理性质的影响

土壤孔隙是土壤水分迁移和储存的场所，是土壤渗透性能、地表产流量和产流时间的决定性要素，与土壤的固体数量共同决定了反映土壤疏松程度的土壤容重。土壤容重与土壤质地、压实状况、颗粒密度及有机质含量有关。通常容重小的土壤，有机质含量高、结构性好，适宜植物生长（刘凤枝和李玉浸，2015）。

不同密度柽柳林的土壤非毛管孔隙度差异性显著（$P<0.05$），中密度林分的土壤非毛管孔隙度较高，表明柽柳林在中密度下有较强的滞留土壤水分、涵养土壤水源的能力。纳帕海湖滨草甸湿地无人为扰动区域非毛管孔隙度在 28%～44%（邵明安等，2006），而莱州湾滨海湿地不同密度柽柳林的土壤非毛管孔隙度占比较低（5%左右），致使土壤气相与大气间气体交换能力较弱、土壤水分迁移能力较低（张昆等，2009），这是因为该区域属于淤泥质平原海岸带，土壤分形维度高、粒级低、黏性大、排列紧密（张建军和朱金兆，2013）。

各密度下柽柳林土壤容重与无林草地相比均偏高（夏江宝等，2012a），这与该区域潮土基质的黏质沉积物含量较高有一定关系，可见湿地类型及土地利用方式对湿地土壤容重有显著影响（任韧希子，2012）。不同密度柽柳林土壤容重差异显著（$P<0.05$），且中密度林分土壤容重最低，表明中密度林分的土壤质地更加疏松、熟化程度更高且结构性更好。上层土壤容重显著低于下层（$P<0.05$），表明柽柳林在上层土壤中根系较为发达（夏江宝等，2012b）、植被枯落物及大气沉降物较多致使上层土壤有机质含量较高（宋香静等，2017）。

不同林分密度的柽柳林土壤含水量差异显著（$P<0.05$）。柽柳根系生物量主要分布在上层土壤中，可占根总生物量的70%以上（夏江宝等，2012b），柽柳对上层土壤蓄存水分有较强的利用能力，导致上层土壤含水量显著降低。在一定范围内，随柽柳林分密度升高，柽柳对土壤蓄存水分使用量升高。不同密度柽柳林有提升林地土壤水分储存及利用效能的能力（Kodešová et al.，2015），中密度柽柳林有较强的吸持蓄水能力和蓄水潜能。中密度柽柳林储存和利用土壤水分的差值较大，表现为有较高的土壤含水量。

6.3.6　不同密度柽柳林对土壤含盐量和 pH 的影响

土壤含盐量与 pH 是反映滨海湿地土壤环境质量的重要指标，两者与土壤含水量有极强的相关性（Kodešová et al.，2015）。柽柳林地上部分可有效遮阴，对土壤表层水分蒸失有较强的抑制作用，能有效减弱地表盐分积聚速度（赵畅等，2018）。同时，柽柳根系可提升土壤的通透性，促进土壤脱盐作用的发生；根系的生化作用可以改善土壤化学性质、提高土壤养分含量、抑制土壤盐碱化的进程（Kitano et al.，2009）。本研究的土壤理化参数相关分析也表明（表 6-8），柽柳林土壤含盐量与 pH 呈极显著正相关（$P<0.01$），与土壤有机质和速效养分含量呈极显著负相关（$P<0.01$）。

不同林分密度柽柳林对土壤上层（$F=84.758$，$P<0.01$）、下层（$F=246.875$，$P<0.01$）含盐量影响显著。滨海地区土壤含盐量影响植被群落的生长发育和演替，植被也通过影响土壤系统的光热条件，及生物量归还影响土壤的发育（罗永清等，2012）。不同密度柽柳林上层土壤含盐量显著低于下层（$P<0.05$）。这与研究区潜水埋藏较浅、矿化度较高，下层土壤易受潜水盐分的影响（樊玉清等，2013）；柽柳林树龄较高对上层土壤盐分也有较强吸纳作用（夏江宝等，2012b）；土壤表层受柽柳林枯枝落叶及低矮草本遮蔽作用，在一定程度上也抑制了土壤水分向上迁移运载的盐分在地表堆积；柽柳林堆积在地表的凋落物在微生物作用下转化为腐殖酸，对土壤盐碱化也有较好的抑制作用；研究区水热条件充沛，年降雨量较高，在由雨水驱动的土壤脱盐作用下，盐分垂直向下淋溶迁移等原因有关（袁瑞强，2006）。

不同密度柽柳林土壤含盐量差异性显著（$P<0.05$），中密度柽柳林对土壤盐分积聚有较强的抑制作用。随林分密度升高，高密度柽柳林并未表现出相较中密度更低的土壤含盐量，这可能是较高的林分密度也导致对水分上的需求量更高，携带盐分也更多；地下潜水埋深对柽柳种群分布累计贡献度可达76.789%，是柽柳林种群分布的主要影响因子（刘晋秀等，2002）；在一定范围内，柽柳林密度与潜水埋深呈负相关（夏江宝等，2012b），高密度柽柳林所处位置潜水埋深较浅，汲取了更多的深层土壤水分，导致盐分纵向上升迁移作用更加明显；同时区域内较密集的根系分布也容易导致雨水驱动的土壤脱盐作用减弱，盐分滞留较中密度林分更加明显，两者共同作用下高密度柽柳林土壤达

到了较高水平的水-盐平衡点，表现为土壤盐分含量较高。

不同密度柽柳林上层土壤 pH 显著低于下层（$P<0.05$），这与该层交换性钠含量较低、有机质含量较高有关（夏江宝等，2016）。上层活跃的土壤气相支持微生物各项生理活动，以分解有机物进而转化为腐殖酸抑制了 pH 升高（Pan et al.，2017）。不同密度柽柳林土壤 pH 差异性显著（$P<0.05$），中密度柽柳林有更强的抑制土壤碱化的能力。同层土壤含盐量与 pH 呈显著正相关（$P<0.05$），在土壤水相的参与下，土壤胶体更易吸附交换性钠离子，使土壤碱性上升，易导致土壤物理性质恶化，土壤颗粒高度离散分布，在含水率较高时膨胀，而在含水率较低时板结，无法为植物提供适宜的生长环境（Wang et al.，2008）。

6.3.7　不同密度柽柳林对土壤养分的影响

（1）土壤有机质

土壤有机物可被微生物分解成腐殖质，促进土壤团粒结构的形成，增强土壤通气透水性，提升土壤缓冲能力（周建民，2013）。腐殖质与土壤中的钠离子形成腐殖酸钠抑制盐土碱化进程，同时促进植物生长，并提升其对土壤盐度的耐受能力。各种有机酸不仅可以促进土壤大分子养分的分解使之能被植物利用，同时可以加强磷的有效性（关连珠，2016）。

不同密度柽柳林对土壤[上层（$F=81.338$，$P<0.01$）、下层（$F=132.435$，$P<0.01$）]有机质含量影响显著，上层有机质含量显著高于下层（$P<0.05$）。土壤有机质主要源于高等植物，其残留物存在层次较浅。不同林分密度间土壤有机质含量差异显著（$P<0.05$）。高等植物凋落物分解速率与土壤含水量、通气透水能力和动物破碎作用呈正相关（Klaviņš and Purmalis，2014），本研究的土壤理化参数相关性也表明，土壤有机质含量与土壤总孔隙度呈极显著正相关（$P<0.01$）。中等密度林分土壤含水量、孔隙度较高，易促进枯落物分解，因此有机质含量最高。

土壤有机质含量与含盐量呈极显著负相关（$P<0.01$），在一定范围内土壤颗粒分形维数越高，土壤结构越紧实，土壤颗粒有更大的相对表面积，对盐分吸附能力更强，对有机质的固着作用更小（曾锋，2010）。土壤 pH 与有机质含量呈极显著负相关（$P<0.01$），这是由于土壤含盐量会导致 pH 升高，但有机质在微生物作用下转化为腐殖酸，抑制了土壤 pH 的持续升高，表明适宜的土壤有机质含量对改善滨海盐碱土的结构性、渗透性及缓冲性有积极作用。

（2）土壤速效养分

土壤速效养分是土壤中水溶态养分和交换态养分的总和，是能够被植物直接吸收利用的营养成分，是土壤养分供给能力指标（Wang et al.，2008）。土壤铵态氮和硝态氮主要以土壤溶液中的交换性氮和黏土矿物中的固定氮的形式存在，其中交换性氮易发生氧化反应转化为硝态氮，在通气好的旱地中存在较少，在湿地土壤中稳定存在。铵态氮可被硝化细菌转化为硝态氮和亚硝态氮，硝态氮易发生反硝化反应而随水淋失（白军红等，2002）。土壤速效磷反映土壤磷元素供应及储存能力高低。土壤速效磷与土壤酸碱度及土壤有机质含量有较强相关性（$P<0.01$）。随滨海湿地土壤碱度升高，磷元素的固着能

力提升，土壤有效磷含量和有效性降低。土壤有机质含量提高有效磷含量，有机阴离子与磷酸根竞争土壤固相表面专性吸附位点降低磷元素的吸附性；同时有机物分解产生的有机酸将部分固定态磷释放为可溶态（Wang et al.，2008）。

不同密度柽柳林对土壤[（上层（$F=90.302$，$P<0.01$）、下层（$F=237.637$，$P<0.01$）]铵态氮含量影响显著。不同林分上层土壤铵态氮含量显著高于下层（$P<0.05$），土壤中氮素含量与含水率呈负相关，当湿地含水率上升时不利于氮素的保持（吕贻忠，2006），但含水率较高的中密度林分土壤并未表现出较低的铵态氮含量，可能是由于滨海湿地柽柳林土壤中铵态氮较多结合在土壤胶体表面而稳定存在（白军红等，2002）。高密度和中密度林分上层土壤硝态氮含量显著高于下层（$P<0.05$），在深层土壤中并未出现氮素累积，土壤团聚体带正电荷对硝态氮附着作用较强，上层土壤柽柳根系生物量较高有较强的对氮素垂向迁移的阻隔作用（吕贻忠，2006；孙志高和刘景双，2007）。低密度林分的两层土壤间硝态氮含量差异不显著（$P>0.05$），含量较低，与低密度林分的土壤容重较高、孔隙度较低、土壤透气性能较差、反硝化作用强、硝态氮淋失占比高有关。

不同柽柳林各层土壤间速效钾含量差异性显著（$P<0.05$），土壤速效钾会在根系吸收作用下，随根际土壤溶液向根系生物量较大的上层近根区域富集（Imada et al.，2013）。不同密度柽柳林土壤速效钾含量差异性显著（$P<0.05$），当钾向根系表面迁移量超过根系吸收量时，近根处会形成富集区，反之形成亏缺区（金继运，1993），中密度林分达到较高的速效钾含量平衡位点，呈现速效钾含量较高。

不同密度柽柳林对土壤[上层（$F=107.416$，$P<0.01$）、下层（$F=144.423$，$P<0.01$）]速效磷含量影响显著。两层土壤间速效磷含量差异性显著（$P<0.05$），同一土壤层次间土壤有机质与有效磷含量呈显著正相关（$P<0.05$）；在一定条件下，土壤有机质与磷酸根浓度呈负相关，土壤有机质有助于加快土壤磷元素的周转，更多磷酸根转化为土壤速效磷；同时上层土壤中柽柳根系较多，对土壤磷元素淋失有较强的抑制作用（Wang et al.，2008）。研究区内不同柽柳林土壤速效养分整体含量较低（白军红等，2002），虽然中密度柽柳林可以提升土壤速效养分含量，但是该区域速效养分仍然是柽柳生长的主要胁迫要素之一（金继运，1993）。

6.3.8　结论

莱州湾柽柳林生长密度对滨海湿地土壤通透性、盐碱含量、有机质和速效养分影响显著，中密度柽柳林改良土壤效应最好，而低密度柽柳林表现最差。不同密度柽柳林上层（0~30cm）和下层（30~60cm）的土壤孔隙度、含水量、含盐量、pH、有机质和速效养分含量均表现为中密度林分最高，高密度次之，低密度林分最低。从垂直变化来看，不同密度柽柳林的土壤孔隙度、含水量、有机质和速效养分含量均表现为上层土壤显著高于下层（$P<0.05$），而土壤容重和盐碱含量表现为上层低于下层。不同密度柽柳林的土壤容重与含水量和毛管孔隙度呈显著负相关（$P<0.05$），土壤含水量与毛管孔隙度呈显著正相关（$P<0.05$），其他物理指标间相关性较弱。土壤盐碱和有机质、速效养分各指标间呈显著负相关（$P<0.05$），土壤有机质和速效养分各指标间呈显著正相关（$P<0.05$）。从土壤理化性状的改良效果及促进区域生态过程进行的能力来看，中密度柽柳林

有利于改善滨海湿地土壤物理结构,提升土壤储存、供应养分能力,降低土壤盐碱含量。在退化滨海湿地的植被构建与修复时,柽柳林可选择的适宜密度为中密度林分(3 600 株/hm²)。在退化低效柽柳林抚育改造提升中,可有效调控高密度柽柳林分,适当补植低密度柽柳林,以达到柽柳林较好生长且改良土壤效应较好的林分密度,研究结果可为滨海湿地柽柳林的栽植管理提供理论依据。

参 考 文 献

白军红, 邓伟, 朱颜明, 等. 2002. 湿地土壤有机质和全氮含量分布特征对比研究: 以向海与科尔沁自然保护区为例. 地理科学, 22(2): 232-237.

宝秋利, 代海燕, 张秋良, 等. 2011. 大青山主要林型林分密度与竞争关系的研究. 干旱区资源与环境, 25(3): 152-155.

鲍士旦. 2005. 土壤农化分析. 北京: 中国农业出版社.

樊玉清, 王秀海, 孟庆生. 2013. 辽河口湿地芦苇群落退化过程中土壤营养元素和含盐量变化. 湿地科学, 11(1): 35-40.

关连珠. 2016. 普通土壤学. 北京: 中国农业大学出版社.

洪伟, 郑蓉, 吴承祯, 等. 1996. 马尾松人工林生长动态预测与密度决策的支持模型研究. 福建林学院学报, 16(3): 193-199.

黄文丁, 张立均. 1989. 林农复合系统中林分直径分布动态研究. 南京林业大学学报, (4): 86-91.

贾宏伟, 康绍忠, 张富仓, 等. 2006. 石羊河流域平原区土壤入渗特性空间变异的研究. 水科学进展, 17(4): 471-476.

金继运. 1993. 土壤钾素研究进展. 土壤学报, (1): 94-101.

李晓宏, 高甲荣, 张金瑞, 等. 2010. 密云水库油松人工林的林分密度与生长因子. 浙江林学院学报, 27(6): 821-825.

刘凤枝, 李玉浸. 2015. 土壤监测分析技术. 北京: 化学工业出版社.

刘继龙, 马孝义, 张振华. 2010. 土壤入渗特性的空间变异性及土壤转换函数. 水科学进展, 21(2): 214-221.

刘晋秀, 江崇波, 范学炜. 2002. 黄河三角洲近 40 年来气候变化趋势及异常特征. 海洋预报, 19(2): 31-35.

刘普幸, 姚晓军, 张克新, 等. 2011. 疏勒河中下游胡杨林土壤水盐空间变化与影响. 水科学进展, 22(3): 359-366.

刘霞, 张光灿, 李雪蕾, 等. 2004. 小流域生态修复过程中不同森林植被土壤入渗与贮水特征. 水土保持学报, 22(2): 111-115.

吕贻忠. 2006. 土壤学. 北京: 中国农业出版社.

罗素梅, 何东进, 谢益林, 等. 2010. 林分密度对尾赤桉人工林群落结构与生态效应的影响研究. 热带亚热带植物学报, 18(4): 357-363.

罗永清, 赵学勇, 李美霞. 2012. 植物根系分泌物生态效应及其影响因素研究综述. 应用生态学报, 23(12): 3496-3504.

任宝平. 2010. 兴安落叶松人工林生长过程及林分密度的调查研究. 内蒙古电大学刊, (120): 73-75, 85.

任韧希子. 2012. 黄河三角洲沉积特征与环境演变研究. 上海: 华东师范大学博士学位论文.

邵明安, 王全九, 黄明斌. 2006. 土壤物理学. 北京: 高等教育出版社.

沈国舫. 2001. 森林培育学. 北京: 中国林业出版社.

宋香静, 李胜男, 韦玮. 2017. 黄河三角洲柽柳根系分布特征及其影响因素. 湿地科学, 15(5): 716-723.

孙时轩. 1990. 造林学. 北京: 中国林业出版社.

孙志高, 刘景双. 2007. 三江平原典型湿地土壤硝态氮和铵态氮垂直运移规律. 水土保持学报, 21(6): 25-30.

王玉芬. 2011. 林分密度在营林生产中的应用. 林业勘查设计, (157): 59-63.

夏江宝, 孔雪华, 陆兆华, 等. 2012a. 滨海湿地不同密度柽柳林土壤调蓄水功能. 水科学进展, 23(5): 628-634.

夏江宝, 陆兆华, 孔雪华, 等. 2012b. 黄河三角洲湿地柽柳林生长动态对密度结构的响应特征. 湿地科学, 10(3): 332-338.

夏江宝, 赵西梅, 刘俊华, 等. 2016. 黄河三角洲莱州湾湿地柽柳种群分布特征及其影响因素. 生态学报, 36(15): 4801-4808.

于君宝, 陈小兵, 毛培利, 等. 2010. 新生滨海湿地土壤微量营养元素空间分异特征. 湿地科学, 8(3): 213-219.

余世鹏, 杨劲松, 刘广明. 2011. 易盐渍区粘土夹层对土壤水盐运动的影响特征. 水科学进展, 22(4): 495-501.

袁瑞强. 2006. 黄河三角洲浅层地下水特征及其向海输送. 青岛: 中国海洋大学硕士学位论文.

曾锋, 邱治军, 许秀玉. 2010. 凋落物分解研究进展. 生态环境学报, 19(1): 239-243.

张建军, 朱金兆. 2013. 水土保持监测指标的观测方法. 北京: 中国林业出版社.

张昆, 田昆, 吕宪国, 等. 2009. 旅游干扰对纳帕海湖滨草甸湿地土壤水文调蓄功能的影响. 水科学进展, 20(6): 800-805.

张绪良, 张朝晖, 徐宗军, 等. 2009. 莱州湾南岸滨海湿地的景观格局变化及累积环境效应. 生态学杂志, 28(12): 2437-2443.

赵畅, 龙健, 李娟, 等. 2018. 茂兰喀斯特原生林不同坡向及分解层的凋落物现存量和养分特征. 生态学杂志, 37(2): 296-303.

周建民. 2013. 土壤学大辞典. 北京: 科学出版社.

朱元骏, 邵明安. 2010. 含砾石土壤降雨入渗过程模拟. 水科学进展, 21(6): 779-787.

Alcorn P J, Pyttel P, Bauhus J, et al. 2007. Effects of initial planting density on branch development in 4-year-old plantation grown *Eucalyptus pilularis* and *Eucalyptus cloeziana* trees. Forestry Ecology and Management, 252: 41-51.

Gerke H H, Kuchenbuch R O. 2007. Root effects on soil water and hydraulic properties. Biologia, 62(5): 557-561.

Imada S, Taniguchi T, Acharya K, et al. 2013. Vertical distribution of fine roots of *Tamarix ramosissima* in an arid region of southern Nevada. Journal of Arid Environments, 92(3): 46-52.

Kitano M, Urayama K, Sakata Y, et al. 2009. Water and salt movement in soil driven by crop roots: a controlled column study. Biologia, 64(3): 474-477.

Klaviņš M, Purmalis O. 2014. Surface activity of humic acids depending on their origin and humification degree. Proceedings of the Latvian Academy of Sciences, 67(6): 493-499.

Kodešová R, Němeček K, Žigová A, et al. 2015. Using dye tracer for visualizing roots impact on soil structure and soil porous system. Biologia, 70(11): 1439-1443.

Pan H, Yu H, Song Y, et al. 2017. Application of solid surface fluorescence EEM spectroscopy for tracking organic matter quality of native halophyte and furrow-irrigated soils. Ecological Indicators, 73: 88-95.

Wang J, Kang S, Li F, et al. 2008. Effects of alternate partial root-zone irrigation on soil microorganism and maize growth. Plant and Soil, 302(1-2): 45-52.

Xia J B, Zhang G C, Zhang S Y, et al. 2009. Growth process and diameter structure of Pinus tabulaeformis forest for soil and water conservation in the hilly loess region of China. African Journal of Biotechnology, 8: 5415-5421.

Zhang G C, Xia J B, Zhang S Y, et al. 2008. Density structure and growth dynamics of a *Larix principis-rupprechtii* stand for water conservation in the Wutai Mountain region of Shanxi Province, North China. Frontiers of Forestry in China, 3(1): 24-30.

第7章 盐旱胁迫对柽柳生长及生理生态特征的影响

7.1 盐旱胁迫对柽柳幼苗生长及生理生化特性的影响

通过设置不同梯度的盐分胁迫和干旱胁迫处理，探讨盐旱交叉胁迫下柽柳生物量、叶绿素含量、超氧化物歧化酶（SOD）、过氧化物酶（POD）和丙二醛（MDA）等生理生化指标的变化规律，揭示柽柳主要生理生化特性对盐旱胁迫的响应规律，明确适宜柽柳生长的土壤干旱和盐碱条件，为滨海盐碱区域柽柳的栽植管理提供理论依据和技术支持。

7.1.1 盐旱胁迫对柽柳生长特性的影响

由表 7-1 可知，轻度和重度干旱胁迫下，柽柳株高在土壤含盐量 0.4%时显著升高（$P<0.05$），分别比对照（CK）增加 33.3%和 16.3%，但随着盐胁迫的加剧柽柳株高有降低趋势。其中，在轻度干旱胁迫下柽柳在含盐量 2.5%时死亡；中度干旱胁迫下，株高在含盐量 0.4%时显著降低（$P<0.05$），而含盐量为 1.2%时又显著升高，但与 CK 无显著差异（$P>0.05$）。轻度和中度干旱胁迫下，柽柳主根长在各盐胁迫处理下与 CK 比较均无显著差异（$P>0.05$）；重度干旱胁迫下，主根长随盐胁迫的加剧先升高后降低。同时，在轻度和重度干旱胁迫下，柽柳基径随含盐量的增加先升高后降低，并均在含盐量为 0.4%时达到最大，而在含盐量为 1.2%时均显著降低（$P<0.05$）；中度干旱胁迫下，基径随着盐胁迫的加剧而逐渐降低。

表 7-1 不同盐旱胁迫对柽柳生长指标的影响

处理		株高/cm	主根长/cm	基径/cm	地上部分干重/g	地下部分干重/g
干旱胁迫	盐胁迫					
轻度干旱	CK	85.85±6.37a	14.50±0.05a	0.48±0.02a	12.96±0.27a	4.28±0.56a
	0.4%	114.43±9.05b	15.63±1.54a	0.59±0.06a	16.96±2.49b	8.69±2.21b
	1.2%	86.80±0.52a	11.06±1.77a	0.34±0.04b	8.13±4.15c	3.91±2.05a
	2.5%	—	—	—	—	—
中度干旱	CK	105.05±6.84a	14.65±1.47a	0.50±0.051a	16.96±0.69a	5.84±0.20a
	0.4%	83.03±4.65b	12.86±0.32a	0.49±0.021a	13.87±1.99b	7.23±1.61a
	1.2%	103.03±4.04a	15.76±0.92a	0.44±0.03a	8.33±0.64c	3.98±1.04b
	2.5%	83.55±0.84b	12.80±0.57a	0.29±0.01b	3.99±0.50d	2.21±0.30b
重度干旱	CK	85.40±3.46a	10.91±0.38a	0.44±0.04a	12.59±0.88a	4.10±0.02a
	0.4%	99.30±2.45b	12.30±0.26b	0.45±0.02a	14.67±1.07a	6.84±0.22b
	1.2%	72.43±4.56c	15.80±0.37c	0.33±0.05b	6.65±1.43c	3.28±0.85a
	2.5%	85.50±2.88a	10.20±0.37a	0.35±0.005b	4.97±0.50c	2.30±0.10c

注：同一列数据中标有不同小写字母表示处理间在 0.05 和 0.01 水平上差异显著。下同。"—"表示柽柳死亡。

轻度和重度干旱胁迫下，柽柳地上和地下部分干重随盐胁迫的加剧先升高后降低，且含盐量为 0.4% 时达到最大值；中度干旱胁迫下，地上部分干重呈显著下降的趋势，而地下部分干重变化与轻度和重度干旱胁迫相同。同时，各干旱胁迫处理下，随盐胁迫的加剧，地上部分干重变化程度高于地下部分。另外，柽柳植株在轻度干旱重度盐胁迫下出现死亡，而中度和重度干旱胁迫下柽柳仍然存活，可能是适度干旱对柽柳耐盐能力有一定的提高，而对涝盐渍生境不适应有一定关系，这与于振群等（2007）得出的结果相符合。分析表明，干旱胁迫对柽柳生长虽有一定的抑制作用，但盐胁迫的影响大于干旱胁迫；同时地上部分对盐旱胁迫的敏感性高于地下部分。不同盐旱交叉胁迫对植株生长的影响差异较大，轻度和重度干旱胁迫下，柽柳在含盐量为 0.4% 时生长较好，而中度干旱下，在含盐量为 1.2% 时生长较好，表明适度干旱胁迫在一定程度上提高了柽柳的耐盐性。

7.1.2 盐旱胁迫对柽柳叶片叶绿素含量的影响

叶绿素是绿色植物光合作用的基础物质，植物在胁迫条件下，由于生理过程受到影响，其叶绿素的合成也受到影响，叶绿素含量变化是植物光合速率和植物受环境影

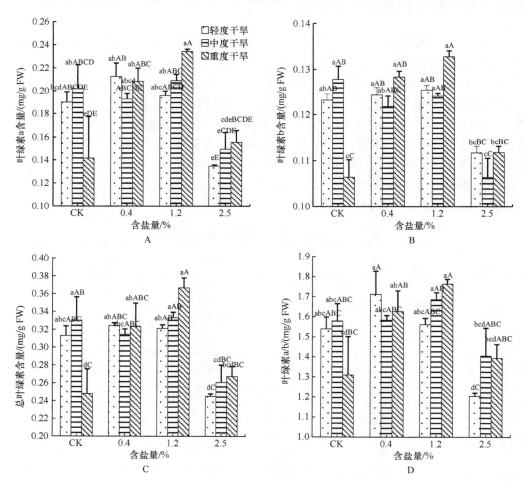

图 7-1 不同盐旱胁迫下柽柳叶片光合色素的变化

响的重要反应。由图 7-1 可知，不同干旱处理下柽柳叶片叶绿素 a 含量随含盐量的增加均呈先升高后降低的趋势。在中度和重度干旱胁迫下，叶绿素 a 含量均在含盐量为 1.2%时达到最大值[分别为 0.21mg/g FW（鲜重）和 0.23mg/g FW]，与 CK 相比分别增加 3.3%和 65.2%；而轻度干旱胁迫下，叶绿素 a 含量在含盐量为 0.4%时达到最大值（0.21mg/g FW），与 CK 相比增加 12.0%。方差分析表明，在同等干旱胁迫下，含盐量低于 1.2%时叶绿素 a 含量变化不显著（$P > 0.05$），而在 2.5%时呈极显著下降（$P < 0.01$）；同等盐分胁迫下，叶绿素 a 含量随着干旱胁迫的增强变化不显著。分析表明盐旱交叉胁迫对柽柳叶绿素 a 含量的影响较大，但相对于干旱胁迫，盐分是盐旱交叉胁迫影响叶绿素 a 含量的主导因子。

在轻度干旱胁迫下，柽柳叶片叶绿素 b 含量随含盐量的增加呈先增加后降低趋势，中度和轻度干旱胁迫变化类似：叶绿素 b 含量在含盐量低于 1.2%时变化不显著，而在含盐量为 2.5%时显著降低（$P < 0.05$）。在重度干旱胁迫下，叶绿素 b 含量随含盐量的增加呈先升高后降低的趋势，且在含盐量为 1.2%达到最高（0.13mg/g FW）。

总叶绿素含量和叶绿素 a/b 含量在盐旱交叉胁迫下的变化与叶绿素 a 含量的变化趋势类似。其中，在含盐量为 2.5%时，柽柳叶片总叶绿素含量在轻度干旱胁迫下极显著下降（$P < 0.01$），中度干旱胁迫下显著下降（$P < 0.05$），而重度干旱胁迫下下降不显著（$P > 0.05$）。在轻度干旱胁迫下，叶绿素 a/b 含量在含盐量为 0.4%时达到最大值，含盐量为 2.5%时显著下降；而在中度、重度干旱胁迫时各盐分胁迫下差异分别呈不显著（$P > 0.05$）、显著（$P < 0.05$）水平。分析表明，盐旱交叉胁迫下，叶绿素合成主要以盐胁迫为主导因子，重度盐胁迫下，叶绿素 a、叶绿素 b 的合成受到严重破坏，并且叶绿素 a 受到的破坏大于叶绿素 b，但受到干旱胁迫的影响并不显著。

7.1.3　盐旱胁迫对柽柳叶片 SOD 和 POD 活性的影响

SOD 和 POD 是植物体内主要的抗氧化酶，在清除超氧离子、抵御膜脂的过氧化、减轻质膜受损等方面起着重要作用。由图 7-2 可知，轻度干旱胁迫下，柽柳叶片 SOD 活性随含盐量的增加不断降低，且各盐胁迫处理间差异显著（$P < 0.05$）；与 CK 相比，叶片 SOD 活性在含盐量 0.4%时显著降低（$P < 0.05$），在 1.2%、2.5%时降低均达极显著水平（$P < 0.01$）。在中度干旱胁迫下，SOD 活性随含盐量的增加先降低后升高；与 CK 相比，SOD 活性在含盐量为 0.4%和 1.2%时分别下降 20.6%和 29.7%。在重度干旱胁迫下，叶片 SOD 活性随含盐量增加先升高后降低；与 CK 相比，SOD 活性在含盐量 0.4%和 1.2%时分别增加 30.1%和 77.6%，并在含盐量 1.2%时达最大值[188.66U/mg prot（蛋白质）]，而其在含盐量 2.5%时又显著降低（$P < 0.05$）。在同等盐分胁迫下，不同干旱胁迫和盐分交叉胁迫对 SOD 活性的影响极显著（$P < 0.01$）。双因素方差分析表明，柽柳叶片 SOD 活性受含盐量和盐旱交叉胁迫的影响均达到极显著水平（$P < 0.01$），在轻度干旱和重度盐胁迫下，SOD 活性达到最低；在重度干旱和中度盐胁迫下达到最高。而干旱胁迫对其活性的影响水平不显著（$P > 0.05$）。

在轻度干旱胁迫下，柽柳叶片 POD 活性随含盐量的增加先降低再升高后降低，差异极显著（$P < 0.01$）；中度干旱胁迫下，叶片 POD 活性随含盐量的增加先降低后升高，

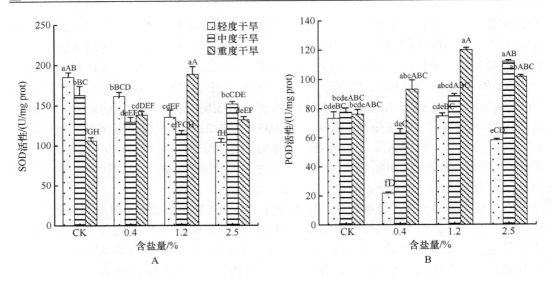

图 7-2　不同盐旱胁迫下柽柳叶片 SOD 和 POD 活性的变化

其含盐量间差异极显著（$P<0.01$）；重度干旱胁迫下，叶片 POD 活性随含盐量的增加却是先升高后降低，且其在含盐量为 0.4%和 1.2%时分别比 CK 增加 22.3%和 56.6%，在含盐量为 2.5%时显著下降 14.9%（$P<0.05$）。而在同等盐分胁迫下，不同干旱胁迫和盐分的交叉胁迫对 POD 活性的影响也达到极显著水平。双因素方差分析表明，盐胁迫、干旱胁迫及盐旱交叉胁迫均对柽柳叶片 POD 活性有极显著的影响，在轻度干旱和轻度盐胁迫下，POD 活性最低；在重度干旱和中度盐胁迫下活性最高。分析表明，一定程度的盐旱交叉胁迫下，柽柳能够通过提高保护酶 SOD 和 POD 的活性抵抗盐旱胁迫的伤害；但随着盐旱交叉胁迫的加剧，柽柳叶片 SOD 和 POD 抗氧化能力逐渐减弱，从而受到明显胁迫伤害。

7.1.4　盐旱胁迫对柽柳叶片 MDA 含量的影响

由图 7-3 可知，轻度和中度干旱胁迫下，柽柳叶片 MDA 含量均表现为先降低后升高，并分别在含盐量为 1.2%和 0.4%时达最小值（分别为 3.33nmol/mg prot 和 2.49nmol/mg prot），但随含盐量继续升高其差异性均不显著（$P>0.05$）。重度干旱胁迫下，叶片 MDA 含量先升高后降低，并在含盐量为 0.4%时达到最大值（11.77nmol/mg prot），为 CK 的 3.7 倍（$P<0.01$）；在含盐量为 1.2%时，叶片 MDA 含量有所降低，但仍极显著高于除 0.4%以外的处理和对照（$P<0.01$）；在含盐量为 2.5%时，MDA 含量比其他处理呈极显著降低（$P<0.01$），但与 CK 无显著性差异。双因素方差分析表明，盐胁迫对 MDA 含量的影响显著（$P<0.05$），而干旱胁迫（$P<0.01$）和盐旱交叉胁迫（$P<0.01$）对 MDA 含量的影响均达极显著水平，在中度干旱和轻度盐胁迫下，MDA 含量达到最小值；在重度干旱和轻度盐胁迫下，MDA 含量达到最大值。分析表明，盐旱交叉胁迫下过量积累的活性氧自由基引发了膜脂过氧化作用，对柽柳叶片产生了一定的伤害作用，且重度干旱、轻中度盐分胁迫下伤害最大。

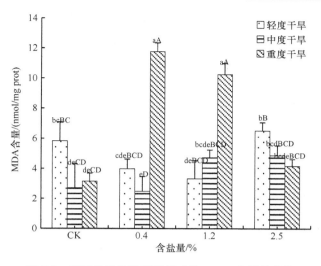

图 7-3　不同盐旱胁迫下柽柳叶片 MDA 含量的变化

7.1.5　盐旱胁迫对柽柳幼苗生理生化特性的影响

盐胁迫会导致植物发育迟缓，抑制植物组织和器官的生长与分化，随着盐胁迫的加剧，叶、茎和根的鲜重会降低（杨少辉等，2006）。随着含盐量升高，刚毛柽柳盐胁迫症状明显，成活率下降，高增长受到抑制（董兴红和岳国忠，2010）。文冠果幼苗通过调节生物量分配和改变形态以适应干旱胁迫，实现对现有生境资源的高效利用（谢志玉等，2010）。柽柳生长受干旱胁迫的影响不显著，表现出较强的耐旱性；而在盐胁迫下，柽柳生物量变化较为显著，且随着盐胁迫的加剧，柽柳通过降低株高、基径以及干物质的量来适应高盐环境，即柽柳通过调整生物量分配和自身形态来维持盐旱生境下的正常生长；同时茎、叶部分对盐旱胁迫的敏感性高于根系部分。这与董兴红和岳国忠（2010）报道的盐胁迫对刚毛柽柳地上部分的影响要大于根系的结果相一致。

盐旱胁迫会破坏植物叶片内的叶绿体，抑制叶绿素的合成或者促进叶绿素的分解（王伟华等，2009；吕廷良等，2010）。相关研究表明，随着盐旱交叉胁迫程度的加剧，银沙槐幼苗叶绿素 a/b 显著上升（庄伟伟等，2010b），而紫荆幼苗叶绿素含量大部分表现为下降趋势，叶绿素 a/b 仅在短期胁迫下上升（吕廷良等，2010）。本研究表明，盐旱交叉胁迫下，柽柳叶片叶绿素 a、叶绿素 b、叶绿素和叶绿素 a/b 在 CK 中随干旱胁迫的增强先升高后降低，这可能与柽柳通过提高光合色素含量来缓解轻度干旱胁迫有关，但干旱胁迫加重时，柽柳的这种缓解能力有所下降，可能与活性氧的破坏伤害有关，这与孙景宽等（2011）的研究结果一致；盐胁迫下，柽柳叶片光合色素含量受干旱胁迫加剧的影响减弱，与适当盐胁迫对缓解干旱胁迫有一定关系。随盐胁迫的加剧，光合色素先升高后降低，主导因子由干旱胁迫转为盐胁迫，并且重度盐胁迫易使柽柳细胞内产生大量活性氧破坏叶绿素的合成，整体表现为随盐旱交叉胁迫的加剧，柽柳叶片叶绿素合成受到一定程度的抑制。

SOD 和 POD 是植物体内主要的抗氧化酶，在清除超氧离子、抵御膜脂的过氧化、减轻质膜受损等方面起着重要作用（于振群等，2007；庄伟伟等，2010b；吕廷良等，

2010；赵文勤等，2010）。Dhinsa 等（1981）研究证明，胁迫条件下保护酶系统活性上升和下降与植物品种的抗旱性强弱有关，在胁迫实验中，酶活性一般随胁迫增强而增加，或者呈先增加后降低的基本态势。于振群等（2007）研究发现，盐旱交叉胁迫下，皂角幼苗 SOD 和 POD 活性先上升后下降；在相同的处理下，随着处理时间的延长，SOD 和 POD 活性均下降。本研究表明，不同盐旱交叉胁迫下，柽柳叶片 SOD 和 POD 活性表现出不同的变化规律。在轻度干旱胁迫下，SOD 活性不断降低，POD 活性先降低后升高又降低，与低浓度盐胁迫对干旱胁迫起到缓解作用有关，从而使柽柳受到的胁迫伤害较小；重度盐胁迫下，酶保护系统受到破坏，酶活性受到抑制，导致活性进一步降低；中度干旱胁迫下，SOD 和 POD 活性随盐胁迫的增强先降低后升高，柽柳表现出交叉适应性，即适度盐胁迫能增强柽柳的抗旱性，这与庄伟伟等（2010a）对银沙槐的研究结果一致。在重度干旱胁迫下，随着盐胁迫加强，SOD 和 POD 活性均降低，保护酶不足以清除体内的自由基，使得体内的自由基大量积累，引起膜脂过氧化作用，增加了膜系统的破坏程度（于振群等，2007；赵文勤等，2010）。

植物在逆境生理条件下，通过酶系统与非酶系统产生氧自由基，攻击生物膜中的多不饱和脂肪酸，引发脂质过氧化作用，并因此形成脂质过氧化物，MDA 常作为判断膜脂过氧化作用的一种主要指标，其含量多少代表膜损伤程度的大小（于振群等，2007；李妍，2009；庄伟伟等，2010b）。相关研究发现，随着盐旱交叉胁迫的加剧，皂角（于振群等，2007）、银沙槐（庄伟伟等，2010a）幼苗 MDA 含量、膜透性均呈上升趋势。本研究表明，适度的盐旱交叉胁迫能减弱膜脂过氧化作用，MDA 含量相应较低，对膜系统的破坏较小；在重度干旱、轻中度盐分胁迫下，柽柳体内累积的自由基引发了膜脂的过氧化作用，对细胞膜伤害严重，这与庄伟伟等（2010a）对银沙槐幼苗的研究结果一致；但在重度盐旱胁迫下，MDA 含量下降显著，这可能与其盐旱交叉胁迫下某一主导因子的适应性调节有关，其内在机制尚需进一步研究。

7.1.6　结论

柽柳在盐旱胁迫下，通过提高叶绿素含量增强自身的光合作用；提高 SOD 和 POD 活性减轻膜脂过氧化作用造成的伤害；提高可溶性糖和脯氨酸等渗透调节物质的含量，维持细胞渗透势的平衡；调节离子的吸收和分配，维持细胞内外的离子平衡；通过调节各器官的生长来适应盐旱胁迫；一定程度的干旱胁迫能够增强柽柳的耐盐胁迫能力。

随着盐旱胁迫的增强，可通过提高叶绿素含量来缓解一定的胁迫伤害，叶绿素合成在重度干旱胁迫下受到的影响较轻度和中度干旱更为显著，在重度盐胁迫下叶绿素含量显著降低，可能是活性氧破坏叶绿素合成所致。

在盐旱胁迫下，柽柳通过提高叶片 SOD 和 POD 活性来清除过多的活性氧自由基，提高系统的抗氧化能力，但重度盐旱胁迫下 SOD 和 POD 去除自由基的能力有限，使得过多的活性氧自由基大量积累，抑制了 SOD 和 POD 的活性，加剧膜脂过氧化作用，膜系统受到伤害。在中度干旱胁迫下，柽柳表现出较强的交叉适应性。

盐胁迫对柽柳生长影响大于干旱胁迫，柽柳茎叶对盐旱胁迫的敏感性高于根系部分；随着盐胁迫的加剧，柽柳株高、基径以及干物质量均降低。随盐旱胁迫的加剧，柽柳幼苗叶片光合色素含量先升高后降低，主导因子由干旱转为盐胁迫；重度盐胁迫下，叶绿素 a、叶绿素 b 含量下降明显。中度干旱胁迫下，SOD 和 POD 活性随盐胁迫的增强先降低后升高；随盐旱胁迫的加剧，SOD 和 POD 活性逐渐减弱。适度的盐旱胁迫能降低 MDA 含量，但重度干旱、轻中度盐分胁迫下 MDA 含量较高。柽柳生长状况及生理生化特性与盐旱交叉胁迫梯度关系密切，柽柳能通过调整自身生长、叶绿素含量和保护酶活性等来提高其逆境适应的能力，从而有效防止膜脂过氧化对柽柳植株的伤害，表现出较强的抗旱耐盐性；盐旱胁迫下柽柳表现出一定的交叉适应性，适度的干旱胁迫能增强柽柳的耐盐能力。随着盐旱交叉胁迫梯度的变化，影响柽柳生理生化特性的主导因子表现出一定的差异性。

7.2　盐旱胁迫对柽柳幼苗渗透调节物质含量的影响

通过设定不同梯度的盐分和干旱胁迫处理，测定分析盐旱交叉胁迫下柽柳幼苗叶片中可溶性糖、脯氨酸以及无机离子等渗透物质的含量，探讨渗透物质调节对柽柳幼苗盐旱胁迫的适应规律，以便获得柽柳生长较适宜的土壤水分和盐分条件，为其在滨海盐碱地区的栽植管理提供理论依据和技术支持。

7.2.1　盐旱胁迫对柽柳叶片可溶性糖含量的影响

可溶性糖是植物在逆境条件下的一种重要的渗透调节物，对细胞膜和原生质胶体有稳定作用，同时还为其他有机溶质的合成提供碳架和能源。由图 7-4 可知，柽柳叶片可溶性糖含量在不同盐旱胁迫下差异显著（$P<0.05$）。在轻度、中度和重度干旱胁迫下，可溶性糖含量随土壤含盐量的增加均呈先升高后降低趋势，并均在含盐量为 1.2%条件下达到最大值。0.4%含盐量下，可溶性糖含量虽有所增加，但与 CK（土壤含盐量 0.02%）相比较增加不显著（$P>0.05$）；在 1.2%含盐量处理下，可溶性糖含量显著升高（$P<0.05$），轻度、中度和重度干旱胁迫下分别为 CK 的 3.5 倍、3.1 倍、2.3 倍；在 2.5%含盐量处理下，

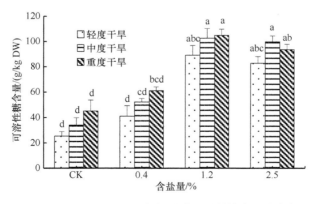

图 7-4　不同盐旱胁迫下柽柳叶片可溶性糖含量的变化
不同小写字母表示处理间在 0.05 水平上有显著差异。下同

可溶性糖含量相比 1.2%处理有所降低（$P>0.05$），但仍显著高于 CK（$P<0.05$）。同一盐分胁迫下，随干旱胁迫增强，可溶性糖含量呈升高趋势，但无显著性差异（$P>0.05$）。在重度干旱和中度盐分交叉胁迫下，可溶性糖含量达到最大值[104.99g/kg DW（干重）]。双因素方差分析表明，盐旱交叉胁迫下，可溶性糖含量的变化以盐分胁迫为主导因子。分析表明，可溶性糖的积累是柽柳幼苗应对干旱和盐分胁迫的主要对策之一，在整个胁迫过程中对柽柳幼苗都起到了积极的渗透调节作用，在重度盐旱胁迫下，柽柳受到的伤害最大。

7.2.2　盐旱胁迫对柽柳叶片中脯氨酸含量的影响

脯氨酸是植物体内重要的渗透调节物质，在逆境条件下，通过积累脯氨酸来增强细胞的渗透调节功能，更好地适应不利环境。从图 7-5 可以看出盐旱胁迫条件下，柽柳叶片内的脯氨酸含量随胁迫程度增强均呈不同程度的升高。在轻度干旱胁迫下，随盐胁迫增强脯氨酸含量逐渐升高，但与 CK 相比增加均不显著（$P>0.05$）；在中度干旱胁迫下，0.4%和 1.2%含盐量处理下脯氨酸含量相对 CK 增加不显著（$P>0.05$），而在 2.5%下脯氨酸含量为 CK 的 2.6 倍，增加显著（$P<0.05$）；在重度干旱胁迫下，随盐胁迫的增强柽柳叶片内脯氨酸含量先降低后升高，但在 0.4%和 1.2%含盐量处理下脯氨酸含量与 CK 相比没有显著性差异（$P>0.05$），在 2.5%下显著高于 CK（$P<0.05$），为 CK 的 2.3 倍。同一含盐量处理下，当含盐量处理低于 2.5%时，各个干旱胁迫下脯氨酸含量差异均不显著（$P>0.05$），并在重度盐旱胁迫下达到最大值。双因素方差分析可知，在盐旱交叉胁迫中，盐分和干旱均对柽柳幼苗叶片中脯氨酸含量有显著影响（$P<0.05$），而盐旱交叉胁迫对脯氨酸的积累影响不显著（$P>0.05$）。分析表明，轻度和中度盐旱胁迫对脯氨酸的合成影响较小，重度盐旱胁迫对脯氨酸合成影响显著，说明此时柽柳受到来自盐旱胁迫的伤害较大，柽柳通过提高细胞脯氨酸的含量来维持细胞内外渗透压平衡，保障植物的正常生长。

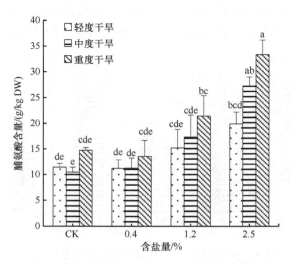

图 7-5　不同盐旱胁迫下脯氨酸含量的变化

7.2.3　盐旱胁迫对柽柳叶片中无机阳离子含量的影响

（1）Na⁺含量

图 7-6 显示，随盐旱胁迫程度的加剧，柽柳叶片中 Na⁺含量与 CK 相比较显著升高（图 7-6A）。在轻度干旱下，0.4%、1.2%、2.5%含盐量处理的 Na⁺含量分别为 CK 的 2.7 倍、3.2 倍、3.2 倍，而各个处理之间没有显著性差异（$P>0.05$）；在中度干旱胁迫下，1.2%和 2.5%处理下的 Na⁺含量比 CK 显著升高，分别为 CK 的 2.7 倍和 2.8 倍，而在 0.4%含盐量处理下虽有所增加，但差异不显著（$P>0.05$）；重度干旱胁迫下，Na⁺含量的变化趋势与轻度干旱胁迫下的相似，各盐处理下的含量均显著高于 CK，并在 2.5%时达到最大值（55.98g/kg）。在同一盐分胁迫下，不同干旱处理之间 Na⁺含量在 CK、1.2%、2.5%盐分处理下没有显著差异（$P>0.05$）；在含盐量处理为 0.4%时，中度干旱下的 Na⁺含量显著低于轻度和重度干旱胁迫处理（$P<0.05$）。盐旱交叉胁迫对 Na⁺含量的影响效果显著（$P<0.05$），但相对于干旱胁迫，盐分胁迫成为影响 Na⁺含量变化的主导因子。

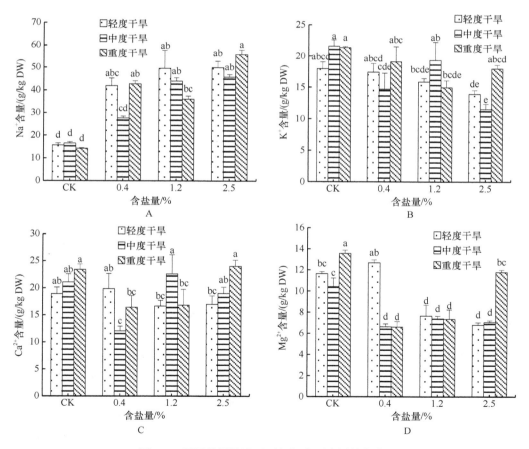

图 7-6　不同盐旱胁迫下无机阳离子含量的变化

（2）K⁺含量

在轻度干旱胁迫下，随盐胁迫增强，叶片中 K⁺含量不断降低，并在 2.5%时比 CK

显著降低；在中度干旱胁迫下，K^+含量随盐胁迫增强呈现先降低后升高再降低趋势，但各个处理下均低于CK，并在2.5%时达到最低值（14.73g/kg），且与CK的差异性达到显著水平（$P<0.05$）；重度干旱胁迫下，随着盐胁迫增强K^+含量先降低后升高，在含盐量处理为1.2%时显著低于CK。在同水平盐胁迫下，轻度、中度和重度干旱胁迫处理的K^+含量基本没有显著变化（$P>0.05$）。双因素方差分析表明，盐胁迫和盐旱交互胁迫对K^+含量具有显著影响，而干旱对K^+含量影响不显著。

（3）Ca^{2+}含量

在轻度干旱胁迫下，叶片Ca^{2+}含量随盐胁迫的增强不断降低，但与CK没有显著性差异（$P>0.05$）；在中度干旱胁迫下，Ca^{2+}含量随盐胁迫增强先降低后升高再降低，并在0.4%盐胁迫时达到最小值（12.05g/kg），且与CK相比较差异显著；重度干旱胁迫下，Ca^{2+}含量随盐胁迫增强先降低后升高，在含盐量处理为0.4%和1.2%时，分别比CK显著降低29.6%和27.9%。在同一盐胁迫条件下，各处理随干旱胁迫增强的变化趋势不同，但Ca^{2+}含量的变化均达到显著水平。双因素方差分析表明，干旱胁迫、盐胁迫和盐旱交叉胁迫对叶片中Ca^{2+}含量都具有显著影响（$P<0.05$）。

（4）Mg^{2+}含量

在轻度干旱胁迫下，叶片中Mg^{2+}含量随盐胁迫的增强先升高后显著降低，含盐量处理为1.2%和2.5%时比CK分别降低了34.2%和41.5%；在中度干旱胁迫下，各个盐处理下的Mg^{2+}含量相对CK均显著降低，但Mg^{2+}含量随盐胁迫增强变化较小；在重度干旱胁迫下，Mg^{2+}含量随着盐胁迫增强先显著降低后显著升高。同时，盐旱交叉胁迫对Mg^{2+}吸收影响显著。

以上结果表明，在盐旱交叉胁迫条件下，随盐旱胁迫的增强，柽柳叶片主要以提高Na^+含量来保持细胞内膨压，维持细胞渗透压的平衡，防止细胞脱水；而K^+和Mg^{2+}的含量在一定程度上有所降低且它们在细胞内的含量较低，对细胞液泡内离子的降低作用不显著；Ca^{2+}含量变化没有明显的规律性，只是在一定范围内波动。因此，在盐旱逆境条件下，通过提高无机阳离子含量来维持细胞正常的渗透压也是柽柳适应胁迫的一个主要对策。

7.2.4 盐旱胁迫对柽柳叶片中无机阴离子含量的影响

如图7-7所示，随盐旱胁迫的增强，各个盐分处理下柽柳叶片中Cl^-的含量均显著高于CK，但轻度和中度干旱胁迫下各盐分处理之间差异不显著（$P>0.05$，图7-7A）。在重度干旱胁迫下，叶片Cl^-含量在含盐量为1.2%时显著低于中度干旱胁迫，在0.4%和2.5%下各干旱胁迫处理间均无显著性差异。柽柳叶片中SO_4^{2-}含量变化规律较为复杂（图7-7B），在轻度干旱胁迫下，随含盐量处理升高呈先显著升高后显著降低的趋势；在中度干旱胁迫下，变化规律呈先降低后升高再降低的趋势，与CK相比差异性均显著（$P<0.05$），并在0.4%和1.2%下分别达到最小值（64.18g/kg）和最大值（105.26g/kg），相对CK分别降低19.9%和升高31.3%；在重度干旱胁迫下，SO_4^{2-}含量随盐胁迫先降低

后升高。在同一含盐量处理下，不同干旱处理对叶片 SO_4^{2-} 含量影响没有明显的规律性，只是在一定幅度内振荡变化。

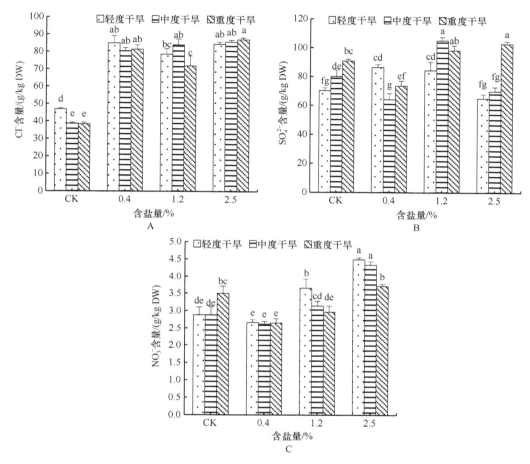

图 7-7 不同盐旱胁迫下无机阴离子含量的变化

在各干旱胁迫下，叶片中 NO_3^- 含量随盐胁迫增强均呈现先降低后升高的趋势（图 7-7C）。在轻度干旱胁迫下，含盐量处理为 1.2%和 2.5%时的 NO_3^- 含量分别比 CK 显著增加 27.1%和 56.3%（$P<0.05$）；在中度干旱胁迫下，含盐量处理为 2.5%时显著高于 CK，其余盐处理下稍低于 CK 但无显著差异；重度干旱胁迫下，NO_3^- 含量只有在 2.5%时才高于 CK，但差异不显著（$P>0.05$），其他盐处理下均显著低于 CK（$P<0.05$）。在同一含盐量处理下，NO_3^- 含量随干旱胁迫增强变化趋势不同，在 0.4%盐胁迫下，三种干旱胁迫下 NO_3^- 含量几乎没有变化；在 1.2%和 2.5%盐胁迫下，随干旱胁迫的加剧，NO_3^- 含量显著降低。

以上结果表明，随盐旱胁迫的增强，在柽柳叶片细胞的渗透调节中，无机阴离子中以 Cl^- 的显著升高为主要的调节对策，而 SO_4^{2-}、NO_3^- 变化规律不明显。随着盐旱胁迫的增强植物体内离子吸收不平衡状况加剧，离子毒害作用增强，而一定程度的干旱胁迫能缓解离子毒害作用。

7.2.5 盐旱胁迫对柽柳幼苗渗透调节物质含量的影响

渗透调节物质在植物适应盐分和干旱逆境中发挥着重要作用，主要是植物通过生理代谢活动增加细胞溶质，降低细胞渗透势，维持膨压，使植物体内与膨压有关的生理活动正常进行（荣少英等，2011）。盐旱胁迫条件下，细胞内的可溶性糖、脯氨酸和无机离子的大量积累，提高了细胞液浓度，维持正常的细胞膨压，防止原生质过度失水，增强植物的抗逆适应性（刘建新等，2012）。

大量研究表明，可溶性糖是植物在逆境下一种重要的有机渗透调节物质，不仅对细胞膜和原生质体有稳定作用，同时还为蛋白质合成提供碳架和能量，也能间接转化为脯氨酸（史玉炜等，2007）。Llektra 和 Michael（2012）研究了在干旱胁迫下拟南芥脯氨酸、可溶性糖和花色素等在光合作用过程中的相互关系，表明随干旱胁迫增强脯氨酸、可溶性糖和花色素的含量显著增加，在干旱胁迫适应过程中起到了重要作用。本研究表明，在盐旱交叉胁迫下，柽柳幼苗叶片中可溶性糖的含量随着胁迫程度增强逐渐增加，在中度和重度盐胁迫下相对 CK 显著增加，说明可溶性糖在渗透调节中起着重要的作用；在重度盐旱胁迫下，可溶性糖含量开始降低。这可能是因为可溶性糖的渗透调节作用具有一定的局限性，重盐旱胁迫使柽柳的渗透调节能力降低或丧失，从而导致可溶性糖含量下降，同时由于盐胁迫降低了叶绿体保护系统的作用，抑制光合速率，导致可溶性糖的合成量减少，这与李悦等（2011）在盐胁迫对翅碱蓬生长和渗透调节物质浓度的影响的研究中有关可溶性糖含量变化的结果相一致。

脯氨酸通常被认为是植物在盐胁迫下用于调节细胞质和液泡渗透势平衡的一种主要的渗透物质（Stewart and Lee，1974）；也有学者认为脯氨酸的累积是对盐胁迫受伤害程度的一种反应，而不是植物对渗透调节的响应（Zhang et al.，2012）。本研究表明，脯氨酸随着盐旱胁迫的增强逐渐增加，但轻度和中度干旱胁迫下增加均不显著，累积量较低，只有在重度盐胁迫和中度、重度干旱交叉胁迫下显著升高。因此，脯氨酸对柽柳的渗透调节作用不大，可能在清除活性氧、保护细胞结构和功能方面发挥重要，这与王伟华等（2009）对盐胁迫下多枝柽柳可溶性物质含量变化的研究结果相一致。

通过无机离子积累来调节细胞渗透势也是渗透调节的一种方式，主要是离子在液泡内主动积累来降低植物细胞渗透势，参与渗透调节（王霞等，1999；王龙强等，2011）。Chen 等（2019）在对沙棘盐碱胁迫的研究中发现，Na^+ 在碱胁迫下积累量显著高于盐胁迫下累积量，而 K^+ 积累量在盐碱胁迫下均显著降低。王龙强等（2011）在对两种枸杞幼苗进行 NaCl 胁迫实验中，得出 Na^+、Cl^- 含量随 NaCl 浓度升高显著增加，K^+、Ca^{2+}、Mg^{2+} 含量显著降低，枸杞通过离子区域化作用吸收大量的 Na^+、Cl^- 并储存在叶片液泡组织中，以提高细胞渗透压、降低细胞内水势，来增强自身的耐盐能力。本研究表明，在盐旱交叉胁迫下，Na^+、Cl^- 含量随着盐胁迫的增强均显著高于 CK，而随干旱胁迫的增强没有明显变化规律，而同期 K^+、Ca^{2+}、Mg^{2+}、SO_4^{2-} 等含量降低或在一定幅度内振荡，其中 Mg^{2+} 含量降低显著，K^+、Ca^{2+}、SO_4^{2-} 含量在轻度和重度干旱胁迫下随盐胁迫增强不断降低。这表明 Na^+、Cl^- 大量积累有助于柽柳的渗透调节，但是随着胁迫加剧，离子平衡被打破，会产生离子毒害，不利于柽柳的正常生长。而中度干旱胁迫下，Na^+、K^+ 含量在轻度和重度盐胁迫下低于轻度和重度干旱胁迫下的含量，即中度干旱胁迫下柽柳幼苗受到盐胁迫的影响相对轻度和重度干旱胁迫较小，Na^+、K^+ 积累较低，表现出一定的交叉适应性。

7.2.6　结论

在盐旱胁迫下，柽柳细胞内可溶性糖和脯氨酸会大量积累，提高细胞渗透势，增强细胞在逆境下的渗透调节能力。在重度盐胁迫下，可溶性糖含量虽有所降低，但脯氨酸含量显著提高，用以补偿可溶性糖的缺失。因此，可溶性糖和脯氨酸对柽柳的渗透调节意义重大。

Na^+、Cl^- 含量在盐旱胁迫下显著升高，以提高细胞内渗透压，降低细胞内的水势，防止水分散失。K^+、Ca^{2+}、SO_4^{2-} 等的含量在轻度和重度干旱胁迫下逐渐降低，打破了柽柳体内的离子平衡，导致植物营养吸收不均衡，生长不良。但在中度盐胁下，K^+、Ca^{2+}、SO_4^{2-} 等的含量显著升高，在一定程度上减轻了离子的毒害作用。因此柽柳离子平衡在一定程度的盐旱胁迫下表现出较强的交叉适应性。

随盐旱胁迫的不断加剧，柽柳幼苗叶片中可溶性糖含量呈先升高后降低的趋势，中度和重度盐旱胁迫下均显著高于对照（CK）（$P<0.05$）。柽柳幼苗叶片中脯氨酸含量在不同盐旱胁迫下均呈逐渐上升趋势，但在重度盐分和中度、重度干旱交叉胁迫下显著高于 CK（$P<0.05$）。幼苗叶片中 Na^+、Cl^- 含量在不同干旱胁迫下，随盐胁迫的加剧呈不同的变化规律，盐旱胁迫的各个处理水平下均显著高于 CK（$P<0.05$），而 K^+、Ca^{2+}、SO_4^{2-} 含量在轻度和重度干旱胁迫下随盐胁迫增强不断降低。在中度盐旱胁迫下，K^+、Ca^{2+} 含量与 CK 无明显差异。柽柳幼苗叶片中可溶性糖、脯氨酸、Na^+ 及 Cl^- 含量均随着盐旱胁迫增强而升高，其中 Na^+、K^+ 含量在中度干旱胁迫下积累量较小，盐旱胁迫之间关系紧密。柽柳幼苗中渗透调节物质在其抗旱耐盐性上起了积极的调节作用；柽柳幼苗在盐旱胁迫下表现出一定的交叉适应性，适度的干旱胁迫能增强柽柳幼苗对盐分胁迫的耐受能力，这对评价柽柳的抗逆性和繁殖技术具有一定的理论和实践意义。

7.3　生根粉及盐分胁迫对柽柳扦插苗生长及生理特性的影响

在 4 个模拟盐分梯度下使用 4 种浓度的生根粉，并以非盐分胁迫作为对照（CK）。以柽柳扦插枝条为研究对象，测算柽柳扦插成活率、株高、根长和生物量等生长指标，以及叶绿素含量、SOD 活性、POD 活性及 MDA 含量等生理生化指标，探讨盐分胁迫不同浓度生根粉处理下柽柳幼苗的生长状况以及生理生化特征，研究结果可为柽柳的无性繁殖技术和盐碱地绿色改良提供技术支持。

7.3.1　盐分胁迫对柽柳生长特征的影响

7.3.1.1　柽柳扦插苗成活率

盐胁迫对不同浓度 ABT 处理下柽柳幼苗成活率的影响显著（图 7-8）。不同浓度 ABT

处理下，柽柳成活率随盐胁迫的增强均显著降低。在 CK 不同浓度 ABT 处理下的柽柳成活率均为 100%；在土壤含盐量为 0.3%时，用清水浸泡的柽柳成活率显著低于 CK（$P<0.05$），但不同浓度 ABT 处理下的成活率与 CK 差异均不显著（$P>0.05$），该盐分条件下不同浓度 ABT 间的成活率差异也不显著（$P>0.05$）。表明无盐分胁迫时，生根粉浓度对柽柳成活率无显著影响，轻度盐分条件对柽柳成活率影响也较小。在土壤含盐量为 0.6%时，0mg/L、50mg/L、100mg/L、200mg/L ABT 处理后柽柳成活率分别比 CK 降低 40.00%、20.0%、23.4%、36.7%，其中 50mg/L、100mg/L ABT 处理下的成活率均显著高于 0（$P<0.05$），表明盐分胁迫对柽柳的成活产生了明显的抑制作用，而使用 ABT 可显著提高柽柳成活率。在含盐量为 0.9%时，柽柳成活率在 200mg/L ABT 下最高（53.30%），清水浸泡的柽柳成活率仅为 20.00%，显著低于 50mg/L 和 200mg/L（$P<0.05$）。在土壤含盐量为 1.2%时，柽柳在清水浸泡以后的成活率为 0%，在不同浓度 ABT 处理后的柽柳生活率也仅为 6.7%。

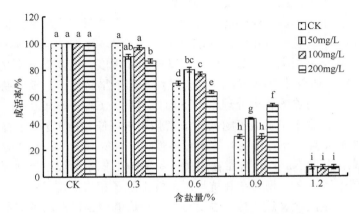

图 7-8　盐胁迫对不同浓度 ABT 处理下柽柳成活率的影响
不同字母表示不同处理间的显著差异（$P<0.05$）。下同

7.3.1.2　柽柳扦插苗的生长量

在不同浓度 ABT 处理下，随盐胁迫加重，柽柳扦插苗总生物量呈先降低后升高再降低的趋势（图 7-9A）。在土壤含盐量为 0.9%时，100mg/L ABT 处理下，单株生物量达

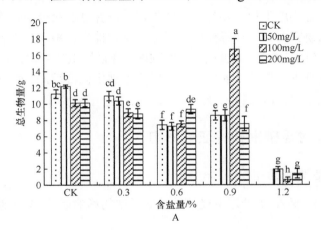

A

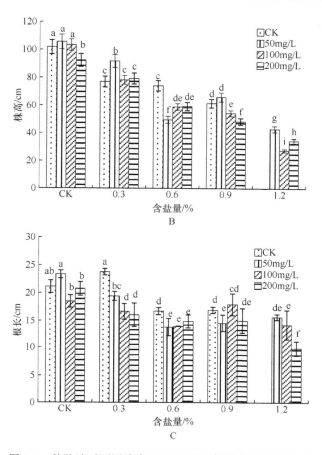

图 7-9　盐胁迫对不同浓度 ABT 处理下柽柳生长量的影响

到峰值（16.70g）；其中 0mg/L、50mg/L、200mg/L ABT 处理下分别比 100mg/L 降低了 48.57%、48.59%、54.69%。在相同盐分条件下，随 ABT 浓度升高，柽柳幼苗生物量差异显著（$P<0.05$）。在轻度盐胁迫下（土壤含盐量≤0.3%），不同浓度 ABT 处理下柽柳生物量差异不显著（$P>0.05$），在中度、重度盐胁迫下（土壤含盐量≥0.6%）差异显著。当土壤含盐量达到 1.2% 时，在不同 ABT 处理下，柽柳幼苗生物量均显著降低（$P<0.05$）。

随土壤含盐量升高，柽柳幼苗株高差异显著（$P<0.05$），整体呈现下降趋势（图 7-9B）。在轻度、中度盐分胁迫（0.3%、0.6%）时，100mg/L 与 200mg/L ABT 处理下，柽柳株高差异不显著（$P>0.05$）。在土壤含盐量为 0.9% 时，各个 ABT 浓度处理下，柽柳株高仅为 CK 的 60.45%、62.61%、52.66%、52.42%。随土壤含盐量升高，在 50mg/L、100mg/L ABT 处理下，柽柳根长先降低后升高；在土壤含盐量为 0.6% 时达到最低值。在土壤含盐量为 0.3%、0.6% 时，0mg/L ABT 处理下柽柳根长显著高于其他浓度 ABT 处理（图 7-9C）。

在轻度盐胁迫（土壤含盐量≤0.3）下，柽柳扦插成活率与 CK 差异不显著，具有较高的成活率，表明柽柳具有一定的耐盐性。而随盐胁迫增强，柽柳扦插苗成活率较低甚至无法成活（土壤含盐量>1.2%），柽柳扦插苗受盐胁迫的伤害越来越大，严重影响根系的正常生长。有关生长调节剂浓度高低对扦插苗生长的影响结果差异较大。对裸子植物而言，生长调节剂浓度增加会抑制生根。也有研究表明，增加生长调节剂浓度不会提高生根率，但可以改善根系质量，这与不同树种对激素的种类和浓度需求或敏感程度不同有关（金江群等，2013）。使用生根粉可促进柽柳扦插苗的根系生长，ABT通过强化、调控内源激素的含量和重要酶的活性，刺激根部内鞘部位细胞分裂生长，增强根系发育，使植株生长健壮，能够显著降低盐胁迫对柽柳幼苗细胞膜造成的伤害，增强其对盐分胁迫的适应能力。在轻度盐胁迫（土壤含盐量≤0.3%）下，生根粉浓度对柽柳扦插苗成活率无显著影响；随盐分升高，适宜ABT浓度可提高成活率；但随盐胁迫的持续加重，ABT不再起作用。较高的土壤盐分浓度通常对植物造成渗透胁迫，且干扰其营养离子的平衡，进而影响植物的生长、光合作用、渗透调节物质的合成、脂类代谢等生理生化过程（张晓晓等，2017），最终限制植物生长速率及其生物量的累积。本研究发现，盐胁迫下柽柳的生物量、根长和株高均显著下降，柽柳在盐胁迫下可能通过减少生物量的积累，以更多的资源和能量来应对高盐伤害（张晓晓等，2017）。表明处于逆境胁迫下的植物，可通过改变生物量分配模式来应对外界不利条件，在逆境时植物具有调节生物量分配模式的能力。有些植物通过减少根系生物量的分配比例以降低盐分的吸收，且同时减少了盐分向地上部的运输（Osone and Tateno，2005），而有些植物通过增加生物量在根系的分配，获取更多的水分和营养，从而增强植物的生长能力，也稀释了细胞内的盐分（郭丽丽等，2018）。在土壤含盐量为0.9%时，100mg/L ABT处理时柽柳根系较长，生物量最高，地上与地下部分的生长具有一致性。

7.3.2 盐分胁迫对柽柳扦插苗叶绿素含量的影响

不同浓度ABT处理下，随盐分胁迫加重，柽柳幼苗叶片叶绿素a(Chla)（图7-10A）、叶绿素b（Chlb）（图7-10B）、总叶绿素（ChlT）（图7-10C）含量差异显著（$P<0.05$）。清水浸泡的扦插苗，在土壤含盐量为0.3%时，柽柳幼苗叶片Chla、Chlb、ChlT含量与CK相比均降低，但差异不显著（$P>0.05$）；在土壤含盐量为0.6%时，叶绿素含量均达到峰值。在土壤含盐量为0.9%时，柽柳幼苗叶片Chla、ChlT含量达到最大值，Chlb含量开始降低。随盐胁迫的继续增强，柽柳叶片叶绿素含量开始降低。表明在一定盐分范围内，柽柳可通过提高叶绿素含量以增强自身光合作用来适应盐胁迫。

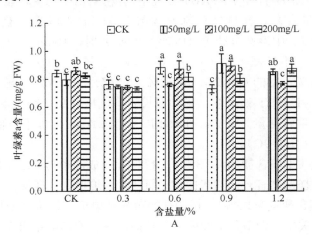

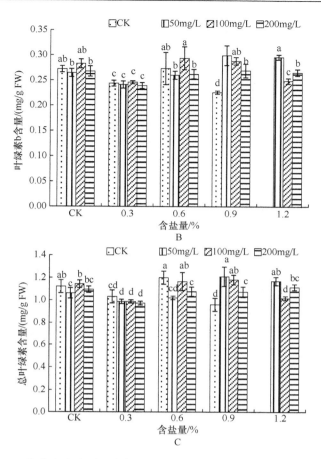

图 7-10　盐分胁迫对不同浓度 ABT 处理下柽柳叶片叶绿素含量的影响

在土壤含盐量≤0.3%时，不同生根粉处理下叶绿素含量无差异。在土壤含盐量为 1.2%时，柽柳叶片 Chla、Chlb、ChlT 含量均先降低后升高。在土壤含盐量为 0.9%时，随 ABT 浓度升高，柽柳叶片 Chla、Chlb、ChlT 均先升高后降低；50mg/L、100mg/L、200mg/L ABT 处理下，柽柳幼苗 ChlT 分别比清水处理提高 26.05%、23.04%、11.75%，表明在重度盐胁迫下，适宜浓度的 ABT（50mg/L、100mg/L）提高了柽柳叶绿素的合成，降低了盐分胁迫对叶绿素合成的抑制。

叶绿素是植物进行光合作用的重要物质，叶绿素含量能反映植物同化物质的能力。在盐胁迫下，植物叶绿素随含盐量的增加而逐渐减少。也有研究显示，随含盐量增加，植物叶绿素先升高后降低或者逐渐升高，并且植物表现出较强的耐盐能力（杨升等，2012）。本研究发现，随土壤含盐量增加，在不同浓度 ABT 处理下，柽柳幼苗叶片 Chla、Chlb、ChlT 含量均呈先降低后升高再降低趋势，可能是由于低盐分处理下有利于柽柳生长，没能激活柽柳对盐胁迫的抵抗机制。随盐胁迫增强，叶绿素含量开始增加，由于叶绿素合成需要脯氨酸，在低盐胁迫下柽柳叶片细胞中积累大量的脯氨酸利于叶绿素合成；通过提高叶绿素的合成，来增强叶片光合作用以适应盐胁迫。而在高盐分胁迫下，叶绿素含量降低，表明柽柳受到盐胁迫的抑制作用增强，引起叶片中 5-氨基酮戊酸的合成前体谷氨酸含量下降，造成 5-氨基酮戊酸含量下降，最终限制了以 5-氨基酮戊酸为合成前体的叶绿素的合成,对叶绿素合成系统造成一定破坏;同时盐胁迫促进了叶绿素酶对叶绿素的分解(赵可夫,1993),导致叶绿素含量降低。这与对中华柽柳幼苗(朱金方等,2015)、厚叶石斑木、月季花(*Rosa chinensis*)和桑(*Morus alba*)(裘丽珍等,2006)进行盐胁迫处理后植物叶绿素含量的变化规律类似。不同浓度 ABT 处理下,柽柳叶片叶绿素含量峰值相对应的含盐量不同;ABT 浓度越高柽柳叶片叶绿素含量峰值相对应的含盐量越高,表明使用特定浓度的生根粉能够降低盐分胁迫对柽柳扦插苗叶绿素合成的影响,这可能是由于 ABT 能够提高柽柳生根速率,增强根系活力,使柽柳较早的适应盐胁迫。

7.3.3　盐分胁迫对柽柳扦插苗抗氧化物酶活性的影响

7.3.3.1　柽柳扦插苗 SOD 活性

如图 7-11 所示,不同浓度 ABT 处理下,随盐胁迫增强,柽柳幼苗叶片 SOD 活性均先升高后降低,且不同盐胁迫下 SOD 活性均高于 CK。在土壤含盐量≤0.6%处理下,随 ABT 浓度升高,柽柳幼苗 SOD 活性显著降低;而在土壤含盐量≥0.9%处理下 SOD 活性先升高后降低。表明在轻度盐分处理下,ABT 浓度可抑制 SOD 活性,而随盐分胁迫的增强,适宜 ABT 浓度(100mg/L)可促进柽柳幼苗的 SOD 活性;但高盐胁迫、高 ABT 浓度下,SOD 活性显著降低。

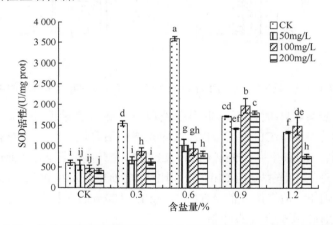

图 7-11　盐分胁迫对不同浓度 ABT 处理下柽柳叶片 SOD 活性的影响

不同浓度 ABT 下,SOD 活性峰值对应的土壤含盐量不同,在 0mg/L ABT 下,SOD 活性在土壤含盐量为 0.6%时达到最大值,是 CK 的 5.96 倍;50mg/L、100mg/L 和 200mg/L ABT 处理下,SOD 活性在土壤含盐量为 0.9%时达到最大值,分别是 CK 的 2.60 倍、4.19 倍、4.29 倍。在土壤含盐量为 0.9%时,50mg/L、100mg/L 与清水浸泡处理 SOD 活性差异显著($P<0.05$),分别比清水浸泡处理下降 20.85%、升高 14.72%。

7.3.3.2　柽柳扦插苗 POD 活性

在 50mg/L 和 200mg/L ABT 处理下,随盐胁迫的增强,柽柳幼苗 POD 活性先升高后降低(图 7-12),在土壤含盐量为 0.9%时均达到最高值,在 CK 下较低。在 100mg/L ABT

处理下，随盐胁迫的增强，POD 活性一直呈现上升趋势，但在高盐胁迫下，差异不显著（$P>0.05$）。其中在清水处理下，当土壤含盐量≤0.9%时，柽柳幼苗叶片 POD 活性一直处于较高水平，但在土壤含盐量≤0.6%条件下，柽柳幼苗 POD 活性差异不显著（$P>0.05$）。在 200mg/L ABT 处理下，在土壤含盐量为 0.3%、0.6%、0.9%和 1.2%时，分别比 CK 增加 37.20%、77.52%、125.35%、56.17%。表明在使用生根粉情况下，盐分胁迫可显著提升柽柳叶片 POD 活性，而清水浸泡下差异相对较小。

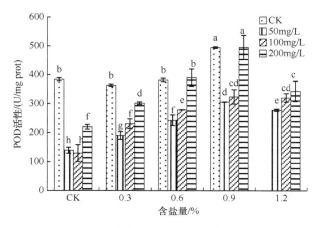

图 7-12　盐分胁迫对不同浓度 ABT 处理下柽柳叶片 POD 活性的影响

　　相同盐分处理下，随 ABT 浓度升高，除重度盐分胁迫（土壤含盐量为 1.2%）下，POD 活性表现为逐渐升高外，其他盐分处理均表现为先降低后升高，在适宜生根粉浓度（50mg/L、100mg/L）处理下，POD 活性显著降低；而在清水和高浓度 ABT 处理下，POD 活性显著升高。表明适宜的 ABT 浓度可先显著降低 POD 活性，而 ABT 浓度过低或过高易造成 POD 活性升高。在土壤含盐量为 0.6%～0.9%时，清水处理与 200mg/L ABT 处理下 POD 活性差异不显著（$P>0.05$），而不同浓度 ABT 处理下 POD 活性差异显著（$P<0.05$），在含盐量为 0.6%时 200mg/L ABT 处理 POD 活性下比 50mg/L、100mg/L ABT 处理分别提高 60.86%、40.03%，在含盐量为 0.9%时分别提高 63.12%、53.12%。

　　植物遭受盐胁迫后会造成体内活性氧（ROS）的增加，ROS 通过破坏核酸、氧化蛋白质和引起脂质过氧化影响许多细胞功能（Foyer and Noctor，2005）。植物具有清除 ROS 的系统，其中最重要的成分是抗氧化酶，SOD、POD 是盐胁迫下植物主要的抗氧化物酶，在清除超氧离子、抵御膜脂的过氧化、减轻细胞膜受损等方面起着重要作用（Farhangiabriz and Torabian，2017）。在正常条件下，细胞内 ROS 的产生和清除处于动态平衡状态，当植物受逆境胁迫时，这种平衡被打破，ROS 开始积累，植物通过提高 SOD 活性来清除多余的 ROS。POD 与 SOD 联合清除 ROS 自由基，SOD 将氧化过程中产生的 ROS 自由基歧化反应形成 O_2 和 H_2O_2，然后由 POD 将产生的 H_2O_2 分解去除（Farhangiabriz and Torabian，2017）。在盐胁迫下，植物细胞所能忍受的 ROS 水平存在一个阈值，在阈值内，植物能够通过提高抗氧化酶活性来清除 ROS 自由基；当超过这个阈值时，抗氧化酶活性便会受到抑制，ROS 过多积累，对植物组织造成伤害（Abbas *et al.*，2016）。不同浓度 ABT 处理下，随盐胁迫的增强，柽柳扦插苗叶片 SOD 活性均先升高后降低。表明随盐胁迫增强，柽柳叶片细胞内 ROS 开始积累，通过提高 SOD 活性清除多余的 ROS 自由基来适应盐胁迫；但较强盐胁迫产生的 ROS 超过 SOD 的调节能力，SOD 活性受到抑制，导致 SOD 活性降低。这与盐碱生境下甘蒙柽柳（*Tamarix austromongolica*）、中华柽柳（李永涛等，2017）以及 NaCl 胁迫下狼尾草（*Pennisetum alopecuroides*）（缪珊等，2019）叶片中 SOD 的变化规律一致。

植物会通过提高 POD 活性来减少盐胁迫造成的伤害，而导致 POD 活性提高的原因不仅来自 ROS 的产生，还包括细胞膜的损伤以及 Ca^{2+} 浓度的变化。在不同盐分处理下，清水浸泡的柽柳扦插苗叶片 POD 活性一直处于较高水平，表明无生根粉的条件下，由于盐胁迫柽柳幼苗叶片细胞中产生的 H_2O_2 较多，抗氧化酶系统需要通过提高 POD 活性来清除 H_2O_2，可见不使用生根粉处理，柽柳幼苗受到由于盐胁迫引起的膜脂过氧化作用的伤害要高于其他 3 组处理。随盐胁迫升高，甘蒙柽柳和中华柽柳的 POD 活性先升高后下降；当土壤含盐量为 1.2% 时，甘蒙柽柳和中华柽柳叶片 POD 活性到达最大值，分别为 CK 的 3.5 倍和 3.6 倍（李永涛等，2017）。本研究也发现类似规律，在 200mg/L ABT 处理下，柽柳叶片 POD 活性随盐胁迫增强先升高后降低；在土壤含盐量为 0.3%~0.9% 范围内，叶片细胞产生的 POD 活性显著升高，抗氧化酶系统通过提高 POD 活性来分解 SOD 歧化产生的 H_2O_2；而在高盐胁迫（土壤含盐量≥1.2%）下，由于叶片细胞内部产生过多的 ROS，超过了 POD 的清除阈值，使得多余的 ROS 对酶系统产生一定破坏，造成 POD 活性降低。与 200mg/L ABT 处理相比，在 50mg/L、100mg/L ABT 处理下，柽柳叶片 POD 活性敏感度不高，对柽柳耐盐性的调节能力较弱。

7.3.4 盐分胁迫对柽柳扦插苗 MDA 含量的影响

在清水、50mg/L 和 200mg/L ABT 处理下，随盐胁迫增强，柽柳扦插苗 MDA 含量先升高后降低；而 100mg/L ABT 处理下，MDA 含量逐渐升高（图 7-13），可能是由于酶系统的调节使相关抗氧化酶活性升高，降低盐胁迫对细胞膜的伤害。在清水处理下，柽柳叶片 MDA 含量在土壤含盐量为 0.6% 时达到最大值（30.21nmol/mg prot），受到很大的膜脂过氧化伤害。

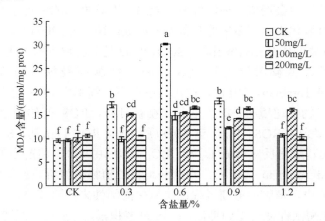

图 7-13　盐分胁迫对不同浓度 ABT 处理下柽柳叶片 MDA 含量的影响

在相同盐分处理下，随 ABT 浓度升高，柽柳幼苗 MDA 含量呈现不同的变化规律。其中在土壤含盐量为 0.6%、0.9%时，MDA 含量先降低后升高，在清水处理下的 MDA 含量显著高于使用 ABT 处理；而在土壤含盐量为 1.2%时，MDA 含量先升高后减低。表明在重度盐胁迫下适宜浓度的 ABT（50mg/L、200mg/L）可抵御盐分胁迫对柽柳幼苗造成的伤害，使 MDA 含量显著降低。

在逆境胁迫下，由于膜脂过氧化作用植物产生 MDA，它是植物细胞膜受损和自由基形成的主要指示物。MDA 含量积累越多，膜受到的伤害就越大，从而导致植物的抗性逐渐减弱，故 MDA 可作为逆境胁迫下评价膜系统伤害程度的重要指标之一（Karim et al.，2012）。随植物耐盐性的不同，植物叶片 MDA 含量变化差异较大，随盐分胁迫增强，耐盐性较弱的植物，叶片 MDA 含量不断升高，如柽柳组培苗（郭楠楠等，2015）；而耐盐性较强的植物，叶片 MDA 含量先降低后升高（廖宝文等，2010）。随盐胁迫增强，柽柳扦插苗叶片 MDA 含量先升高后降低，这与 6 种禾本科牧草幼苗叶片膜脂过氧化作用的研究结果类似（李琼等，2005），但与盐胁迫下天鹅绒紫薇叶片（邱国金等，2018）MDA 含量变化不一致，这可能与不同植物对盐胁迫的耐受调节机制差异较大有关。在土壤含盐量为 0.6%时，柽柳叶片 MDA 含量达到峰值，在土壤含盐量为 0.9%时 MDA 含量又下降，而 SOD 和 POD 活性较高，表明 SOD 与 POD 相互协调，可有效清除盐胁迫产生的过多 ROS，使生物体内 ROS 维持在一个低水平上，从而有效防止 ROS 引起的膜脂过氧化及其他伤害过程。但在重度盐胁迫下（土壤含盐量为 1.2%时），SOD 和 POD 活性均不高，MDA 含量显著下降，这可能与其盐胁迫和生根粉交叉影响下某一主导因子的适应性调节有关，其内在机制尚需进一步分析。

7.3.5 结论

随盐分胁迫增强，柽柳扦插成活率、根长、株高逐渐降低，生物量先降低后升高再降低。当土壤含盐量≥1.2%时，柽柳生物量显著降低，扦插成活率为零。在重度盐胁迫（土壤含盐量>0.6%）时，使用生根粉能增强柽柳对盐胁迫的抵抗能力，生根粉处理对柽柳扦插苗盐胁迫具有较强的补偿作用，100mg/L ABT 对柽柳生长具有正效应。使用生根粉对柽柳扦插成活率及生长的提高效果，随盐胁迫的加重越来越显著，其中 50mg/L、100mg/L ABT 对柽柳成活率的提高效果最为显著。

在适宜盐分胁迫下，柽柳幼苗可通过提高叶绿素含量来增强光合作用以适应盐分胁迫。但盐分胁迫过重时，叶绿素合成受到破坏，叶绿素含量降低；而 ABT 浓度升高有助于提高柽柳幼苗叶绿素合成过程对盐分胁迫的耐受能力。

随盐分胁迫加重，柽柳幼苗可通过提高 SOD 和 POD 活性来减少 ROS 自由基造成的伤害，ROS 自由基积累过多，抑制酶活性提高；柽柳幼苗细胞膜受膜脂过氧化作用伤害越严重，MDA 积累就越多。ABT 有利于提高柽柳扦插苗酶系统的调节能力，可显著降低盐胁迫对细胞膜造成的伤害，100mg/L ABT 处理的柽柳幼苗酶活性最高、细胞膜受氧化伤害程度最低。在土壤含盐量≤0.9%，ABT≤100mg/L 时适宜柽柳无性繁殖。在土壤含盐量为 0.9%时，100mg/L ABT 处理下，柽柳生长最好、生物量最高，具有较强的生理调节能力和盐分适应性。

参 考 文 献

董兴红, 岳国忠. 2010. 盐胁迫对刚毛柽柳生长的影响. 华北农学报, 25(S2): 154-155.

郭丽丽, 郝立华, 贾慧慧, 等. 2018. NaCl 胁迫对两种番茄气孔特征、气体交换参数和生物量的影响. 应用生态学报, 29(12): 3949-3958.

郭楠楠, 陈学林, 张继, 等. 2015. 柽柳组培苗抗氧化酶及渗透调节物质对 NaCl 胁迫的响应. 西北植物学报, 35(8): 1620-1625.

金江群, 郭泉水, 朱莉, 等. 2013. 中国特有濒危植物崖柏扦插繁殖研究. 林业科学研究, 26(1): 094-100.

李合生. 2000. 植物生理生化实验原理和技术. 北京: 高等教育出版社: 195-197, 258-260.

李琼, 刘国道, 郇树乾. 2005. 盐胁迫下六种禾本科牧草幼苗叶片膜脂过氧化作用及其与耐盐性的关系. 家畜生态学报, (5): 63-67.

李妍. 2009. 盐和 PEG 胁迫对丝瓜幼苗抗氧化酶活性及丙二醛含量的影响. 干旱地区农业研究, 27(2): 159-162, 178.

李永涛, 王霞, 魏海霞, 等. 2017. 盐碱生境模拟下两种柽柳的生理特性研究. 山东农业科学, 49(1): 53-58.

李悦, 陈忠林, 王杰, 等. 2011. 盐胁迫对翅碱蓬生长和渗透调节物质浓度的影响. 生态学杂志, 30(1): 72-76.

廖宝文, 邱凤英, 张留恩, 等. 2010. 盐度对尖瓣海莲幼苗生长及其生理生态特性的影响. 生态学报, 30(23): 6363-6371.

刘建新, 王金成, 王瑞娟, 等. 2012. 旱盐交叉胁迫对燕麦幼苗生长和渗透调节物质的影响. 水土保持学报, 26(3): 244-248.

吕廷良, 孙明高, 宋尚文, 等. 2010. 盐、旱及其交叉胁迫对紫荆幼苗净光合速率及其叶绿素含量的影响. 山东农业大学学报(自然科学版), 41(2): 191-195, 204.

罗广华, 王爱国. 1999. 现代植物生理学实验指南. 北京: 科学出版社: 314-315.

毛爱军, 王永健, 冯兰香, 等. 2003. 疫病病菌侵染后辣椒幼苗体内保护酶活性的变化. 华北农学报, (2): 66-69.

缪珊, 夏振平, 李志强. 2019. NaCl 胁迫对三种狼尾草生长及生理特性的影响. 黑龙江农业科学, (6): 132-136.

邱国金, 于敏, 胡卫霞, 等. 2018. 盐胁迫对天鹅绒紫薇生长与生理生化特性的影响. 江苏农业科学, 46(6): 123-126.

裘丽珍, 黄有军, 黄坚钦, 等. 2006. 不同耐盐性植物在盐胁迫下的生长与生理特性比较研究. 浙江大学学报(农业与生命科学版), 32(4): 420-427.

荣少英, 郭蜀光, 张彤. 2011. 干旱胁迫对甜高粱幼苗渗透调节物质的影响. 河南农业科学, 40(4): 56-59.

史玉炜, 王燕凌, 李文兵, 等. 2007. 水分胁迫对刚毛柽柳可溶性蛋白、可溶性糖和脯氨酸含量变化的影响. 新疆农业大学学报, (2): 5-8.

孙景宽, 李田, 夏江宝, 等. 2011. 干旱胁迫对沙枣幼苗根茎叶生长及光合色素的影响. 水土保持通报, 31(1): 68-71.

汪贵斌, 曹福亮, 王麒. 2004. 土壤盐分含量对落羽杉营养吸收的影响. 福建林学院学报, (1): 58-62.

王宝山, 赵可夫. 1995. 小麦叶片中 Na、K 提取方法的比较. 植物生理学通讯, (1): 50-52.

王龙强, 米永伟, 蔺海明. 2011. 盐胁迫对枸杞属两种植物幼苗离子吸收和分配的影响. 草业学报, 20(4): 129-136.

王伟华, 张希明, 闫海龙, 等. 2009. 盐处理对多枝柽柳光合作用和渗调物质的影响. 干旱区研究, 26(4): 561-568.

王霞, 侯平, 尹林克, 等. 1999. 水分胁迫对柽柳植物可溶性物质的影响. 干旱区研究, (2): 6-11.

谢志玉, 张文辉, 刘新成. 2010. 干旱胁迫对文冠果幼苗生长和生理生化特征的影响. 西北植物学报, 30(5): 948-954.

杨少辉, 季静, 王罡. 2006. 盐胁迫对植物的影响及植物的抗盐机理. 世界科技研究与发展, (4): 70-76.

杨升, 张华新, 刘涛. 2012. 16 个树种盐胁迫下的生长表现和生理特性. 浙江农林大学学报, 29(5): 744-754.

于振群, 孙明高, 魏海霞, 等. 2007. 盐旱交叉胁迫对皂角幼苗保护酶活性的影响. 中南林业科技大学学报, (3): 29-32, 48.

张晓晓, 殷小琳, 李红丽, 等. 2017. NaCl 胁迫对不同白榆品系生物量及光合作用的影响. 生态学报, 37(21): 7258-7265.

赵可夫. 1993. 植物抗盐生理. 北京: 中国科技出版社: 230-231.

赵世杰, 李德全. 1999. 现代植物生理学试验指南. 北京: 科技出版社: 305-306.

赵文勤, 庄丽, 远方, 等. 2010. 新疆准噶尔盆地南缘不同生境下的梭梭和柽柳生理生态特性. 石河子大学学报(自然科学版), 28(3): 285-289.

朱金方, 刘京涛, 陆兆华, 等. 2015. 盐胁迫对中国柽柳幼苗生理特性的影响. 生态学报, 35(15): 5140-5146.

庄伟伟, 李进, 曹满航, 等. 2010a. NaCl 与干旱胁迫对银沙槐幼苗渗透调节物质含量的影响. 西北植物学报, 30(10): 2010-2015.

庄伟伟, 李进, 曹满航, 等. 2010b. 盐旱交叉胁迫对银沙槐幼苗生理生化特性的影响. 武汉植物学研究, 28(6): 730-736.

邹琦. 1995. 植物生理生化实验指导. 北京: 中国农业出版社: 105-162.

Abbas J, Gohar A, Ali R, et al. 2016. Effect of IBA(Indole Butyric Acid)levels on the growth and rooting of different cutting types of Clerodendrum splendens. Pure and Applied Biology, 5(1): 64.

Chen W C, Cui P J, Sun H Y, et al. 2009. Comparative effects of salt and alkali stress on organic acid accumulation and ionic balance of sea buckthorn(Hippophae rhamnoides L.). Industrial Crops and Products, 30: 351-358.

Dhinsa R S, Dhindsa P P, Thorpe T A. 1981. Leaf senescence: Correlated with increased levels of membrane permeability and lipid peroxidation and decreased levels of superoxidation dismutase and catalase. Journal of Esperimental Botany, 32: 93-101.

Farhangiabriz S, Torabian S. 2017. Antioxidant enzyme and osmotic adjustment changes in bean seedlings as affected by biochar under salt stress. Ecotoxicology and Environmental Safety, 137: 64-70.

Foyer, C H, Noctor G. 2005. Redox homeostis and antioxidant signaling: a metabolic interface between stress perception and physiological responses. Plant Cell, 17: 1866-1875.

Hsiao T C. 1973. Physiological effects of plant in response to water stress. Plant Physiol, 24: 519-570.

Karim S, Behrouz S, Vahid R, et al. 2012. Salt stress induction of some key antioxidant enzymes and metabolites in eight Iranian wild almond species. Acta Physiol Plantarum, 34(1): 203-213.

Llektra S, Michael M. 2012. Interaction of proline, sugars, and anthocyanins during photosynthetic acclimation of Arabidopsis thaliana to drought stress. Journal of Plant Physiology, 169(6): 577-585.

Osone Y, Tateno M. 2005. Applicability and limitation of optimal biomass allocation models: A test of two species from fertile and infertile habitats. Annals of Botany, 95: 1211-1220.

Stewart G R, Lee J A. 1974. The role of praline accumulation in halophytes. Planta, 120: 279-289.

Su J S, Chung H K, Un S S, et al. 2018. Successful stem cutting propagation of Patrinia rupestris for horticulture. Rhizosphere, 9: 90-92.

Zhang B, Li P F, Fan F C H. 2012. Ionic relations and praline accumulation in shoots of two Chinese Iris germplasms during NaCl stress and subsequent relief. Plant Growth Regul, 68: 49-56.

第 8 章　滨海盐碱地柽柳林生态化学计量学特征

8.1　柽柳碳、氮、磷生态化学计量学季节动态

碳（C）、氮（N）、磷（P）作为生物体内最重要的化学元素，是植物体生长和发育的物质基础。植物体 C∶N∶P 是反映植物体生长代谢状态的重要指标，植物 C∶N、C∶P 代表其 N、P 吸收同化 C 的能力，反映了植物对土壤营养元素的利用效率及其固 C 效率的高低。同时生长速率理论认为：生长速率高的生物，生物体内 C∶P、N∶P 值都较低（Elser et al., 2000a）。而生物体生长速率作为生物生活史策略的最重要指标，能指示生物不同时期的生活史对策，从而反映其对外界环境的适应性（Arendt, 1997; Elser et al., 2000b）。因此植物 C∶N、C∶P 值的季节动态能充分反映植物生长速率的季节动态，研究植物 C∶N、C∶P 值有助于理解植物生长策略对外界环境的适应性。

植物体内 N、P 元素含量及 N∶P 值能充分反映土壤养分供应与植物养分需求的动态平衡。相关研究表明，当土壤 P 素相对丰富，N 素相对稀缺时，植物 N∶P 值相对较低；相反，土壤 P 素相对缺乏，N 素相对丰富时，植物 N∶P 值相对较高（阎恩荣等，2010；林志斌等，2011）。通过对植物体 N、P 及 N∶P 值生态化学计量学研究，可以有效地判断有机体生长、发育和繁殖的限制性元素（贺金生和韩兴国，2010）。

目前国内外有关 C、N、P 化学计量学的研究和应用主要集中于海洋、湖泊、湿地、草原等生态系统（Elser and Hassett, 1994；王维奇等，2010；罗亚勇等，2012）；针对环境胁迫条件下的植物生态化学计量学特征也开展了部分研究（Reich and Oleksyn, 2004；Striebel et al., 2008）。随着全球气候变化加剧，海平面不断上升，加之人类活动的影响，导致海岸带土壤水盐条件发生显著变化，海岸带植被也将受到影响。然而海岸带湿地生态系统中盐分胁迫条件下植物 C、N、P 生态化学计量学特征及响应机制如何？海岸带土壤水盐条件变化将对海岸带湿地植物的生态化学计量学特征产生何种影响？这些都有待于深入研究。

本章主要研究黄河三角洲莱州湾柽柳茎、叶 C、N、P 化学计量学特征的季节动态，比较柽柳茎、叶中 C、N、P 化学计量学特征，分析空间变化下土壤含盐量变化对柽柳茎、叶 C、N、P 生态化学计量学特征的影响，初步探讨黄河三角洲莱州湾柽柳在不同生长季节的限制性元素类型。

8.1.1　柽柳生态化学计量学总体特征

在采集到的所有柽柳植物样品中，不同采样点所采集的样品之间 C、N、P 含量差异显著（$P<0.01$）（表 8-1）。柽柳叶片中 C 含量在 388.56～472.07g/kg，总体平均值为（440.49±1.60）g/kg；N 含量在 18.39～32.86g/kg，总体平均值为（25.74±0.31）g/kg；

叶片中 P 含量在 1.02～3.16g/kg，总体平均值为（1.75±0.06）g/kg；叶片 C∶N 值在 11.83～24.78，总体平均值为 17.40±0.24，叶片 C∶P 值在 125.98～425.98，总体平均值为 278.37±8.49，叶片 N∶P 值在 8.62～23.66，总体平均值为 15.86±0.42。

柽柳茎中 C 含量范围是 459.28～484.48g/kg，总体平均值为（472.33±0.68）g/kg；茎 N 含量范围是 3.54～10.51g/kg，总体平均值为（6.64±0.19）g/kg；茎 P 含量范围是 0.20～1.22g/kg，总体平均值为（0.56±0.02）g/kg；茎 C∶N 值范围是 44.93～133.30，总体平均值为 75.96±2.19，茎 C∶P 值范围是 384.76～2 309.10，总体平均值为 960.81±40.37，茎 N∶P 值范围是 5.16～23.98，总体平均值为 12.81±0.43。

表 8-1　柽柳茎叶 C、N、P 生态化学计量学总体特征

指标	统计量	5 月		7 月		8 月		9 月		10 月	
		茎	叶	茎	叶	茎	叶	茎	叶	茎	叶
C/（mg/g）	最小值	460.17	388.56	461.49	433.44	462.13	417.52	459.28	423.08	472.53	443.71
	最大值	481.47	445.87	477.15	465.15	483.86	460.77	479.74	456.74	484.48	472.07
	平均值	471.08	426.20	469.90	448.30	471.89	439.27	470.01	438.37	479.58	456.22
	标准误	1.56	3.23	1.15	2.28	1.23	2.86	1.37	1.97	0.81	2.47
	标准差	6.04	14.81	4.61	9.11	5.09	11.77	5.96	8.57	3.13	9.57
N/（mg/g）	最小值	5.18	24.10	3.54	21.03	3.79	18.39	4.65	18.46	5.93	23.72
	最大值	10.51	32.86	9.08	29.81	8.23	27.71	8.95	30.25	10.31	31.93
	平均值	6.78	27.38	5.84	25.78	5.84	23.76	6.42	24.21	8.52	27.25
	标准误	0.42	0.48	0.37	0.66	0.34	0.66	0.29	0.68	0.37	0.59
	标准差	1.63	2.21	1.46	2.62	1.42	2.72	1.28	2.97	1.42	2.28
P/（mg/g）	最小值	0.36	1.94	0.20	1.05	0.22	1.02	0.34	1.16	0.54	1.11
	最大值	1.22	3.16	0.86	1.74	0.81	1.96	1.00	1.90	1.13	2.31
	平均值	0.67	2.64	0.46	1.39	0.44	1.38	0.53	1.45	0.75	1.64
	标准误	0.06	0.07	0.05	0.05	0.03	0.06	0.04	0.04	0.04	0.09
	标准差	0.25	0.34	0.18	0.21	0.14	0.25	0.17	0.19	0.14	0.35
C∶N	最小值	44.93	11.83	51.58	14.67	57.37	15.49	51.29	14.57	46.33	14.22
	最大值	92.48	18.26	133.30	21.29	124.84	24.78	101.00	23.21	81.37	18.87
	平均值	72.85	15.67	85.12	17.56	85.88	18.76	76.04	18.39	57.97	16.85
	标准误	4.01	0.32	5.19	0.48	5.47	0.62	3.51	0.57	2.81	0.35
	标准差	15.55	1.47	20.76	1.91	22.54	2.56	15.30	2.47	10.89	1.36
C∶P	最小值	384.76	125.98	537.80	251.79	582.04	224.80	466.03	231.43	427.76	193.14
	最大值	1 303.43	227.80	2 309.10	425.98	2 163.65	421.65	1 363.38	388.26	878.51	401.26
	平均值	786.52	164.84	1 176.39	330.41	1 181.11	326.99	956.16	307.84	661.39	289.39
	标准误	63.57	5.75	114.15	12.77	89.22	13.83	57.55	9.46	29.40	14.52
	标准差	246.19	26.34	456.61	51.10	367.85	57.01	250.83	41.24	113.86	56.25
N∶P	最小值	5.16	8.62	6.64	13.15	7.61	12.67	6.68	10.85	6.44	12.10
	最大值	16.52	13.59	23.98	22.59	23.54	22.11	20.68	22.46	16.93	23.66
	平均值	10.93	10.54	13.92	18.82	14.26	17.51	12.91	16.92	11.74	17.12
	标准误	0.78	0.33	1.10	0.67	1.08	0.64	0.89	0.58	0.70	0.71
	标准差	3.01	1.52	4.40	2.66	4.44	2.63	3.90	2.52	2.72	2.76

8.1.2 柽柳生态化学计量学特征季节动态

8.1.2.1 叶片 C、N、P 含量及其化学计量比季节动态

黄河三角洲莱州湾柽柳叶片中 C 含量在生长季初期（5 月）达到最低值，叶片 C 含量均值的最低值为（426.20±3.23）g/kg，在生长季中期（7～8 月）略有增加，到生长季后期（9～10 月）达到最高值，叶片 C 含量均值的最高值为（456.22±2.47）g/kg，柽柳叶片 C 含量算术平均值随季节变化总体上呈增加趋势；叶片 N、P 含量，在生长季初期达到最高值，N、P 含量均值的最高值分别为（27.38±0.48）g/kg 和（2.64±0.07）g/kg，到了生长季中期，N、P 含量下降到最低值，N、P 含量均值的最低值分别为（23.76±0.66）g/kg 和（1.38±0.06）g/kg，N、P 含量在生长季后期均显著增加。柽柳叶片中 N、P 含量的算术平均值随着季节变化呈现先逐渐减小再逐渐增加的"倒抛物线"型变化趋势。

黄河三角洲莱州湾柽柳叶片 C：N 值、C：P 值在生长季初期达到最低值，叶片 C：N 值、C：P 值均值的最低值分别为 15.67±0.32、164.84±5.75，到了生长季中期，叶片 C：N 值、C：P 值升高到最高值，叶片 C：N 值、C：P 值均值的最高值分别为 18.76±0.62、330.41±12.77，叶片 C：N 值、C：P 值在生长季后期均显著降低。柽柳叶片 C：N 值、C：P 值算术平均值随季节变化呈现先逐渐增加再逐渐降低的抛物线型变化趋势；而叶片 N：P 值在生长季初期处于最低值，N：P 值均值的最低值为 10.54±0.33，到了生长季中期，叶片 N：P 值达到最高值，N：P 值均值的最高值为 18.82±0.71，而到了生长季后期叶片 N：P 值逐渐趋于稳定。N：P 值算术平均值随季节变化呈现出先逐渐增加后减小再趋于稳定的变化趋势（图 8-1）。

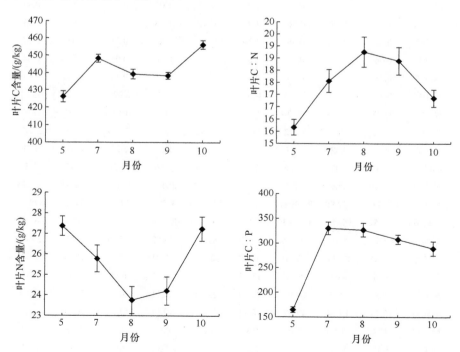

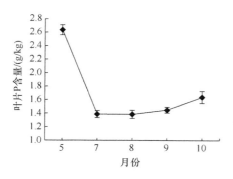 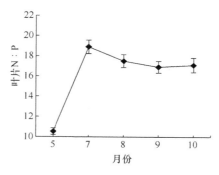

图 8-1　柽柳叶片 C、N、P 含量及其计量比季节动态

对柽柳叶片 C、N、P 含量及 C∶N、C∶P、N∶P 值进行单因素方差分析，结果表明各个采样时间所采样品的 C 含量、N 含量、P 含量和 C∶N、C∶P、N∶P 值季节变异显著（$P<0.05$）（表 8-2）。对各个月份所采集的样品进行 LSD 检验发现，对于 C 含量，生长季初期和中期、中期和后期、初期和后期差异均显著（$P<0.05$）；对于 N 含量，生长季初期和中期、中期和后期差异显著（$P<0.05$），而生长季初期和后期差异不显著；对于 P 含量，生长季初期和中期、中期和后期、初期和后期差异均显著（$P<0.05$）。

表 8-2　柽柳叶片中 C、N、P 含量以及其化学计量比的时相差异方差分析

指标	变异来源	平方和	自由度	均方	F	P
C	组间	9 087.756	4	2 271.939	18.035	0.000
	组内	10 455.629	83	125.971		
	总数	19 543.385	87			
N	组间	201.141	4	50.285	7.575	0.000
	组内	551.013	83	6.639		
	总数	752.154	87			
P	组间	22.828	4	5.707	75.366	0.000
	组内	6.285	83	0.076		
	总数	29.114	87			
C∶N	组间	117.478	4	29.370	7.200	0.000
	组内	338.572	83	4.079		
	总数	456.050	87			
C∶P	组间	372 507.740	4	93 126.935	42.952	0.000
	组内	179 955.807	83	2 168.142		
	总数	552 463.548	87			
N∶P	组间	833.509	4	208.377	35.753	0.000
	组内	483.739	83	5.828		
	总数	1 317.249	87			

对于 C∶N 值，生长季初期和中期、中期和后期差异显著（$P<0.05$），而初期和后期差异不显著；对于 C∶P 值，生长季初期和中期、中期和后期、初期和后期差异均显著（$P<0.05$）；对于 N∶P 值，生长季初期和中期、初期和后期差异显著（$P<0.05$），而生长季中期和后期差异不显著（表 8-3）。

表 8-3　不同时间叶片中 C、N、P 含量及 C∶N、C∶P、N∶P 值差异显著性分析

采样月份	C/（g/kg）	N/（g/kg）	P/（g/kg）	C∶N	C∶P	N∶P
5	426.20±3.23c	27.38±0.48a	2.64±0.07a	15.67±0.32c	164.84±5.75c	10.54±0.33c
7	448.30±2.78a	26.10±0.61b	1.41±0.05c	17.56±1.91ab	330.41±12.78a	18.82±0.71a
8	439.27±2.86b	23.76±0.66b	1.38±0.06c	18.76±2.56a	326.99±13.83a	17.51±0.64ab
9	438.37±1.97b	24.21±0.68b	1.45±0.04c	18.39±2.47a	307.84±9.46ab	16.92±0.60b
10	456.22±2.47a	27.25±0.59a	1.64±0.09b	16.85±1.36bc	289.39±14.52b	17.12±0.71ab

8.1.2.2　茎中 C、N、P 含量及其化学计量比季节动态

黄河三角洲莱州湾柽柳茎中 C 含量在生长季初期和中期含量较低，茎中 C 含量均值的最低值为（469.90±1.15）g/kg，在生长季后期达到最高值，茎 C 含量均值的最高值为（479.58±0.81）g/kg，柽柳茎中 C 含量算术平均值随季节变化总体上呈增加趋势；茎中 N、P 含量，在生长季初期相对较高，到了生长季中期，N、P 含量下降到最低值，N、P 含量均值的最低值分别为（5.84±0.34）g/kg 和（0.44±0.03）g/kg，N、P 含量在生长季后期均显著增加，并达到最高值，N、P 含量均值的最高值分别为（8.52±0.37）g/kg 和（0.75±0.04）g/kg。柽柳茎中 N、P 含量的算术平均值随着季节变化呈现先逐渐减小再逐渐增加的倒抛物线型变化趋势。

黄河三角洲莱州湾柽柳茎中 C∶N 值、C∶P 值在生长季初期相对较低，到了生长季中期，茎中 C∶N 值、C∶P 值升高到最高值，茎中 C∶N 值、C∶P 值均值的最高值分别为 85.88±5.47、1 181.11±89.22，茎中 C∶N 值、C∶P 值在生长季后期均显著降低，并达到最低值，茎中 C∶N 值、C∶P 值均值的最低值分别为 57.97±2.81、661.39±29.40。柽柳茎中 C∶N 值、C∶P 值算术平均值随季节变化呈现先逐渐增加再逐渐减小的抛物线型变化趋势；而茎中 N∶P 值在生长季初期处于最低值，N∶P 值均值的最低值为 10.93±0.78，到了生长季中期，茎中 N∶P 值达到最高值，N∶P 值均值的最高值为 14.26±1.08，而到了生长季后期，茎中 N∶P 值又显著降低。N∶P 值算术平均值呈现出先逐渐增加后减小的抛物线型变化趋势（图 8-2）。

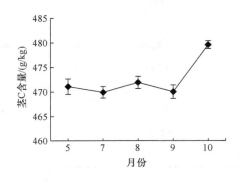
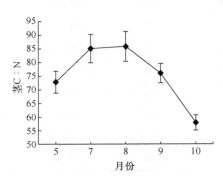

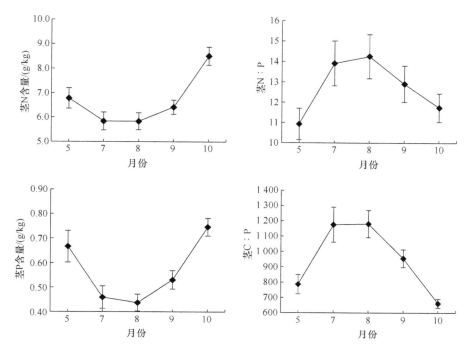

图 8-2 柽柳茎中 C、N、P 含量及其计量比季节动态

对柽柳茎中 C、N、P 含量及 C∶N、C∶P、N∶P 值进行单因素方差分析，结果表明除了 N∶P 值之外（$P=0.08$），各个采样时间所采样品的 C 含量、N 含量、P 含量和 C∶N、C∶P 值季节变异显著（$P<0.05$）（表 8-4）。对各个月份所采集的样品进行 LSD 检验发现，对于 C 含量，生长季初期和后期、中期和后期差异显著（$P<0.05$），初期和中期差异不显著（$P>0.05$）；对于 N 含量，生长季初期和后期、中期和后期差异显著（$P<0.05$），初期和中期差异不显著；对于 P 含量，生长季初期和中期、中期和后期差异均显著（$P<0.05$），初期和后期差异不显著（$P>0.05$）。对于 C∶N 值，生长季初期和中期、中期和后期、初期和后期差异均显著（$P<0.05$）；对于 C∶P 值，生长季初期和中期、中期和后期差异显著（$P<0.05$），初期和后期差异不显著；对于 N∶P 值，生长季初期和中期差异显著（$P<0.05$），而生长季中期和后期、初期和后期差异不显著（表 8-5）。

表 8-4 不同时间茎中 C、N、P 含量及 C∶N、C∶P、N∶P 值单因素方差分析

指标	变异来源	平方和	自由度	均方	F	P
C	组间	1 011.340	4	252.835	9.632	0.000
	组内	2 021.131	77	26.248		
	总数	3 032.471	81			
N	组间	75.396	4	18.849	9.127	0.000
	组内	159.024	77	2.065		
	总数	234.419	81			

续表

指标	变异来源	平方和	自由度	均方	F	P
	组间	1.131	4	0.283	8.855	0.000
P	组内	2.458	77	0.032		
	总数	3.589	81			
	组间	8 014.998	4	2 003.749	6.470	0.000
C∶N	组内	23 846.864	77	309.700		
	总数	31 861.862	81			
	组间	3 369 465.169	4	842 366.292	8.701	0.000
C∶P	组内	7 454 941.339	77	96 817.420		
	总数	10 824 406.508	81			
	组间	125.497	4	31.374	2.176	0.080
N∶P	组内	1 110.393	77	14.421		
	总数	1 235.890	81			

表 8-5　不同时间茎中 C、N、P 含量及 C∶N、C∶P、N∶P 值差异显著性分析

采样月份	C/（g/kg）	N/（g/kg）	P/（g/kg）	C∶N	C∶P	N∶P
5	471.08±1.56b	6.78±0.42b	0.67±0.06a	72.85±4.01b	786.52±63.57bc	10.93±0.78b
7	469.90±1.15b	5.84±0.37b	0.46±0.05b	85.12±5.19ab	1176.39±114.15a	13.92±1.10a
8	471.89±1.23b	5.84±0.34b	0.44±0.03b	85.88±5.47a	1181.11±89.22a	14.26±1.08a
9	470.01±1.37b	6.42±0.29b	0.53±0.04b	76.04±3.51ab	956.16±57.55b	12.91±0.89ab
10	479.58±0.81a	8.52±0.37a	0.75±0.04a	57.97±2.81c	661.39±29.40c	11.74±0.70ab

8.1.3　柽柳生态化学计量学特征与土壤含盐量相关性

8.1.3.1　叶片 C、N、P 含量及其化学计量比与土壤含盐量相关性

对 2011 年 5 月所采植物叶片 C、N、P 含量和土壤含盐量进行分析测定后，以土壤容重为权重计算土壤剖面的含盐量均值，与柽柳叶片 C、N、P 含量及 C∶N、C∶P、N∶P 值进行相关性分析。结果表明：柽柳叶片中 C 含量、N 含量、C∶N 值与土壤含盐量相关性不显著；叶片 P 含量与土壤含盐量呈显著负相关性（$P<0.05$）；C∶P、N∶P 值与土壤含盐量呈显著正相关性（$P<0.05$）（图 8-3）。

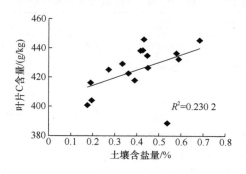
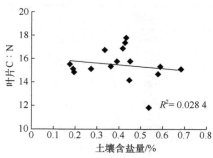

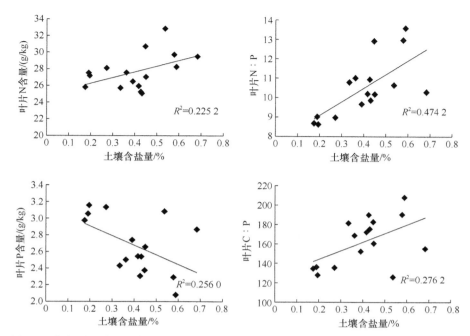

图 8-3 柽柳叶片中 C、N、P 含量以及 C∶N、C∶P、N∶P 比与土壤含盐量的相关性

8.1.3.2 茎 C、N、P 含量及其化学计量比与土壤含盐量相关性

对 2011 年 5 月所采植物茎 C、N、P 含量和土壤含盐量进行分析测定后，以土壤容重为权重计算土壤剖面的含盐量均值，与柽柳茎 C、N、P 含量及 C∶N、C∶P、N∶P 值进行相关性分析。结果表明：柽柳茎中 C 含量、N 含量、C∶N 值与土壤含盐量相关性不显著；茎中 P 含量与土壤含盐量呈显著负相关性（$P<0.05$）；C∶P、N∶P 值与土壤含盐量呈显著正相关性（$P<0.05$）（图 8-4）。

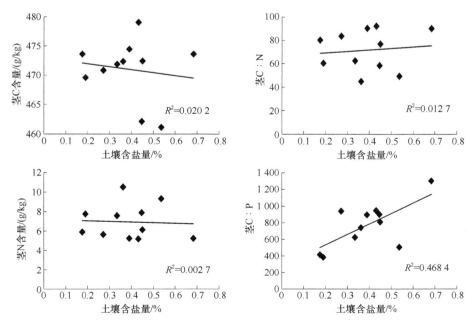

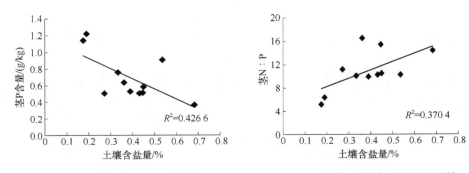

图 8-4　柽柳茎中 C、N、P 含量以及 C∶N、C∶P、N∶P 比与土壤含盐量的相关性

8.1.4　柽柳生态化学计量学季节动态探讨

植物在不同季节生长速率不同，为了满足植物不同生长速率对养分的需求，植物体内结构性物质、功能性物质以及储藏性物质在分配比例上随季节变化会产生较大的差别（牛得草等，2011）。在春季，植物体内功能性物质向植物幼嫩组织转移以满足植物逐渐增加的生长速率；到了秋季，储藏性物质向果实及种子中转移，以用于繁殖更多后代；而到了冬季，为了保证植物的越冬存活以及来年新生组织的快速生长，储藏性物质向根部转移。另外，植物体内 N、P 等营养元素可能因植物生长速率的加快、生物量的快速增加而产生稀释效应（Sardans and Peñuelas，2008）。研究区域内的柽柳在 5 月进入生长季节，生长速率逐渐加快，体内储存的功能性物质向幼嫩组织转移，因此，柽柳茎、叶中 N、P 含量处于较高值。到了 7～9 月，柽柳进入快速生长期，N、P 含量受植物自身稀释效应影响而含量降低。再者，柽柳的花期较长，为每年 5～9 月，果期为 6～10 月，整个生长季柽柳都会不间断的开花结果。由于生殖生长过程中，储藏及遗传性物质向生殖器官中转移，导致了柽柳茎、叶中 N、P 元素的含量在 7～9 月维持在较低的水平。而到了 10 月，环境温度逐渐下降，柽柳为保证越冬存活开始生产更多的储藏性物质，因此，柽柳茎、叶中 N、P 元素含量处于较高水平。所以，柽柳茎、叶中的 N、P 含量，随着季节变化表现出了先逐渐减小再增加的倒抛物线型变化趋势。

土壤水分和盐分是影响黄河三角洲莱州湾柽柳生长的两个最重要的生态因子，如何充分利用土壤有限的水分来降低盐胁迫对植物生长的影响是该地区植物生活史策略研究的重要内容。植物 C∶N∶P 生态化学计量学特征随季节的变化体现了植物生活史过程中竞争和防御策略之间的平衡。当植物体内 N、P 含量高，C∶N 值、C∶P 值低时，其光合速率高、生长速率快，对资源的竞争能力强，植物表现出竞争性的生活史策略；反之，当植物体内 C 含量高，C∶N 值、C∶P 值高时，其光合速率低，生长速率慢，对外界环境防御能力强，植物表现出防御性的生活史策略（Wright et al.，2004；Poorter and Bongers，2006；Shipley et al.，2006）。黄河三角洲莱州湾柽柳在生长季初期和后期茎、叶 C∶N 值、C∶P 值较低，生长季中期茎叶中 C∶N 值、C∶P 值较高，表明黄河三角洲莱州湾柽柳采取的是防御性生活史策略。在生长季初期，为了满足柽柳逐渐增加的生长速率，柽柳体内 N、P 等营养元素向植物幼嫩组织转移，即对新生茎、叶中 N、P 元素的分配较高，C∶N 值、C∶P 值相对较低；到了生长季中期，环境温度高，湿地水分蒸发及植物蒸腾作用快，柽柳为了增强对土壤干旱胁迫及盐胁迫的抵抗作用，增加了对茎、叶 C 元素的分配，C∶N 值、C∶P 值增加，植物生长速率减慢，水分消耗降低；到了生长季后期，随着环境温度的降低，蒸腾蒸发作用逐渐减弱，柽柳受土壤盐胁迫和干旱胁迫作用降低，从而降低了对茎、叶 C 元素的分配，C∶N 值、C∶P 值略有升高。再者，植物 N、P 等营养元素的吸收和 C 元素的同化途径存在差异，植物体通过光合作用同化大气中的 CO_2 是植物体内 C 元素的主要来源，而植物体内 N、P 等营养元素主要来源于土壤。加之植物体 C 元素含量高，波动小，所以 C 元素通常情况下不是植物生长的限制性元素类型，而植物体 N、P 元素含量受外界环境影响较大，所以植物体内 N、P 元素含量的变化是影响 C∶N 值、C∶P 值的主要因素（Hedin，2004）。由于柽柳茎、叶中 N、P 元素随季节的变化表现出了先逐渐减小再逐渐增加的变化趋势，所以柽柳茎、叶中 C∶N 值、C∶P 值随季节变化表现出了先逐渐增加再逐渐降低的抛物线型变化趋势。

植物叶片 N∶P 值作为限制性营养元素判断的重要指标，广泛应用于各种生态系统（Koerselman and Meuleman，1996；Tessier and Raynal，2003；Güsewell，2004）。黄河三角洲莱州湾柽柳叶片中 N∶P 值随季节变化表现出先逐渐增加，后逐渐降低，再趋于稳定的变化趋势，这与吴统贵等（2010a）研究的杭州湾滨海湿地 3 种草本植物叶片中 N、P 化学计量学的季节变化趋势相一致。针对湿地生态系统的研究表明：当 N∶P>16 时，植物生长受 P 元素限制；当 N∶P<14 时，植物生长受 N 元素限制；当 14<N∶P<16 时，表示植物生长受 N、P 元素共同限制（Güsewell and Koerselman，2002；任书杰等，2012）。本研究的结果表明，只有生长季初期，柽柳叶片中 N∶P 值小于 14，而生长季中期和后期柽柳叶片中 N∶P 值均大于 16。这说明研究区内柽柳生长在生长季初期主要受 N 元素限制，到了中期和后期时，柽柳生长的限制性元素由 N 元素转变为 P 元素。这与其他研究中植物生长的限制性营养元素类型存在差异。黄土丘陵区燕沟流域典型植物生长总体上受 N 或 N、P 共同限制，但该区域不同植物类型在生长过程中叶片 N∶P 值变化范围较大（王凯博和上官周平，2011）；珠江三角洲少数常绿阔叶林树种表现出了缺 N 的状态（吴统贵等，2010b）；浙江天童落叶阔叶林、常绿针叶林的生长分别受 N 元素限制和 N、P 元素共同限制（阎恩荣等，2010）。生态系统本身具有复杂的结构和功能，不同研究区域、不同生态系统类型以及不同植被种类的 N∶P 临界值有很大变化，不能采用单一的 N∶P 值指标来判断养分的限制性（Güsewell，2004），不同地区不同物种评判 N、P 元素限制的叶片 N∶P 临界值也不完全一样（Zhang *et al.*，2004）。因此，针对不同生态系统 N、P 元素限制性的判断不能简单地以 N∶P 值为依据，同时应结合气温、光照、土壤等多方面的生态因子进行综合评判。

8.1.5　柽柳生态化学计量学特征与土壤含盐量相关性探讨

盐胁迫能抑制植物的生长和发育，并对植物体内 N、P 等营养元素含量产生显著的影响。植物体内营养元素代谢系统的失调是植物盐害的重要表现之一。相关研究表明，土壤盐胁迫能显著影响植物对 P 元素的吸收（Karadge and Chavan，1983），土壤中大量

存在的 Cl^-、SO_4^{2-} 等阴离子与 P 元素产生竞争效应（Balba，1995），使植株对 P 元素的吸收量减少。P 元素是 ATP 酶等物质的重要组成元素，在植物光合作用和能量代谢过程中发挥着重要作用，在盐胁迫条件下，植物体内 P 元素含量降低导致光合速率显著下降，干物质量显著减少（Joshi，1984）。研究区域内柽柳生长受土壤盐分胁迫，土壤中阴离子竞争效应导致柽柳茎、叶片中 P 元素含量随土壤含盐量的增加而降低。在土壤盐分胁迫下，大豆、苜蓿等植物对 P 元素的吸收规律研究也得出了类似结果（Lunin and Gallatin，1965；王楠，2011）。

由于柽柳茎、叶中 C、N 元素含量与土壤含盐量相关性不显著，所以盐胁迫下柽柳体内 P 元素的变化成为柽柳 C∶P 值、N∶P 值的主要影响因素。柽柳 P 元素含量与土壤含盐量呈显著负相关，导致了柽柳叶片中 C∶P 值、N∶P 值与土壤含盐量呈显著正相关。

8.2 柽柳"肥岛"土壤氮、磷生态化学计量学特征

土壤养分含量随时间和空间的变化不断发生变化，"肥岛"是指在水分、养分等胁迫条件下，土壤资源通过生物和非生物作用过程向灌丛周围富集，从而使土壤养分自灌丛中心由内向外逐渐递减的现象（Titus et al.，2002；Hagos and Smit，2005）。相关研究表明，"肥岛"是由植物和多种环境因素长期作用形成的，这些因素包括干旱胁迫（Chew and Whitford，1992）、树干径流（Martinez-Meza and Whitford，1996）、侵蚀和沉积过程（Zaady et al.，2001）、过度放牧及动物排泄和火干扰（Chew and Whitford，1992；Kieft et al.，1998）等。土壤"肥岛"效应的形成能显著改变土壤养分格局，土壤养分是生态系统结构功能的主要影响因子（Aguiar and Sala，1999），因此，灌木下土壤营养元素等物质的"肥岛"特征可能是群落健康状况的重要指标，"肥岛"的形成和发育又对植物生长有重要的反馈作用。

N、P 是生物有机体的重要组成成分，是生命活动和行为过程所必需的营养元素。土壤 N、P 等营养元素的含量在植物生长过程中起着关键的作用，是植物群落组成、结构、功能及生产力水平的直接影响因素（顾大形等，2011）。同时 N、P 等营养元素也是"肥岛"研究过程中的重要组成部分，因此研究 N、P 等营养元素的生物地球化学循环，N、P 元素在"肥岛"中的富集强度、特征和生态效应，对解释"肥岛"形成有重要意义。

目前有关"肥岛效应"的研究主要针对干旱和半干旱地区的草原、荒漠生态系统（任雪等，2009），研究对象也从干旱区草本植物逐渐向灌木和乔木转移，然而目前的这些研究都致力于"肥岛"形成过程及机制的阐述，特别是对土壤 N、P 等营养元素的垂直和水平分布做了大量的研究（李君等，2007；张莉燕等，2009），对于"肥岛"影响下土壤 N、P 生态化学计量学特征的研究未见报道。

由于莱州湾柽柳林湿地生态环境特殊，植物的生长长期受土壤盐分胁迫并间歇性地受土壤干旱胁迫，植被的"肥岛"特征、结构及形成过程可能与其他研究区存在差别，本章一方面研究黄河三角洲莱州湾柽柳"肥岛"影响下土壤 N、P 营养元素的垂直、水平变化规律，另一方面着重研究土壤 N、P 生态化学计量学特征对"肥岛效应"的响应。

8.2.1 单丛柽柳下土壤 N、P 生态化学计量学特征

8.2.1.1 土壤 N、P 生态化学计量学特征垂直差异

对单丛柽柳下每一立地点不同深度土壤无机氮和有效磷含量及氮磷比作单因素方差分析，结果表明，每一立地点不同深度土壤的无机氮含量、有效磷含量、氮磷比随土壤深度的增加差异显著（$P<0.05$）。各立地点土壤无机氮含量和有效磷含量随土壤深度的增加呈现下降趋势，而氮磷比随土壤深度的增加呈现先增加后降低的变化趋势。具体表现为，各立地点表层土壤无机氮含量最高，下层土壤无机氮含量显著低于表层土壤无机氮含量，且下层各土层的无机氮含量差异不显著；土壤有效磷含量与土壤无机氮含量变化规律相似，表层显著高于下层，下层各土层差异不显著；各立地点氮磷比都在深度为 0~20cm 处达到最大值，并显著高于表层土壤和其他下层土壤，各立地点表层、20~40cm、40~60cm、60~100cm 深度土壤的氮磷比差异不显著（表 8-6）。

表 8-6 单丛柽柳下不同深度土壤无机氮、有效磷含量及氮磷比差异显著性分析

项目	深度/cm	立地距离/m					
		0	1	2	3	4	5
无机氮 /（mg/kg）	0	19.97±1.25a	25.85±1.15a	23.21±2.28a	22.54±3.88a	17.98±2.01a	22.64±2.64a
	0~20	9.72±1.15b	8.37±1.07b	8.41±2.11b	10.44±3.06b	14.13±4.81ab	9.84±2.60b
	20~40	7.24±2.43b	5.55±2.17b	4.18±1.18b	6.06±1.92b	7.61±2.50b	6.96±2.49b
	40~60	6.22±1.80b	4.89±1.53b	5.64±2.32b	6.53±3.39b	6.67±1.84b	5.44±1.99b
	60~100	5.72±2.44b	4.84±1.58b	3.73±0.87b	5.10±1.28b	5.91±1.78b	5.71±1.38b
有效磷 /（mg/kg）	0	7.60±0.32a	6.26±0.44a	4.86±0.29a	4.28±0.78a	3.22±0.24a	3.06±0.24a
	0~20	1.87±0.55b	1.21±0.27b	0.90±0.19b	0.87±0.17b	0.54±0.17c	0.89±0.27b
	20~40	1.25±0.37b	1.22±0.18b	1.18±0.14b	1.10±0.10b	1.12±0.35bc	1.12±0.31b
	40~60	1.45±0.18b	1.55±0.17b	1.50±0.17b	1.54±0.18b	1.27±0.19b	1.38±0.24b
	60~100	1.77±0.20b	1.46±0.22b	1.93±0.65b	1.35±0.16b	1.24±0.09b	1.41±0.28b
氮磷比	0	2.64±0.17c	4.21±0.37b	4.78±0.42b	5.79±1.63ab	5.58±0.33b	7.65±1.29b
	0~20	6.41±1.59a	7.58±1.12a	10.27±2.28a	12.70±4.29a	27.51±4.82a	21.69±5.01a
	20~40	6.15±1.10a	4.46±1.40b	3.67±1.21b	5.77±2.01b	9.89±4.17b	7.13±2.26b
	40~60	4.09±0.79abc	3.19±0.94b	3.85±1.66b	3.81±1.56b	6.13±2.23b	4.00±1.24b
	60~100	3.01±1.02bc	3.09±0.71b	2.46±0.88b	3.94±1.10b	5.07±1.70b	4.09±0.78b

8.2.1.2 土壤 N、P 生态化学计量学特征水平差异

对单丛柽柳下同一深度土层不同立地点土壤无机氮、有效磷含量及氮磷比作单因素方差分析，结果表明，表层土壤有效磷含量和氮磷比在不同立地点差异显著（$P<0.05$），深度为 0~20cm 处土壤有效磷含量和氮磷比在不同立地点存在一定差异，但差异不显著，而深度为 20~100cm 的所有土层土壤有效磷含量和氮磷比在各立地点差异均不显著。具体表现为，表层土壤有效磷在冠层中心含量最高，其均值的最高值为（7.60±0.32）mg/kg，有效磷含量随着地点距离的增加逐渐降低，在立地 5m 处有效磷含量达到最低值，其均值最低值为（3.06±0.48）mg/kg；表层土壤氮磷比在冠层中心比值最低，其均值的最小值为 2.64±0.17，氮磷比随立地点距离的增加逐渐升高；深度为 0~20cm 处土壤有效磷含量在冠层中心含量最高，其均值的最高值为（1.87±0.55）mg/kg，有效磷含量随立地

距离的增加逐渐降低，在立地 2m 处土壤有效磷含量降低至（0.90±0.19）mg/kg，而在立地 2m 到立地 5m 处土壤有效磷含量差异不显著；深度为 0～20cm 处土壤氮磷比在冠层中心比值最低，其均值的最小值为 6.41±1.59，氮磷比随立地距离的增加而逐渐增加，在立地 4m 处达到最高值，其均值最高值为 27.51±4.82，在立地 5m 处氮磷比略有降低，但差异不显著。而各个深度土层土壤无机氮含量在各立地点差异均不显著，但表层土壤无机氮含量差异要大于下层的无机氮含量，从柽柳冠下向冠外土壤无机氮有一定的降低趋势（图 8-5）。

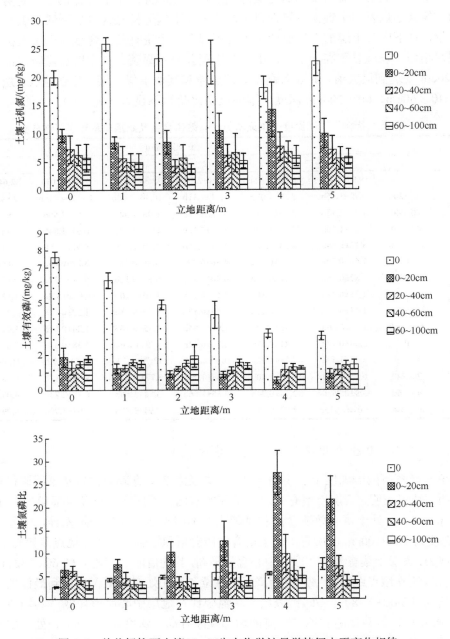

图 8-5　单丛柽柳下土壤 N、P 生态化学计量学特征水平变化规律

8.2.2　柽柳群落下土壤 N、P 生态化学计量学特征

8.2.2.1　土壤 N、P 生态化学计量学特征垂直差异

对柽柳群落下不同生境、不同深度土壤无机氮和有效磷含量及氮磷比作单因素方差分析，结果表明，与单丛柽柳下土壤 N、P 生态化学计量学特征相似，各个生境土壤的无机氮含量、有效磷含量、氮磷比随土壤深度的增加差异显著（$P<0.05$），无机氮含量和有效磷含量随土壤深度的增加呈现下降趋势，而氮磷比随土壤深度的增加呈现先增加后降低的变化趋势。具体表现为，各生境表层土壤无机氮和有效磷含量显著高于下层土壤，下层各土层的无机氮和有效磷含量差异不显著；各生境氮磷比都在深度为 0～20cm 处达到最大值，并显著高于表层土壤和其他下层土壤，各生境表层、20～40cm、40～60cm、60～100cm 深度土壤的氮磷比差异不显著（见表 8-7）。

表 8-7　柽柳群落下不同深度土壤无机氮、有效磷含量及氮磷比差异显著性分析

指标	深度/cm	生境				
		冠层内	冠层边	冠层间	群落边	群落外
无机氮 /（mg/kg）	0	20.28±2.24a	19.60±2.90a	17.70±0.66a	16.64±3.53a	16.55±4.12a
	0～20	8.48±2.59b	6.65±1.31b	8.77±3.39b	10.01±3.32ab	7.40±1.74b
	20～40	4.92±1.59b	3.41±0.51b	3.79±0.52b	3.87±0.45b	4.01±0.42b
	40～60	3.28±0.15b	3.00±0.48b	3.65±0.38b	5.12±1.89b	3.33±0.34b
	60～100	4.03±1.35b	2.99±0.37b	4.02±1.07b	4.35±1.28b	3.96±0.82b
有效磷 /（mg/kg）	0	3.69±0.27a	3.07±0.48a	2.62±0.33a	2.93±0.39a	2.88±0.69a
	0～20	0.95±0.21b	0.72±0.10b	0.87±0.23b	0.60±0.01b	0.71±0.13b
	20～40	1.04±0.18b	0.94±0.06b	0.91±0.16b	1.09±0.25b	0.94±0.22b
	40～60	1.13±0.21b	1.06±0.20b	1.02±0.11b	1.26±0.13b	1.13±0.21b
	60～100	1.16±0.20b	1.10±0.24b	1.06±0.16b	1.29±0.25b	1.20±0.18b
氮磷比	0	5.46±0.21ab	6.74±1.36ab	6.96±0.93ab	6.21±2.06b	7.09±2.99ab
	0～20	9.51±3.00a	9.69±2.21a	12.16±4.78a	16.87±5.76a	12.04±4.55a
	20～40	5.37±2.20ab	3.60±0.44b	4.59±1.17b	3.89±0.75b	5.24±2.08ab
	40～60	3.21±0.83b	3.02±0.58b	3.72±0.74b	4.26±1.72b	3.28±0.94b
	60～100	3.75±1.31b	2.93±0.57b	4.04±1.18b	3.63±1.10b	3.48±0.83b

8.2.2.2　土壤 N、P 生态化学计量学特征水平差异

对柽柳群落下同一深度土层不同生境土壤无机氮、有效磷含量及氮磷比作单因素方差分析，结果表明，各深度土层的土壤无机氮含量、有效磷含量和氮磷比在不同生境差异不显著，但是从图 8-6 中可以看出，表层土壤无机氮含量和有效磷含量的差异要高于下层土壤，表层土壤的无机氮和有效磷在冠层内土壤中的含量要高于冠层边和冠层间地，无机氮和有效磷在群落内土壤中的含量要高于群落外土壤中的含量；而氮磷比与无机氮、有效磷含量的变化规律有所差异，土壤氮磷比在深度为 0～20cm 土层各生境下的比值差异要高于其他土层，0～20cm 土层土壤的氮磷比在冠层内的比值要低于冠层边和冠层间地，群落内土壤氮磷比值要低于群落外。

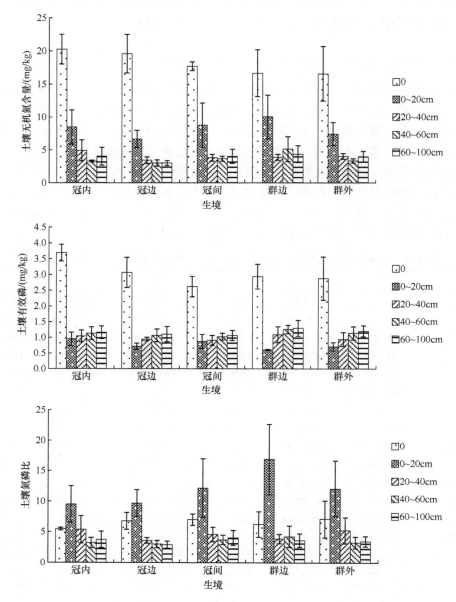

图 8-6 柽柳群落下土壤 N、P 生态化学计量学特征水平变化规律

8.2.3 柽柳"肥岛"土壤 N、P 生态化学计量学特征垂直变化

灌丛"肥岛"内土壤结构、理化性质和微气候等在水平方向和垂直方向上差异显著。Klemmedson 和 Barth（1975）以土壤总氮为主要养分指标建立的"肥岛"空间结构表明，"肥岛"为近似倒立的椎体，在水平方向上从灌丛中心到灌丛外，土壤养分含量呈逐渐降低的变化趋势，这种趋势随土层深度的增加逐渐减弱，当土层深度为 40cm 时，"肥岛"消失。相关研究表明凋落物是土壤 N、P 等养分的重要来源之一，在土壤养分控制中发挥重要作用（Meentemeyer et al.，1982）。凋落物的不断输入不仅能保护表层土壤不受风

蚀，也能增加对大气降水的截留量，提高土壤生物活性，加速微生物的分解作用，使土壤无机氮和有效磷含量显著增加。

本研究的结果表明，柽柳凋落物的回归增加了土壤表层 N、P 等营养元素含量，另外，本研究区处于山东昌邑国家海洋生态保护区，生态环境特殊，海水的周期性淹没是莱州湾柽柳林湿地水分和养分的重要来源，海水对研究区土壤养分的补给也增加了表层土壤 N、P 等营养元素含量，因此本研究中单丛柽柳和柽柳群落下土壤无机氮含量和有效磷含量随土层深度的增加均呈降低趋势，符合 Klemmendson 和 Barth 构建的 "肥岛"结构，这和李君等（2007）、张莉艳等（2009）的研究结果一致。

8.2.4 柽柳 "肥岛" 土壤 N、P 生态化学计量学特征水平变化

灌丛中心 N、P 等营养元素含量显著高于灌丛间地，形成土壤养分在水平方向上的异质性，局部形成了 "肥岛效应"，是植物与外界环境长期作用的结果（高军等，2008）。"肥岛效应" 的产生是灌丛适应外界不利环境的主要机制，也是其充分利用土壤各营养元素的主要途径（张强等，2006）。本章节的研究表明，柽柳冠幅下土壤无机氮含量和有效磷含量均高于冠幅外，以表层土壤为例，相对于柽柳冠幅外土壤无机氮和有效磷含量的最低值，冠幅下土壤无机氮含量和有效磷含量分别增加了 43.79% 和 148.45%，冠幅下土壤富集了较多的 N、P 等营养元素，形成了明显的 "肥岛" 特征。因此 "肥岛效应" 的形成机制能显著影响土壤 N、P 元素的生态化学计量学特征。

相关研究表明，大气、降水、土壤、生物以及干扰等多种生物和非生物因素共同影响灌丛 "肥岛效应" 的形成（Whitford and Anderson，1997）。凋落物的分解、树干径流、动物活动、大气颗粒物沉降、风蚀物质的截获、沉积、分解以及植物的分泌物和根系活动等是灌丛 "肥岛" 效应形成的主要机制（Garner and Steinberger，1989；苏永中等，2002；刘耘华等，2010）。本研究中，第一，柽柳灌丛下土壤表层植物凋落物在微生物作用下的分解，能使 N、P 等营养元素回归土壤，这种营养元素的微循环在柽柳灌丛下土壤 N、P 元素的积累过程中发挥着重要作用。第二，柽柳灌丛枝叶浓密，降雨过程中，柽柳灌丛能够截留大量降雨，使水分沿茎流下，形成树干径流，相关研究表明，在树干径流流动的过程中，水分溶解了大量大气降尘、植物自身分泌物和一些微生物活动产物，径流水分中富含 N、P、Mg、Ca 等营养元素（Whitford and Anderson，1997），因此，树干径流使根颈周围土壤 N、P 等营养元素含量升高，形成 "肥岛"。第三，柽柳灌丛能为野生动物提供良好的掩蔽处、丰富的实物等必需的生存条件，因此能吸引大量野生动物在灌丛周围栖息和觅食。野生动物的丢弃物及粪便等排泄物富含 N、P 元素，其在灌丛下的积累也就加强了 N、P 元素的积累。另外，野生动物的洞穴和土壤生物的活动能增加柽柳灌丛下土壤渗透性和通透性，加速了有机物的分解，促进 N、P 等营养元素的积累。第四，为了适应土壤盐胁迫和干旱胁迫，柽柳根系异常发达，根系活动及根系的分泌物、脱落物的积累也增加了根系附近土壤 N、P 等营养元素水平。第五，柽柳树冠能减小其灌丛下土壤的风蚀作用，浓密的灌丛也能捕获风尘使大气颗粒物沉积，这些颗粒物大多来源于养分丰富的土壤表层或海洋，它们的积累也能增加冠下土壤的 N、P 含量。

因此本研究中单丛柽柳 "肥岛效应" 影响下，土壤无机氮和有效磷含量从冠下到冠

外呈现降低的变化趋势，这与李君等（2007）的研究结果一致。柽柳灌丛能有效富集土壤 N、P 等营养元素，而本研究的取样时间为 7 月，柽柳生长正处于生长季中期，研究区内柽柳生长主要受 P 元素限制，因此柽柳灌丛对周围土壤中 P 元素的富集作用更加强烈，使土壤有效磷向灌丛下迁移，所以虽然土壤无机氮和有效磷含量从柽柳冠下向冠外均表现为降低趋势，由于柽柳对 P 元素更强的富集作用，降低速度更快，从而导致土壤 N∶P 值升高。所以单丛柽柳"肥岛效应"影响下土壤 N∶P 值变化规律与无机氮和有效磷含量的变化规律相反，从柽柳冠下到冠外呈现逐渐升高的变化趋势。

植物群落下土壤养分的分布特征与单株或单丛植物下土壤的养分特征存在差异，相关研究表明，物种之间的竞争能降低土壤养分空间异质性（涂锦娜等，2011），因此柽柳群落下各个生境土壤无机氮、有效磷含量及氮磷比的差异性相比于单丛柽柳下显著降低。另外，研究区海水的周期性淹没显著影响莱州湾柽柳林湿地水分和养分的空间分布，因此柽柳群落下土壤无机氮有效磷含量和氮磷比在"肥岛效应"影响下表现出了与单丛柽柳下土壤无机氮、有效磷含量和氮磷比相似的变化趋势，但不同生境下土壤无机氮、有效磷含量和氮磷比变化没有达到显著性水平，说明海水周期性淹没等环境因素的影响要显著大于柽柳"肥岛效应"等生物因素影响，"肥岛效应"在群落水平或生态系统等更大尺度下对土壤 N、P 生态化学计量学特征影响不显著。

8.3 盐旱胁迫对柽柳碳、氮、磷生态化学计量学特征的影响

水是多种化学物质良好的溶剂，能调节植物体温，参与光合作用，调节气候，是维持植物生存的重要环境因子。水通过其特殊的理化性质，在植物生长发育过程中发挥着重要的作用。因此，植物对干旱胁迫比较敏感，土壤水分含量常成为植物生长的主要限制性因素之一。目前有关干旱胁迫对植物生长的研究比较多，大量研究表明，干旱胁迫能导致植物体生理代谢紊乱，生长速率下降，产量降低。

土壤盐碱化能通过渗透效应和离子毒害来抑制植物的生长和发育，是目前人类所面临的生态危机之一。目前有关土壤盐胁迫对植物影响的研究已经有很多，特别是针对植物耐盐机制方面的研究已经取得了很多成果，针对盐胁迫下植物 N、P 等营养元素含量变化也开展了部分研究，然而有关盐胁迫条件下植物 C、N、P 生态化学计量学特征变化的研究鲜见报道。

莱州湾柽柳林湿地地区，一方面由于全球气候变化，气温逐渐升高，柽柳林湿地的蒸发量随之增大，同时又因人为大量开采地下卤水，导致地下水位下降，地表干旱；另一方面，全球气候变化导致风暴潮灾害频发，大量海水入侵，使得土壤含盐量增加。因此，土壤水分和盐分成为影响该地区植被正常生长的两大主要环境因子。本章选取土壤水分和盐分这两个重要的环境因子进行室内控制实验，研究盐、旱胁迫条件下，柽柳根、茎、叶中 C、N、P 含量的变化，探索在盐、旱胁迫条件下柽柳 C、N、P 生态化学计量学特征的变化。从生态化学计量学的角度重新认识莱州湾柽柳湿地生态系统退化的特征与机制。这对生态化学计量学的充实和发展，以及我国在该领域的拓展和提高具有重要意义。

8.3.1　干旱胁迫对柽柳 C、N、P 生态化学计量学特征的影响

8.3.1.1　干旱胁迫对柽柳根、茎、叶全 C 含量的影响

从图 8-7 中可以看出，不同程度的干旱胁迫能对柽柳根、茎、叶中全 C 含量产生显著影响，具体表现为，柽柳根系中全 C 含量随土壤干旱胁迫程度的加剧逐渐升高，与对照相比，轻度、中度、重度干旱胁迫条件下柽柳根系中全 C 的含量分别增加了 4.39%、6.09%、6.37%；柽柳茎中全 C 含量在不同干旱胁迫梯度下均出现了不同程度的降低，但随干旱胁迫程度的加剧，有增加趋势。与对照相比，轻度、中度、重度干旱胁迫条件下柽柳茎中全 C 的含量分别下降了 2.31%、1.76%、0.72%；柽柳叶片中全 C 含量在不同干旱胁迫梯度下的变化规律与茎中相似，与对照相比，轻度、中度、重度干旱胁迫条件下柽柳叶片中全 C 的含量分别下降了 6.83%、1.69%、0.78%。各干旱胁迫处理下柽柳根、茎、叶中全 C 含量根＞茎＞叶。

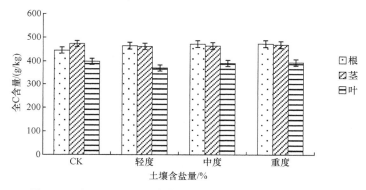

图 8-7　不同干旱胁迫下柽柳根、茎、叶中全 C 含量的变化

8.3.1.2　干旱胁迫对柽柳根、茎、叶全 N 含量的影响

从图 8-8 中可以看出，与对照相比，柽柳根、茎、叶中全 N 含量在轻度胁迫时均有所降低，柽柳根、茎、叶中全 N 含量分别降低了 20.01%、3.95%、10.54%，随着干旱胁迫程度的加剧，柽柳根、茎、叶中全 N 含量呈现先增加后降低的变化趋势。在中度胁迫时，柽柳根、茎、叶中全 N 含量相对于对照分别增加了 3.95%、8.17%、4.19%，而重度

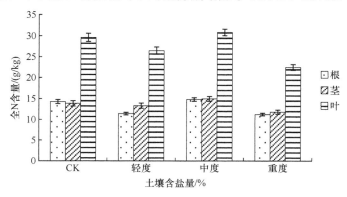

图 8-8　不同干旱胁迫下柽柳根、茎、叶中全 N 含量的变化

胁迫时，柽柳根、茎、叶中全 N 含量相对于对照分别降低了 21.16%、14.54%、23.95%。各干旱胁迫处理下柽柳根、茎、叶中全 N 含量叶＞茎＞根。

8.3.1.3　干旱胁迫对柽柳根、茎、叶全 P 含量的影响

从图 8-9 中可以看出，不同干旱梯度胁迫下，柽柳根、茎、叶中全 P 含量的变化趋势与全 N 相似。与对照相比，柽柳根、茎、叶中全 P 含量在轻度胁迫时均有所降低，柽柳根、茎、叶中全 P 含量分别降低了 39.45%、7.16%、13.58%，随着干旱胁迫程度的加剧，柽柳根、茎、叶中全 P 含量呈现先增加后降低的变化趋势。在中度胁迫时，柽柳根、茎、叶中全 P 含量相对于对照分别增加了 48.13%、55.80%、25.20%，而重度胁迫时，柽柳根、茎、叶中全 P 含量相对于对照分别降低了 46.01%、35.46%、26.89%。各干旱胁迫处理下柽柳根、茎、叶中全 P 含量叶＞茎＞根。

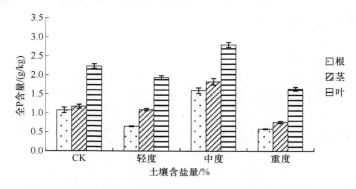

图 8-9　不同干旱胁迫下柽柳根、茎、叶中全 P 含量的变化

8.3.1.4　干旱胁迫对柽柳根、茎、叶 C：N 值的影响

从图 8-10 中可以看出，与对照相比，柽柳根、茎、叶中 C：N 值在轻度胁迫时均有所升高，柽柳根、茎、叶中 C：N 值分别升高了 30.63%、1.71%、4.14%，随着干旱胁迫程度的加剧，柽柳根、茎、叶中 C：N 值呈现先降低后增加的变化趋势。在中度胁迫时，柽柳根系中 C：N 值相对于对照升高了 2.07%，而茎、叶中 C：N 值分别降低了 9.18%、5.65%，而重度胁迫时，柽柳根、茎、叶中 C：N 值相对于对照分别升高了 34.93%、16.16%、30.45%。各干旱胁迫处理下柽柳根、茎、叶中 C：N 值根＞茎＞叶。

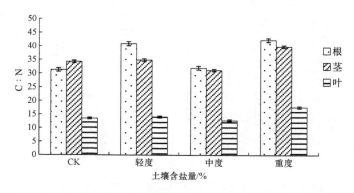

图 8-10　不同干旱胁迫下柽柳根、茎、叶中 C：N 值的变化

8.3.1.5　干旱胁迫对柽柳根、茎、叶 C∶P 值的影响

从图 8-11 中可以看出，不同干旱梯度胁迫下，柽柳根、茎、叶中 C∶P 值的变化趋势与 C∶N 值的变化趋势相似。与对照相比，柽柳根、茎、叶中 C∶P 值在轻度胁迫时均有所升高，柽柳根、茎、叶中 C∶P 值分别升高了 72.41%、5.22%、7.81%，随着干旱胁迫程度的加剧，柽柳根、茎、叶中 C∶P 值呈现先降低后增加的变化趋势。在中度胁迫时，柽柳根、茎、叶中 C∶P 值分别降低了 28.38%、36.94%、21.48%，而重度胁迫时，柽柳根、茎、叶中 C∶P 值相对于对照分别升高了 97.01%、53.81%、35.71%。各干旱胁迫处理下柽柳根、茎、叶中 C∶P 值根＞茎＞叶。

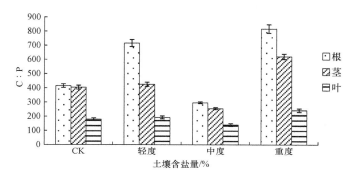

图 8-11　不同干旱胁迫下柽柳根、茎、叶中 C∶P 值的变化

8.3.1.6　干旱胁迫对柽柳根、茎、叶 N∶P 值的影响

从图 8-12 中可以看出，不同干旱梯度胁迫下，柽柳根、茎、叶中 N∶P 值的变化趋势与 C∶N 值、C∶P 值的变化趋势相似。与对照相比，柽柳根、茎、叶中 N∶P 值在轻度胁迫时均有所升高，柽柳根、茎、叶中 N∶P 值分别升高了 31.99%、3.46%、3.52%，随着干旱胁迫程度的加剧，柽柳根、茎、叶中 N∶P 值呈现先降低后增加的变化趋势。在中度胁迫时，柽柳根、茎、叶中 N∶P 值分别降低了 29.83%、30.57%、16.78%，而重度胁迫时，柽柳根、茎、叶中 N∶P 值相对于对照分别升高了 46.01%、32.41%、4.03%。各干旱胁迫处理下柽柳根、茎、叶中 N∶P 值根＞叶＞茎。

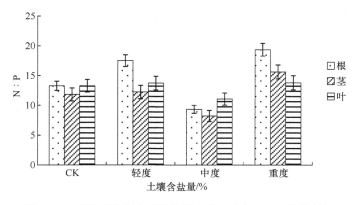

图 8-12　不同干旱胁迫下柽柳根、茎、叶中 N∶P 值的变化

8.3.2 盐胁迫对柽柳 C、N、P 生态化学计量学特征的影响

8.3.2.1 盐胁迫对柽柳根、茎、叶全 C 含量的影响

从图 8-13 中可以看出，不同程度的土壤盐胁迫能影响柽柳根、茎、叶中全 C 含量，柽柳在受到盐胁迫时，根、茎、叶中全 C 含量均出现了不同程度的降低。具体表现为，柽柳根系中全 C 含量在土壤含盐量为 0.5%、1.0%、1.5%、2.0%、2.5%、3.0% 时，相对于对照分别降低了 1.64%、1.12%、0.23%、2.50%、4.31%、2.94%，柽柳茎中全 C 含量在土壤含盐量为 0.5%、1.0%、1.5%、2.0%、2.5%、3.0% 时，相对于对照分别降低了 2.00%、3.75%、2.29%、4.18%、5.51%、2.73%，柽柳叶片中全 C 含量在土壤含盐量为 0.5%、1.0%、1.5%、2.0%、2.5%、3.0% 时，相对于对照分别降低了 3.81%、11.59%、4.71%、14.76%、5.28%、6.42%。各梯度盐胁迫处理下柽柳根、茎、叶中全 C 含量茎＞根＞叶。

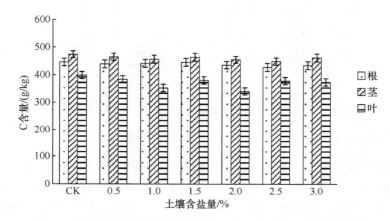

图 8-13　不同梯度盐胁迫下柽柳根、茎、叶中全 C 含量的变化

8.3.2.2 盐胁迫对柽柳根、茎、叶全 N 含量的影响

从图 8-14 中可以看出，不同程度的土壤盐胁迫能影响柽柳根、茎、叶中全 N 含量。具体表现为，与对照相比，柽柳根、茎、叶中全 N 含量在土壤含盐量为 0.5% 时均有所降低，随着盐胁迫程度的加剧，柽柳根、茎、叶中全 N 含量呈现先增加后降低的变化趋势。各梯度盐胁处理下，柽柳根系中全 N 含量只有土壤含盐量为 1.0% 时相对于对照增加了 13.57%，其他梯度各处理下，柽柳根系中全 N 含量分别降低了 20.86%、11.19%、20.55%、18.75%、44.52%；柽柳茎中全 N 含量在所有梯度盐胁迫处理下均低于对照，0.5%、1.0%、1.5%、2.0%、2.5%、3.0% 不同土壤含盐量梯度下，全 N 含量分别降低了 14.21%、6.52%、25.49%、24.05%、23.01%、36.08%；柽柳叶片中全 N 含量在土壤含盐量为 1.0% 和 1.5% 时高于对照，分别升高了 0.81%、16.88%，其他各处理均低于对照，从 0.5%、2.0%、2.5%、3.0% 不同土壤含盐量梯度下，全 N 含量分别降低了 5.37%、4.73%、3.93%、7.52%。各梯度盐胁迫处理下柽柳根、茎、叶中全 N 含量叶＞根＞茎。

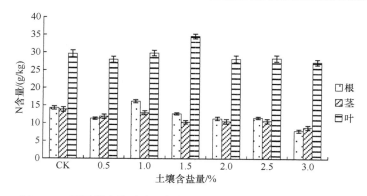

图 8-14　不同梯度盐胁迫下柽柳根、茎、叶中全 N 含量的变化

8.3.2.3　盐胁迫对柽柳根、茎、叶全 P 含量的影响

从图 8-15 中可以看出，不同程度的土壤盐胁迫能影响柽柳根、茎、叶中全 P 含量，根、茎、叶中全 P 含量随土壤盐胁迫的加剧变化规律一致。具体表现为，与对照相比，柽柳根、茎、叶中全 P 含量在土壤含盐量为 0.5%时均有所降低，随着盐胁迫程度的加剧，柽柳根、茎、叶中全 P 含量呈现先增加后降低的变化趋势。各梯度盐胁迫处理下，柽柳根系中全 P 含量在土壤含盐量为 1.0%和 1.5%时相对于对照分别增加了 7.33%和 7.59%，土壤含盐量为 0.5%和 2.0%、2.5%、3.0%各处理下，柽柳根系中全 P 含量分别降低了 26.50%、18.00%、25.56%、52.11%；柽柳茎中全 P 含量在土壤含盐量为 1.0%和 1.5%时相对于对照分别增加了 11.56%和 24.25%，土壤含盐量为 0.5%和 2.0%、2.5%、3.0%各处理下，柽柳茎中全 P 含量分别降低了 27.83%、14.57%、18.63%、25.90%；柽柳叶片中全 P 含量在土壤含盐量为 1.0%和 1.5%时相对于对照分别增加了 3.94%和 35.02%，土壤含盐量为 0.5%和 2.0%、2.5%、3.0%各处理下，柽柳叶片中全 P 含量分别降低了 6.99%、1.03%、4.31%、13.87%。各梯度盐胁迫处理下柽柳根、茎、叶中全 P 含量叶＞茎＞根。

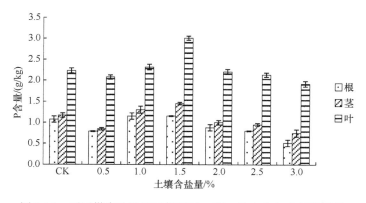

图 8-15　不同梯度盐胁迫下柽柳根、茎、叶中全 P 含量的变化

8.3.2.4　盐胁迫对柽柳根、茎、叶 C∶N 值的影响

从图 8-16 中可以看出，不同程度的土壤盐胁迫能显著影响柽柳根、茎、叶中的

C：N 值。柽柳根、茎 C：N 值变化规律相似，C：N 值在土壤含盐量为 0.5%时显著高于对照，随盐胁迫的加剧总体上呈现先降低后增加的变化趋势。具体表现为，柽柳根系 C：N 值在土壤含盐量为 1.0%时低于对照 12.94%，在 0.5%和 1.5%、2.0%、2.5%、3.0%各处理下相对于对照分别增加了 24.29%、12.35%、22.72%、17.78%、74.95%，所有处理下柽柳茎中 C：N 值相对于对照均有所升高，增幅分别为 14.23%、2.96%、31.14%、26.17%、22.74%、52.17%；柽柳叶片 C：N 值在土壤含盐量为 0.5%时略高于对照，随土壤盐胁迫的加剧呈现出先降低后增加的变化趋势，具体表现为当土壤含盐量为 0.5%和 3.0%时,叶片 C：N 值高于对照,增幅分别为 1.64%和 1.18%,而土壤含盐量为 1.0%、1.5%、2.0%、2.5%时，各处理下柽柳叶片 C：N 值均低于对照，分别降低了 12.30%、18.48%、10.53%、1.40%。各梯度盐胁迫处理下柽柳根、茎、叶中 C：N 值茎＞根＞叶。

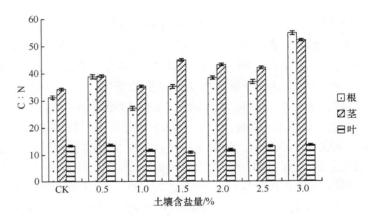

图 8-16 不同梯度盐胁迫下柽柳根、茎、叶中 C：N 值的变化

8.3.2.5 盐胁迫对柽柳根、茎、叶 C：P 值的影响

从图 8-17 中可以看出，不同程度的土壤盐胁迫能显著影响柽柳根、茎、叶中的 C：P 值。柽柳根、茎、叶 C：P 值变化规律相似，C：P 值在土壤含盐量为 0.5%时显著高于对照，随盐胁迫的加剧呈现先降低后增加的变化趋势。具体表现为，柽柳根系 C：P 值

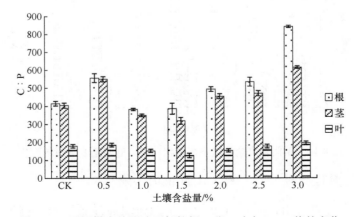

图 8-17 不同梯度盐胁迫下柽柳根、茎、叶中 C：P 值的变化

在土壤含盐量为 1.0%和 1.5%时相对于对照分别降低了 7.88%和 7.27%,在 0.5%和 2.0%、2.5%、3.0%各处理下,相对于对照分别增加了 33.82%、18.89%、28.54%、102.67%;柽柳茎中 C∶P 值在土壤含盐量为 1.0%和 1.5%时相对于对照分别降低了 13.72%和 21.36%,在 0.5%和 2.0%、2.5%、3.0%各处理下,相对于对照分别增加了 35.78%、12.16%、16.13%、51.75%;柽柳叶片 C∶N 值只有在土壤含盐量为 0.5%和 3.0%时高于对照,增幅分别为 3.41%和 8.65%,而土壤含盐量为 1.0%、1.5%、2.0%、2.5%时,各处理下柽柳叶片 C∶N 值均低于对照,分别降低了 14.94%、29.42%、13.87%、1.00%。各梯度盐胁迫处理下柽柳根、茎、叶中 C∶P 值根＞茎＞叶。

8.3.2.6　盐胁迫对柽柳根、茎、叶 N∶P 值的影响

从图 8-18 中可以看出,不同程度的土壤盐胁迫能显著影响柽柳根、茎、叶中的 N∶P 值。柽柳根、茎、叶 N∶P 值的变化规律与 C∶P 值的变化规律相似,在土壤含盐量为 0.5%时显著高于对照,随盐胁迫的加剧呈现先降低后增加的变化趋势。具体表现为,柽柳根系 N∶P 值在土壤含盐量为 1.5%和 2.0%时相对于对照分别降低了 17.46%和 3.12%,在 0.5%、1.0%、2.0%和 3.0%各处理下,相对于对照分别增加了 7.67%、5.81%、9.14%、15.85%;柽柳茎中 N∶P 值只有在土壤含盐量为 0.5%时高于对照,增幅为 18.87%,在 1.0%、1.5%、2.0%、2.5%、3.0%各处理下,相对于对照分别降低了 16.21%、40.04%、11.11%、5.39%和 0.28%;柽柳叶片 N∶P 值在土壤含盐量为 0.5%、2.5%和 3.0%时高于对照,增幅分别为 1.74%、0.41%和 7.38%,而土壤含盐量为 1.0%、1.5%、2.0%时,各处理下柽柳叶片 N∶P 值均低于对照,分别降低了 3.01%、13.43%和 3.73%。各梯度盐胁迫处理下柽柳根、茎、叶中 C∶P 值根＞叶＞茎。

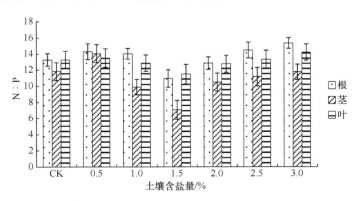

图 8-18　不同梯度盐胁迫下柽柳根、茎、叶中 N∶P 值的变化

8.3.3　干旱胁迫对柽柳生态化学计量学的影响

干旱胁迫能显著影响植物的生长、发育、繁殖和行为。干旱胁迫条件下,植物通过改变生长速率、减少新生叶的生长和叶面积、提高保护酶活性等生长及生理调节来适应外界环境。相关研究表明,土壤干旱胁迫能显著影响植物体营养元素的吸收和分配(樊卫国等,2012)。水是各无机营养元素良好的溶剂,在养分溶解、吸收和运输方面发挥着重要作用,同时水分也是植物生长所必需的重要物质之一,因此干旱胁迫条件下,土

壤自身水分可利用性的降低减小了植物根系对水分的吸收速率，进而增加了植物对养分的吸收阻力，影响其在植物体内的含量及分配（程瑞平等，1992）。植物根系的生长速率和对养分的吸收能力是影响植物体内养分含量的重要因素（陈晓远等，2001），土壤干旱胁迫能降低植物根系活性，影响其对营养元素的吸收（邓恒芳和王克勤，2005），从而降低其对无机营养元素的同化作用，减小养分的积累。另外，干旱胁迫下，植物生理代谢紊乱，同化能力降低，以及植物体内营养元素之间由于其自身含量的变化而产生互作效应（曾骧，1992），也能导致植物体营养元素含量的降低。

植物渗透调节、气孔调节等生理生化特性的变化是植物适应外界环境的主要机制，C、N、P等营养元素在植物各生理生化机制中发挥着重要作用，土壤水分胁迫条件下，较高的营养元素含量有利于植物的生长，促进植物建立合理的营养体，加强植物对土壤水分的吸收和利用。同时，C、N、P等营养元素是植物脯氨酸、可溶性糖、MDA和SOD保护酶等植物渗透调节物质的重要组成元素，较高的营养元素含量能增强植物体的渗透调节作用，增强叶片保水能力，从而保持良好的水分状况，降低干旱胁迫对植物生长的影响（张士功等，2001）。

本研究中，不同程度的土壤干旱胁迫对柽柳根、茎、叶中全C、全N、全P含量产生了显著的影响。总的来说，柽柳在干旱胁迫下，增加了根系中C元素的分配，而茎、叶中C元素含量相对降低，表明在土壤水分含量较低的条件下，柽柳光合作用同化的CO_2更多地向根部转移，通过加强根系的生长来增加对水分的吸收，从而降低干旱胁迫对自身生长的影响；而根、茎、叶中全N、全P含量随干旱胁迫的加剧呈现先增加后降低的变化趋势，N、P元素在叶片中含量最高，茎中其次，根系中含量最低，表明在受轻度到中度土壤水分胁迫时，柽柳通过增加叶片N、P元素含量来促使生长生理所需渗透调节物质的合成，降低土壤水分胁迫的影响，而当胁迫程度达到重度时，柽柳生理代谢紊乱，根系活性降低，对N、P养分的吸收和同化作用降低，致使体内N、P元素含量的降低，这与汪贵斌和曹福亮（2004a）及黄鹤丽等（2009）的研究结果有相同之处，然而也有其他相关研究发现与本研究中不一致的结果，马文涛和樊卫国（2007）研究了干旱胁迫对几种果树叶片中营养元素含量的影响，发现干旱胁迫降低了果树叶片中N、P含量；刘建福等（2004）研究了干旱胁迫对植物叶片矿质元素含量的影响，发现叶片中N元素含量随土壤干旱胁迫程度的加剧呈降低趋势，而P元素含量的变化规律不明显。程瑞平等（1992）发现土壤水分胁迫对苹果叶中P元素含量的影响不大。由此可见，干旱胁迫对不同植物物种C、N、P等营养元素含量的影响存在较大差异，不同植物物种对干旱胁迫的耐受机制不同，因此有关干旱胁迫对植物C、N、P等营养元素含量的影响不能一概而论。

生长速率理论认为，生长速率高的生物体，体内C∶P值、N∶P值较低；C∶N值、C∶P值也反映了植物生活史策略的变化，当C∶N值、C∶P值低时，植物表现出竞争性的生活史策略，当C∶N值、C∶P值高时，植物表现出防御性的生活史策略。本研究结果表明，在轻度干旱胁迫时，柽柳根系中C∶N值、C∶P值、N∶P值相对于对照显著升高，茎、叶中C∶N值、C∶P值、N∶P值相对于对照也略有升高，但差异不显著；在中度干旱胁迫时，柽柳根、茎、叶中C∶N值、C∶P值、N∶P值均显著降低，在重度胁迫时又显著升高。这说明轻度干旱胁迫对柽柳生长的影响不显著；在中度干旱胁迫时，柽柳表现出了竞争性的生活史策略，说明适度的干旱有利于柽柳的生长；在重度干旱胁迫时，柽柳生长受外界环境胁迫加剧，又表现出了防御性的生活史策略。因此，从生态化学计量学的角度来看，干旱胁迫对柽柳生长的影响较小，柽柳具有较强的耐旱能力。

8.3.4　盐胁迫对柽柳生态化学计量学的影响

土壤盐胁迫不仅能改变土壤的理化性质和微生物活动，也能通过影响植物对土壤水分的吸收和利用，增加植物体对土壤中营养元素吸收和利用的阻力（李春俭，2008）。渗透胁迫、离子毒害和养分失调是植物盐害的重要表现（余叔文和汤章城，1998；汪贵斌等，2001）。

高浓度的 Na^+ 和 Cl^- 含量能对 NO_3^-、PO_4^{3-} 等营养元素离子产生竞争效应，土壤盐分离子和营养元素离子的相互作用，能显著影响植物对土壤养分的吸收、利用和分配，从而影响植物的生长发育和体内营养元素的平衡。

N、P 元素是生物体内蛋白质、核酸、叶绿素等物质的重要组成成分，是生物体不可缺少的营养元素。相关研究表明，盐胁迫能抑制植物的生长和发育，并对植物体内 N、P 等营养元素含量产生显著的影响。高浓度的土壤盐分会降低植物体内蛋白质的合成速率，加速储藏蛋白质的水解，造成体内氨的积累，同时大量存在的阴离子也能与土壤 P 元素产生竞争效应（Balba，1995），使植株对 P 元素的吸收量减少。另外，盐胁迫能显著影响植物幼苗生长及生理生化特性，在一定程度的盐胁迫条件下，植物能改变叶绿素含量以调节光合速率，并通过提高 SOD 和 POD 等保护酶的活性来抵抗盐胁迫（朱金方等，2012），富含 P 元素的 ATP 酶在盐胁迫条件下也显著降低（Joshi，1984）。因此，在盐胁迫条件下，植物体内叶绿素等物质和保护酶活性的改变导致了植物体内 N、P 元素含量的变化。

本研究中，不同程度的土壤盐胁迫对柽柳根、茎、叶中全 C、全 N、全 P 含量产生了显著影响。总的来说，柽柳在盐胁迫下，根、茎、叶中 C 元素含量相对降低，这可能是由于在土壤盐分含量较高的时，柽柳光合作用减弱，CO_2 同化能力降低导致的；而根、茎、叶中全 N、全 P 含量随盐胁迫的加剧呈现先增加后降低的变化趋势，全 N、全 P 含量在土壤含盐量为 1.0%～1.5%时达到最大值，表明一定程度盐胁迫能促进柽柳对土壤 N、P 等营养元素的吸收，有利于柽柳的生长；而当胁迫程度加剧，土壤盐分含量过高时，柽柳生理代谢紊乱，柽柳的生长受到影响，对 N、P 养分的吸收合同化作用降低，致使体内 N、P 营养元素含量降低，这与其他相关研究的结果存在差异。汪贵斌和曹福亮（2004b）研究了盐分和水分胁迫对落羽杉幼苗的生长量及营养元素含量的影响，结果表明盐分处理在不同程度上增加了植物根、茎、叶中的全 N 含量和茎、叶中全 P 含量，而根系中全 P 含量随盐分浓度的升高呈降低趋势；苏国兴（2002）研究了盐胁迫下桑树无机营养元素的消长变化，结果表明 NaCl 胁迫能显著降低植物体内 N、P 等营养元素含量。由此可见，盐胁迫对不同植物物种 C、N、P 等营养元素含量的影响存在较大差异，不同植物物种对盐胁迫的耐受机制不同，因此有关盐胁迫对植物 C、N、P 等营养元素含量的影响也存在差异。

柽柳根、茎中 C∶N 值、C∶P 值、N∶P 值在土壤含盐量为 0.5%时显著升高，叶片

C：N值、C：P值、N：P值在土壤含盐量为0.5%时也略有升高，但差异不显著。柽柳根、茎、叶中C：N值、C：P值、N：P值在土壤含盐量为1.0%～1.5%时均显著降低，在2.0%～3.0%时又显著升高。在土壤含盐量为0.5%时，柽柳根、茎、叶片C：N值、C：P值、N：P值与对照存在差异说明柽柳能通过调节各个器官的C、N、P元素分配来克服盐胁迫对自身生长的影响，柽柳在土壤含盐量为1.0%～1.5%时表现出了竞争性的生活史策略，说明一定程度的盐胁迫促进了柽柳的生长，而当土壤含盐量为2.0%～3.0%时，柽柳生长受外界土壤胁迫加剧，又表现出了防御性的生活史策略。因此，从生态化学计量学的角度来看，盐胁迫对柽柳生长的影响较小，柽柳具有较强的耐盐能力。

8.4 结 论

黄河三角洲莱州湾柽柳叶片中碳含量在生长季初期含量最低，在生长季中期略有增加，到生长季后期达到最高值，柽柳叶片碳含量随季节变化总体上呈增加趋势；叶片氮、磷含量，在生长季初期达到最高值，到了生长季中期，氮、磷含量下降到最低值，在生长季后期均显著增加。柽柳叶片中氮、磷含量随着季节变化呈现先逐渐减小再逐渐增加的倒抛物线型变化趋势。黄河三角洲莱州湾柽柳叶片碳：氮值、碳：磷值和氮：磷值在生长季初期达到最低值，在生长季中期，叶片碳：氮值、碳：磷值和氮：磷值升高到最高值，叶片碳：氮值、碳：磷值和氮：磷值在生长季后期均显著降低。柽柳叶片碳：氮值、碳：磷值和氮：磷值随季节变化呈现先逐渐增加再逐渐减小的抛物线型变化趋势。

黄河三角洲莱州湾柽柳茎中碳含量在生长季初期和中期含量较低，在生长季后期达到最高值，柽柳茎中碳含量随季节变化总体上呈增加趋势；茎中氮、磷含量，在生长季初期相对较高，到了生长季中期，氮、磷含量下降到最低值，氮、磷含量在生长季后期均显著增加，并达到最高值。柽柳叶片中氮、磷含量随着季节变化呈现先逐渐减小再逐渐增加的倒抛物线型变化趋势。黄河三角洲莱州湾柽柳茎中碳：氮值、碳：磷值在生长季初期相对较低，到了生长季中期，茎中碳：氮值、碳：磷值升高到最高值，茎中碳：氮值、碳：磷值在生长季后期均显著降低，并达到最低值，柽柳茎中碳：氮值、碳：磷值随季节变化呈现先逐渐增加再逐渐减小的抛物线型变化趋势；而茎中氮：磷值在生长季初期处于最低值，到了生长季中期，茎中氮：磷值达到最高值，茎中氮：磷值在生长季后期又显著降低。氮：磷算术平均值呈现出先逐渐增加后减小的抛物线型变化趋势。

通过分析和比较黄河三角洲莱州湾柽柳碳、氮、磷生态化学计量学特征和研究区土壤含盐量的相关性，结果表明，土壤含盐量是影响黄河三角洲莱州湾柽柳的生态化学计量学特征的重要环境因素；通过对黄河三角洲莱州湾柽柳叶片氮：磷值的研究表明，黄河三角洲莱州湾柽柳生长在生长季初期主要受氮元素限制，到了生长季中期和后期时，柽柳生长的限制性元素由氮元素转变为磷元素。

单丛柽柳下土壤氮、磷生态化学计量学特征水平差异显著，群落下土壤氮、磷生态化学计量学特征水平差异不显著。具体表现为：单丛柽柳下表层土壤有效磷在冠层中心含量最高，有效磷含量随立地距离的增加逐渐降低，在立地5m处有效磷含量达到最低值。表层土壤氮磷比在冠层中心比值最低，随立地距离的增加逐渐升高，在立地5m处比值达到最高；深度为0～20cm处土壤有效磷含量在冠层中心含量最高，有效磷含量从冠幅中心到立地 2m 处显著下降，而在立地 2～5m 处土壤有效磷含量差异不显著；深度为 0～20cm 处土壤氮磷比在冠层中心比值最低，氮磷比随立地点距离的增加而逐渐增加，在立地 4m 处达到最高值，在立地 5m 处氮磷比略有降低，但差异不显著；深度为 20～100cm 的所有土层土壤有效磷含量和氮磷比在各立地点差异均不显著。而各个深度土层土壤无机氮含量在各立地点差异均不显著，但表层土壤无机氮含量差异要大于下层的无机氮含量，从柽柳冠下向冠外土壤无机氮有一定的降低趋势。

无论是单丛柽柳还是柽柳群落下土壤的氮、磷的生态化学计量学特征垂直差异均显著。单丛柽柳下各立地点土壤无机氮含量和有效磷含量随土壤深度的增加呈现下降趋势，而氮磷比随土壤深度的增加呈现先增加后降低的变化趋势。各立地点表层土壤无机氮含量最高，下层土壤无机氮含量显著低于表层土壤无机氮含量，且下层各土层的无机氮含量差异不显著；土壤有效磷含量与土壤无机氮含量变化规律相似，表层显著高于下层，下层各土层差异不显著；各立地点氮磷比都在深度为 0～20cm 处达到最大值，并显著高于表层土壤和其他下层土壤，各立地点表层、20～40cm、40～60cm、60～100cm 深度土壤的氮磷比差异不显著；柽柳群落下不同生境无机氮含量和有效磷含量随土壤深度的增加呈现下降趋势，而氮磷比随土壤深度的增加呈现先增加后降低的变化趋势，各生境表层土壤无机氮和有效磷含量显著高于下层土壤，下层各土层的无机氮和有效磷含量差异不显著，各生境氮磷比都在深度为 0～20cm 处达到最大值，并显著高于表层土壤和其他下层土壤，各生境表层、20～40cm、40～60cm、60～100cm 深度土壤的氮磷比差异不显著。

不同程度的干旱胁迫能对柽柳根、茎、叶中全碳含量产生显著影响。柽柳根系中全碳含量随土壤干旱胁迫程度的加剧逐渐升高，柽柳茎、叶中全碳含量在不同干旱胁迫梯度下均出现了不同程度的降低，但随干旱胁迫程度的加剧有增加趋势。各干旱胁迫处理下柽柳根、茎、叶中全碳含量根>茎>叶。全氮、全磷含量在干旱胁迫下变化趋势相似，在轻度胁迫时均有所降低，随着干旱胁迫程度的加剧，全氮、全磷含量呈现先增加后降低的变化趋势。各干旱胁迫处理下柽柳根、茎、叶中全氮、全磷含量叶>茎>根。柽柳根、茎、叶中碳∶氮值、碳∶磷值和氮∶磷值在轻度胁迫时均有所升高，随着干旱胁迫程度的加剧，柽柳根、茎、叶中碳∶氮值、碳∶磷值和氮∶磷值均呈现先降低后增加的变化趋势。各干旱胁迫处理下柽柳根、茎、叶中碳∶氮值、碳∶磷值根>茎>叶，氮∶磷值根>叶>茎。

不同程度的土壤盐胁迫能影响柽柳根、茎、叶中全碳含量，柽柳在受到盐胁迫时，根、茎、叶中全碳含量均出现了不同程度的降低。各梯度盐胁迫处理下柽柳根、茎、叶中全碳含量茎>根>叶。柽柳根、茎、叶中全氮、全磷含量在土壤胁迫下变化规律相似，在土壤含盐量为 0.5% 时与对照相比均有所降低，随着盐胁迫程度的加剧，柽柳根、茎、叶中全氮、全磷含量呈现先增加后降低的变化趋势。各梯度盐胁迫处理下柽柳根、茎、叶中全氮含量叶>根>茎，全磷含量叶>茎>根。柽柳根、茎、叶碳∶氮值、碳∶磷值、氮∶磷值变化规律相似，土壤含盐量为 0.5% 时均显著高于对照，随盐胁迫的加剧总体上呈现先降低后增加的变化趋势。各梯度盐胁迫处理下柽柳根、茎、叶中碳∶氮值茎>根>叶，碳∶磷值根>茎>叶，氮∶磷值根>叶>茎。

综上所述，黄河三角洲莱州湾柽柳茎、叶中碳、氮、磷含量及其化学计量比有显著的季节动态。柽柳生长在生长季初期主要受氮元素限制，到了生长季中期和后期，限制性元素由氮转变为磷；柽柳"肥岛效应"影响下土壤氮、磷生态化学计量学特征水平和垂直差异显著；土壤盐、旱胁迫能显著影响柽柳根、茎、叶中碳、氮、磷含量及其化学计量比。

参 考 文 献

陈晓远, 高志红, 罗远培. 2001. 干湿变化条件下小麦的补偿效应研究. 内蒙古农业大学学报, 22(2): 62-66.

程瑞平, 束怀瑞, 顾曼如. 1992. 水分胁迫对苹果树生长和叶中矿质元素含量的影响. 植物生理学通讯, 28(1): 32-34.

邓恒芳, 王克勤. 2005. 土壤水分对石榴光合速率的影响. 浙江林学院学报, 22(3): 277-281.

樊卫国, 李庆宏, 吴素芳. 2012. 长期干旱环境对柑橘生长及养分吸收和相关生理的影响. 中国生态农业学报, 20(11): 1484-1493.

高军, 武红旗, 朱建雯, 等. 2008. 塔里木河中游胡杨(Populus euphraticu)"肥岛"的养分特征研究. 新疆农业大学学报, 31(5): 51-56.

顾大形, 陈双林, 黄玉清. 2011. 土壤氮磷对四季竹叶片氮磷化学计量特征和叶绿素含量的影响. 植物生态学报, 35(12): 1219-1225.

贺金生, 韩兴国. 2010. 生态化学计量学: 探索从个体到生态系统的统一化理论. 植物生态学报, 34(1): 2-6.

黄鹤丽, 林电, 李勇, 等. 2009. 水分胁迫对巴西香蕉幼苗生长量及营养元素含量的影响. 热带作物学报, 30(6): 740-745.

李春俭. 2008. 高级植物营养学. 北京: 中国农业大学出版社.

李君, 赵成义, 朱宏, 等. 2007. 柽柳(Tamarix spp.)和梭梭(Haloxylon ammodendron)的"肥岛"效应. 生态学报, 27(12): 5138-5147.

林志斌, 严平勇, 杨智杰, 等. 2011. 福建万木林 101 种常见木本植物叶片 N、P 化学计量学特征. 亚热带资源与环境学报, 6(1): 32-38.

刘建福, 倪书邦, 贺熙勇, 等. 2004. 水分胁迫对澳洲坚果叶片矿质元素含量的影响. 热带农业科技, 27(1): 1-3.

刘耘华, 杨玉玲, 盛建东, 等. 2010. 北疆荒漠植被梭梭立地土壤养分"肥岛"特征研究. 土壤学报, (3): 545-554.

罗亚勇, 张宇, 张静辉, 等. 2012. 不同退化阶段高寒草甸土壤化学计量特征. 生态学杂志, 31(2): 254-260.

马文涛, 樊卫国. 2007. 干旱胁迫对实生红橘、甜橙和柚叶中营养元素含量的影响. 西南农业学报, 20(4): 630-633.

牛得草, 董晓玉, 傅华. 2011. 长芒草不同季节碳氮磷生态化学计量特征. 草业科学, 28(6): 915-920.

任书杰, 于贵瑞, 姜春明, 等. 2012. 中国东部南北样带森林生态系统 102 个优势种叶片碳氮磷化学计量学统计特征. 应用生态学报, 23(3): 581-586.

任雪, 褚贵新, 王国栋, 等. 2009. 准噶尔盆地南缘绿洲-沙漠过渡带"肥岛"形成过程中土壤颗粒的分形研究. 中国沙漠, 29(2): 298-304.

苏国兴. 2002. 盐胁迫下桑树无机营养元素的消长变化. 江苏农业科学, 5: 61-63.

苏永中, 赵哈林, 张铜会. 2002. 几种灌木、半灌木对沙地土壤肥力影响机制的研究. 应用生态学报, 13(7): 802-806.

涂锦娜, 熊友才, 张霞, 等. 2011. 玛河流域扇缘带盐穗木土壤速效养分的"肥岛"特征. 生态学报, 31(9): 2461-2470.

汪贵斌, 曹福亮, 游庆方, 等. 2001. 盐胁迫对 4 树种叶片中 K 和 Na 的影响及其耐盐能力的评价. 植物资源与环境学报, 10(1): 30-34.

汪贵斌, 曹福亮. 2004a. 不同土壤水分含量下落羽杉根、茎、叶营养水平的差异. 林业科学研究, 17(2): 213-219.

汪贵斌, 曹福亮. 2004b. 盐分和水分胁迫对落羽杉幼苗的生长量及营养元素含量的影响. 林业科学, 40(6): 56-62.

王凯博, 上官周平. 2011. 黄土丘陵区燕沟流域典型植物叶片 C、N、P 化学计量特征季节变化. 生态学报, 31(17): 4985-4991.

王楠. 2011. 盐碱胁迫对紫花苜蓿生长及磷素吸收的影响. 兰州: 兰州大学硕士学位论文.

王维奇, 曾从盛, 钟春棋, 等. 2010. 人类干扰对闽江河口湿地土壤碳、氮、磷生态化学计量学特征的影响. 环境科学, 31(10): 2411-2416.

吴统贵, 陈步峰, 肖以华, 等. 2010b. 珠江三角洲 3 种典型森林类型乔木叶片生态化学计量学. 植物生态学报, 34(1): 58-63.

吴统贵, 吴明, 刘丽, 等. 2010a. 杭州湾滨海湿地 3 种草本植物叶片 N、P 化学计量学的季节变化. 植物生态学报, 34(1): 23-28.

阎恩荣, 王希华, 郭明, 等. 2010. 浙江天童常绿阔叶林、常绿针叶林与落叶阔叶林的 C：N：P 化学计量特征. 植物生态学报, 34(1): 48-57.

余叔文, 汤章城. 1998. 植物生理与分子生物学. 北京: 科学出版社.

曾骧. 1992. 果树生理学. 北京: 北京农业大学出版社: 37-47.

张莉燕, 盛建东, 武红旗, 等. 2009. 新疆柽柳立地土壤养分的空间变异特征. 林业科学, 45(3): 54-60.

张强, 程滨, 杨治平. 2006. 芦芽山鬼箭锦鸡儿灌丛营养特征及土壤养分分布规律. 应用生态学报, 17(12): 2287-2291.

张士功, 刘国栋, 刘更另. 2001. 植物营养与作物抗旱性. 植物学通报, 18(1): 64-69.

朱金方, 夏江宝, 陆兆华, 等. 2012. 盐旱交叉胁迫对柽柳幼苗生长及生理生化特性的影响. 西北植物学报, 32(1): 124-130.

Aguiar M R, Sala O E. 1999. Patch structure, dynamics and implications for the functioning of arid ecosystems. Trends in Ecology and Evolution, 14(7): 273-277.

Arendt J D. 1997. Adaptive intrinsic growth rates: integration across taxa. The Quarterly Review of Biology, 72: 149-177.

Balba A M. 1995. Management of Problem Soils in Arid Ecosystems. New Jersey: CRC Press.

Chew R M, Whitford W G. 1992. A long-term positive effect of kangaroo rats (*Dipodomys spectabilis*) on creosotebushes (*Larrea tridentata*). Journal of Arid Environments, 22(4): 375-386.

Elser J J, Brien, Dobberfuhl, et al. 2000a. The evolution of ecosystem processes: growth rate and elemental stoichiometry of a key herbivore in temperate and arctic habitats. Journal of Evolutionary Biology, 13: 845-853.

Elser J J, Hassett R P. 1994. A stoichiometric analysis of the zooplankton-phytoplankton interaction in marine and freshwater ecosystems. Nature, 370: 211-213.

Elser J J, Sterner R W, Gorokhova E, et al. 2000b. Biological stoichiometry from genes to ecosystems. Ecology Letters, 3: 540-550.

Garner W, Steinberger Y. 1989. A proposed mechanism for the formation of fertile islands in the desert ecosystem. Journal of Arid Environments, 16(3): 257-262.

Güsewell S, Koerselman W. 2002. Variation in nitrogen and phosphorus concentrations of wetland plants. Perspectives in Plant Ecology, Evolution and Systematics, 5: 37-61.

Güsewell S. 2004. N：P ratios in terrestrial plants: variation and functional significance. New Phytologist, 164(2): 243-266.

Hagos M, Smit G. 2005. Soil enrichment by *Acacia mellifera* subsp. detinens on nutrient poor sandy soil in a semi-arid southern African savanna. Journal of Arid Environments, 61(1): 47-59.

Hedin L O. 2004. Global organization of terrestrial plant nutrient interactions. Proceedings of the National Academy of Sciences of the United States of America, 101: 10849-10850.

Joshi S S. 1984. Effect of salinity stress on organic and mineral constituents in the leaves of pigeonpea(*Cajanus cajan* L. var. C-11). Plant and Soil, 82: 69-76.

Karadge B, Chavan P D. 1983. Physiological studies in salinity tolerance of *Sesbania aculeata* POIR. Biologia Plantarum, 25: 412-418.

Kieft T L, White C S, Loftin S R. 1998. Temporal dynamics in soil carbon and nitrogen resources at a grassland-shrubland ecotone. Ecology, 79(2): 671-683.

Klemmedson J O, Barth R. 1975. Distribution and balance of biomass and nutrients in desert shrub ecosystems. US/IBP Desert Res Memo.755. Utah: Logan Utah State University Press: 18.

Koerselman W, Meuleman A F M. 1996. The vegetation N ∶ P ratio: A new tool to detect the nature of nutrient limitation. Journal of Applied Ecology, 33: 1441-1450.

Lunin J, Gallatin M. 1965. Salinity-fertility interactions in relation to the growth and composition of beans. I. Effect of N, P, and K. Agronomy Journal, 57: 339-342.

Martinez-Meza E, Whitford W G. 1996. Stemflow, throughfall and channelization of stemflow by roots in three Chihuahuan Desert shrubs. Journal of Arid Environments, 32(3): 271-287.

Meentemeyer V, Box E O, Thompson R. 1982. World patterns and amounts of terrestrial plant litter production. BioScience, 32(2): 125-128.

Poorter L, Bongers F. 2006. Leaf traits are good predictors of plant performance across 53 rain forest species. Ecology, 87(7): 1733-1743.

Reich P B, Oleksyn J. 2004. Global patterns of plant leaf N and P in relation to temperature and latitude. Proceedings of the National Academy of Sciences of the United States of America, 101: 11001-11006.

Sardans J, Peñuelas J. 2008. Drought changes nutrient sources, content and stoichiometry in the bryophyte *Hypnum cupressiforme* Hedw. Growing in a Mediterranean forest. Journal of Bryology, 30: 59-65.

Shipley B, Lechowicz M J, Wright I, *et al.* 2006. Fundamental trade-offs generating the worldwide leaf economics spectrum. Ecology, 87(3): 535-541.

Striebel M, Sprl G, Stibor H. 2008. Light-induced changes of plankton growth and stoichiometry: Experiments with natural phytoplankton communities. Limnology and Oceanography, 53: 513-522.

Tessier J T, Raynal D J. 2003. Use of nitrogen to phosphorus ratios in plant tissue as an indicator of nutrient limitation and nitrogen saturation. Journal of Applied Ecology, 40: 523-534.

Titus J H, Nowak R S, Smith S D. 2002. Soil resource heterogeneity in the Mojave Desert. Journal of Arid Environments, 52(3): 269-292.

Whitford W G, Anderson J. 1997. Stemflow contribution to the 'fertileisland' effect in creosotebush, Larreatridentata. Journal of Arid Environments, 35(3): 451-457.

Wright I J, Reich P B, Westoby M, *et al.* 2004. The worldwide leaf economics spectrum. Nature, 428(6985): 821-827.

Zaady E, Offer Y Z, Shahchak M. 2001. The content and contributions of deposited aeolian organic matter in a dry land ecosystem of the Negev Desert, IsraeI. Atmospheric Environment, 35(4): 769-776.

Zhang L X, Bai Y F, Han X G. 2004. Differential responses of N ∶ P stoichiometry of *Leymus chinensis* and *Carex korshinskyi* to N additions in a steppe ecosystem in Nei Mongol. Acta Botanica Sinica, 46: 259-270.

第9章 滨海盐碱地柽柳防护林抚育提升技术

9.1 滨海盐碱地柽柳植被的建植技术

9.1.1 滨海重度盐碱地柽柳种植系统

城市园林绿化或房地产开发景观绿化过程中，重度盐碱地的植被建设可采用滨海重度盐碱地柽柳种植系统（图9-1）。该种植系统在盐碱地的底部设置有循环水层，且盐碱地的底部靠近循环水层的内部设置有水泵，循环水层的上方设置有大颗粒过滤层，且循环水层与大颗粒过滤层的连接位置处设置有导水管，大颗粒过滤层的上方设置有客土层，客土层的上方设置有有机肥层，有机肥层的上方设置有碎砂石层，盐碱地的表面靠近碎砂石层的上方设置有表面薄膜，盐碱地的内部设置有绿色植被，表面薄膜的上方靠近绿色植被的侧边设置有循环水浇灌口，循环水浇灌口与水泵通过连接管固定连接，水泵与电源电性连接。

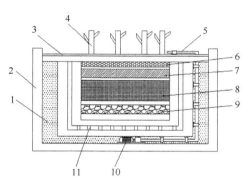

图9-1 重度盐碱地柽柳种植系统结构示意图
1. 循环水层；2. 盐碱地；3. 表面薄膜；4. 绿色植被；5. 循环水浇灌口；
6. 碎砂石层；7. 有机肥层；8. 客土层；9. 大颗粒过滤层；10. 水泵；11. 导水管

本新型技术系统安装好后，当对绿色植被柽柳4进行浇水或是降雨时，水通过表面薄膜3表面的孔浸入碎砂石层6的表面，然后通过碎砂石层6的初步过滤后进入有机肥层7，再通过有机肥层7进入客土层8，通过客土层8到达大颗粒过滤层9，再通过导水管11进入循环水层1的内部。经过层层过滤，水将土壤中的盐碱溶解，水的盐碱度不断提高，柽柳通过吸收水分将水中的盐碱吸收，降低了水的盐碱度，当到达最底层时，水泵10又将水重新抽入到最上端，重复上述过滤的步骤。柽柳在不断地吸收水分时，将水分中的盐碱同样吸收，而水又把土壤的盐碱度降低，从而加速降低土壤的盐碱度，同时又保持了水的循环利用。

与现有技术相比，该新技术的优点是：将盐碱地坑内部最底层设计了一层过滤层，过滤层上方铺垫一层客土，客土上方铺垫一层有机肥层，有机肥主要由枯枝落叶组成，有机肥上层铺垫一层碎砂石层，碎砂石层上方铺垫一层塑料薄膜，利用塑料薄膜来减少水蒸气的蒸发，当雨水或灌溉水浇在柽柳表面时，水会经过若干层的过滤到达底部，在底部设计了水泵再将水重新抽出来灌溉柽柳，实现了水循环，水分在循环的过程中被植被吸收，将土壤的盐碱度不断地降低，从而达到绿色改良重度盐碱地的目的。

9.1.2　滨海盐碱地柽柳防沙绿化桩

黄河三角洲泥质海岸带海风较大，多以风力侵蚀为主，兼有水力侵蚀，在植被恢复建设初期，需进行一定的防风、防树木折倒措施。然而，传统的盐碱地绿化桩在使用过程中存在缺陷，当绿化桩在盐碱荒滩沙化严重的区域使用时，绿化桩不能将树木牢牢地固定在盐碱地沙化的土地上，导致树桩倾斜歪倒。

滨海盐碱地防沙绿化桩（图 9-2）包括底部固定底板，盐碱荒滩地面上设置有底部固定底板，底部固定底板的内部中间位置处设置有底板树桩孔，且底部固定底板的内部靠近底板树桩孔的外侧设置有支撑架固定套，底部固定底板的上方穿过底板树桩孔的位置处设置有树桩，树桩的表面设置有树桩固定套，在树桩的表面靠近树桩固定套的下方设置有固定套支撑架孔，树桩固定套的表面设置有固定套扎带，且树桩固定套的缺口处设置有固定套固定螺栓，树桩固定套与底部固定底板的连接位置处设置有斜支撑架，斜支撑架的一端固定在支撑架固定套的内部，另一端固定在固定套支撑架孔的内部，斜支撑架、底部固定底板和树桩组成三角形结构。

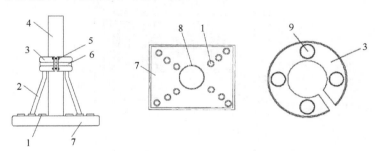

图 9-2　滨海盐碱地防沙绿化桩结构示意图

1. 支撑架固定套；2. 斜支撑架；3. 树桩固定套；4. 树桩；5. 固定套固定螺栓；
6. 固定套扎带；7. 底部固定底板；8. 底板树桩孔；9. 固定套支撑架孔

该新型绿化桩安装好后，先在盐碱荒滩沙化土地上挖坑，将柽柳树桩 4 的根系球部分埋入地下，然后通过底板树桩孔 8 将底部固定底板 7 穿过树桩 4，将树桩固定套 3 套在树桩 4 的表面，再将斜支撑架 2 的一端插入支撑架固定套 1 的内部，另一端插入树桩固定套 3 下方的固定套支撑架孔 9 的内部，然后将树桩固定套 3 通过固定套扎带 6 进行初步固定，再通过固定套固定螺栓 5 将插在树桩固定套 3 内部的斜支撑架 2 与树桩 4 进行进一步固定；这时斜支撑架 2、底部固定底板 7 和树桩 4 就形成了三角形结构，保持树桩 4 的稳定，使其不会因为沙化的土地而倾斜。

与现有技术相比，该技术的优点是：在盐碱荒滩沙化严重的区域使用时，将固定底板与树桩表面的固定套用倾斜的支撑架支撑后，支撑架、树桩与底板形成一个三角形结构，利用三角形结构充分固定树桩；而且在树桩上设计了新型固定套代替了传统的随意使用铁丝来固定，使得形成的三角形结构更加稳固。

9.1.3　滨海盐碱地柽柳林地排盐管装置

目前盐碱地由于土壤中含有的盐分过多，影响柽柳对水分和养分的吸收，对柽柳的生长产生了一定的影响，因此对盐碱地进行绿色改良和综合利用，对于盐碱地生态环境的保护和对工农业的发展具有重要的意义。对中重度盐碱地进行排盐降碱改良土壤，可有效降低土壤中盐分，以适合柽柳生长。

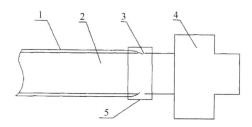

图 9-3　滨海盐碱地柽柳林地排盐管组件结构示意图
1. 毛细式透排水带；2. 排盐管；3. 进水口；4. 三通接头；5. 密封套管

滨海盐碱地柽柳林地排盐管装置（图 9-3）包括排盐管 2，排盐管 2 外包绕有纵向的毛细式透排水带 1，排盐管 2 端部连接有三通接头 4，方便将多个排盐管 2 进行连接。排盐管 2 上设置有进水口 3，进水口 3 外侧套有密封套管 5，毛细式透排水带 1 的端部延伸入密封套管 5 内。密封套管 5 内边缘设置有密封圈。

与现有技术相比，该项新技术装置的优点是：毛细式透排水带作为新型排水材料，有效结合了毛细力、虹吸力、表面张力、重力的效力，克服了传统排水材料易堵塞的缺点。使用时，将盐碱地排盐管组件埋入盐碱地的土壤内。洗盐时，将水灌入盐碱地里，使土壤盐分溶解，通过下渗把土层中可溶性盐碱排到深层土中或淋洗下去，然后通过盐碱地排盐管组件将水排到排水沟，从而起到降盐土壤改良的作用。该装置设计结构简单，易于制作，使用毛细式透排水带排水效果好，不易堵塞，还可以通过三通接头方便地将多个排盐管进行连接。

9.1.4　滨海盐碱地柽柳幼苗培育专用箱

柽柳适应性强，耐盐碱和干旱。在泥质海岸带黏壤土、砂质壤土及河边冲积土中均可生长，常栽于滨海和内陆盐碱地的河边、路边、沟边、庭院等处。黄河流域及沿海盐碱地多有栽培。柽柳极耐盐碱地和沙荒地，根系发达，萌生力强，极耐修剪。柽柳通常用扦插繁殖。扦插生长出的幼苗不能立即移栽，需要先对柽柳幼苗进行培育，而培育的土壤中含盐量一般不能超过 1.2%。对柽柳幼苗进行细致的水肥管理非常有必要，可以加速柽柳植株生长，利于形成良好的株形。但目前对柽柳幼苗培育比较粗放，幼苗生长比较缓慢。扦插前需要先往柽柳树苗容袋内装入土壤，移栽时需要将柽柳树苗容袋撕破，工序比较烦琐，而且撕破的柽柳树苗容袋容易造成白色污染。

柽柳幼苗培育专用箱（图 9-4）包括上端开口的长方形主箱体，主箱体内设置有若干横向和纵向相互交叉的隔板，隔板将主箱体内的空间隔成若干幼苗培育槽，主箱体内壁上设置有插槽，隔板的端部边缘插入插槽内，主箱体的左右两侧设置有储水箱，隔板和主箱体左右侧壁上均设置有通孔。主箱体的后端设置有转轴架，转轴架上横向设置有转轴，转轴上套有塑料薄膜卷筒，主箱体的前端设置有两个竖直向上的弹片夹，两个弹片夹顶部共同连接有横向的压杆。储水箱的侧壁上沿高度低于主箱体的侧壁上沿高度，主箱体左右两侧的侧壁上设置有两行与储水箱连通的通孔，一行通孔位于侧壁底部，另一行通孔高于储水箱的侧壁上沿。储水箱底部设置有带阀门的排水管。

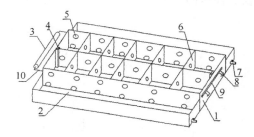

图 9-4　柽柳幼苗培育专用箱结构示意图
1. 主箱体；2. 储水箱；3. 转轴；4. 插槽；5. 通孔；6. 隔板；
7. 排水管；8. 弹片夹；9. 压杆；10. 转轴架

柽柳幼苗培育专用箱：在进行柽柳扦插时，首先将低含盐量的土壤填入幼苗培育槽内，向储水箱 2 内倒入淡水，水就会从通孔 5 渗入幼苗培育槽内的土壤里，等储水箱 2 内的液面无变化时，将储水箱 2 内的剩余水从排水管 7 排出，既保持土壤一定的湿度，又避免水过多影响根系呼吸。如果温度较低，可以转动转轴 3，将塑料薄膜卷筒上的塑料薄膜展开平铺在主箱体 1 的开口上，塑料薄膜前端用弹片夹 8 和压杆 9 压住，塑料薄膜后端撕断塞入主箱体边缘内侧。从而避免塑料薄膜被掀起。将泡过生根粉的柽柳枝条逐一插入幼苗培育槽内。柽柳枝条长成幼苗后，继续在幼苗培育槽内培育一段时间，待植株比较强壮时移栽到别处，移栽时，将隔板 6 从插槽 4 内向上抽出，这样每个幼苗之间都是独立的，每个幼苗都可以带着原土进行移栽，以提高成活率。

与现有技术相比，该项新技术的优点是：结构简单，设计合理，能够对柽柳幼苗进行细致的水肥管理，提高了幼苗生长速率和质量，可以重复使用，减少了污染，降低了成本。

9.2　滨海盐碱地柽柳灌草植被的封育技术

柽柳灌草植被处于黄河三角洲盐碱地防护林体系的前沿，多在黄河三角洲地区的重盐渍土区，主要由盐生与耐盐植物组成。与森林相比，柽柳灌草植物群落的生产力和防护功能较低，但在滨海重盐碱地上，乔木树种生长困难，只有灌草植物群落生长较好。柽柳灌草植被对黄河三角洲地区增加植被覆盖、减少地面蒸发、抑制土壤返盐、改良土壤，以及防风固沙、调节气候等都具有重要意义。柽柳是滨海地带盐碱地的主要灌木树种。柽柳枝条坚韧，可编制各种生产、生活用具，柽柳枝叶可作饲料，枝干可作燃料，柽柳还是良好的蜜源植物和观赏树种。在保护发展柽柳林的同时，应开发利用柽柳的多种用途。

在黄河三角洲地区的滨海盐碱地上，可选择柽柳、白刺、枸杞、芦苇、紫花苜蓿等耐盐碱能力强、生态效益和经济价值较高的灌草植物，配合盐渍土的改良措施，用人工植苗或播种等方法进行培育，是黄河三角洲地区营建灌草植被的重要途径（张建锋等，2006）。黄河三角洲地区重盐碱地的树木种类稀少，乔木树种很难存活，适生灌木种类也很少。柽柳是黄河三角洲地区灌丛植被的主要建群种，也是黄河三角洲地区重盐碱地造林的主要灌木树种。

9.2.1　柽柳灌草群落的结构特征

黄河三角洲地区位于海岸线向内陆延伸的较狭窄地带，海拔多在 3m 以下，常受海潮的侵袭。地势平坦，粉沙淤泥质滩地广阔。地下水位高，矿化度大，土壤含盐量高，土壤盐分以 NaCl 为主，土壤类型为重度盐化潮土（含盐量 0.4%～0.8%）和滨海盐土（含盐量＞0.8%）。土壤盐渍化限制了植物的分布和生长，除黄河口附近冲积的新淤土上可形成天然旱柳林或簸箕柳林外，一般只能生长一些耐盐碱的灌草植物，形成盐生草甸和盐生灌丛。柽柳灌丛为黄河三角洲地区面积最大的灌丛。

（1）植物种类组成和群落结构比较简单

黄河三角洲地区的植物区系成分中，以北温带成分占优势。植物种类组成中，以禾本科、菊科、藜科的种类最多。该地带的植物以草本植物为主；天然分布的木本植物很少，仅有柽柳、白刺和黄河口新淤地上的簸箕柳、旱柳等几种。受土壤盐渍化的限制，草本植物的种类也比较少，主要是一些耐盐能力强的禾草类、杂草类植物。

（2）盐生植物或耐盐植物是主要的建群种

在黄河三角洲地区的灌木和草本植物中，成为植物群落建群种的植物种类不多，主要有柽柳科的柽柳、杨柳科的簸箕柳，禾本科的芦苇、獐毛、白茅，藜科的盐地碱蓬、盐角草，菊科的茵陈蒿等十几种，大多数为耐盐能力较强的盐生植物或耐盐植物。

阎理钦等（2006）在山东省滨州市、东营市及寿光市的渤海泥质滩地进行植物调查，以重要值作为指标，分析植物群落的优势种，结果表明该地带植物群落中优势地位明显的植物有獐毛、芦苇、盐地碱蓬、茵陈蒿、蒙古鸦葱、盐角草、白茅、柽柳等。

（3）植物群落类型的地带性分布现象较明显

该地带的植物群落类型分布主要受土壤含盐量及水分的影响。在不同地貌类型上，随着土壤盐分、水分的变化，植物群落的地带性分布现象较明显：潮间带下带为裸滩，潮间带中带分布以盐地碱蓬为优势种的植物群落，潮间带中带及上带主要分布以盐地碱蓬或柽柳为优势种的植物群落，潮间带上带及潮上带则主要分布以柽柳、芦苇为优势种的植物群落，潮上带常年积水较深的地区则为水生植物群落，黄河漫滩分布有簸箕柳、芦苇、荻等为优势种的植物群落。

9.2.2　柽柳灌草植被的封护和培育

（1）天然柽柳灌草植被封护的目标

柽柳灌草植被是黄河三角洲地区地带的主要植被类型，也是该地带重要的生态系统。天然灌草植被保护的主要目标是：实现灌草植被的进展演替，促进生态环境的改善，提高灌草植被的经济价值。

通过对柽柳灌草植被的保护措施，避免对灌草植被的人为干扰破坏，减轻自然灾害的影响，在增加植被盖度、提高植物群落生物量、丰富生物多样性的基础上，实现灌草植物群落的进展演替。使灌草植物群落演替为物种更丰富、结构更复杂的植物群落。通过黄河三角洲地带野生柽柳灌草植被的进展演替，辅以人工促进天然更新措施，可逐步实现"先草后灌，先灌后乔"的目的。

通过天然柽柳灌草植被的封护，实现灌草植物生态系统的良性发展，随着植被盖度和生物量的提高，植物种类和植被结构的丰富，灌草植被所发挥的防风固沙、保持水土、调节小气候、改良土壤等生态效益更加充分，使生态环境得到更好地改善。

随着柽柳灌草植被的良性发展和植物群落的进展演替，由一些经济利用价值较高的植物代替了经济价值较低的植物。例如，由适于牧业利用的禾草类草甸代替了盐生杂草类草甸，由经济价值较高的芦苇、东方香蒲沼泽植被代替陆生植物组成的植物群落。同时，由于环境条件的改善，可提高资源植物的产量和质量。

（2）天然柽柳灌草植被封护的措施

1）科学规划，分类管理。在土地和森林资源调查工作的基础上，根据不同区域、地段的地貌和土壤条件，柽柳灌草植被的种类和分布情况，以及土地利用状况，本着严格封护和合理利用相结合的原则，对灌草植被的封护和利用进行科学规划。在具有重要生态价值和科学研究价值的灌草植被分布区域，设立封护典型植被和湿地生态系统的自然保护区。在泥质滩地和重度盐碱地，植物稀少、生态系统脆弱的地带，建立灌草植被的封护区，避免人为的干扰破坏，使灌草植被得以保护、恢复和良性发展。在距海较远、土壤盐渍化较轻的地段，可以合理安排牧业生产活动，但要通过限制载畜量和轮牧等措施，避免草场的退化和土壤盐渍化。在近现代黄河三角洲新淤地上，以规划林地和牧草地为主，封护和恢复芦苇等湿地植被，适度进行耕地和园地的开发，尽量防止或减轻土壤次生盐渍化。

为了加强对灌草植被的管理，当地政府部门应制定灌草地管理条例，健全荒、洼地管理机构，开展保护灌草植被的宣传教育工作。土地管理部门和林业部门应将黄河三角洲地区盐碱荒地管理列为重要工作任务，对灌草植被严格依法管理，以保证灌草植被的恢复发展和合理利用。

2）全面实行封滩育林育草。沿海柽柳灌草植被是沿海防护林体系的重要组成部分，对海岸带的生态、经济建设具有重要作用。在沿海防护林体系工程建设中，要坚持封造并举、乔灌草结合的方针，把封育保护好沿海灌草植被作为一个重要环节来抓。这样不仅加快绿化步伐，节省资金、劳动力，而且由于它们具有固土和改良土壤作用，为进一步营造乔木林带创造了良好的条件。

　　对大面积盐碱荒滩首先要全面实行封滩育林育草，制止人为破坏和干扰，恢复和发展天然灌草植被。据调查，各类草地封育一年后，比对照区可提高产量 2.5 倍；退化芦苇地封育两年后，比封育一年的覆盖率提高 32%，增加产草量 32.2%；在封育区，补播紫花苜蓿、黄香草木樨等豆科牧草的，改善了草地群落生态结构，既可提高产草量，又可改善牧草品质。经封护的野生植物群落按其演替规律发展，可增加植被覆盖度，降低土壤含盐量，提高土壤肥力；逐步演替为生产力更高，生态防护功能更强的植物群落。

　　柽柳灌丛是黄河三角洲地区主要的木本植物群落，面积大，防护能力强，是黄河三角洲地区宝贵的森林资源，可作为封滩育林的重点。通过对柽柳灌丛的封育，努力提高其覆盖率，充分发挥其抵御风暴、固岸护堤和改良盐碱地的作用。

　　在封滩育林育草时，要加强防火和对有害生物的防治。沿渤海地带灌草植被有时发生较严重的蝗灾，应建立蝗灾监测网络，建设药品、器械储备库，一旦发生蝗灾时，及时组织捕杀。

　　3）天然植被的人工辅助更新。利用天然植被资源，采取各种人工促进天然更新措施，可提高天然植被的更新能力。常用的措施有地表翻耕、人工断根促萌蘖、人工补墒等。例如，在稀疏分布野生柽柳的盐碱荒地上开沟，沟内土壤受雨水淋洗而脱盐，柽柳天然下种后更新效果良好。

　　对柽柳、白刺、芦苇、枸杞、紫花苜蓿等价值较高的灌草植物，可用人工植苗或播种的方法进行扩繁，加快灌草植被的恢复发展。黄河三角洲地区自然生长的灌草植被，往往疏密不均，大面积的纯丛较少，难以规模开发。为此，可对相近生境的荒草地，保留价值高的优势种，同时对少量价值低的植物种类进行人工去杂，然后在空隙地补播优势种的种子，可逐步使其发育成价值较高的纯灌丛群落。

　　柽柳群落是滨海重盐碱地上分布广泛的天然木本植物群落。目前柽柳群落的主要问题是覆盖率低，生物多样性低，进展演替缓慢。对稀疏柽柳群落可采用人工辅助措施提高其植被覆盖率。

　　提高稀疏柽柳群落植被覆盖率的技术主要有：

　　① 断根平茬促萌技术。利用柽柳容易萌芽和萌蘖的特性，在柽柳的周围进行整地断根，并于冬季将柽柳平茬，促进萌芽和萌蘖。

　　② 人工促进天然更新技术。在大面积稀疏柽柳群落内部选择裸地部分，雨季前实施整地措施，增加生境的粗糙度，以淋洗土壤盐分、增加土壤对种子的附着力，人为创造适宜柽柳种子萌发的环境条件，并辅以人工播种。

　　③ 引进耐盐植物。在稀疏柽柳群落内引进白刺等耐盐植物，丰富群落物种组成，提高植被覆盖率。

（3）柽柳灌丛植被的人工培育

　　柽柳是典型的泌盐植物，耐盐能力很强，喜光、耐湿、抗风沙，是黄河三角洲地区前沿营建防风、防潮灌木林带的适宜树种。在黄河三角洲潮间带至潮上带适于柽柳生长的部位，营造宽度 500～1 000m、连片的柽柳宽林带，可充分发挥其防风固沙、防浪促淤、保持水土、调节气候、改良土壤等生态效能，构成黄河三角洲地区沿海防护林体系第一道屏障。

柽柳具有发达的根系，有强大的固堤护岸能力，在滨海地区修筑防潮坝，在防潮坝的坝顶和边坡栽植柽柳，柽柳能固持防潮坝，使生物措施和工程措施良好地结合，更好地发挥防潮坝抵御大海潮的作用。

柽柳的育苗方法有播种育苗和扦插育苗。造林方法有植苗造林、插条造林和直播造林，可根据当地的自然条件和生产技术条件，选择适宜的造林方法。由于滨海重盐碱地多分布于沿海偏僻地带，面积大、条件差、劳力缺乏，比较适合直播造林。整地是直播造林的关键技术，可采用机械和人工开沟、挖穴等方法。柽柳播种在4~9月均可进行，以大雨后1~2天内，整好的沟、穴内，无风或微风的天气最好。将种子均匀撒至沟穴内，种子可随水下渗，附着在沟、穴边沿的湿土上，播种后10天左右小苗即可出齐。在原来就有部分柽柳母树的地段，还可在整地后利用柽柳母树天然下种，也可取得较好的更新效果。在一些重点防护地段和防潮坝上，适于植苗造林，植苗前先整地改土，植苗后加强幼林管护。在土壤湿润的地方，也可以插条造林。

9.3　柽柳退化林分的不同更替改造技术模式

黄河三角洲为黄河尾闾不断摆动形成的，母质为黄河冲积物，底部为海相沉积物，土壤以盐化潮土和滨海盐土为主，土壤含盐量高，一般在0.4%以上，局部地块高达2%以上，0~100cm土体加权平均含盐量达0.58%，土壤盐分组成以氯化物为主，土壤熟化度低，质地黏重、养分贫瘠，自然条件恶劣，天然植被类型少，主要是一些天然灌木植被和滨海盐生草本植被，如柽柳、芦苇、碱蓬等。植物区系的特点是结构简单、组成单一，生物多样性低，土壤的改良效果差（宋玉民等，2003）。因此，在盐碱地进行人工造林绿化，是该区域植被恢复与生态改良、持续利用土地、建设高效生态经济区的有力保障。

柽柳是黄河流域和沿海地区盐碱地分布的主要树种之一，有天然次生林和人工林，为典型的泌盐植物，具有较高的耐盐能力，对土壤的改良效果较为明显。有研究表明，5~10年生柽柳林可使土壤盐分含量降低47.39%，是目前黄河三角洲盐碱地脆弱生境的主要先锋树种，是维持该地区生态环境的重要支柱（宋玉民等，2003）。近年来，由于受自然因素和人为因素的影响，黄河三角洲盐碱地某些区域的天然柽柳次生林群落出现退化现象，柽柳林木生长缓慢或停滞，甚至出现负生长，林相残败，林木覆盖率严重降低，土壤次生盐渍化加重，导致湿地生态系统退化（李永涛等，2018）。因此，亟待对该地域的退化柽柳林分进行保护及改造。部分学者对黄河三角洲柽柳群落退化特征及柽柳低效次生林质效等方面进行了探讨研究（夏江宝等，2013；徐梦辰等，2015），但有关次生柽柳退化林的改造及改造后的效益分析评价等研究报道较少（乔艳辉等，2020）。

本研究在东营市垦利区（37°33'17.9"N，118°55'51.4"E），2010年秋季、冬季，结合修建的滨海大道的景观提升，将滨海大道一侧的次生柽柳退化林实施全面皆伐后修筑台田，在台田土壤淋溶1年后的2012年春季，将次生柽柳退化林地更替改造为刺槐林、白榆林、白蜡林和盐柳林，刺槐林栽植株行距为1.5m×2.0m，其他3种林分栽植株行距为2.0m×3.0m，4种林分的总面积约450亩[①]。2017年10月下旬，对次生柽柳退化林更

---

① 1亩≈666.67m²，下同。

替改造 5 年后的刺槐、白榆、白蜡和盐柳 4 个模式的林分（生长）状况、林地土壤及植被进行了调查研究，以未改造的次生柽柳退化林分作为对照。以黄河三角洲盐碱地区生产实践的工程造林中对天然次生柽柳退化林更替改造形成的刺槐、白榆、白蜡和盐柳 4 种林分为研究对象，分析比较其林分（生长）状况、林下植被种类和林地土壤等方面的效应并进行综合评价，以期筛选次生柽柳退化林分更替改造的适宜林分类型，为黄河三角洲盐碱地天然次生柽柳退化林分的保护与改造提供理论依据和技术支撑（乔艳辉等，2020）。

9.3.1　不同改造模式林分的生长效应

由表 9-1 可以看出，次生柽柳退化林更替改造的 4 种模式 5 年后的郁闭度以刺槐林最大（0.9），白榆林与白蜡林相当（分别为 0.7 和 0.6），盐柳林最差，只有 0.4。保存率亦以刺槐林为最高（96%），白榆林保存率（95%）与刺槐林相当，盐柳林分的保存率最差（仅有 49%），较前 3 种林分差异明显。胸径、树高和冠幅是林分的重要生长指标，在相同立地和管理措施基本相一致的情况下，4 种林分的生长表现出较大差异，以刺槐林生长速率最快，林木的胸径、树高和冠幅数值最大，其余 3 种林分的林木生长差别较小，作为速生树种盐柳的林分生长指标（树高、胸径和冠幅）却低于生长速率较慢的白榆，仅比白蜡略高。4 种模式的林分外观生长状况（表 9-1）与林分的生长因子变化趋势相一致，也是以刺槐林长势最好，叶片未受到盐分危害；白榆林长势一般，林木叶片有轻度盐害现象；盐柳林长势最差，叶片受到重度盐害。

表 9-1　不同更替改造模式的林分生长指标

林分类型	林龄/a	郁闭度	保存率/%	胸径/cm	树高/cm	冠幅/m	林分外观情况
刺槐林（R）	5	0.9	96	6.6±0.35	6.23±0.27	3.61±0.08	林木生长势好，叶片未受盐害
白榆林（U）	5	0.7	95	2.6±0.64	2.88±0.46	1.88±0.21	林木生长势一般，叶片受轻度盐害
白蜡林（F）	5	0.6	82	2.3±0.37	2.55±0.16	1.77±0.14	林木生长势较差，叶片受轻-中度盐害
盐柳林（S）	5	0.4	49	2.4±0.24	2.65±0.35	1.86±0.16	林木生长势差，叶片受重度盐害

9.3.2　不同林分改造模式的林下植被变化

一般来说，林下植物种类和数量的多少是物种多样性和丰富度的具体反映（候本栋等，2007；刘长宝等，2010）。次生柽柳退化林分皆伐更替为不同的林分模式 5 年后，由于树种的不同，其林分结构发生了变化，林下植被的种类和生长情况亦发生相应变化。由表 9-2 可知，4 种更替改造模式林下植物种类除刺槐林分与次生柽柳退化林分的数量相等（4 种）外，其他 3 种林分都比次生柽柳林的植物种类多 2～3 种，表明更替改造后的林分环境有利于植物生长。刺槐林地虽然生境条件好，由于郁闭度（0.9）高，白茅、獐毛、苦荬菜等喜光植物种类消失，植物种类数量有所减少且生长较差；白榆和白蜡 2 个林分的生境不如刺槐林分，但由于其郁闭度降低（分别为 0.7 和 0.6），适宜生长的植物种类增加到 6 种和 7 种，且生长状况较好；盐柳林分的郁闭度进一步降低，但环境条件较白榆和白蜡差，虽然植物种类仍然维持在 6 种，但耐盐程度较高的茵陈蒿取代了耐盐度较低的白茅，除较耐盐的獐毛和茵陈蒿生长较好外，其他 4 种植物生长较差；次生柽柳退化林分林地土壤含盐量为 0.88%，适应植物生长的环境条件变差，植物种类只有 4 种，出现了耐重度盐分的碱蓬，耐中度盐碱的獐毛生长差，狗尾草和苦荬菜耐轻-中度盐碱的植物数量少且生长极差。

表 9-2 不同林分模式的林下植被状况

林分类型	植物种类	密度/（株/m²）	高度/cm	盖度/%	总盖度/%	生长状况
刺槐林（R）	萝藦	3	60	4	10	差
	芦苇	4	120	6		差
	猪毛菜	7	40	5		差
	狗尾草	5	30	2		差
白榆林（U）	狗牙根	9	15	43	91	中
	狗尾草	11	25	5		中
	芦苇	10	80	15		中
	白茅	14	70	70		中
	苦荬菜	6	23	2		中
	萝藦	5	110	3		中
白蜡林（F）	狗尾草	60	45	50	85	中
	芦苇	33	120	20		差
	苦荬菜	6	25	45		中
	萝藦	4	140	15		好
	獐毛	18	25	33		好
	狗牙根	15	12	10		中
	白茅	13	35	15		中
盐柳林（S）	獐毛	24	110	35	92	好
	苦荬菜	12	15	8		差
	萝藦	5	38	3		差
	芦苇	22	70	15		差
	狗尾草	9	40	3		差
	茵陈蒿	16	62	22		中
次生柽柳林（T）	碱蓬	8	31	12	79	中
	獐毛	26	150	59		差
	狗尾草	5	17	2		极差
	苦荬菜	3	8	1		极差

注：萝藦 *Metaplexis japonica*，芦苇 *Phragmites australis*，猪毛菜 *Salsola collina*，狗尾草 *Setaria viridis*，狗牙根 *Cynodon dactylon*，白茅 *Imperata cylindrica*，苦荬菜 *Ixeris chinensis*，獐毛 *Aeluropus sinensis*，茵陈蒿 *Artemisia capillaris*，碱蓬 *Suaeda glauca*。

9.3.3 不同林分改造模式的林地土壤改良效应

土壤水分、容重、孔隙度、盐碱状况、有机质和养分含量等理化特性是反映盐碱地土壤性能好坏的重要指标，是衡量林地土壤质量的重要参数（李庆梅等，2009）。土壤物理性质的变化与林木的生长和林地的生产力息息相关，盐碱性也是反映土壤状况的重要因素，土壤有机质和养分可促进土壤良好结构的形成，增强土壤的缓冲性，并对植被的生长发育和土地生产力起重要的作用（高鹏等，2008；张建锋等，2002；丁晨曦等，2013）。

（1）土壤容重和孔隙度

土壤容重和孔隙度能够较准确地反映土壤透水性、持水性、结构性及疏松性等方面的状况，是评价土壤水分物理特性的基本指标（刘娜娜等，2006）。一般情况下，密度越小，土壤越疏松，通气度越大，能够减缓径流冲刷和拦蓄水分的能力越强；密度越大，土壤通气度越小，土壤疏松性越差（刘福德等，2008；巍强等，2008）。

由表 9-3 可以看出，次生柽柳退化林分更替改造后的 4 种林分模式的林地土壤容重与次生柽柳退化林的土壤容重相比皆明显降低，其中刺槐和白榆 2 种林分与次生柽柳林差异显著（$P<0.05$）。有研究表明，土壤容重在 $1.25\sim1.35\text{g/cm}^3$ 的范围内说明土壤结构较好（夏江宝等，2012），4 种更替模式的土壤容重在 $1.26\sim1.38\text{g/cm}^3$，说明更替改造后的 4 种模式的林地土壤结构皆得到改善，土壤性能皆得到提高。4 种更替模式中，以刺槐林分的土壤容重为最低，与其他 3 种模式差异显著（$P<0.05$）；白榆林分次之；与白蜡和盐柳 2 种林分差异显著（$P<0.05$）；白蜡与盐柳相比，其土壤容重降低，但差异不显著（$P>0.05$）。

表 9-3　不同林分模式的林地土壤容重和孔隙度

林分类型	土壤容重/（g/cm³）	总孔隙度/%	毛管孔隙度/%	非毛管孔隙度/%	孔隙比
刺槐林（R）	1.26±0.04c	57.81±1.23a	54.16±2.88a	3.65±0.11a	1.16±0.02a
白榆林（U）	1.29±0.04b	55.99±1.10a	52.47±2.24a	3.52±0.11a	1.08±0.13a
白蜡林（F）	1.32±0.03a	52.68±1.37b	50.11±1.87a	2.57±0.17b	1.02±0.32a
盐柳林（S）	1.38±0.07a	50.64±1.54b	46.37±2.47b	2.27±0.18b	0.91±0.07b
次生柽柳林（T）	1.45±0.07a	45.52±1.29c	42.68±2.06c	2.84±0.33b	0.87±0.02b

注：同一列数据中标有不同小写字母表示不同林分改造模式处理间在 0.05 水平上差异显著。下同。

土壤的孔隙状况直接影响植物根系的伸展难易程度及土壤结构的好坏，对土壤中的肥、水、热、气和生物活性有重要的调节功能（高鹏等，2008）。土壤毛管孔隙度越大，土壤中有效水的储存容量越大，可供树木根系利用的有效水分的比例就越大；土壤非毛管空隙越大，其能够减缓径流冲刷和拦蓄水分能力越强。由表 9-3 可知，4 种更替模式的林地土壤总孔隙度和毛管孔隙度皆明显大于次生柽柳林，差异显著（$P<0.05$）；非毛管孔隙度的值表现为刺槐和白榆 2 种林分明显比次生柽柳林大，差异显著（$P<0.05$），而白蜡和盐柳 2 种林分改变较小，甚至略小于次生柽柳退化林分。依据"土壤总孔隙度范围在 50%～60%，非毛管孔隙度达到 10%以上，表明土壤的通气状况和透水性能较好"的研究结果（白麟等，2011），更替改造后 4 种林分模式的土壤总孔隙度在 50.64%～57.81%，非毛管孔隙度在 2.27%～3.65%，说明这 4 种更替的林分对土壤的总孔隙度状况改善有显著促进作用，通气状况较好，但透水性和涵养水源的能力还有待提高。

（2）土壤盐碱性

土壤 pH 和含盐量能够反映土壤的盐碱状况，对土壤肥力和植物生长发育具有重要影响（白麟等，2011）。由于黄河三角洲地区盐碱地的土壤本身盐碱化程度比较严重（盐碱本底值高）（王群等，2012），依据我国土壤酸碱度分级标准（卢瑛等，2007），由表 9-4 可知，更替改造后 4 种林分模式的林地土壤仍然偏碱性，但与次生柽柳退化林分相比，均不同程度地降低了土壤的酸碱度，与次生柽柳退化林分的 pH 差异皆达到显著水平（$P<0.05$）；4 种更替改造模式中，以刺槐林分压碱效果最好，与其他 3 种林分模式存在显著性差异（$P<0.05$）。4 种更替改造林分的林地土壤含盐量与 pH 的变化趋势基本一致，亦均低于次生柽柳林（表 9-4），差异性皆显著（$P<0.05$）；4 种更替改造模式中，亦以刺槐林分降盐效果最好，与其他 3 种林分模式存在显著性差异（$P<0.05$）。由此可见，次生柽柳退化林分经更替改造后的土壤含盐量和 pH 均呈现明显降低趋势，降盐压碱效果显著。

表 9-4 不同林分模式的土壤 pH 和含盐量

林分类型	pH	土壤含盐量/%
刺槐林（R）	7.39±0.05a	0.25±0.01a
白榆林（U）	7.72±0.15b	0.26±0.03a
白蜡林（F）	7.64±0.08b	0.29±0.04a
盐柳林（S）	7.70±0.14b	0.34±0.06b
次生柽柳（T）	8.06±0.16c	0.88±0.08c

（3）土壤肥力状况

土壤肥力评价的主要指标有土壤有机质，以及速效养分 N、P、K。其中土壤有机质能够促进土壤团粒结构的形成，增强对土壤水分、养分的供应和保持良好的土壤肥力，是评价土壤质量的一个重要指标（白麟等，2011）。

由表 9-5 可以看出，4 种更替改造模式的土壤有机质含量均高于次生柽柳退化林，差异显著（$P<0.05$）；在 4 种更替改造的林分中，以刺槐林为最好，盐柳林为最差，其中刺槐林与其他 3 种林分差异显著，白榆和白蜡 2 种林分之间差异不显著，但与盐柳林分差异达到显著水平。4 种更替改造模式的土壤速效 N、有效 P 和速效 K 含量与有机质的变化趋势基本一致，只是刺槐、白榆和白蜡 3 种林分的速效 K 含量差异不显著，这与林木和林下植物对 K 的吸收有关（丁晨曦等，2013）。

表 9-5 不同林分模式的土壤有机质和养分

林分类型	有机质含量/（g/kg）	速效 N 含量/（mg/kg）	有效 P 含量/（mg/kg）	速效 K 含量/（mg/kg）
刺槐林（R）	8.19±0.30a	210.385±3.98a	4.86±0.07a	180.04±6.83a
白榆林（U）	7.45±0.11b	197.219±2.14b	3.89±0.09b	169.89±7.96a
白蜡林（F）	6.92±0.38b	191.351±3.05b	3.64±0.06b	162.93±4.94a
盐柳林（S）	4.06±0.09c	143.287±2.36c	2.53±0.05c	126.03±5.72b
次生柽柳（T）	2.92±0.06d	117.436±1.71d	2.03±0.08d	74.33±4.75c

9.3.4　不同林分改造模式的综合效应评价

模糊综合评价法是一种基于模糊数学的综合评价方法，即用模糊数学对受到多种因素制约的对象做出一个总体的评价。平均隶属函数值越大，表明模式的综合性能越好。我们选择林分的 5 个林分（生长）指标和 8 个土壤理化指标来评价不同林分更替改造效应，得出各林分主要因子的隶属函数值。由表 9-6 可知，不同林分效应综合评价为：刺槐林>白榆林>白蜡林>盐柳林>次生柽柳林。

表 9-6　不同林分模式下主要土壤因子的隶属函数值

主要因子	林分模式				
	刺槐林	白榆林	白蜡林	盐柳林	次生柽柳林
郁闭度+	0.552	0.547	0.523	0.385	0.427
林木保存率+	0.500	0.573	0.533	0.476	0.444
胸径+	0.878	0.545	0.363	0.449	0.438
高度+	0.452	0.456	0.583	0.380	0.433
冠幅+	0.481	0.447	0.471	0.582	0.635
土壤容重−	0.425	0.385	0.475	0.447	0.402
总孔隙度	0.448	0.561	0.489	0.584	0.536
pH−	0.551	0.568	0.465	0.424	0.464
含盐量−	0.575	0.421	0.553	0.426	0.458
有机质+	0.254	0.414	0.385	0.496	0.288
速效 N+	0.375	0.631	0.587	0.520	0.497
有效 P+	0.642	0.433	0.355	0.405	0.370
速效 K+	0.574	0.644	0.592	0.524	0.621
合计	6.707	6.625	6.374	6.098	6.013

注：+表示正指标；−表示负指标。

在黄河三角洲盐碱地退化林分的更替改造中，造林树种选择至关重要，是更替改造成败的重要因素之一（王月海等，2018）。乔艳辉等（2019）在黄河三角洲人工衰退林分更替改造模式的分析与评价中提出，在衰退林分的更替改造中，首先应依据立地条件考虑选择在盐分、干旱等主要限制因子的表现上相当或者高于原有衰退林分的树种。针对次生柽柳林分由于受到人为干扰等因素的影响，林分出现退化成为残次林后，人为更替改造为刺槐、白榆、白蜡和盐柳 4 种林分模式，本研究分析了其更替改造 5 年后的林分状况。分析表明，4 种更替改造模式的林分状况因树种的不同而表现出较大的差异，尤其是林分郁闭度和保存率 2 个林分指标，以刺槐林分状况最好，白榆和白蜡次之，盐柳林分状况最差，这固然与树种的特性（树种不同，其生长速率不一样）有关，但主要原因是黄河三角洲地区盐碱地土壤的次生盐渍化和干旱等因素的影响（董玉峰等，2017），刺槐树种的耐盐能力虽然不如白榆和白蜡，但其抗干旱的能力却强于这 2 个树种，在干旱、次生盐渍化相互交织的生境下，刺槐林分生长状况明显好于白榆和白蜡；而盐柳树种在耐盐和耐干旱能力上较刺槐、白榆和白蜡差，所以原本应该生长快的树种，其林分生长速率反而不如白榆和白蜡，这与乔艳辉等（2019）对衰退人工八里庄杨更替改造为白榆和盐柳两种模式林分的研究结果相似。

有关研究表明,在黄河三角洲盐碱地上造林之前实施的台田、条田整地和土壤淋溶洗盐等工程、水利措施,能有效地降低土壤表层含盐量,使造林之初栽植的成活率能够得到保障,但在地下咸水埋深浅、矿化度高、蒸降比大等自然因素影响的条件下,造林地极易发生土壤次生盐渍化(邢尚军和张建锋,2006;夏江宝等,2012)。通过对次生柽柳退化林分更替改造的 4 种模式的林分(生长)状况和土壤改良效应的分析来看,除了树种选择之外,造林栽植密度等也是需要考虑的重要因素之一。4 种更替改造模式中,刺槐林栽植株行距为 1.5m×2m,其他 3 种林分栽植株行距为 2m×3m,由于刺槐林的密度较大,能及早郁闭,使得刺槐林分的土壤蒸发量减少,抑制了土壤返盐,林分状况得到改善,不仅提高了林分生长,而且在林地土壤的改良效应上效果也明显突出。

虽然目前针对退化林分的改造已有很多的研究和实践,但针对不同成因、不同立地条件下的退化林分提出针对性强的改造技术和模式尚需要进一步加强和深入地提炼研究(王月海等,2018)。本研究仅是次生柽柳退化林更替改造为 4 种模式的林分在 5 年时的效应分析与评价,而对退化防护林改造的研究是个连续的过程,随着时间推移,在黄河三角洲盐碱地恶劣条件下,这 4 种更替改造的林分效应的表现尚需进一步观察和研究。另外,退化林分的改造不仅涉及技术因素,还涉及很多政策因素。本研究的对象是因工程建设和景观提升需要对退化的次生柽柳林皆伐更替为 4 种不同模式的林分筛选,在实际工作中,具体模式的应用还需要依据黄河三角洲地区盐碱地防护林是生态公益林的实际,处理好技术与政策的关系。

9.3.5 结论

黄河三角洲次生柽柳退化林分皆伐更替改造的 4 种模式 5 年后的林分生长效应因模式不同而存在较大差异,尤其在林分郁闭度和林木保存率方面差异明显。其中刺槐林郁闭度最大,林木的保存率最高,生长表现也最好,林木叶片未受到盐害;白榆和白蜡 2 种林分在林分郁闭度和林木生长方面差别不大,生长势分别表现为一般和较差,林木叶片分别受到轻度和轻-中度危害,但在林木保存率方面白榆较白蜡提高了 15.9%;盐柳林分的郁闭度和林木保存率皆最低,原本是生长速率与刺槐接近的树种,但其生长却远远低于刺槐,也不如白榆,仅比白蜡略高,林木叶片受到重度盐害。

次生柽柳退化林分皆伐更替为 4 种模式 5 年后,不同林分的林下植被种类和生长情况发生了变化。总体来说,因更替改造后林分的生境好于次生柽柳退化林,林下植物种类增多,中度以上耐盐植物种类减少,耐轻、中度盐碱植物种类增加。由于刺槐林分的郁闭度高(0.9),其林下植物种类减少且生长差;白榆和白蜡 2 个林分由于郁闭度适中,适宜生长的植物种类增多,生长表现较好;盐柳林分虽然郁闭度较低,但因其生境条件较差,耐中度盐碱的茵陈蒿出现,除了较耐盐的獐毛和茵陈蒿外,其他植物生长较差;次生柽柳退化林分林地土壤含盐量达到 0.88%,适应植物生长的环境条件进一步变差,植物种类只有 4 种,而且出现了耐重度盐分的碱蓬植物,耐中度盐碱的獐毛植物生长变差。

4 种更替改造模式的林地土壤容重、孔隙度、盐碱状况、有机质和养分含量等理化指标皆比次生柽柳退化林有明显提高,除了土壤容重和非毛管孔隙度外,其他指标皆达到显著性差异（$P<0.05$）。更替改造的 4 种林分因模式的不同，其理化性能改善存在较大差异，以刺槐林的土壤改良指标为最佳，白榆和白蜡林次之，盐柳林最差。

对林分（生长）状况和土壤理化指标的综合评价分析表明，更替改造的 4 种林分模式效应都明显好于次生柽柳退化林分，但因更替模式的不同，其效应差异较大，4 种更替改造林分的效应综合评价为：刺槐林>白榆林>白蜡林>盐柳林。建议柽柳退化林分在进行林分更新改造时，首先考虑刺槐林，其次是白榆林、白蜡林，而盐柳林较差。

9.4　柽柳低效林的抚育提高技术

以提高柽柳林地生产力和林木生长量，平衡土壤养分与水分循环，改善柽柳林生长的生态条件，促进林木生长发育，丰富生物多样性，维护柽柳林健康生长，充分发挥其生态、经济和社会效益，培育健康稳定、优质高效的柽柳林分。

9.4.1　柽柳低效林抚育方式的确定原则

根据柽柳林发育阶段、培育目标和柽柳林生长发育与演替规律，应按照以下原则确定抚育方式：幼龄林阶段天然柽柳林适用于进行疏伐抚育，必要时进行补植或除草；人工栽植的柽柳幼树，依据生长状况和存活情况进行补植、除草或浇水等抚育措施。中龄林阶段由于个体优劣关系已经明确，依据生长状况，可进行抚育疏伐、补植、带状改造或人工促进更新等抚育措施。条件允许的情况下，可以进行浇水、除草等其他抚育措施。只对遭受自然灾害显著影响的柽柳林进行卫生伐。对宜林地、疏林地以及低质、低效灌木林地实施封禁，并辅以人工促进手段等抚育措施。对一般保护地区的生态公益林可进行必要的森林抚育活动，而对重点保护区的生态公益林抚育须有限制的进行。

确定柽柳林抚育方式要有相应的设计方案，使每一个作业措施都能按照培育目标产生正面效应，避免无效工作或负面效应。在具体柽柳林抚育时要严格按照管理程序操作，切实保证作业质量，严禁借抚育为名破坏柽柳林资源。

同一林分需要采用两种及以上抚育方式时，要同时实施，避免分头作业。

9.4.2　柽柳低效林龄组和起源的划分原则

龄组划分，柽柳林龄组可划分为幼龄林和中龄林，其中天然幼龄林林龄为 10 年，中龄林林龄为 10~15 年；人工幼龄林林龄为 5 年，中龄林林龄为 6~10 年。龄级期限均为 5 年。

起源划分，起源划分为人工林、天然林。

9.4.3　柽柳低效林主要抚育技术

（1）疏伐

疏伐对象，主要为过密林。幼苗、幼树层的植被总覆盖度 70%以上，更新频度超过

60%（2.0m×2.0m 样方 25 株以上）的林分。

疏伐后达到的指标，采取疏伐后的柽柳林分应达到林木分布均匀，林分郁闭度控制在 0.6 以上，不造成林中空地、林窗等。疏伐后林木株树不少于该立地条件下柽柳生长发育阶段的最低保留株树。

主要采用小型机械装置或工具，尽量避免大规模土壤的扰动。间密留匀、去劣留优。沿海柽柳防浪林带、容易遭受风害的地段或第一次疏伐时，伐后郁闭度降低不超过 0.2；其他林分伐除总株树的 15%～40%，伐后郁闭度为 0.6～0.7。疏伐时注意野生动植物资源的保护，特别是有动物巢穴等的林木，以及具有观赏和食用药用价值的植物。

疏伐的开始期和间隔期，林分郁闭度超过 0.8，或枯立木与濒死木数量超过林木总数的 30%时进行疏伐。疏伐间隔期为 7～15 年。

（2）卫生伐

卫生伐的对象主要为遭受自然灾害的林分，尤其是病虫危害林，从中伐出已被危害、丧失培育前途的林木。

符合下列条件之一的林分可采用卫生伐：发生检疫性林业有害生物；遭受森林火灾、林业有害生物、风折雪压等自然灾害危害，受害株树占林木总株树 15%以上。

采取卫生伐抚育后的柽柳林分应达到以下要求：没有受林业检疫性有害生物及林业补充检疫性有害生物危害的林木；蛀干类有虫株率在 20%（含）以下；感病指数在 50（含）以下；除非严重受灾，采伐后郁闭度应保持在 0.5 以上。采伐后郁闭度在 0.5 以下，或出现林窗、林中空地的，应进行补植。

主要采用小型机械装置或工具。对病虫危害林需彻底清除受害木、病源木。受害木数量较多时，要适当保留受害较轻的林木，使林分郁闭度保持在 0.5 以上；对火灾发生后的 2～3 年内分数次逐步伐除火烧木，首次伐除的火烧木不宜超过林木总数的 30%。

卫生伐的开始期和间隔期，在遭受灾害后可开始进行。依据受灾害程度确定卫生伐间隔期，最少应在 3 年以上。

（3）补植

补植对象，主要为林分密度偏低的林分、疏残林或低效劣质林等。

符合以下条件之一的，可采用补植：郁闭成林后的第二个龄级及以后各龄级，郁闭度小于 0.4；卫生伐后，郁闭度小于 0.4 的；含有大于 20m² 林中空地的。

符合以下条件之一的，应结合卫生伐进行补植：幼龄林郁闭度在 0.4 以下，中龄林郁闭度在 0.5 以下的疏残林；中龄林郁闭度在 0.5 以下的低效劣质林。

补植后达到的指标，采取补植抚育后的林分，成活率应达到 85%以上，三年保存率应达到 80%以上。

补植方法，尽量不破坏原有的林下植被，不损害林分中原有的柽柳幼苗幼树，尽可能减少对土壤的扰动；补植点应配置在林窗、林中空地、林隙等处。疏残林或低效劣质林，可结合卫生伐进行。人工林可按照原栽植密度进行，天然林依据自然生境条件下林分生长适宜的密度进行，一般为 1.0m×2.0m；在柽柳林呈群团状分布、林中空地较多时，主要以块状补植补播、局部造林为主；在植被覆盖度较低的地方，尽可能均匀补植成行，定位种植。

补植密度，以生态公益林为主导经营方向，以发挥生态功能为主要目的，在结合现有株数和柽柳林分所处年龄阶段的合理密度而定，补植后密度应达到柽柳林分合理密度的 85%以上。若不考虑 10 年间的间伐利用，滨海盐碱区域柽柳人工造林合理的初植密度建议为 3 500 株/hm^2。

补植季节，实生苗和扦插苗在春、秋季补植，播种在春季进行。

（4）除草

符合下列条件之一的，可除草：疏残林或低效劣质林中，受杂草干扰严重的；林分郁闭前，柽柳幼苗幼树生长受杂草全面影响或上方、侧方严重遮阴影响的林分；林分郁闭后，柽柳幼树高度低于周边杂草，生长发育受到显著影响的；林分郁闭前或者郁闭后，当杂草等总覆盖度达 70%以上，对柽柳生长产生严重影响的。

除草后达到的指标，采取除草抚育后的柽柳幼树幼苗不再受杂草竞争威胁，能够较好生长。避免全面割除杂草，植被覆盖率保持在 60%以上。

采用人工或机械除草装置，去除与幼树幼苗竞争厉害的杂草，只需割除柽柳幼树幼苗周边 1.0m 左右范围的杂草和防火隔离带、人为活动频繁或景观路边 50～100m 范围的杂草，避免全面割除杂草，同时可进行培埂、扩穴，以促进幼苗幼树的正常生长。在具体操作时，综合考虑尽量减少对原生态植被的破坏，防止水土流失、保护生物多样性等原则，应注重保护珍稀濒危树木、林窗外的幼树幼苗，以及林下有生长潜力的幼树幼苗。

（5）浇水

浇水对象，符合以下条件之一的，可浇水：盐碱生境下，柽柳幼苗幼树栽植初期的人工林；350mm 降水量以下地区的人工林；350mm 降水量以上地区的人工林遭遇旱灾时。

浇水后达到的指标，采取浇水抚育后的林分，生长发育良好，不再受干旱或盐分胁迫。并且浇水后不会引起土壤侵蚀和次生盐碱化。

浇水方式，浇水采用穴浇、喷灌、滴灌，尽可能避免大水漫灌。浇水时间，降水量在 350mm 以下或 350mm 以上地区的人工林遭受旱灾时；对人工栽植的幼树幼苗，在春季的盐碱地上，每半月浇水 1 次。

（6）带（块）状改造抚育

带（块）状改造抚育对象，符合以下条件之一的，可采用带（块）状抚育改造。林木生长不良、连续缺带长度达到 10m 以上的疏残林；柽柳林死亡株树占总株数的 30%以上。

卫生伐带（块）状改造，符合幼龄林郁闭度在 0.4 以下，中龄林郁闭度在 0.5 以下的疏残林，应采用卫生伐带（块）状改造。

采取带（块）状抚育后的林分应达到以下要求：改造后，3 年林分郁闭度不低于 0.6；林木成活率应达到 85%以上，3 年保存率应达到 80%以上。

在具体改造时不损害林分中原有的柽柳幼苗幼树，注意保护野生动物的栖息地和动物廊道。禁止一次性皆伐重造，需逐批保留生长相对较好的林分，结合柽柳的树龄、特性和高度确定适宜的改造带和保留带宽度，改造强度控制在蓄积的 30% 以内，采用带状、块状逐步伐完并及时更新。可将改造小班所有林木采取带状或块状先皆伐 50%，更新改造完成后，再皆伐剩余林分。带状皆伐改造时，每采伐 30m 宽的采伐带要保留 10m 宽的保留带，可采取隔行、隔带采伐更替。采伐强度可根据林分（带）状况、采伐方式等确定，但相邻的同向带不得在同一年实施更新采伐；块状皆伐时，要在滨海地带、河流沿岸等重点脆弱地带预留不少于 30m 的保护林带，待其他地段更新造林成功后再进行采伐作业，在伐后当年或翌年及时进行人工更新。

（7）封育

符合以下条件之一的，可采用封育抚育改造。有分布较均匀的萌蘖能力强的柽柳灌丛每公顷 750（沙区 200）株以上；沿海泥质滩涂等经封育有望成灌木林或增加植被覆盖度的地方；郁闭度低于 0.5 的低质、低效柽柳林；当期柽柳天然更新等级为中等以下、幼苗幼树株树占林分幼苗幼树总株树的 40% 以下，且依靠其自然生长发育难以达到成林标准的，可采用人工促进天然更新。

封育后的指标，采取封育后的林分应达到以下要求：柽柳林覆盖度大于 30%；或灌草综合覆盖度大于 50%，其中柽柳灌木覆盖度达到 20% 以上；封育后的柽柳灌木型：每公顷达到 1 050 株以上或年均浇水量 400mm 以下达到 900 株以上，且分布均匀；或柽柳灌草型：每公顷达到 900 株以上或年均浇水量 400mm 以下达到 750 株以上，且分布均匀；林分郁闭度达到 0.6 以上，林木分布均匀。人工促进后的柽柳林分可达到天然更新中等以上的等级；或柽柳幼苗幼树株树达到幼苗幼树总株树的 60% 以上。

封育方式的确定，对天然更新条件及现状较好的柽柳林分采取封禁育林。水土流失严重地区、风沙危害特别严重地区，以及恢复植被较困难的封育区，宜实行全封；林木生长良好、林草植被覆盖度较大的封育区，可采用半封；非生态脆弱区、林草植被覆盖度较高可采用轮封。

封育年限，依据封育区所在地域的封育条件和封育目的确定具体的封育年限，一般无林地和疏林地封育中的灌木型为 5～6 年，灌草型为 4～6 年；有林地和灌木林地封育为 4～7 年。

自然封禁应符合以下要求：主要通过设置警示牌，封育面积 100hm^2 以上的应至少设立 1 块固定标牌；根据封禁范围大小和人、畜危害程度，设置管护机构和专职或兼职护林员，一般每个护林员负责 100～300hm^2；在牲畜活动频繁地区，可设置机械围栏、围壕（沟），或栽植竞争能力强的乔、灌木设置生物围栏进行封围；封育区无明显边界或无区分标志物时，可设置界桩以示界线。

人工促进更新，因自然更新有障碍的林地、草本植被覆盖度较大而影响柽柳种子出土的地块，可进行带状或块状除草、破土整地，以承接柽柳种子入土、除杂扶苗以促进现有幼树幼苗生长，并禁止其他人为活动干扰。对封育区内自然繁育能力不足或幼苗、幼树分布不均匀的间隙地块，可按封育成效进行人工补植或补播。

参 考 文 献

白麟, 杨建英, 韩雪梅, 等. 2011. 三种造林模式对北京北部人工水源涵养林地土壤肥力的影响研究. 水土保持研究, 18(6): 75-78.

丁晨曦, 李永强, 董智, 等. 2013. 不同土地利用方式对黄河三角洲盐碱地土壤理化性质的影响. 中国水土保持科学, 11(2): 84-89.

董玉峰, 王月海, 韩友吉, 等. 2017. 黄河三角洲地区耐盐植物引种现状分析及评价. 西北林学院学报, 32(4): 107-119.

高鹏, 李增嘉, 杨慧玲, 等. 2008. 渗灌与漫灌条件下果园土壤物理性质异质性及其分形特征. 水土保持学报, (2): 155-158.

侯本栋, 马风云, 邢尚军, 等. 2007. 黄河三角洲不同演替阶段湿地群落的土壤和植被特征. 浙江林学院学报, (24): 313-318.

李庆梅, 侯龙鱼, 刘艳, 等. 2009. 黄河三角洲盐碱地不同利用方式土壤理化性质. 中国生态农业学报, 17(6): 1132-1136.

李永涛, 李宗泰, 王振猛, 等. 2018. 滨海盐碱地不同林龄柽柳人工林土壤水分物理性质差异性. 东北林业大学学报, 46(90): 75-79.

刘长宝, 王月海, 王卫东. 2010. 滨海盐碱湿地不同恢复区域的植被特征分析. 山东林业科技, (5): 45-48.

刘福德, 孔令刚, 安树青, 等. 2008. 连作杨树人工林不同生长阶段林地土壤微生态环境特征. 水土保持学报, 22(2): 121-125.

刘娜娜, 赵世伟, 王恒俊. 2006. 黄土丘陵沟壑区人工柠条林土壤水分物理性质变化研究. 水土保持通报, 26(3): 15-17.

卢瑛, 冯宏, 甘海华. 2007. 广州城市公园绿地土壤肥力及酶活性特征. 水土保持学报, (1): 160-163.

乔艳辉, 亓玉昆, 王月海, 等. 2020. 黄河三角洲次生柽柳退化林更替改造模式分析评价. 水土保持研究, 27(6): 370-376.

乔艳辉, 王月海, 姜福成, 等. 2019. 黄河三角洲盐碱地衰退林分的更替改造模式. 水土保持通报, 39(4): 107-113.

宋玉民, 张建锋, 邢尚军, 等. 2003. 黄河三角洲重盐碱地植被特征与植被恢复技术. 东北林业大学学报, 31(6): 87-89.

王群, 夏江宝, 张金池, 等. 2012. 黄河三角洲退化刺槐林地不同改造模式下土壤酶活性及养分特征. 水土保持学报, 26(4): 133-137.

王月海, 韩友吉, 夏江宝, 等. 2018. 黄河三角洲盐碱地低效防护林现状分析与类型划分. 水土保持通报, 38(2): 303-306.

巍强, 张秋良, 代海燕, 等. 2008. 大青山不同林地类型土壤特性及其水源涵养功能. 水土保持学报, 22(2): 111-115.

夏江宝, 刘玉亭, 朱金方, 等. 2013. 黄河三角洲莱州湾柽柳低效次生林质效等级评价. 应用生态学报, 24(6): 1551-1558.

夏江宝, 徐景伟, 李传荣, 等. 2012. 黄河三角洲退化刺槐林不同改造方式对土壤酶活性及理化性质的影响. 水土保持通报, 32(5): 171-175, 181.

邢尚军, 张建锋. 2006. 黄河三角洲土壤退化机制与植被恢复技术. 北京: 中国林业出版社: 70-88.

徐梦辰, 刘加珍, 陈永金. 2015. 黄河三角洲柽柳群落退化特征分析. 人民黄河, 37(7): 85-88.

阎理钦, 王森林, 郭英姿, 等. 2006. 山东渤海湾滨海湿地植被组成优势种分析. 山东林业科技, (4): 45-46.

张建锋, 宋玉民, 邢尚军, 等. 2002. 盐碱地改良利用与造林技术. 东北林业大学学报, 30(6): 124-129.

张建锋, 邢尚军, 孙启祥, 等. 2006. 黄河三角洲植被资源及其特征分析. 水土保持研究, 13(1): 100-102.

章家恩. 2007. 生态学常用实验研究方法与技术. 北京: 化学工业出版社.

附录　书中主要符号对照表

符号	单位	中文全称	英文全称
RWC	%	土壤相对含水量	relative water content
SC	%	土壤含盐量	soil salt content
WUE	μmol/mmol	水分利用效率	water use efficiency
P_n	μmol/（m²·s）	净光合速率	net photosynthetic rate
R_d	μmol/（m²·s）	暗呼吸速率	dark respiration rate
R_p	μmol/（m²·s）	光呼吸速率	photo respiration rate
PAR	μmol/（m²·s）	光合有效辐射	photosynthetically active radiation
C_i	μmol/mol	胞间 CO_2 浓度	intercellular CO_2 concentration
G_s	mol/（m²·s）	气孔导度	stomatal conductance
L_s	%	气孔限制值	stomatal limitation
T_r	mmol/（m²·s）	蒸腾速率	transpiration rate
F_0	无	初始荧光	minimal fluorescence
F_m	无	最大荧光	maximal fluorescence
F_s	无	稳态荧光	steady-state fluorescence
LCP	μmol/（m²·s）	光补偿点	light compensation point
LSP	μmol/（m²·s）	光饱和点	light saturation point
AQY	无	表观光合量子效率	apparent quantum yield
SOD	U/mg	超氧化物歧化酶	superoxide dismutase
POD	U/mg	过氧化物酶	peroxidase
MDA	nmol/mg	丙二醛	malondialdehyde